ちくま学

シュヴァレー　リー群論

クロード・シュヴァレー
齋藤正彦 訳

Theory of Lie Groups I
by
Claude Chevalley
Princeton University Press, 1946

エリー・カルタン
と
ヘルマン・ワイル
に捧げる

序　文

リー群の解説書はふつう理論の局所的側面だけを扱っている．位相空間論がまだ十分にできていず，大域的な理論に堅固な基礎を与えることができなかったことを考えると，この制約はおそらく必然的だった．こういう時代はすでに過ぎたので，いまや大局的な観点から組織的に理論を構成するのが有用だろうと私は考えた．この本はリー群論を支配する基礎的な諸原理への入門書である．

リー群は同時に群，位相空間かつ多様体であり，三つの《構造》が互いに関連しあっている．このうち抽象群の基本的な性質は数学者や数学生によく知られているから，この本には純群論的な章は設けなかった．しかし位相群の理論は第２章で扱った．この章の大部分は被覆空間および被覆群の理論であり，ここではそれを道（path）の理論とは独立に展開した．

第３章は（解析）多様体の理論であり，群の概念とは関係ない．われわれの多様体の定義は，H. ワイルがその著書Die Idee der Riemannschen Fläche（日本語訳『リーマン面』）で与えたリーマン面の定義に示唆されたものである．重なりあう座標系による定義と較べて，われわれの定義は内在する本質を表わすという利点をもっている．そこでは多様体上の微分方程式の包合系（involutive system）の理論を局所的観点からばかりではなく，大域的な観点からも考察する．これを遂行するために，部分多様体の定義として，必ずしもそれが埋めこまれる多様体の基礎位相空間の部分位相空間でないものも包含するような定義を採用した．

位相群の概念と多様体の概念は第4章で統合され，解析群およびリー群の概念が定義される．解析群とはもともと多様体として与えられた位相群である．リー群とは（少なくとも連結の場合には）位相群であって多様体の構造を入れることができ，それによって解析群になるものである．しかし位相群に多様体の構造が入る場合，それはただひとつである．したがって連結リー群と解析群とは，事実上同じものを異なる仕方で定義したものである．しかし第2巻*) で見るように，ここで扱う実解析群のかわりに《複素》解析群を考えるとき，リー群と解析群の違いは実質的なものとなる．

第5章はカルタンの外微分形式の理論を展開する．この理論はリー群の一般論において，その位相的な面と微分幾何的な面の両方で本質的な役割を演ずる．とくにこの理論はリー群上の不変積分の構成を導く．不変積分は任意の局所コンパクト群で定義されるけれども，それを左不変微分

*) ［訳注］第2巻は代数群を扱うことになり，ここでの予告は実現しなかった．

形式の存在から導くほうがリー群論の精神に適うと判断した.

第6章はコンパクト群の一般論である. なかでもっとも基本的なのはもちろんペーター－ワイルの定理であり, それによって忠実な線型表現の存在が保証される. とくにわれわれはポントリャーギンの双対定理の淡中忠郎による一般化を証明する. 淡中のもとの証明を少し変えることにより, コンパクト・リー群は複素アフィン空間のある代数多様体の実点ぜんぶの集合と考えられる. この代数多様体ぜんたいはそれ自身リー群であり, 複素座標が導入される.

本書の第2巻は現在準備中であり, 主として半単純リー群の分類理論にあてられる*).

この本を書くにあたってたくさんの友人から有益な助言を受けた；なかでも Warren Ambrose, Gerhardt Hochschild, Deane Montgomery および Hsiao Fu Tuan の諸氏. また John Coleman と Norman Hamilton の両氏は校正刷を読むのを手伝ってくれた. 最後に H. Weyl 教授と S. Lefschetz 教授からは貴重な助言をいただいた. 上記すべての皆様に深い感謝の念を表明する.

C. C.

*）［訳注］前ページの脚注を見よ.

目　次

第3章　多 様 体

第4章　解析群．リー群

第5章　カルタンの微分演算

第6章　コンパクト・リー群とその表現

シュヴァレー リー群論

記号表

1. 空集合を$\emptyset$と書き，ただひとつの元aから成る集合を$\{a\}$と書く.

fが集合Aから集合Bへの写像で，XがBの部分集合のとき，Aの元aで$f(a)\in X$なるもの全部の集合を$\overset{-1}{f}(X)$と書く．gがBからもうひとつの集合Cへの写像のとき，Aの各元aにCの元$g(f(a))$を対応させる写像を$g\circ f$と書く.

記号$\cup$および$\cap$はそれぞれ集合の合併および共通部分を表わす．E_αが集合族で添字αが集合Aを走るとき，集合E_αぜんぶの合併を$\bigcup_{\alpha\in A}E_\alpha$，共通部分を$\bigcap_{\alpha\in A}E_\alpha$と書く．記号$\delta_{ij}$はクロネッカーの記号である．すなわち$i=j$なら1，$i\neq j$なら0.

2. Gを群とする．Gの元εで，Gのすべての元σに対して$\varepsilon\sigma=\sigma$となるものを《中立元》と言う.

HがGの部分群で，$\sigma\in G$かつ$\tau\in H$なら$\sigma\tau\sigma^{-1}\in H$となるものを《正規部分群》と言う.

$\sigma=(a_{ij})$が行列のとき，$\boxed{\sigma}=\boxed{a_{ij}}$は$\sigma$の行列式を表わし，$\mathrm{Sp}\,\sigma$は$\sigma$のトレースを表わす.

$\mathcal{M},\mathcal{N}$を同じ体K上のベクトル空間とする．$\boldsymbol{e}\in\mathcal{M},\boldsymbol{f}\in\mathcal{N}$のペア$(\boldsymbol{e},\boldsymbol{f})$たちおよび$a\in K$につぎの算法を定める：

$$(\boldsymbol{e},\boldsymbol{f})+(\boldsymbol{e}',\boldsymbol{f}')=(\boldsymbol{e}+\boldsymbol{e}',\boldsymbol{f}+\boldsymbol{f}'),$$
$$a(\boldsymbol{e},\boldsymbol{f})=(a\boldsymbol{e},a\boldsymbol{f}).$$

こうして得られるベクトル空間を $\mathscr{M}$ と $\mathscr{N}$ の**積**と言い，$\mathscr{M}\times\mathscr{N}$ と書く．

3．位相　本書で位相空間と言うのは，ハウスドルフの分離公理をみたす空間だけである．

位相空間 $\mathscr{V}$ の部分集合 N が $\mathscr{V}$ の点 p の近傍であるとは，$p\in U\subset N$ となる開集合 U が存在することである．N 自身は開集合でなくてもよい．

位相空間 $\mathscr{V}$ の部分集合 A の閉包 $\overline{A}$ とは，$\mathscr{V}$ の点 p でその任意の近傍が A と交わるもの全部の集合である．$\overline{A}$ の点を A の触点と言う．閉包作用 $A\to\overline{A}$ によって位相を定義することも可能であり，本書でもこれを使うかもしれない（Alexandroff-Hopf, Topologie, 第1章を見よ）．

区間　a, b を実数で $a\leqq b$ なるものとする．a と b を端点とする開区間を $]a, b[$ と書く．他の区間は $]a, b]=]a, b[\cup\{b\}$，$[a, b[=]a, b[\cup\{a\}$，$[a, b]=]a, b[\cup\{a\}\cup\{b\}$ とおく．

第1章　典型線型群

要約　第1章では典型線型群を導入する．これはリー群論の主要な対象のひとつである．

§1ではユニタリ群と直交群および他の一連の群を定義し，これらの群がコンパクトだという基本性質を確立する．

§2は行列の指数関数にかかわる．行列の直交性やユニタリ性は成分のあいだの非線型関係で決定される．行列の指数写像はユニタリ（直交）行列のパラメーター表現として，成分間の線型関係をみたす行列による表現を与える（§2の命題5，29ページを見よ）．

28ページで導入する空間 M^s, M^{sh}, M^S, M^R は，それが X と Y を含めば $YX-XY$ も含むということに読者は気づくだろう．ここでこの事実の初等的な説明をすることもできたろうが，われわれはそうしない．実際，この結果の真の重要性はずっとあと（第4章）になってはじめて把握されるのである．

直交群とユニタリ群の場合，線型化はケイリー変換（本書では導入しない）によってもできるが，指数写像のほうがわれわれの観点からは有利である．実際，指数写像はふつうの指数関数のいくつかの性質を受けついでいる(§4の命題3, 38ページ).

§3と§4は§5で証明する結果(命題1, 41ページ)の準備である. われわれは複素ベクトル空間のユニタリ幾何のことばでエルミート行列を定義する(ユニタリ幾何は, ユークリッド幾何がスカラー積によって定義されるのと同様に, ふたつのベクトルのエルミート積の概念によって定義される). §3の命題2(33ページ)はユニタリ行列がユニタリ幾何の等距離変換であることを示す.

§5の命題1(41ページ)は, 全線型群がユニタリ群と正値エルミート行列の空間との位相積に分解されることを示す. これは一般のリー群の位相的性質をコンパクト群の性質から導くことを可能にする諸定理の原型である. 同様の分解が複素直交群に対しても与えられる(§5の命題2, 42ページ).

§6と§7はシンプレクティック群を定義するための準備である. シンプレクティック群はシンプレクティック幾何の等距離変換ぜんぶの作る群として定義される(§7の定義1, 51ページ). §9で$Sp(n)$*)の$2n$次の複素行列による表現をつくる. この表現の行列がみたす条件の考察から, 新しい群すなわち複素シンプレクティック群$Sp(n, C)$**)が導入される.

$Sp(n,C)$の$Sp(n)$に対する関係は, $GL(n,C)$の$U(n)$

*) [訳注] 現在ではこれを$Sp(2n)$と書くことが多い.

**) [訳注] 現在ではこれを$Sp(2n,C)$と書くことが多い.

に対する関係や $O(n,C)$ の $O(n)$ に対する関係と同じであることがすぐに分かる．§5の命題1（41ページ）のタイプの命題が，大した困難もなく $Sp(n,C)$ に対しても得られる．しかし私はその命題を記述する必要を認めなかった．実際，それはずっとあとで証明する定理（第6章§12の定理5の系，381ページ）の特別な場合である．

§1　全線型群とそのいくつかの部分群

n 次元複素デカルト空間 C^n は複素数体 C 上の n 次元ベクトル空間である．C^n の元でその第 i 座標が1，他はすべて0であるものを $\boldsymbol{e}_i$ とすると，$\boldsymbol{e}_1, \cdots, \boldsymbol{e}_n$ は C^n の C 上の基底である．

C^n の線型自己準同型写像 α は，各 i に対する $\alpha\boldsymbol{e}_i = \sum_{j=1}^n a_{ji}\boldsymbol{e}_j$ が与えられれば決定される．この自己準同型写像に n 次行列 (a_{ij}) が対応する．この行列を自己準同型写像自身と同じ記号 α で表わす．逆に任意の n 次複素行列に C^n の自己準同型写像が対応する．

α と β を C^n の自己準同型写像とし，それぞれの行列を $(a_{ij}), (b_{ij})$ とする．すると合成写像 $\alpha\circ\beta$ も自己準同型写像であり，その行列 (c_{ij}) はふたつの行列 (a_{ij}) と (b_{ij}) の積，すなわち

$$c_{ij} = \sum_{k=1}^{n} a_{ik}b_{kj} \tag{1}$$

である．

複素成分の n 次行列ぜんぶの集合を $\mathcal{M}_n(C)$ と書く. $\mathcal{M}_n(C)$ の元 (a_{ij}) に対して $b_{i+(j-1)n}=a_{ij}$ とおき, 行列 (a_{ij}) に, C^{n^2} の点で座標が $b_1, \cdots, b_{n^2}$ なるものを対応させる. こうして $\mathcal{M}_n(C)$ と C^{n^2} のあいだに一対一対応が得られる. C^{n^2} は位相空間だから, 上の対応が同相写像になるように $\mathcal{M}_n(C)$ に位相を定義することができる.

$\mathcal{E}$ を任意の位相空間とし, φ を $\mathcal{E}$ から $\mathcal{M}_n(C)$ への写像とする. $\mathcal{E}$ の元 t に対して行列 $\varphi(t)$ の成分を $a_{ij}(t)$ と書く. このとき明らかに, φ が連続であるのは各関数 $a_{ij}(t)$ が連続なときである.

この注意と式 (1) からすぐ分かるように, ふたつの行列 σ, τ の積 $\sigma\tau$ は, ペア (σ, τ) を $\mathcal{M}_n(C)\times\mathcal{M}_n(C)$ の点と考えたとき, (σ, τ) の連続関数である.

$\alpha=(a_{ij})$ に対し, その転置行列を ${}^t\alpha$ と書く：すなわち ${}^t\alpha=(a'_{ij})$ とすれば $a'_{ij}=a_{ji}$. α の複素共役行列を $\overline{\alpha}$ と書く：$\overline{\alpha}=(\overline{a}_{ij})$. 明らかに写像 $\alpha\to{}^t\alpha$ および $\alpha\to\overline{\alpha}$ は, $\mathcal{M}_n(C)$ から自分自身への位数 2 の同相写像である. ふたつの行列 α, β に対して

$$ {}^t(\alpha\beta) = {}^t\beta\,{}^t\alpha, \quad \overline{\alpha\beta} = \overline{\alpha}\,\overline{\beta}. $$

行列 σ に逆行列があるとき, すなわちある行列 σ^{-1} に対して $\sigma\sigma^{-1}=\sigma^{-1}\sigma=\varepsilon$ (ε は n 次の単位行列) が成りたつとき, σ を**正則行列**という. 行列 σ が正則であるためには, その行列式 $\boxed{\sigma}$ が 0 でないことが必要十分である.

C^n の自己準同型写像 σ が C^n を C^n の上に移すとき (したがって低次元の部分空間には移さないとき), 対応する

行列は正則であり，σ は逆自己準同型写像 σ^{-1} をもつ．

σ が正則行列なら

$$ {}^t(\sigma^{-1}) = ({}^t\sigma)^{-1}, \ \bar{\sigma}^{-1} = \overline{(\sigma^{-1})} $$

が成りたち，σ と τ が正則行列なら

$$ (\sigma\tau)^{-1} = \tau^{-1}\sigma^{-1} $$

が成りたつ．

正則行列ぜんぶの集合は乗法に関して群をつくる．

定義1　複素成分の n 次正則行列ぜんぶの作る群を一般線型群と言い，$GL(n, C)$ と書く．

行列の行列式は明きらかに行列の連続関数だから，$GL(n, C)$ は $\mathcal{M}_n(C)$ の開部分集合である．$GL(n, C)$ の元を，位相空間 $\mathcal{M}_n(C)$ の部分空間である位相空間 $GL(n, C)$ の点とみなす．

$\sigma=(a_{ij})$ が正則行列のとき，逆行列 σ^{-1} の成分 b_{ij} は

$$ b_{ij} = A_{ij} \boxed{\sigma}^{-1} $$

の形に表わされる．ただし A_{ij} たちは σ の成分たちの多項式である．したがって $GL(n, C)$ から自分自身への写像 $\sigma \to \sigma^{-1}$ は連続である．この写像はその逆写像と同じものだから，これは $GL(n, C)$ から自分自身への位数2の同相写像である．

写像 $\sigma \to \bar{\sigma}$ および $\sigma \to {}^t\sigma$ も $GL(n, C)$ から自分自身への同相写像である．$\sigma \to \bar{\sigma}$ は同型写像でもあるが，$\sigma \to {}^t\sigma$ はそうではない．

$GL(n, C)$ の元 σ に対し，行列 σ^* を式

$$\sigma^* = {}^t\bar{\sigma}^{-1}$$

によって定義する．すると

$$(\sigma\tau)^* = \sigma^*\tau^*,\ (\sigma^*)^{-1} = (\sigma^{-1})^*$$

が成りたつ．したがって写像 $\sigma \to \sigma^*$ は $GL(n, C)$ の位数2の同相写像かつ同型写像である．

定義2　行列 σ **が** $\sigma=\bar{\sigma}=\sigma^*$ **をみたすとき，** σ **を直交行列という．** n **次直交行列ぜんぶの集合を** $O(n)$ **と書く．** $\sigma=\sigma^*$ **だけをみたすとき，** σ **を複素直交行列と言い，こういう行列ぜんぶの集合を** $O(n, C)$ **と書く．** $\bar{\sigma}=\sigma^*$ **だけをみたすとき，** σ **をユニタリ行列と言い，こういう行列ぜんぶの集合を** $U(n)$ **と書く．**

写像 $\sigma \to \bar{\sigma}$ および $\sigma \to \sigma^*$ は連続だから，集合 $O(n)$，$O(n, C)$，$U(n)$ はどれも $GL(n, C)$ の閉部分集合である．これらの写像は同型写像だから $O(n)$，$O(n, C)$，$U(n)$ はどれも $GL(n, C)$ の部分群である．明きらかに

$$O(n) = O(n, C) \cap U(n).$$

定義3　行列 σ **の成分がすべて実数のとき，すなわち** $\sigma=\bar{\sigma}$ **のとき，** σ **を実行列と言う．** n **次実行列ぜんぶの集合を** $\mathcal{M}_n(R)$ **と書く．集合** $\mathcal{M}_n(R) \cap GL(n, C)$ **を** $GL(n, R)$ **と書く．**

したがって

$$O(n) = GL(n, R) \cap O(n, C)$$

も成りたつ．ふたつの行列の積の行列式はそれぞれの行列

の行列式の積だから，行列式が1である行列ぜんぶの集合は $GL(n, C)$ の部分群である．

定義4　**$GL(n, C)$ のなかで行列式が1の行列ぜんぶの作る群を特殊線型群と言い，$SL(n, C)$ と書く．つぎのようにおく：**

$$SL(n, R) = SL(n, C) \cap GL(n, R),$$
$$SO(n) = SL(n, C) \cap O(n),$$
$$SU(n) = SL(n, C) \cap U(n).$$

明きらかに $SL(n, C)$，$SL(n, R)$，$SO(n)$，$SU(n)$ は $GL(n, C)$ の部分群かつ閉部分集合である．これらは $GL(n, C)$ の部分空間と考えられる．

定理1　**空間 $U(n)$，$O(n)$，$SU(n)$，$SO(n)$ はどれもコンパクトである．**

証明　$O(n)$，$SU(n)$，$SO(n)$ は $U(n)$ の閉部分集合だから，$U(n)$ のコンパクト性だけ示せばよい．行列 σ がユニタリであるためには ${}^t\sigma\bar{\sigma}=\varepsilon$ （ε は単位行列）が必要十分である（実際この条件から σ の正則性と $\sigma^*=\bar{\sigma}$ が出る）．$\sigma=(a_{ij})$ とすると，等式 ${}^t\sigma\bar{\sigma}=\varepsilon$ は条件

$$\sum_j a_{ji}\bar{a}_{jk} = \delta_{ik}$$

と同値である．

この式の左辺は σ の連続関数だから，$U(n)$ は $GL(n, C)$ の閉部分集合であるだけではなく，$\mathcal{M}_n(C)$ の閉部分集

合でもある．さらに，条件 $\sum_j a_{ji}\bar{a}_{ji}=1$ から $|a_{ij}|\leqq 1$ $(1\leqq i, j\leqq n)$ が出るから，$U(n)$ の行列 σ の成分たちは有界である．すでに確立した $\mathcal{M}_n(C)$ と C^{n^2} との同相性により，$U(n)$ は C^{n^2} の有界閉部分集合であることが分かり，定理1が証明された．

§2 行列の指数関数

α を任意の n 次行列とし，μ を α の成分 $x_{ij}(\alpha)$ たちの絶対値のひとつの上界とする．α^p $(0\leqq p<\infty$；$\alpha^0=\varepsilon$（単位行列）とおく）の成分を $x_{ij}^{(p)}(\alpha)$ と書く．$|x_{ij}^{(p)}(\alpha)|\leqq(n\mu)^p$ を示す．$p=0$ なら正しい．ある整数 $p\geqq 0$ に対してこの不等式が成りたつと仮定すると，

$$|x_{ij}^{(p+1)}(\alpha)|=|\sum_k x_{ik}^{(p)}(\alpha)x_{kj}(\alpha)|\leqq n(n\mu)^p\mu=(n\mu)^{p+1}$$

となり，$p+1$ に対しても不等式が示された．

このことにより，n^2 個の級数 $\sum_{p=0}^{\infty}\frac{1}{p!}x_{ij}^{(p)}(\alpha)$ は，$|x_{ij}(\alpha)|\leqq\mu$ をみたす α ぜんぶの集合で一様に収束する．言いかえれば，級数 $\varepsilon+\frac{\alpha}{1}+\frac{\alpha^2}{2!}+\cdots+\frac{\alpha^p}{p!}+\cdots$ はつねに収束し，さらに α が $\mathcal{M}_n(C)$ の有界領域に留まるかぎり一様に収束する．

定義1　級数 $\sum_0^{\infty}\frac{1}{p!}\alpha^p$ の和を $\exp\alpha$ と書く．

こうして定義された関数 $\exp\alpha$ は $\mathcal{M}_n(C)$ 上の連続関数

であり，$\mathcal{M}_n(C)$を自身のなかに移す．

命題1 n **次正則行列** σ **に対して**

$$\exp(\sigma\alpha\sigma^{-1}) = \sigma(\exp\alpha)\sigma^{-1}$$

が成りたつ．

実際，$\sigma\alpha^p\sigma^{-1}=(\sigma\alpha\sigma^{-1})^p$ だから

$$\exp(\sigma\alpha\sigma^{-1}) = \sum_0^\infty \frac{1}{p!}(\sigma\alpha\sigma^{-1})^p = \sum_0^\infty \sigma\left(\frac{1}{p!}\alpha^p\right)\sigma^{-1}$$
$$= \sigma\left(\sum_0^\infty \frac{1}{p!}\alpha^p\right)\sigma^{-1} = \sigma(\exp\alpha)\sigma^{-1}.$$

命題2 α **の特性根を重複度も込めて** $\lambda_1, \cdots, \lambda_n$ **とするとき，** $\exp\alpha$ **の特性根は** $\exp\lambda_1, \cdots, \exp\lambda_n$ **である．**

証明 n に関する帰納法による．$n=1$ なら α は複素数だから明きらか．そこで $n>1$ とし，$n-1$ 次行列に対しては命題が成りたつと仮定する．

λ_1 を α のひとつの特性根とすると，C^n の元 $\boldsymbol{a}\neq 0$ で $\alpha\boldsymbol{a}=\lambda_1\boldsymbol{a}$ なるものがある．座標が $(1, 0, \cdots, 0)$ である点を $\boldsymbol{e}_1$ とする．$\boldsymbol{a}\neq 0$ だから，正則行列 σ で $\sigma\boldsymbol{a}=\boldsymbol{e}_1$ となるものがある．すると $\sigma\alpha\sigma^{-1}\boldsymbol{e}_1=\lambda_1\boldsymbol{e}_1$ が成りたつ．言いかえれば，

$$\sigma\alpha\sigma^{-1} = \begin{pmatrix} \lambda_1 & * & \cdots & * \\ 0 & & & \\ \vdots & & (\tilde{\alpha}) & \\ 0 & & & \end{pmatrix}.$$

ただし $*$ は複素数を表わし，$\tilde{\alpha}$ は $n-1$ 次の行列である．すぐ分かるように

$$\sigma\alpha^p\sigma^{-1}=\begin{pmatrix}\lambda_1^p & * & \cdots & * \\ 0 & & & \\ \vdots & & (\tilde{\alpha}^p) & \\ 0 & & & \end{pmatrix}$$

だから,

$$\exp(\sigma\alpha\sigma^{-1})=\begin{pmatrix}\exp\lambda_1 & * & \cdots & * \\ 0 & & & \\ \vdots & & (\exp\tilde{\alpha}) & \\ 0 & & & \end{pmatrix}$$

となる. $\tilde{\alpha}$ の特性根を $\lambda_2,\cdots,\lambda_n$ とすると, α の特性根は $\sigma\alpha\sigma^{-1}$ の特性根と同じで $\lambda_1,\lambda_2,\cdots,\lambda_n$ である. $n-1$ 次行列に対しては命題は正しいから, $\exp\tilde{\alpha}$ の特性根は $\exp\lambda_2,\cdots,\exp\lambda_n$ であり, $\exp(\sigma\alpha\sigma^{-1})$ の特性根は $\exp\lambda_1,\exp\lambda_2,\cdots,\exp\lambda_n$ である. 命題1によってこれらは $\sigma(\exp\alpha)\sigma^{-1}$ の, 従って $\exp\alpha$ の特性根であり, 命題2が証明された.

系1　**$\exp\alpha$ の行列式は $\exp(\mathrm{Sp}\,\alpha)$ である. ただし $\alpha=(a_{ij})$ のとき $\mathrm{Sp}\,\alpha=\sum_i a_{ii}$ (α のトレース (trace)).**

これは行列のトレースと行列式はそれぞれ特性根ぜんぶの和と積だという事実からすぐ出る.

系2　**任意の行列 α に対して $\exp\alpha$ は正則である.**

命題3　**α と β が交換可能な行列 (すなわち $\alpha\beta=\beta\alpha$) なら, $\exp(\alpha+\beta)=(\exp\alpha)(\exp\beta)$ が成りたつ.**

証明　α と β が交換可能だから, $(\alpha+\beta)^p$ を2項定理に

よって

$$\frac{1}{p!}(\alpha+\beta)^p = \sum_0^p \frac{\alpha^k}{k!}\frac{\beta^{p-k}}{(p-k)!}$$

と展開することができる．したがって任意の整数 P に対し，

$$\sum_0^{2P} \frac{(\alpha+\beta)^p}{p!} = \left(\sum_0^P \frac{\alpha^p}{p!}\right)\left(\sum_0^P \frac{\beta^p}{p!}\right) + R_P$$

と書くことができる．ただし R_P は和 $\sum_{(k,l)} \frac{\alpha^k}{k!}\frac{\beta^l}{l!}$ であり，総和記号 $\sum_{(k,l)}$ は $\max(k,l) > P$ かつ $k+l \leqq 2P$ なる (k,l) すべての組みあわせにわたる．これらの項の数は $P(P+1)$ である．一方，α と β の成分の絶対値の上界のひとつを μ とすると，$\frac{\alpha^k}{k!}\frac{\beta^l}{l!}$ の成分の絶対値は $n\frac{(n\mu)^k}{k!}\frac{(n\mu)^l}{l!} \leqq \frac{(n\mu_0)^{2P}}{P!}$ で押さえられる．ただし μ_0 はひとつの正の数である．したがって R_P の成分の絶対値は $P(P+1)\frac{(n\mu_0)^{2P}}{P!}$ より小さく，P が限りなく大きくなるとき R_P は 0 に近づく．証明すべき式はこれからただちに導かれる．

系　t が実変数で α が固定された行列のとき，写像 $t \to \exp t\alpha$ は，実数の加法群から $GL(n, C)$ への連続な準同型写像である．

任意の行列 α に対し，明きらかに

$$\exp({}^t\alpha) = {}^t(\exp\alpha),\ \ \exp\overline{\alpha} = \overline{\exp\alpha}$$

が成りたつ．命題 3 の系により，

$$\exp(-\alpha) = (\exp\alpha)^{-1}$$

が成りたつ.

命題4 **$\mathcal{M}_n(C)$ のゼロ元 0 の近傍 U で, 写像 $\alpha\to\exp\alpha$ によって $GL(n, C)$ の中立元 ε のある近傍の上に同相に写されるものが存在する.**

証明 $\mathcal{M}_n(C)$ の行列 $\alpha=(x_{ij}(\alpha))$ を, ($x_{ij}(\alpha)$ たちをある固定した順序に並べて) C^{n^2} の点とみなす. 級数 $\sum_0^\infty \dfrac{\alpha^P}{P!}$ の一様収束性により, $\exp\alpha$ の成分 $y_{ij}(\alpha)$ は, α の成分たちの整解析関数 $F_{ij}(\cdots, x_{kl}(\alpha), \cdots)$ である. 明きらかに, 関数 $F_{ij}(\cdots, x_{kl}, \cdots)$ のマクローリン展開の2次より小さい項は $\delta_{ij}+x_{ij}$ である. したがって n^2 個の関数 F_{ij} の, n^2 個の変数に関するヤコビ行列式は, $x_{kl}=0$ $(1\leqq k, l\leqq n)$ なら1に等しい. 陰関数定理により, C^{n^2} から自分自身への写像で, x_{ij} たちを座標とする点に対して $F_{ij}(\cdots, x_{kl}, \cdots)$ を座標とする点を対応させるものは, 原点のある近傍を, 座標が $y_{ij}=\delta_{ij}$ である点のある近傍の上に同相に写す. 命題4はこれからすぐに出る.

定義2 **α を行列とする. ${}^t\alpha+\alpha=0$ のとき α を反対称行列と言い, ${}^t\alpha+\bar{\alpha}=0$ のとき反エルミート行列と言う.**

反対称行列ぜんぶの集合を M^s, 反エルミート行列ぜんぶの集合を M^{sh} と書き, トレースが0である行列ぜんぶの集合を M^S, 実行列ぜんぶの集合を M^R と書く.

補題1 **$\mathcal{M}_n(C)$ のゼロ行列 0 の近傍 U で, つぎの三条**

件をみたすものが存在する：

1) 写像$\alpha \to \exp \alpha$により，Uは$GL(n, C)$の単位行列εのある近傍の上に同相に写される．

2) Uの任意の元αのトレースの絶対値は2πより小さい．

3) $\alpha \in U$なら$-\alpha \in U$, ${}^t\alpha \in U$, $\overline{\alpha} \in U$.

証明 第1，第2の条件をみたす0の近傍U_1をとる．$\alpha \in U_1$に対する$-\alpha$の全体を$-U_1$とし，同様に${}^tU_1$, $\overline{U_1}$を定義する．このとき$U = U_1 \cap (-U_1) \cap ({}^tU_1) \cap \overline{U_1}$は補題1の条件をみたす．

命題5 **Uを$\mathcal{M}_n(C)$の0の近傍で補題1の条件をみたすものとする．写像$\alpha \to \exp \alpha$により，つぎの一連の集合$M^S \cap U$, $M^{sh} \cap U$, $M^S \cap M^{sh} \cap U$, $M^R \cap U$, $M^R \cap M^S \cap U$, $M^R \cap M^{sh} \cap U$, $M^R \cap M^S \cap M^{sh} \cap U$, $M^s \cap U$はそれぞれ同相につぎの一連の群$SL(n, C)$, $U(n)$, $SU(n)$, $GL(n, R)$, $SL(n, R)$, $O(n)$, $SO(n)$, $O(n, C)$の中立元εのある近傍に写される．**

証明 われわれは写像$\alpha \to \exp \alpha$がUの任意の部分集合を同相に写すことを知っている．命題2の系1により，$\alpha \in M^S$なら$\exp \alpha \in SL(n, C)$．つぎに$\alpha \in M^s$なら${}^t(\exp \alpha) = \exp({}^t\alpha) = \exp(-\alpha) = (\exp \alpha)^{-1}$だから$\exp \alpha$は複素直交行列である．同様に$\alpha \in M^{sh}$なら$\exp \alpha$はユニタリ行列である．逆に$\exp \alpha \in SL(n, C)$かつ$\alpha \in U$なら，$\exp(\mathrm{Sp}\, \alpha) = 1$と$|\mathrm{Sp}\, \alpha| < 2\pi$によって$\mathrm{Sp}\, \alpha = 0$，すなわち$\alpha \in M^S$となる．

つぎにもし $\exp\alpha \in O(n,C)$ かつ $\alpha \in U$ なら，${}^t\alpha \in U$，$-\alpha \in U$，$\exp({}^t\alpha)=\exp(-\alpha)$ から ${}^t\alpha=-\alpha$，すなわち $\alpha \in M^s$ を得る．同様に $\alpha \in U$ で $\exp\alpha$ がユニタリなら $\alpha \in M^{sh}$ となる．また α が実行列なら $\exp\alpha$ も実行列であり，逆に $\exp\alpha$ が実行列で $\alpha \in U$ なら，$\exp\alpha=\exp\bar{\alpha}$ から $\alpha=\bar{\alpha}$ を得る．これらの事実から命題5はすぐに出る．

一連の集合 $M^S, M^{sh}, M^R, M^S \cap M^{sh}, M^R \cap M^S, M^R \cap M^{sh}, M^R \cap M^S \cap M^{sh}, M^s$ はどれも実数体 R 上のベクトル空間と考えられ，その次元はそれぞれ $2n^2-2, n^2, n^2, n^2-1, n^2-1, \dfrac{n(n-1)}{2}, \dfrac{n(n-1)}{2}, n(n-1)$ である．こうしてつぎの命題が証明された．

命題6 $GL(n,C), SL(n,C), U(n), SU(n), GL(n,R), SL(n,R), O(n), SO(n), O(n,C)$ **の各群に対し，その中立元の近傍で，ある次元の実デカルト空間のある開集合に同相なものが存在する．その次元はそれぞれ** $GL(n,C)$ **のときは** $2n^2$，$SL(n,C)$ **のときは** $2n^2-2$，$U(n)$ **のときは** n^2，$SU(n)$ **のときは** n^2-1，$GL(n,R)$ **のときは** n^2，$SL(n,R)$ **のときは** n^2-1，$O(n)$ **と** $SO(n)$ **のときは** $\dfrac{n(n-1)}{2}$，$O(n,C)$ **のときは** $n(n-1)$ **である．**

§3 エルミート積

すでに注意したように，空間 C^n は C 上の n 次元ベクトル空間であり，§1のはじめに導入した基底 $\{\boldsymbol{e}_1, \cdots, \boldsymbol{e}_n\}$ をもつ．この節ではベクトル $\boldsymbol{a}$ に数 z を掛けたものを（$z\boldsymbol{a}$ ではなく）$\boldsymbol{a}z$ と書く．このほうが四元数を扱うときに都合がいい．

定義 1 **C^n のベクトル $\boldsymbol{a}=\sum_1^n \boldsymbol{e}_i z_i$ および $\boldsymbol{b}=\sum_1^n \boldsymbol{e}_i u_i$ に対し，そのエルミート積 $\boldsymbol{a}\cdot\boldsymbol{b}$ を**

$$\boldsymbol{a}\cdot\boldsymbol{b}=\sum_1^n \bar{z}_i u_i$$

によって定義する．$\boldsymbol{a}$ の長さ $\|\boldsymbol{a}\|$ を

$$\|\boldsymbol{a}\|=(\boldsymbol{a}\cdot\boldsymbol{a})^{\frac{1}{2}}=\left(\sum_1^n \bar{z}_i z_i\right)^{\frac{1}{2}}$$

と定義する．

ただちに分かるように $\|\boldsymbol{a}\|\geqq 0$ であり，$\|\boldsymbol{a}\|=0$ なら $\boldsymbol{a}=0$ である．

$\boldsymbol{a}$ を固定したとき，$\boldsymbol{a}\cdot\boldsymbol{b}$ は $\boldsymbol{b}$ の線型関数である；すなわち

$$\boldsymbol{a}\cdot(\boldsymbol{b}_1 u_1+\boldsymbol{b}_2 u_2)=(\boldsymbol{a}\cdot\boldsymbol{b}_1)u_1+(\boldsymbol{a}\cdot\boldsymbol{b}_2)u_2.$$

しかし $\boldsymbol{b}$ を固定したとき，$\boldsymbol{a}\cdot\boldsymbol{b}$ は $\boldsymbol{a}$ の線型関数<u>ではない</u>．実際

$$\boldsymbol{b}\cdot\boldsymbol{a}=\overline{(\boldsymbol{a}\cdot\boldsymbol{b})}$$

なので

$$(\boldsymbol{a}_1 z_1+\boldsymbol{a}_2 z_2)\cdot\boldsymbol{b}=(\boldsymbol{a}_1\cdot\boldsymbol{b})\bar{z}_1+(\boldsymbol{a}_2\cdot\boldsymbol{b})\bar{z}_2$$

となる．

定義 2 **$\|\boldsymbol{a}\|=1$ のとき，$\boldsymbol{a}$ を単位ベクトルと言う．$\boldsymbol{a}\cdot\boldsymbol{b}$**

$=0$のとき，$\boldsymbol{a}$と$\boldsymbol{b}$は直交すると言う．ベクトルの集合が正規直交系であるとは，どのベクトルも単位ベクトルであり，互いに異なるベクトルはすべて直交することである．

命題1 **$\boldsymbol{a}_1, \cdots, \boldsymbol{a}_m$を線型独立なベクトルとする．このとき，正規直交系$\{\boldsymbol{b}_1, \cdots, \boldsymbol{b}_m\}$であって，各$k\,(1 \leqq k \leqq m)$に対して集合$\{\boldsymbol{a}_1, \cdots, \boldsymbol{a}_k\}$と$\{\boldsymbol{b}_1, \cdots, \boldsymbol{b}_k\}$とが$C^n$の同じ部分空間を張るものが存在する．**

証明 mに関する帰納法による．$m=1$に対して命題1は成りたつ．実際，$\boldsymbol{a}_1 \neq 0$だから$\boldsymbol{b}_1$として$\dfrac{\boldsymbol{a}_1}{\|\boldsymbol{a}_1\|}$を取ればいい．つぎに$m>1$とし，$m-1$に対して命題1が成りたつと仮定する．正規直交系$\{\boldsymbol{b}_1, \cdots, \boldsymbol{b}_{m-1}\}$であって，$k \leqq m-1$なるすべての$k$に対し，集合$\{\boldsymbol{a}_1, \cdots, \boldsymbol{a}_k\}$と$\{\boldsymbol{b}_1, \cdots, \boldsymbol{b}_k\}$とが$C^n$の同じ部分空間を張るものが存在する．そこで

$$\boldsymbol{c} = \boldsymbol{a}_m - \sum_{i=1}^{m-1} \boldsymbol{b}_i (\boldsymbol{b}_i \cdot \boldsymbol{a}_m)$$

とおく．$\boldsymbol{a}_m$は$\boldsymbol{a}_1, \cdots, \boldsymbol{a}_{m-1}$に線型独立だから，$\boldsymbol{c}$は$\boldsymbol{a}_1, \cdots, \boldsymbol{a}_{m-1}$の張る空間に属さない．そこで$\dfrac{\boldsymbol{c}}{\|\boldsymbol{c}\|}$を$\boldsymbol{b}_m$とおく．明きらかに$\|\boldsymbol{b}_m\|=1$であり，（$\boldsymbol{b}_1, \cdots, \boldsymbol{b}_{m-1}$が正規直交系だから）

$$\boldsymbol{b}_m \cdot \boldsymbol{b}_k = (\boldsymbol{a}_m \cdot \boldsymbol{b}_k - \boldsymbol{a}_m \cdot \boldsymbol{b}_k)\|\boldsymbol{c}\|^{-1} = 0$$

となり，$\boldsymbol{b}_m$は$\boldsymbol{b}_1, \cdots, \boldsymbol{b}_{m-1}$と直交する．したがって$\{\boldsymbol{b}_1, \cdots, \boldsymbol{b}_m\}$は正規直交系で，$\{\boldsymbol{a}_1, \cdots, \boldsymbol{a}_m\}$と同じ空間を張る．こうして$m$個のベクトルの場合に命題1が証明された．

系 1 **C^n の任意の部分ベクトル空間は正規直交基底をもつ．**

系 2 **C^n の任意の単位ベクトル $\boldsymbol{a}$ を含む正規直交基底が存在する．**

実際，$\boldsymbol{a}$ は C^n のある基底の最初の元である．この基底に命題1の構成法を適用すれば，$\boldsymbol{a}$ を第一元とする C^n の正規直交基底が得られる．

§1で説明した方法により，これからは n 次行列を C^n の自己準同型写像として扱う．

命題 2 **行列 σ がユニタリ行列であるためには，すべての $\boldsymbol{a} \in C^n$ に対して $\|\sigma\boldsymbol{a}\|=\|\boldsymbol{a}\|$ が成りたつことが必要十分である．このとき，C^n の任意のふたつのベクトル $\boldsymbol{a}$ と $\boldsymbol{b}$ に対して $\sigma\boldsymbol{a}\cdot\sigma\boldsymbol{b}=\boldsymbol{a}\cdot\boldsymbol{b}$ が成りたつ．**

証明 $\alpha=(a_{ij})$ を任意の行列とする．$\alpha\boldsymbol{e}_i=\sum_j\boldsymbol{e}_j a_{ji}$ だから $\overline{a}_{ji}=(\alpha\boldsymbol{e}_i)\cdot\boldsymbol{e}_j$ となる．同様に ${}^t\alpha\boldsymbol{e}_j=\sum_i\boldsymbol{e}_i a_{ji}$ だから $a_{ji}=\boldsymbol{e}_i\cdot({}^t\alpha\boldsymbol{e}_j)$ となり，$(\alpha\boldsymbol{e}_i)\cdot\boldsymbol{e}_j=\boldsymbol{e}_i\cdot({}^t\overline{\alpha}\boldsymbol{e}_j)$ が成りたつ．したがってすぐ分かるように，任意のふたつのベクトル $\boldsymbol{a}=\sum_i\boldsymbol{e}_i a_i$ と $\boldsymbol{b}=\sum_j\boldsymbol{e}_j b_j$ に対して

$$(\alpha\boldsymbol{a})\cdot\boldsymbol{b}=\boldsymbol{a}\cdot({}^t\overline{\alpha}\boldsymbol{b}) \tag{1}$$

が成りたつ．

σ がユニタリ行列なら $\sigma\boldsymbol{a}\cdot\sigma\boldsymbol{b}=\boldsymbol{a}\cdot({}^t\overline{\sigma}\sigma\boldsymbol{b})=\boldsymbol{a}\cdot\boldsymbol{b}$，とくに $\|\sigma\boldsymbol{a}\|^2=\|\boldsymbol{a}\|^2$ が成りたつから $\|\sigma\boldsymbol{a}\|=\|\boldsymbol{a}\|$ となる．

逆に任意の $\boldsymbol{a}$ に対して $\|\sigma\boldsymbol{a}\|=\|\boldsymbol{a}\|$ が成りたてば

$$(\sigma\boldsymbol{a}+\sigma\boldsymbol{b})\cdot(\sigma\boldsymbol{a}+\sigma\boldsymbol{b})=(\boldsymbol{a}+\boldsymbol{b})\cdot(\boldsymbol{a}+\boldsymbol{b})$$

だから,

$$\sigma\boldsymbol{a}\cdot\sigma\boldsymbol{b}+\sigma\boldsymbol{b}\cdot\sigma\boldsymbol{a}=\boldsymbol{a}\cdot\boldsymbol{b}+\boldsymbol{b}\cdot\boldsymbol{a}.$$

$\boldsymbol{b}$ を $\sqrt{-1}\,\boldsymbol{b}$ に置きかえれば

$$\sigma\boldsymbol{a}\cdot\sigma\boldsymbol{b}-\sigma\boldsymbol{b}\cdot\sigma\boldsymbol{a}=\boldsymbol{a}\cdot\boldsymbol{b}-\boldsymbol{b}\cdot\boldsymbol{a}$$

から $\sigma\boldsymbol{a}\cdot\sigma\boldsymbol{b}=\boldsymbol{a}\cdot\boldsymbol{b}=\boldsymbol{a}\cdot{}^t\bar{\sigma}\sigma\boldsymbol{b}$ が得られる．したがってすべての $\boldsymbol{a}$ に対して $\boldsymbol{a}\cdot(\boldsymbol{b}-{}^t\bar{\sigma}\sigma\boldsymbol{b})=0$ であり，(たとえば $\boldsymbol{a}=\boldsymbol{b}-{}^t\bar{\sigma}\sigma\boldsymbol{b}$ とすることによって) $\boldsymbol{b}={}^t\bar{\sigma}\sigma\boldsymbol{b}$ となる．式 $\boldsymbol{b}={}^t\bar{\sigma}\sigma\boldsymbol{b}$ はすべての $\boldsymbol{b}$ に対して成りたつから，${}^t\bar{\sigma}\sigma$ は単位行列であり，σ がユニタリ行列であることが証明された．

集合 $\{\boldsymbol{e}_1,\cdots,\boldsymbol{e}_n\}$ は正規直交系だから，任意のユニタリ行列 σ に対して $\{\sigma\boldsymbol{e}_1,\cdots,\sigma\boldsymbol{e}_n\}$ も正規直交系である．逆に任意の正規直交系 $\{\boldsymbol{a}_1,\cdots,\boldsymbol{a}_n\}$ に対し，$\sigma\boldsymbol{e}_i=\boldsymbol{a}_i\,(1\leqq i\leqq n)$ となる行列 $\sigma=(a_{ij})$ が存在する．

$$\sigma\boldsymbol{e}_i\cdot\sigma\boldsymbol{e}_k=\sum_j\bar{a}_{ji}a_{jk}=\boldsymbol{a}_i\cdot\boldsymbol{a}_k=\delta_{ik}$$

だから σ はユニタリ行列である．とくにつぎの命題が得られた：

命題 3　$\boldsymbol{a}$ が単位ベクトルなら，$\sigma\boldsymbol{e}_1=\boldsymbol{a}$ となるユニタリ行列 σ が存在する．

ベクトル $\boldsymbol{a}=\sum_i\boldsymbol{e}_ix_i$ が**実ベクトル**であるとは，その座標 $x_1,x_2,\cdots,x_n$ がすべて実数のことである．$\boldsymbol{a}$ と $\boldsymbol{b}$ が実ベクトルなら，数 $\boldsymbol{a}\cdot\boldsymbol{b}$ は実数である．

命題 4　行列 σ が直交行列であるためには，つぎの二条

件がみたされることが必要十分である：

1) 任意のふたつの実ベクトル $\boldsymbol{a}$ と $\boldsymbol{b}$ に対して $\sigma\boldsymbol{a}\cdot\sigma\boldsymbol{b}=\boldsymbol{a}\cdot\boldsymbol{b}$.

2) $\boldsymbol{a}$ が実ベクトルなら $\sigma\boldsymbol{a}$ も実ベクトルである.

証明 σ が直交行列なら，σ はユニタリ行列かつ実行列だから，二条件は確かにみたされる．逆に二条件がみたされると仮定する．$\boldsymbol{a}=\sum_i \boldsymbol{e}_i x_i$ と $\boldsymbol{b}=\sum_j \boldsymbol{e}_j y_j$ を任意のふたつの複素ベクトルとする．$\boldsymbol{e}_1, \cdots, \boldsymbol{e}_n$ は実ベクトルだから，

$$\sigma\boldsymbol{a}\cdot\sigma\boldsymbol{b}=\sum_{ij}\bar{x}_i y_j(\sigma\boldsymbol{e}_i\cdot\sigma\boldsymbol{e}_j)=\sum_{ij}\bar{x}_i y_j(\boldsymbol{e}_i\cdot\boldsymbol{e}_j)=\boldsymbol{a}\cdot\boldsymbol{b}$$

となって σ はユニタリである．σ は実行列でもあるから，それは直交行列である．

命題1の証明に使った正規直交化の手続きを実ベクトルの系に適用すれば，結果も実ベクトルだからつぎの系が証明された：

命題1への系 2a 任意の実単位ベクトルは実ベクトルから成る C^n のある正規直交基底に含まれる.

命題3の証明と同様につぎの命題を得る：

命題 3a $\boldsymbol{a}$ が実単位ベクトルなら，$\sigma\boldsymbol{e}_1=\boldsymbol{a}$ となる直交行列 σ が存在する.

§4 エルミート行列

定義1 行列 α が ${}^t\alpha=\bar{\alpha}$ をみたすとき，α を**エルミート**

行列と言う.

写像 $\alpha \to {}^t\overline{\alpha}$ は $GL(n, C)$ の自己同型写像ではないから, エルミート行列の全体は $GL(n, C)$ の部分群にはならない.

命題 1　行列 α がエルミート行列であるためには, C^n の任意のふたつのベクトル $\boldsymbol{a}$ と $\boldsymbol{b}$ に対して $\alpha\boldsymbol{a}\cdot\boldsymbol{b}=\boldsymbol{a}\cdot\alpha\boldsymbol{b}$ が成りたつことが必要十分である.

実際もし α がエルミートなら, 結果は§3の式 (1) からすぐ出る. 逆に条件がみたされていれば, $\boldsymbol{b}$ を C^n の任意のベクトルとするとき, すべての $\boldsymbol{a} \in C^n$ に対して $\boldsymbol{a}\cdot\alpha\boldsymbol{b}=\boldsymbol{a}\cdot{}^t\overline{\alpha}\boldsymbol{b}$ となるから $\alpha\boldsymbol{b}={}^t\overline{\alpha}\boldsymbol{b}$, したがって $\alpha={}^t\overline{\alpha}$ が成りたち, α はエルミート行列である.

命題 2　α がエルミート行列で σ がユニタリ行列なら, $\sigma\alpha\sigma^{-1}$ もエルミート行列である. さらに, ユニタリ行列 σ_0 で, $\sigma_0\alpha\sigma_0^{-1}$ が対角行列になるものが存在する. α が実行列なら, この σ_0 は直交行列にとれる.

証明　最初の部分は

$$ {}^t(\sigma\alpha\sigma^{-1}) = {}^t(\sigma^{-1}){}^t\alpha{}^t\sigma = \sigma^*\overline{\alpha}{}^t\sigma = \overline{\sigma}\,\overline{\alpha}\,\overline{\sigma}^{-1} = \overline{\sigma\alpha\sigma^{-1}} $$

からただちに出る.

残りの部分を行列 α の次数 n に関する帰納法で証明する. $n=1$ なら明きらかである. $n>1$ とし, 主張が $n-1$ 次行列に対して成りたつと仮定する.

λ_1 を α のひとつの特性根とする. C^n のベクトル $\boldsymbol{a}_1 \neq 0$

で $\alpha\boldsymbol{a}_1=\lambda_1\boldsymbol{a}_1$ なるものがある．$\boldsymbol{a}_1$ に 0 でない数を掛けることにより，$\|\boldsymbol{a}_1\|=1$ としてよい．したがってユニタリ行列 σ_1 で $\sigma_1\boldsymbol{a}_1=\boldsymbol{e}_1$ となるものが存在する（§3 の命題 3，34 ページ）．$\alpha_1=\sigma_1\alpha\sigma_1^{-1}$ とおくと，α_1 もエルミート行列であり，$\alpha_1\boldsymbol{e}_1=\lambda_1\boldsymbol{e}_1$ が成りたつ．$\alpha_1\boldsymbol{e}_i=\sum_j\boldsymbol{e}_ja_{ji}\,(1\leqq i\leqq n)$ とおくと $a_{11}=\lambda_1$，$a_{j1}=0\,(2\leqq j\leqq n)$ となる．α_1 はエルミートだから $a_{ij}=\bar{a}_{ji}$，よって λ_1 は実数で $a_{1j}=0\,(2\leqq j\leqq n)$ である．λ_1 が実数であることが分かったのだから，もし α が実行列なら $\boldsymbol{a}_1$ は実ベクトルとしてよい（$\boldsymbol{a}_1$ の座標は実係数の 1 次方程式系をみたさなければならない）．だからこの場合，σ_1 は直交行列に取れる（§3 の命題 3a，35 ページ）．

行列 α_1 は

$$\alpha_1=\begin{pmatrix}\lambda_1 & 0\ \cdots\ 0\\ 0 & \\ \vdots & \tilde{\alpha}_1\\ 0 & \end{pmatrix}$$

の形である．ただし $\tilde{\alpha}_1$ は $n-1$ 次のエルミート行列であり，α が実行列なら $\tilde{\alpha}_1$ も実行列である．帰納法の仮定により，$n-1$ 次のユニタリ行列 $\tilde{\sigma}_2$ で，$\tilde{\sigma}_2\tilde{\alpha}_1\tilde{\sigma}_2^{-1}$ が対角行列であるようなものが存在する．α が実なら，$\tilde{\sigma}_2$ は直交行列に取れる．そこで

$$\sigma_2=\begin{pmatrix}1 & 0\ \cdots\ 0\\ 0 & \\ \vdots & \tilde{\sigma}_2\\ 0 & \end{pmatrix}$$

とおくと，これは明らかにユニタリである．$\sigma_0=\sigma_2\sigma_1$ とおくと，これもユニタリ行列であり，α が実なら直交行列である．$\sigma_0\alpha\sigma_0^{-1}$ は対角行列だから，n 次行列に対して命題2が成りたつことが分かった．しかも，つぎの命題も証明されたことになる：

命題 3　エルミート行列の特性根はすべて実数である．

ベクトル $\boldsymbol{a}$ が行列 α の**固有ベクトル**であるとは，$\boldsymbol{a}$ が単位ベクトルであって，ある数 λ に対して $\alpha\boldsymbol{a}=\lambda\boldsymbol{a}$ となることである．このとき λ は必然的に α の特性根であり，$\boldsymbol{a}$ は特性根 λ に**属する**と言う．α が対角行列なら，ベクトル $\boldsymbol{e}_1, \cdots, \boldsymbol{e}_n$ は α の固有ベクトルであり，逆も成りたつ．$\boldsymbol{a}$ が α の固有ベクトルで，σ が正則行列なら，$\sigma\boldsymbol{a}$ は $\sigma\alpha\sigma^{-1}$ の固有ベクトルである．したがって命題2と同値なつぎの命題4が得られた：

命題 4　α がエルミート行列なら，α の固有ベクトルから成る C^n の正規直交基底が存在する．

定義 2　エルミート行列 α の特性根がすべて $\geqq 0$ であるとき，α を半正値（エルミート行列）と言う．とくに特性根がどれも 0 でないとき，α を正値（エルミート行列）と言う．

α がエルミートなら $\exp\alpha$ もエルミートである．実際，${}^t(\exp\alpha)=\exp{}^t\alpha=\exp\bar{\alpha}=\overline{(\exp\alpha)}$．さらに，$\exp\alpha$ の特性根は $\exp\lambda$ の形で，λ は α の特性根だから実数である（§2

の命題 2)．したがって $\exp\alpha$ は正値エルミート行列である．

逆に β を任意の正値エルミート行列とする．すでに知っているように，あるユニタリ行列 σ を選んで $\boldsymbol{a}_i=\sigma\boldsymbol{e}_i$ $(1\leqq i\leqq n)$ とおくと，ある正の実数 $\mu_i>0$ $(1\leqq i\leqq n)$ に対して $\beta\boldsymbol{a}_i=\mu_i\boldsymbol{a}_i$ が成りたつ．ここで $\lambda_i=\log\mu_i$ $(1\leqq i\leqq n)$ とおき，行列 α を $\alpha\boldsymbol{a}_i=\lambda_i\boldsymbol{a}_i$ $(1\leqq i\leqq n)$ によって定義すると，$\sigma^{-1}\alpha\sigma\boldsymbol{e}_i=\lambda_i\boldsymbol{e}_i$ となり，$\sigma^{-1}\alpha\sigma$ は実対角行列，したがってエルミートだから，$\alpha=\sigma(\sigma^{-1}\alpha\sigma)\sigma^{-1}$ もエルミートである．さらに

$$(\exp\alpha)\boldsymbol{a}_i=(\exp\lambda_i)\boldsymbol{a}_i=\mu_i\boldsymbol{a}_i \quad (1\leqq i\leqq n)$$

であり，したがって $\exp\alpha=\beta$ である．

さらに，β をエルミート行列の指数関数として表わす方法が一意的であることを証明しよう．実際，エルミート行列 α' があって $\exp\alpha'=\beta$ とする．α' の特性根 λ' に属する α' の任意の固有ベクトルを $\boldsymbol{a}'=\sum_i\boldsymbol{a}_ix_i$ と書く．すると

$$\beta\boldsymbol{a}'=(\exp\alpha')\boldsymbol{a}'=(\exp\lambda')\boldsymbol{a}'=\sum_i\boldsymbol{a}_i(\mu_ix_i)$$

だから，$\mu_i\neq\exp\lambda'$ なら $x_i=0$ である．$x_{i_0}\neq0$ なる番号 i_0 をとると，$\mu_{i_0}=\exp\lambda'=\exp\lambda_{i_0}$ であり，λ' も λ_{i_0} も実数だから $\lambda'=\lambda_{i_0}$ となる．一方，$\alpha\boldsymbol{a}'=\sum\boldsymbol{a}_i(x_i\log\mu_i)=\lambda'\boldsymbol{a}'=\alpha'\boldsymbol{a}'$ が成りたつ．α と α' はその固有ベクトルたちに同じ効果をもつから，命題 4 によって $\alpha=\alpha'$ が得られ，つぎの命題が証明された：

命題 5　写像 $\alpha\to\exp\alpha$ はエルミート行列ぜんぶの集合

を，正値エルミート行列ぜんぶの集合の上に一対一に写す．

この写像は明きらかに連続である．以下，それが同相写像であることを示そう．実際，正値エルミート行列の列 $(\beta_1, \cdots, \beta_p, \cdots)$ が正値エルミート行列 β に収束すると仮定する．β_p の特性多項式は β の特性多項式に収束するから，β_p の特性根 $\mu_{1,p}, \cdots, \mu_{n,p}$ は（適当に並べると）β の特性根 $\mu_1, \cdots, \mu_n$ に収束する．$\mu_i>0$ $(1\leqq i\leqq n)$ だから，p が限りなく大きくなるとき，$\log \mu_{i,p}$ たちは有界である．したがって，α_p を $\exp \alpha_p=\beta_p$ なるエルミート行列とすると，α_p の特性根たちも有界である．各 p に対し，ユニタリ行列 σ_p で $\sigma_p\alpha_p\sigma_p^{-1}=\delta_p$ が対角行列になるものが存在する．δ_p の特性根は α_p の特性根だから，p が限りなく大きくなるとき，δ_p の成分たちは有界である．σ_p はユニタリだから，σ_p の各成分の絶対値は1以下である．したがって α_p の成分たちも有界であり，列 $(\alpha_1, \cdots, \alpha_p, \cdots)$ は $\mathcal{M}_n(C)$ の有界な，したがってコンパクトな部分集合に含まれる．したがって列 $(\alpha_1, \cdots, \alpha_p, \cdots)$ から，ある行列 α に収束する部分列を抜きだすことができる．${}^t\alpha_p=\overline{\alpha}_p$ だから ${}^t\alpha=\overline{\alpha}$，すなわち α はエルミート行列である．指数写像は連続だから，$\exp \alpha$ は列 $(\beta_1, \cdots, \beta_p, \cdots)$ のある部分列の極限であり，$\exp \alpha=\beta$ が成りたつ．一方，β をエルミート行列の指数関数として表わす仕方は一通りしかないから，$(\alpha_1, \cdots, \alpha_p, \cdots)$ のすべての収束部分列は同じ極限 α をもつ．これからすぐ分かるように

$\lim_{p\to\infty}\alpha_p=\alpha$ が成りたち，写像 $\alpha\to\exp\alpha$ は同相写像である．

エルミート行列 $\alpha=(a_{ij})$ は明きらかにその成分 a_{ii}（これは実数）および $i<j$ に対する a_{ij} によって決まるから，エルミート行列ぜんぶの集合は $R^n\times C^{n(n-1)/2}$ に，また R^{n^2} に同相である．以上でつぎの命題 6 が証明された：

命題 6　n **次のエルミート行列の全体および** n **次の正値エルミート行列の全体は，ともに** R^{n^2} **に同相である．写像** $\alpha\to\exp\alpha$ **は第一の集合から第二の集合への同相写像である．**

§5　$GL(n,C)$ を積空間として表現する

命題 1　**任意の正則行列** τ **は，ユニタリ行列** σ **と正値エルミート行列** α **の積として** $\tau=\sigma\alpha$ **と一意的に書くことができる．**

証明　τ をベクトル空間 C^n の線型自己準同型写像と考える．C^n の任意のベクトル $\boldsymbol{a}$ に対して（§3 の式（1），33 ページを見よ）

$$\boldsymbol{a}\cdot({}^t\bar{\tau}\tau)\boldsymbol{a}=\tau\boldsymbol{a}\cdot\tau\boldsymbol{a}=({}^t\bar{\tau}\tau)\boldsymbol{a}\cdot\boldsymbol{a}\geqq 0$$

が成りたつ．§4 の命題 1（36 ページ）によって行列 $\alpha_1={}^t\bar{\tau}\tau$ はエルミートである．さらに，$\boldsymbol{a}$ が α_1 の特性根 μ に属する固有ベクトルなら，$\mu(\boldsymbol{a}\cdot\boldsymbol{a})=\tau\boldsymbol{a}\cdot\tau\boldsymbol{a}$ だから $\mu\geqq 0$ である．${}^t\bar{\tau}\tau$ は正則だから，これは正値エルミート行列であ

る．

§4の命題2（36ページ）により，ユニタリ行列νで$\nu\alpha_1\nu^{-1}$が対角行列δ_1であるものが存在する．δ_1の対角成分は正の実数だから，$\delta^2=\delta_1$となる実対角行列が存在する．δの対角成分は正としてよい．ここで$\alpha=\nu^{-1}\delta\nu$とおくと，αは正値エルミート行列で，$\alpha^2=\alpha_1$が成りたつ．

$\sigma=\tau\alpha^{-1}$とおくと，

$$\sigma^* = {}^t\sigma^{-1} = \tau^*(\alpha^{-1})^* = {}^t\tau^{-1}\,{}^t\alpha = {}^t\tau^{-1}\overline{\alpha}.$$

$\overline{\alpha}^2 = \overline{\alpha}_1 = {}^t\tau\overline{\tau}$だから${}^t\tau^{-1}\,{}^t\overline{\alpha}=\overline{\tau}\,\overline{\alpha}^{-1}=\overline{\sigma}$．$\sigma$はユニタリだから$\tau=\sigma\alpha$という積表示が得られた．

つぎに$\sigma_1\alpha_1=\sigma_2\alpha_2$と仮定する．ただし$\sigma_1$と$\sigma_2$はユニタリ，$\alpha_1$と$\alpha_2$は正値エルミートである．$\sigma_3=\sigma_2^{-1}\sigma_1$とおくと$\sigma_3$はユニタリで$\sigma_3\alpha_1=\alpha_2$が成りたつ．$\alpha_2={}^t\overline{\alpha}_2={}^t\overline{\alpha}_1{}^t\overline{\sigma}_3=\alpha_1\sigma_3^{-1}$，$\alpha_2^2=\alpha_1\sigma_3^{-1}\sigma_3\alpha_1=\alpha_1^2$．§4の命題5（39ページ）により，$\alpha_1=\exp\beta_1$，$\alpha_2=\exp\beta_2$と書ける．ただし$\beta_1$と$\beta_2$はエルミート行列である．したがって$\exp 2\beta_1=\alpha_1^2=\alpha_2^2=\exp 2\beta_2$．§4の命題5によって$2\beta_1=2\beta_2$，$\beta_1=\beta_2$，$\alpha_1=\alpha_2$を得る．よって$\sigma_3$は単位行列であり，$\sigma_1=\sigma_2$となって命題1が証明された．

注意　命題1から簡単に分かるように，任意の正則行列τは，正値エルミート行列αとユニタリ行列σの積として，$\tau=\alpha\sigma$とも一意的に書くことができる．

命題2　任意の複素直交行列ρは$\sigma(\exp\sqrt{-1}\beta)$の形に一意的に書くことができる．ただし$\sigma$は実直交行列，$\beta$は

実反対称行列である.

証明 命題1により, $\rho=\sigma\alpha$ と書ける. ただし σ はユニタリ, α は正値エルミートである. 直交条件 ${}^t\rho\rho=\varepsilon$ によって ${}^t\alpha{}^t\sigma\sigma=\alpha^{-1}$ が得られる. $\alpha=\exp\beta_1$ (β_1 はエルミート) と書けるから, $\alpha^{-1}=\exp(-\beta_1)$ もエルミートである. ${}^t\sigma$ は, したがって ${}^t\sigma\sigma$ もユニタリである. ${}^t\alpha=\exp({}^t\beta_1)$ はエルミートだから, 命題1のあとの注意のなかの一意性によって ${}^t\sigma\sigma=\varepsilon$, ${}^t\alpha=\alpha^{-1}$ が成りたつ. ${}^t\sigma\sigma=\varepsilon$, $\sigma^{-1}\overline{\sigma}=\varepsilon$ から $\sigma=\overline{\sigma}$ となるから, σ は実直交行列である.

つぎに ${}^t\alpha=\alpha^{-1}$ から $\exp({}^t\beta_1)=\exp(-\beta_1)$. §4の命題5によって ${}^t\beta_1=-\beta_1$, すなわち β_1 は反対称行列である. 同様に ${}^t\beta_1=\overline{\beta}_1$ から $\overline{\beta}_1=-\beta_1$ となるから, $\beta_1=\sqrt{-1}\beta$ とおけば β は反対称である.

逆に実直交行列はユニタリであり, β は実反対称だから $\sqrt{-1}\beta$ はエルミート, したがって $\exp\sqrt{-1}\beta$ は正値エルミートである. 命題1によって命題2の一意性が出る.

命題1で τ を分解した因子 σ,α は τ の連続関数である. 実際, $(\tau_1,\cdots,\tau_p,\cdots)$ を正則行列の列で, 正則行列 τ に収束するものとする. $\tau_p=\sigma_p\alpha_p$ と書き, $\sigma_p\in U(n)$, α_p は正値エルミートとする. $U(n)$ はコンパクトだから, 列 $(\sigma_1,\cdots,\sigma_p,\cdots)$ には極限 $\sigma\in U(n)$ に収束する部分列がある. 対応する列 $\alpha_p=\sigma_p^{-1}\tau_p$ は明きらかに極限 $\alpha=\sigma^{-1}\tau$ に収束する. 半正値エルミート行列の全体は閉集合だから, α は半正値エルミートであり, σ も τ も正則だから α は正値である.

一方τをユニタリ行列と正値エルミート行列の積に分解する仕方は一意的だから，列$(\sigma_1, \cdots, \sigma_p, \cdots)$の収束部分列はどれも同じ極限$\sigma$をもつ．よって$\lim_{p\to\infty}\sigma_p=\sigma$，$\lim_{p\to\infty}\alpha_p=\alpha$となって証明を終わる．すぐ分かるように，命題2の行列σとβは，複素直交行列ρの連続関数である．

n次の正値エルミート行列ぜんぶの集合はR^{n^2}に同相である（§4の命題6，41ページ）．n次の反対称実行列の全体は明らかに$R^{n(n-1)/2}$に同相である．したがってつぎの結果が得られた：

命題3　空間$GL(n, C)$は空間$U(n)$とR^{n^2}の積位相空間に同相である．空間$O(n, C)$は空間$O(n)$と$R^{n(n-1)/2}$の積空間に同相である．

§6　四元数

四元数環Qは実数体R上の4次元多元環であり，四つの元から成るその基底e_0, e_1, e_2, e_3の乗法表はつぎの式によって与えられる：

$$e_0e_i = e_ie_0 = e_i,\ \ e_i^2 = -e_0,\ \ e_ie_j = -e_je_i = e_k. \tag{1}$$

（ただし，$1\leqq i, j, k\leqq 3$で，写像$1\to i$，$2\to j$，$3\to k$は集合$\{1, 2, 3\}$の偶置換である．）したがって四元数qは実係数a_0, a_1, a_2, a_3をもつ形式$\sum_{i=0}^3 a_ie_i$として表わされる．加法と乗法は通常の分配法則と式（1）によって定義される．

これらの式からすぐ分かるように，e_0はQの単位元で

ある．また簡単に分かるように

$$(e_ie_j)e_k = e_i(e_je_k) \quad (1 \leqq i, j, k \leqq 3)$$

が成りたつから，Q は結合環だが可換環ではない．

四元数 $q = a_0e_0 + \sum_{i=1}^{3} a_ie_i$ に対し，四元数 q^ι を

$$q^\iota = a_0e_0 - \sum_{i=1}^{3} a_ie_i$$

によって定義し，q の**共役**（四元数）と言う．

$qq^\iota = q^\iota q = (\sum_0^3 a_i^2)e_0$ が成りたつ．数 $\sum_0^3 a_i^2$ は非負実数で，$q=0$ のときだけ 0 になる．この数を q の**ノルム**と言い，$N(q)$ と書く．

q' も四元数のとき，簡単に分かるように

$$(aq+bq')^\iota = aq^\iota + b(q')^\iota, \quad (qq')^\iota = (q')^\iota q^\iota,$$
$$(q^\iota)^\iota = q.$$

これらの事実を，共役化 $q \to q^\iota$ は多元環 Q の対合的反自己同型写像であると言う．さらに，

$$\begin{aligned} N(qq')e_0 &= (qq')(qq')^\iota \\ &= q(N(q')e_0)q^\iota = N(q')e_0N(q)e_0 \end{aligned}$$

となるから，

$$N(qq') = N(q)N(q')$$

が成りたつ．

ノルムの存在から，Q が**多元体**であることが導かれる．すなわち，$q \neq 0$ に対して $q^{-1} = (N(q))^{-1}q^\iota$ とおけば，$qq^{-1} = q^{-1}q = e_0$ となる．

$a_0e_0 + a_1e_1$ $(a_0, a_1 \in R)$ の形の四元数ぜんぶの集合を C_1 とする．C_1 の元の和も積も C_1 に属する．$q \in C_1$, $a \in R$ な

ら $aq\in C_1$ だから，C_1 は Q の部分多元環である．C_1 の各元 $a_0e_0+a_1e_1$ に複素数 $a_0+a_1\sqrt{-1}$ を対応させると，C_1 から複素数体 C への同型写像が得られる．

Q は C と同型な体を含むのだから，Q は C 上のベクトル空間である．もっと精密に言うと，つぎのように定義する：Q の元 q および C の元 $x=a_0+a_1\sqrt{-1}$ に対し，$q(a_0e_0+a_1e_1)$ を qx と書く．すると

$$(q+q')x = qx+q'x,\ q(x+x') = qx+qx',$$
$$q(xx') = (qx)x' = (qx')x$$

が成りたち，Q は C 上のベクトル空間とみなされる（あとの便宜のために乗数 x を q の右側に書く）．任意の四元数 $q=\sum_0^3 a_ie_i$ は

$$q = e_0(a_0+a_1\sqrt{-1})+e_2(a_2-a_3\sqrt{-1})$$

と書け，Q は C 上2次元である．

任意の四元数 q に，Q から Q 自身への写像 T_q を，式 $T_q(q')=qq'$ によって対応させる．$T_q(q_1'+q_2')=T_q(q_1')+T_q(q_2')$ が成りたち，さらに $x\in C$ に対して明きらかに $(qq')x=q(q'x)$ が成りたつ．したがって $T_q(q'x)=T_q(q')x$ であり，T_q は C 上のベクトル空間と見た Q の自己準同型写像である．したがって T_q は2次行列で表現され，その成分は式

$$T_q(e_0) = e_0x_{11}+e_2x_{21}$$
$$T_q(e_2) = e_0x_{12}+e_2x_{22}$$

で与えられる．特に，

$$T_{e_0}=\begin{pmatrix}1&0\\0&1\end{pmatrix},\ T_{e_1}=\begin{pmatrix}\sqrt{-1}&0\\0&-\sqrt{-1}\end{pmatrix},$$
$$T_{e_2}=\begin{pmatrix}0&-1\\1&0\end{pmatrix},\ T_{e_3}=\begin{pmatrix}0&-\sqrt{-1}\\-\sqrt{-1}&0\end{pmatrix}$$

だから，

$$T_{e_0x+e_2y}=\begin{pmatrix}x&-\bar{y}\\y&\bar{x}\end{pmatrix}$$

となる．一方，$T_{q_1q_2}=T_{q_1}\circ T_{q_2}$ だから写像 $q\to T_q$ は多元環 Q の複素2次行列による表現になっている．

最後に

$$(e_0x+e_2y)^\iota=e_0\bar{x}-e_2y \tag{2}$$

に注意する．よって $T_q^\iota={}^t\overline{T}_q$.

§7 シンプレクティック幾何

Q を四元数環とする．正整数 n に対し，Q^n は Q と同一の n 個の集合の積である．Q^n の元 $(a_1,\cdots,a_n)$ $(a_i\in Q, 1\leqq i\leqq n)$ を（**四元数**）**ベクトル**と呼び，$a_1,\cdots,a_n$ をこのベクトルの**座標**と言う．ベクトルの加法は対応する座標ごとの加法によって定義される．$\boldsymbol{a}=(a_1,\cdots,a_n)$ がベクトルで $q\in Q$ のとき，ベクトル $(a_1q,\cdots,a_nq)$ を $\boldsymbol{a}q$ と書く．ベクトルたちはもちろん加法に関して加法群をなす．さらに，

$$(\boldsymbol{a}_1+\boldsymbol{a}_2)q=\boldsymbol{a}_1q+\boldsymbol{a}_2q,\ \boldsymbol{a}(q_1+q_2)=\boldsymbol{a}q_1+\boldsymbol{a}q_2,$$
$$\boldsymbol{a}(q_1q_2)=(\boldsymbol{a}q_1)q_2$$

が成りたつ．ただし $\boldsymbol{a},\boldsymbol{a}_1,\boldsymbol{a}_2$ はベクトル，q,q_1,q_2 は四元数

である．(同様に左乗法 $(q,\boldsymbol{a})\to q\boldsymbol{a}$ も定義できるけれども，ここでは使わない．)

ベクトル $\boldsymbol{a}=(a_1,\cdots,a_n)$，$\boldsymbol{b}=(b_1,\cdots,b_n)$ に対し，その**シンプレクティック積** $\boldsymbol{a}\cdot\boldsymbol{b}$ を四元数

$$\boldsymbol{a}\cdot\boldsymbol{b}=\sum_1^n a_i^\iota b_i$$

として定義する．この積は§3で導入したエルミート積と似た性質をもつ：

$$(\boldsymbol{a}_1+\boldsymbol{a}_2)\cdot\boldsymbol{b}=\boldsymbol{a}_1\cdot\boldsymbol{b}+\boldsymbol{a}_2\cdot\boldsymbol{b},$$

$$\boldsymbol{a}\cdot(\boldsymbol{b}_1+\boldsymbol{b}_2)=\boldsymbol{a}\cdot\boldsymbol{b}_1+\boldsymbol{a}\cdot\boldsymbol{b}_2,$$

$$\boldsymbol{a}\cdot(\boldsymbol{b}q)=(\boldsymbol{a}\cdot\boldsymbol{b})q,\ \ (\boldsymbol{a}q)\cdot\boldsymbol{b}=q^\iota(\boldsymbol{a}\cdot\boldsymbol{b}).$$

また，$\boldsymbol{a}\cdot\boldsymbol{a}=\sum_{i=1}^n a_i^\iota a_i=\|\boldsymbol{a}\|e_0$ が成りたち，$\|\boldsymbol{a}\|$ は非負実数である．これを $\boldsymbol{a}$ の**長さ**と呼ぶ．$\boldsymbol{a}\neq 0$ なら長さは0でない．

Q^n の部分ベクトル空間とは，Q^n の空でない部分集合 $\mathcal{M}$ で，$\boldsymbol{a}\in\mathcal{M}$，$\boldsymbol{b}\in\mathcal{M}$，$q\in Q$ から $\boldsymbol{a}+\boldsymbol{b}\in\mathcal{M}$，$\boldsymbol{a}q\in\mathcal{M}$ が導かれるものである．$\boldsymbol{a}_1,\cdots,\boldsymbol{a}_h$ が有限個のベクトルのとき，

$$\boldsymbol{a}_1q_1+\cdots+\boldsymbol{a}_hq_h \quad (q_1,\cdots,q_h\in Q)$$

の形のベクトルぜんぶの集合は Q^n の部分ベクトル空間である．これを $\boldsymbol{a}_1,\cdots,\boldsymbol{a}_h$ の**張る**部分空間と言う．条件 $\sum_1^h \boldsymbol{a}_iq_i=0$ から $q_1=\cdots=q_h=0$ が導かれるとき，$\boldsymbol{a}_1,\cdots,\boldsymbol{a}_h$ は**線型独立**であると言う．

とくに空間 Q^n 自身は n 個の線型独立ベクトル $\boldsymbol{e}_1,\cdots,\boldsymbol{e}_n$ によって張られる．ただし $\boldsymbol{e}_i$ は第 j 座標が $\delta_{ij}e_0$ のベクトルである．

通常の場合とまったく同様につぎのことが証明される：

1）Q^n の任意の部分ベクトル空間 $\mathcal{M}$ は，有限個の線型独立なベクトルの集合によって張られる．これらのベクトルの集合を空間 $\mathcal{M}$ の**基底**と言う．

2）$\mathcal{M}$ のすべての基底は同数の元から成る．この数を $\mathcal{M}$ の**次元**と言う．

3）$\mathcal{M}'$ が $\mathcal{M}$ の部分ベクトル空間のとき，$\dim \mathcal{M}' = \dim \mathcal{M}$ なら $\mathcal{M}' = \mathcal{M}$ となる．

Q^n の**自己準同型写像**とは，Q^n から Q^n 自身への写像で，任意の $\boldsymbol{a}, \boldsymbol{b} \in Q^n$，$q \in Q$ に対して

$$\sigma(\boldsymbol{a}+\boldsymbol{b}) = \sigma\boldsymbol{a}+\sigma\boldsymbol{b},\ \sigma(\boldsymbol{a}q) = (\sigma\boldsymbol{a})q$$

をみたすものである．すぐ分かるように，この写像はベクトルたち

$$\sigma\boldsymbol{e}_i = \sum_{j=1}^{n} \boldsymbol{e}_j q_{ji}$$

が与えられれば決まる．したがって Q^n の線型自己準同型写像と Q の元を成分とする行列 (q_{ij}) とのあいだには一対一対応がある．今後，自己準同型写像自身と対応する行列とを同じ文字 σ で表わす．$\sigma=(q_{ij})$ と $\tau=(r_{ij})$ がこのような行列であるとき，（いつものように）積 $\sigma\tau$ は行列 (s_{ij}) を表わす．ただし

$$s_{ij} = \sum_{k=1}^{n} q_{ik} r_{kj}.$$

このとき $\sigma\tau=\sigma\circ\tau$ である，すなわちすべてのベクトル $\boldsymbol{a}$ に

対して $(\sigma\tau)\boldsymbol{a}=\sigma(\tau\boldsymbol{a})$.

σ が任意の行列のとき，あるベクトル $\boldsymbol{a}\neq 0$ に対して $\sigma\boldsymbol{a}=0$ となるか，または逆行列 σ^{-1} が存在する（すなわち $\sigma\sigma^{-1}=\sigma^{-1}\sigma=\varepsilon$，ただし ε は n 次対角行列で，対角成分はすべて e_0 なるものである）．実際，もし $\boldsymbol{a}\neq 0$ から $\sigma\boldsymbol{a}\neq 0$ が導かれるのならば，σ は Q^n から Q^n のある部分空間 $\mathscr{M}$ への同型写像である．したがって $\dim\mathscr{M}=\dim Q^n$ だから $\mathscr{M}=Q^n$ となる．よって σ は逆写像 σ^{-1} をもち，それは当然自己準同型写像である．

Q の元を成分とする n 次行列ぜんぶの集合を $\mathcal{M}_n(Q)$ と書く．

$\mathcal{M}_n(Q)$ の行列 σ が**シンプレクティック**であるとは，すべての $\boldsymbol{a}\in Q^n$ に対して $\|\sigma\boldsymbol{a}\|=\|\boldsymbol{a}\|$ が成りたつことである．§3 (33ページ) とまったく同様に，つぎのことが証明される：

1) σ がシンプレクティックなら，任意のふたつのベクトル $\boldsymbol{a}, \boldsymbol{b}$ に対して $\sigma\boldsymbol{a}\cdot\sigma\boldsymbol{b}=\boldsymbol{a}\cdot\boldsymbol{b}$.

2) σ がシンプレクティックであるためには，${}^t\sigma'\cdot\sigma=\varepsilon$ が成りたつことが必要十分である．ただし ε は上に定義した単位行列である．

したがって，もし σ がシンプレクティックなら，$\sigma\boldsymbol{a}=0$ から $\boldsymbol{a}=0$ が導かれ，σ は逆行列をもち，それは明きらかに ${}^t\sigma'$ である．

簡単に分かるように，シンプレクティック行列の全体は群をつくる.

定義1 $\mathcal{M}_n(Q)$ **の行列** σ **で,** Q^n **の任意のふたつのベクトル** $\boldsymbol{a}, \boldsymbol{b}$ **に対して**

$$\sigma\boldsymbol{a}\cdot\sigma\boldsymbol{b} = \boldsymbol{a}\cdot\boldsymbol{b}$$

が成りたつもの全部がつくる群を, n **次元のシンプレクティック群と言い,** $Sp(n)$ **と書く** *).

定義2 **ベクトル** $\boldsymbol{a}$ **の長さが1のとき,** $\boldsymbol{a}$ **を単位ベクトルと言う. ふたつのベクトル** $\boldsymbol{a}, \boldsymbol{b}$ **が** $\boldsymbol{a}\cdot\boldsymbol{b}=0$ **をみたすとき, それらは直交すると言う. ベクトルの集合** $\{\boldsymbol{a}_1, \cdots, \boldsymbol{a}_h\}$ **が正規直交系であるとは,** $\boldsymbol{a}_i\cdot\boldsymbol{a}_j=\delta_{ij}e_0$ **が成りたつことである.**

たとえば基底ベクトル $\boldsymbol{e}_1, \cdots, \boldsymbol{e}_n$ は正規直交系をつくる.

命題1 $\boldsymbol{a}_1, \cdots, \boldsymbol{a}_m$ **を** Q^n **の線型独立なベクトルとする. このとき, 正規直交系** $\{\boldsymbol{b}_1, \cdots, \boldsymbol{b}_m\}$ **で, 各** k $(1\leqq k\leqq m)$ **に対してベクトルの集合** $\{\boldsymbol{b}_1, \cdots, \boldsymbol{b}_k\}$ **が** $\{\boldsymbol{a}_1, \cdots, \boldsymbol{a}_k\}$ **と同じ部分空間を張るものが存在する.**

証明は§3の命題1 (32ページ) の証明とまったく同様である.

命題1をもとに, §3で使ったのと同様の推論によってつぎの結果が得られる:

命題2 $\boldsymbol{a}$ **が** Q^n **の単位ベクトルなら, シンプレクティ**

*) [訳注] 現在この群 (と同型な線型群) は $Sp(2n)$ と書かれることが多い. 注意すべきである.

ック行列 σ で $\sigma \boldsymbol{e}_1=\boldsymbol{a}$ となるものが存在する.

§8 線型シンプレクティック群

もう一度前節で導入したベクトル空間 Q^n について考えよう. $\boldsymbol{a}=(a_1, \cdots, a_n) \in Q^n$ のとき, a_i を $a_i=e_0x_i+e_2x_{n+i}$ ($1 \leqq i \leqq n$) の形 (x_i と x_{n+i} は複素数) に書くことができる (§6, 46ページを見よ). $\boldsymbol{a}$ に, C^{2n} のベクトル $\boldsymbol{a}'$ で座標が $x_1, \cdots, x_n, \cdots, x_{2n}$ なるものを対応させる. この対応は加法を保つ. また, $\boldsymbol{a}$ がベクトル $\boldsymbol{a}' \in C^{2n}$ に対応するとき, $\boldsymbol{a}(ue_0+ve_1)$ にはベクトル $\boldsymbol{a}'(u+v\sqrt{-1})$ が対応する (u, v は実数). 実際,

$$\begin{aligned} a_i(ue_0+ve_1) &= a_i(u+v\sqrt{-1}) \\ &= e_0x_i(u+v\sqrt{-1})+e_2x_{n+i}(u+v\sqrt{-1}). \end{aligned}$$

これからすぐ分かるように, Q^n の各自己準同型写像 σ に C^{2n} の自己準同型写像 σ' が対応し,

$$\boldsymbol{a}\to\boldsymbol{a}' \text{ なら } \sigma\boldsymbol{a}\to\sigma'\boldsymbol{a}'$$

となる. さらに, Q^n のふたつの自己準同型写像 σ と τ の積 $\sigma\tau$ には C^{2n} の対応する自己準同型写像の積 $\sigma'\tau'$ が対応する.

対応 $\sigma\to\sigma'$ は, $Sp(n)$ から $GL(2n, C)$ のある部分群への同型写像を与える. この部分群を**線型シンプレクティック群**と言う. 線型シンプレクティック群の元の全体は $GL(2n, C)$ の部分集合だから, $GL(2n, C)$ のある部分 (位相) 空間の点の全体とみなされる. そこで $Sp(n)$ に位相を

$\sigma \to \sigma'$ が同相写像となるように導入することができる．以後 $Sp(n)$ を位相空間と見るときに，つねにこの位相を頭におく．

さて，線型シンプレクティック群を代数的に決定しよう．$\sigma=(q_{ij})$ を $Sp(n)$ の任意の行列とし，$\sigma'=(r_{kl})$ $(1 \leqq k, l \leqq 2n)$ を対応する $GL(2n, C)$ の行列とする．$\boldsymbol{a}'=(x_1, \cdots, x_{2n})$ が C^{2n} の任意のベクトルのとき，$\sigma'\boldsymbol{a}'$ はベクトル $(\tilde{x}_1, \cdots, \tilde{x}_{2n})$ で，

$$\tilde{x}_k = \sum_{l=1}^{2n} r_{kl} x_l \tag{1}$$

である．

$\boldsymbol{a}'$ がベクトル $\boldsymbol{a} \in Q^n$ に対応するベクトルだとしよう．$\boldsymbol{b}$ を Q^n のもうひとつのベクトルとし，$\boldsymbol{b}'=(y_1, \cdots, y_{2n})$ を対応する C^{2n} のベクトルとする．このとき，簡単な計算によって

$$\begin{aligned} \boldsymbol{a} \cdot \boldsymbol{b} &= e_0 \sum_1^{2n} \bar{x}_i y_i + e_2 \sum_1^n (x_i y_{i+n} - x_{i+n} y_i) \\ &= e_0(\boldsymbol{a}' \cdot \boldsymbol{b}') + e_2 \sum_1^n (x_i y_{i+n} - x_{i+n} y_i) \end{aligned}$$

を得る．さらに $\sigma'\boldsymbol{b}'=(\tilde{y}_1, \cdots, \tilde{y}_{2n})$，

$$\tilde{y}_k = \sum_{l=1}^{2n} r_{kl} y_l \tag{2}$$

となる．$\sigma\boldsymbol{a} \cdot \sigma\boldsymbol{b} = \boldsymbol{a} \cdot \boldsymbol{b}$ だから，変数 x, y たちに施された線型置換はふたつの量

$$\sum_1^{2n}\bar{x}_i y_i \text{ および } \sum_1^n (x_i y_{i+n} - x_{i+n} y_i)$$

を変えない．第一の性質は σ' が $U(2n)$ に属することを示す．第二の性質のことを「σ' は双線型形式 $\sum_1^n (x_i y_{i+n} - x_{i+n} y_i)$ を不変に保つ」と表現する．

逆に σ' をユニタリ行列で表示 $\sum_1^n (x_i y_{i+n} - x_{i+n} y_i)$ を変えないものとする．σ' に対し，Q^n から自分自身への写像 σ で，（上記で確立した Q^n と C^{2n} のベクトルの対応のもとで）$\boldsymbol{a}'$ が $\boldsymbol{a}$ に対応するとき $\sigma'\boldsymbol{a}'$ が $\sigma\boldsymbol{a}$ に対応するものを対応させることができる．$\sigma(\boldsymbol{a}+\boldsymbol{b})=\sigma\boldsymbol{a}+\sigma\boldsymbol{b}$，$\sigma\boldsymbol{a}\cdot\sigma\boldsymbol{b}=\boldsymbol{a}\cdot\boldsymbol{b}$（$\boldsymbol{a}, \boldsymbol{b}$ は Q^n の任意のベクトル）が成りたつ．しかしこれだけでは σ が Q^n の自己準同型写像であることを証明したことにならない．任意の四元数 q に対して $(\sigma\boldsymbol{a})q=\sigma(\boldsymbol{a}q)$ を示さなければならない．そのためには任意の $\boldsymbol{b}\in Q^n$ に対して

$$\boldsymbol{b}\cdot((\sigma\boldsymbol{a})q-\sigma(\boldsymbol{a}q)) = 0$$

が成りたつことを示せばよい．実際，

$$\begin{aligned}(\sigma\boldsymbol{c})\cdot((\sigma\boldsymbol{a})q-\sigma(\boldsymbol{a}q)) &= ((\sigma\boldsymbol{c})\cdot(\sigma\boldsymbol{a}))q-(\sigma\boldsymbol{c})\cdot\sigma(\boldsymbol{a}q)\\ &= (\boldsymbol{c}\cdot\boldsymbol{a})q-(\boldsymbol{c}\cdot\boldsymbol{a}q) = 0\end{aligned}$$

となり，つぎの命題1が証明された：

命題1　線型シンプレクティック群は，$GL(2n, C)$ のユニタリ行列で双線型形式

$$\sum_1^n (x_i y_{i+n} - x_{i+n} y_i)$$

を不変に保つもの全部が作る群である．

この群は明らかに$GL(2n, C)$の閉部分集合だから，つぎの定理 1a が証明された：

定理 1a　空間$Sp(n)$はコンパクトである．

つぎに$\mathcal{M}_{2n}(C)$の行列σ'で，ユニタリとは限らないが，双線型形式$\sum_1^n (x_i y_{i+n} - x_{i+n} y_i)$を不変にするもの全部の集合$Sp(n, C)$を考える．この双線型形式の係数行列$J$は

$$J = \begin{pmatrix} 0 & \varepsilon_n \\ -\varepsilon_n & 0 \end{pmatrix}$$

である（ε_nはn次単位行列）．よってわれわれの条件は等式

$$^t\sigma' J \sigma' = J \tag{3}$$

によって表わされる．Jの行列式は 0 でないから，$Sp(n, C)$の行列はすべて正則である．さらに，$Sp(n, C)$のふたつの行列の積および$Sp(n, C)$の行列の逆行列は$Sp(n, C)$に属する．したがって$Sp(n, C)$は$GL(2n, C)$の部分群である．

定義 1　条件 (3) をみたす行列σ'たち全部から成る$GL(2n, C)$の部分群を複素シンプレクティック群と言い，$Sp(n, C)$と書く*)．

われわれは§2 で$GL(2n, C)$のεの適当な近傍の行列は$\exp X$ ($X \in \mathcal{M}_{2n}(C)$) の形に書かれることを見た．これ

---

*）［訳注］現在この群はふつう$Sp(2n, C)$と書かれる．しかし原著を尊重して今後も$Sp(n, C)$と書く．

から，どういう条件のもとで $\exp X \in Sp(n, C)$ となるかを調べよう．

条件 ${}^t\sigma' J \sigma' = J$ は ${}^t\sigma' = J\sigma'^{-1}J^{-1}$ とも書かれる．$J(\exp X)^{-1}J^{-1} = \exp(-JXJ^{-1})$，$\exp {}^tX = {}^t(\exp X)$ だから，もし条件 ${}^tX = -JXJ^{-1}$ すなわち $JX + {}^tXJ = 0$ がみたされれば，確かに $\exp X \in Sp(n, C)$ となる．

逆に $\mathcal{M}_{2n}(C)$ の 0 の近傍 U で，§2 の補題 1（28 ページ）の諸条件をみたすものをとり，$U_1 = U \cap JUJ^{-1}$ とおく．$J^2 = -\varepsilon$，${}^tJ = -J$ だから，U_1 も補題の条件をみたし，さらに $JU_1J^{-1} = U_1$ が成りたつ．$X \in U_1$，$\exp X \in Sp(n, C)$ なら明らかに $JX + {}^tXJ = 0$ が成りたつ．

$JX + {}^tXJ = 0$ をみたす行列 X ぜんぶの集合 $\mathcal{S}$ は $\mathcal{M}_{2n}(C)$ の部分ベクトル空間である．行列 X を

$$X = \begin{pmatrix} X_1 & X_2 \\ X_3 & X_4 \end{pmatrix}$$

の形に書く（X_1, X_2, X_3, X_4 は n 次行列）．すると $JX + {}^tXJ = 0$ は

$$X_4 = -{}^tX_1,\ \ X_3 = {}^tX_3,\ \ X_2 = {}^tX_2$$

と書ける．したがって $\mathcal{S}$ は C 上 $n^2 + \dfrac{2n(n+1)}{2} = 2n^2 + n$ 次元である．$\mathcal{S}$ は R 上 $2(2n^2+n)$ 次元のベクトル空間でもある．

U_1 の行列 X で $\exp X \in Sp(n)$ なるものは，$\mathcal{S}$ の行列のうち，付帯条件 ${}^tX + \overline{X} = 0$ をみたすものである．これらは実数体上 $2n^2+n$ 次元のベクトル空間をつくる．以上でつ

ぎの命題2が証明された.

命題2 **群 $Sp(n)$ および $Sp(n, C)$ には，中立元の近傍で適当な次元のデカルト空間の開集合と同相なるものが存在する．その次元は $Sp(n)$ に対しては $2n^2+n$，$Sp(n, C)$ に対しては $2(2n^2+n)$ である．**

つぎに $\mathcal{M}_n(Q)$ の任意の行列 $Y=(y_{ij})$ に対し，

$$\begin{aligned} y_{ij} &= y_{ij}^{(0)}e_0+y_{ij}^{(1)}e_1+y_{ij}^{(2)}e_2+y_{ij}^{(3)}e_3 \\ &\qquad\qquad (y_{ij}^{(0)}, y_{ij}^{(1)}, y_{ij}^{(2)}, y_{ij}^{(3)} \in R) \\ &= e_0(y_{ij}^{(0)}+y_{ij}^{(1)}\sqrt{-1})+e_2(y_{ij}^{(2)}-y_{ij}^{(3)}\sqrt{-1}) \\ &\qquad\qquad (1 \leqq i, j \leqq n) \end{aligned}$$

と書く．$\mathcal{M}_{2n}(C)$ の対応する行列を $X=(x_{ij})$ $(1 \leqq i, j \leqq 2n)$ とする．Q^n のベクトル $\boldsymbol{a}=(a_1, \cdots, a_n)$ に対応する C^{2n} のベクトルを $\boldsymbol{a}'=(x_1, \cdots, x_{2n})$ とすると，$X\boldsymbol{a}'$ は $Y\boldsymbol{a}$ に対応するベクトルである．$Y\boldsymbol{a}=(\tilde{a}_1, \cdots, \tilde{a}_n)$，$X\boldsymbol{a}'=(\tilde{x}_1, \cdots, \tilde{x}_{2n})$ とおくと，

$$a_i = e_0x_i+e_2x_{n+i}, \quad \tilde{a}_i = e_0\tilde{x}_i+e_2\tilde{x}_{n+i},$$

$$\tilde{x}_i = \sum_{j=1}^{2n} x_{ij}x_j, \quad \tilde{a}_i = \sum_{j=1}^{n} y_{ij}a_j$$

となる．簡単な計算によって

$$\begin{aligned} &x_{ij} = y_{ij}^{(0)}+y_{ij}^{(1)}\sqrt{-1}, \quad x_{i, n+j} = -y_{ij}^{(2)}-y_{ij}^{(3)}\sqrt{-1}, \\ &x_{n+i, j} = y_{ij}^{(2)}-y_{ij}^{(3)}\sqrt{-1}, \quad x_{n+i, n+j} = y_{ij}^{(0)}-y_{ij}^{(1)}\sqrt{-1} \\ &\qquad\qquad (1 \leqq i, j \leqq n) \end{aligned}$$

が得られる．これらの式からただちに，$\mathcal{M}_{2n}(C)$ の行列 X

が二条件 ${}^tXJ+JX=0$, ${}^tX+\overline{X}=0$ をみたせば，それは $\mathcal{M}_n(Q)$ の行列 Y で条件 ${}^tY+Y^{\iota}=0$ をみたすものに対応する行列であることが分かる．

$\mathcal{M}_n(Q)$ の行列に対応する $\mathcal{M}_{2n}(C)$ の行列を対応させる写像は，環 $\mathcal{M}_n(Q)$ から環 $\mathcal{M}_{2n}(C)$ のある部分環への同型写像である．一方，この写像によって $\mathcal{M}_n(Q)$ に位相が定義される（この写像が同相写像になることを要求する）．$\mathcal{M}_n(Q)$ の行列 Y に対応する $\mathcal{M}_{2n}(C)$ の行列を X とするとき，級数 $\sum_0^\infty \dfrac{1}{p!}X^p$ が収束するから，級数 $\sum_0^\infty \dfrac{1}{p!}Y^p$ も収束する．$\exp Y=\sum_0^\infty \dfrac{1}{p!}Y^p$ とおく．$\mathcal{M}_n(Q)$ の行列 Y で ${}^tY+Y^{\iota}=0$ となるものの全体を $\mathcal{Y}$ とすると，以上述べてきたことにより，**写像 $Y\to\exp Y$ は，$\mathcal{Y}$ のある近傍を $Sp(n)$ の中立元のある近傍の上に同相に写す．**

第2章 位相群

要約 第2章は群に位相が伴なう場合の諸性質を調べる．§1は位相群，位相部分群および位相群の積の定義である．多くの場合，位相群の中立元の近傍に関する知識が，群全体についての有益な情報をもたらす（たとえば§3の命題5（76ページ），§4の定理1（77ページ），§7の定理3（100ページ）および第4章§14の命題2（247ページ））．この観点から，位相群の位相構造を局所的に特徴づけることが重要である．この仕事は§2で行なわれる．

$\mathcal{H}$が位相群$\mathcal{G}$の閉部分群なら，$\mathcal{H}$を法とする剰余類ぜんぶの集合は位相空間$\mathcal{G}/\mathcal{H}$をなす．こうして得られる空間を**等質空間**と言う．こういう空間の定義が§3の主題である．等質空間が重要であるひとつの理由は，これらが群の（いくつかの位相的な条件をみたすような）推移的変換群としてのもっとも一般的な表現を与えることにある．とくに球面は第1章で導入した線型群に関する等質空間である．これらの群の位相についての知識の大きな部分がこの事実から導かれる（§4の命題3（79ページ）および§10の命題5（118ページ）を見よ）．

とくに$\mathcal{H}$が正規部分群なら，$\mathcal{G}/\mathcal{H}$は空間であるばかりではなく，位相群である．これらの剰余群も§3で扱う．

§4は位相群の連結性にかかわる．もっとも大事な事実は定理1（77ページ）の言明に含まれ，これによって多くの場合に位相群の研究を局所的なものから大域的なものに移行することが可能になる．

$\mathcal{G}$が連結群のとき，その中立元の任意の近傍Vの元の全体は$\mathcal{G}$の生成集合をなす．群を局所的に研究する考えに従うと，群の演算がVのなかだけで分かっているとき，これらの生成元のあいだの関係をぜんぶ構成することが可能かどうかが自然に問題になる．§5ではこの問題を研究し，位相群の局所同型の概念と関連づける．この問題への答えが一般的には否定的であることが例によって示される．

この問題のもっと深い研究には，被覆空間の概念に関連する多くの純位相的考察を進めることが必要になる．§6から§9まではこの概念の仕上げおよびその群論への応用にかかわる．単連結性を定義するに当ってわれわれはH. カルタンのアイデアにもとづき，閉曲線を使う通常の方法とは異なる方法をとった．われわれは被覆空間の概念（§6の定義3（86ページ）で導入される）が本質的であると感じる．雑に言えば，われわれは単連結空間をそれ以上被覆されない空間として定義する（§7の定義1，91ページ）．単連結空間の主要性質は，われわれがモノドロミー原理と呼ぶもの（§7の定理2，96ページ）であると思われる．§7の定理3（100ページ）は単連結群の主要性質を与える．これも局所から大域への拡張原理である．定理3の証明がモノドロミー原理の適用法の典型的な例であることに注目すべきである．

§8では，単連結被覆空間をもつ空間に対し，そのポアンカレ群の概念を定義する．ポアンカレ群は単連結被覆空間の自己同型写像の群で，代数拡大のガロワ群に似た役割を演ずる．そこで示されるように，位相群のポアンカレ群はつねに可換であり，単連結被覆群の中心のある部分群と同一視される．§9では広汎なクラスの空間に対して単連結被覆空間が存在することを証明する．

§10では，いくつかの典型群のポアンカレ群を決定する．その方法としては，問題の群が球面に作用するという事実を使う．命題5はポアンカレ群を帰納的に決定していく手続きを教える．しかし$SO(n)$の場合はこの方法では完全な解決に至らない．$SO(n)\,(n \geqq 3)$のポアンカレ群は位数2である．このことは純位相的方法（フレヴィッチの第2ホモトピー群を使う）によっても証明できるけれども，われわれは$SO(n)$の単連結被覆群を実際に構成するという代数的方法によることにした．これは§11でクリフォード数の代数を使って行なわれる．

クリフォード数系の代数的性質（中心およびイデアルたち）は，V. バーグマンから口頭で伝えられた優雅な方法によって確立される．それからわれわれはスピノル群を定義し（128ページの定義1），この群が$SO(n)$の単連結被覆群であることを証明する．

§1 位相群の定義

定義　位相群 $\mathcal{G}$ とは，群 G と位相空間 $\mathcal{V}$ との複合的対象で，つぎの二条件をみたすものである：

1)　$\mathcal{V}$ の点集合と G の元集合は一致する．

2)　$\mathcal{V}\times\mathcal{V}$ から $\mathcal{V}$ への写像 $(\sigma,\tau)\to\sigma\tau^{-1}$ は連続である．

群 G を位相群 $\mathcal{G}$ の基礎群，空間 $\mathcal{V}$ を $\mathcal{G}$ の基礎空間と言う．

任意の群論的概念（たとえば可換性）も位相的概念（たとえば連結性，コンパクト性）も，位相群に対してそのまま意味をもつ．

明きらかに，位相群 $\mathcal{G}$ から自分自身への写像 $\tau\to\tau^{-1}$ は同相写像であり，$\mathcal{G}\times\mathcal{G}$ から $\mathcal{G}$ への写像 $(\sigma,\tau)\to\sigma\tau$ は連続である．逆にこのふたつの条件から上の条件 2）が出る．

位相群の例

1）　実数の加法群はある位相群の基礎群であり，その基礎空間は通常の実数空間である．実数の差 $x-y$ は実数のペア (x,y) の連続関数である．

2）　群 $GL(n,C)$ は第1章§1（21ページ）で定義した位相によって位相群である．これも $GL(n,C)$ と書く．

3) Gを任意の群とし，Gの元の全体を点集合とする離散位相空間を$\mathscr{V}$とすると，$\mathscr{V}$を伴なう群Gは位相群である．こういう群を**離散群**と言う．

位相群の部分群

Hを位相群$\mathscr{G}$の部分群とする．Hの元集合は$\mathscr{G}$の部分空間の点集合でもある．この部分空間を伴なうHは位相群$\mathscr{H}$となる．これを$\mathscr{G}$の**位相部分群**と言う．

たとえば第1章§1で定義した群$GL(n,R)$, $O(n)$, $O(n,C)$, $U(n)$, $SL(n,C)$, $SL(n,R)$, $SO(n)$, $SU(n)$は$GL(n,C)$のある位相部分群の基礎群である．

位相群の積

$(\mathscr{G}_\alpha)$を位相群の族とする．ただしαはある添字集合を走るとする．G_αおよび$\mathscr{V}_\alpha$を$\mathscr{G}_\alpha$の基礎群および基礎空間とする．直積$G=\prod_\alpha G_\alpha$は群であり，積$\mathscr{V}=\prod_\alpha \mathscr{V}_\alpha$は空間である．群$G$と空間$\mathscr{V}$は同じ元集合をもつ．$\mathscr{V}\times\mathscr{V}$から$\mathscr{V}$への写像$(\sigma,\tau)\to\sigma\tau^{-1}$は連続である．実際，各$\alpha$に対して$\sigma$と$\tau$の$\alpha$座標を$\sigma_\alpha, \tau_\alpha$とすれば，$\sigma\tau^{-1}$の$\alpha$座標は$\sigma_\alpha\tau_\alpha^{-1}$であり，これはペア$(\sigma_\alpha,\tau_\alpha)$の連続関数だから，$\sigma\tau^{-1}$はペア$(\sigma,\tau)$の連続関数である．したがって$\sigma\tau^{-1}$の各座標はペア$(\sigma,\tau)$の連続関数となって証明を終わる．

したがって群Gと空間$\mathscr{V}$は位相群$\mathscr{G}$を作る．$\mathscr{G}$を群

$\mathcal{G}_\alpha$ たちの**積**と言い，$\prod_\alpha \mathcal{G}_\alpha$ と書く．

たとえば R^n の元のつくる加法群はある位相群の基礎群であり，それは R に一致する n 個の群の積であり，その基礎空間はふつうのデカルト空間 R^n である．

§2 位相群の局所的な特徴づけ

G を群とする．G の各元 τ に対し，G から自分自身へのふたつの写像が定まる．ひとつは $T_\tau\sigma=\tau\sigma$ $(\sigma\in G)$ で定義される**左移動** T_τ であり，もうひとつは $T^*_\tau\sigma=\sigma\tau$ $(\sigma\in G)$ で定義される**右移動** T^*_τ である．このとき，

$$T_{\tau_1\tau_2}=T_{\tau_1}\circ T_{\tau_2},\quad T^*_{\tau_1\tau_2}=T^*_{\tau_2}\circ T^*_{\tau_1}$$

が成りたつ．さらに，$T_{\tau^{-1}}$ は T_τ の逆写像，$T^*_{\tau^{-1}}$ は T^*_τ の逆写像である．

G が位相群 $\mathcal{G}$ の基礎群のとき，T_τ と T^*_τ は $\mathcal{G}$ から自分自身への連続写像であり，それぞれの逆写像もそうである．したがって T_τ と T^*_τ は $\mathcal{G}$ から自分自身への同相写像である．

これから分かるように，われわれが中立元 ε の完全近傍系 $\mathcal{V}$ を知った場合，任意の点 σ_0 に対し，$\mathcal{V}$ の各集合に作用 T_{σ_0} か $T^*_{\sigma_0}$ のどちらかを施すことによって，点 σ_0 の完全近傍系が得られる．したがって $\mathcal{V}$ が与えられれば $\mathcal{G}$ の位相が完全に決まる．

しかし，もちろん系 $\mathcal{V}$ は勝手なものではありえない．それはつぎの六つの条件をみたさなければならない：

1)　$\mathcal{V}$の任意のふたつの集合の共通部分は$\mathcal{V}$に属する．

2)　$\mathcal{V}$のすべての集合の共通部分は$\{\varepsilon\}$である．

3)　$\mathcal{V}$のある集合を含む集合は$\mathcal{V}$に属する．

4)　任意の$V \in \mathcal{V}$に対し，$V_1 V_1 \subset V$となる$V_1 \in \mathcal{V}$が存在する．これは点$(\varepsilon, \varepsilon)$での関数$\sigma\tau$の連続性からすぐ出る．

5)　$V^{-1} \in \mathcal{V}$なる集合Vの全体は$\mathcal{V}$に一致する．これはεでの関数σ^{-1}の連続性からすぐ出る．

6)　$\sigma_0 \in G$のとき，$V \in \mathcal{V}$に対する集合$\sigma_0 V \sigma_0^{-1}$の全体は$\mathcal{V}$に一致する．

この性質6）はつぎのように証明される：σ_0の完全近傍系は$\sigma_0 V\ (V \in \mathcal{V})$の形の集合の族と一致する．したがって$V\sigma_0\ (V \in \mathcal{V})$の形の任意の集合は$\sigma_0 V'\ (V' \in \mathcal{V})$と書け，逆も成りたつ．

さてこれからつぎのことを証明する：抽象群Gに上の条件1)～6）をみたす部分集合の族$\mathcal{V}$が与えられたとき，Gにある位相を導入してGを位相群にし，$\mathcal{V}$がその中立元εの完全近傍系になるようにすることができる．

証明　つぎの条件をみたすGの部分集合Uぜんぶの族を$\mathcal{U}$とする：$\sigma \in U$ならUは$\sigma V\ (V \in \mathcal{V})$の形のある集合を含む．明きらかに$\mathcal{U}$の集合の任意の合併は$\mathcal{U}$に属し，$G \in \mathcal{U}$, $\emptyset \in \mathcal{U}$．条件1）により，$\mathcal{U}$のふたつの集合の共通部分は$\mathcal{U}$に属する．

$\mathcal{V}$の任意の集合 V に対し，$\sigma\in G$ でつぎの性質をもつもののの全体を U とする：ある $V_1\in\mathcal{V}$ に対して $\sigma V_1\subset V$．$U\in\mathcal{U}$ を示す．実際，$\sigma\in U, \sigma V_1\subset V, V_1\in\mathcal{V}$ としよう．$V_2V_2\subset V_1$ なる $\mathcal{V}$ の集合 V_2 をとる．もし $\tau\in V_2$ なら $\tau V_2\subset V$ だから $\tau\in U, \sigma V_2\subset U$ となり，$U\in\mathcal{U}$ が示された．

$\mathcal{U}$ の集合たちは任意の左移動 T_σ によって，お互いに交換されるだけだから，$\sigma V\,(V\in\mathcal{V})$ の形の任意の集合は，$\sigma\in U$ なる $\mathcal{U}$ の元 U を含む．σ_0, σ_1 を G の相異なる元とすると，$\mathcal{V}$ の元 V_1 で $\sigma_0^{-1}\sigma_1$ が V_1 に属さないものが存在する．条件 4）と 5）により，$VV^{-1}\subset V_1$ なる V がある．すぐ分かるように $V\cap\sigma_0^{-1}\sigma_1V=\emptyset$ だから $\sigma_0V\cap\sigma_1V=\emptyset$ となる．したがって $\mathcal{U}$ の集合 U_0, U_1 で，$\sigma_0\in U_0, \sigma_1\in U_1$, $U_0\subset\sigma_0V, U_1\subset\sigma_1V$ なるものが存在し，当然 $U_0\cap U_1=\emptyset$ である．したがって G に位相が定義され，$\mathcal{U}$ はその開集合系になる．

残りは写像 $(\sigma,\tau)\to\sigma\tau^{-1}$ の連続性の証明である．(σ_0, τ_0) を $G\times G$ の点とし，$\sigma_0\tau_0^{-1}V\ (V\in\mathcal{V})$ を $\sigma_0\tau_0^{-1}$ の近傍とする．V_1 を $\mathcal{V}$ の集合で $V_1V_1\subset V$ なるものとすると，条件 6）によって集合 $\tau_0^{-1}V_1$ は $V_2\tau_0^{-1}\,(V_2\in\mathcal{V})$ の形に書ける．すると

$$(\sigma_0V_2)(V_1^{-1}\tau_0)^{-1}=\sigma_0V_2\tau_0^{-1}V_1\subset\sigma_0\tau_0^{-1}V_1V_1\subset\sigma_0\tau_0^{-1}V$$

となって主張が証明された．

$\mathcal{V}'$ を位相空間の点 p の完全近傍系 $\mathcal{V}$ の部分集合とする．$\mathcal{V}$ の任意の集合が $\mathcal{V}'$ のある集合を含むとき，$\mathcal{V}'$ を

点 p の**近傍の基本系**（近傍基）と言う．位相群の中立元 ε の完全近傍系の条件 1)〜6) のかわりに，ε の近傍の基本系のみたす条件 1′) 2′) 4′) 5′) 6′) が対応する：

1′) $V_1 \in \mathcal{V}', V_2 \in \mathcal{V}'$ に対し，$V_3 \subset V_1 \cap V_2$ となる $V_3 \in \mathcal{V}'$ が存在する．

2′) $\mathcal{V}'$ のすべての集合の共通部分は $\{\varepsilon\}$ である．

4′) $V \in \mathcal{V}'$ に対し，$V_1 V_1 \subset V$ となる $V_1 \in \mathcal{V}'$ が存在する．

5′) $V \in \mathcal{V}'$ に対し，$V_1^{-1} \subset V$ となる $V_1 \in \mathcal{V}'$ が存在する．

6′) $V \in \mathcal{V}'$ と $\sigma_0 \in G$ に対し，$\sigma_0 V_1 \sigma_0^{-1} \subset V$ となる $V_1 \in \mathcal{V}'$ が存在する．

§3 等質空間．剰余群

$\mathcal{G}$ を位相群，$\mathcal{H}$ を $\mathcal{G}$ の閉部分群とする．ふたつの元 σ, τ が $\mathcal{H}$ を法として**合同**であるとは，左剰余類 $\sigma\mathcal{H}, \tau\mathcal{H}$ が一致することである．これは明きらかに $\mathcal{G}$ の元のあいだの同値関係であり，対応する同値類は $\mathcal{H}$ を法とする左剰余類である．

$\mathcal{H}$ の各元 ρ に，$\mathcal{G}$ の右移動 T_ρ^* を対応させる．σ と τ が $\mathcal{H}$ を法とする同じ左剰余類に属するためには，ある $\rho \in \mathcal{H}$ が存在して $T_\rho^* \sigma = \tau$ となることが必要十分である．右移動 T_ρ^* の全体は，$\mathcal{G}$ から自分自身の上への同相写像から成る群をつくる．さらに，ペア (σ, τ) であってある $\rho \in \mathcal{H}$ に対

して $T_p^*\sigma=\tau$ となるものぜんぶの集合は $\mathcal{G}\times\mathcal{G}$ の閉部分集合である．実際，それは連続写像 $(\sigma,\tau)\to\sigma^{-1}\tau$ による $\mathcal{H}$ の逆像である．

もっと一般的に，$\mathcal{V}$ を位相空間，H を $\mathcal{V}$ から $\mathcal{V}$ 自身の上への同相写像から成るある群とする．$\mathcal{V}$ の二点 p,q に対して $\eta p=q$ となる H の元 η が存在するときにそれらが同値であると定めれば，これは $\mathcal{V}$ 上の同値関係である．$\mathcal{V}\times\mathcal{V}$ の，互いに同値な点の対 (p,q) ぜんぶの集合を γ とし，γ が $\mathcal{V}\times\mathcal{V}$ の閉集合であると仮定する．このとき，同値類ぜんぶの集合 K に位相を定義することができる．

実際，K の部分集合の族 O であって集合 $\bigcup_{X\in O}X$ が $\mathcal{V}$ の開集合であるもの全部の族を $\mathfrak{V}$ とする．明きらかに $\mathfrak{V}$ の集合の任意の合併集合および有限共通部分はまた $\mathfrak{V}$ に属し，$K\in\mathfrak{V}$, $\emptyset\in\mathfrak{V}$. $\mathcal{V}$ の任意の開部分集合 U に対し，U と共通点をもつ同値類 X ぜんぶの集合は $\mathfrak{V}$ に属する．実際この集合を O とし，p を $\bigcup_{X\in O}X$ の点とする．点 p は U と共通点 q をもつある類 X に属する．ある $\eta\in H$ に対して $p=\eta q$. $\eta(U)$ は開集合で点 p を含み，$\bigcup_{X\in O}X$ に含まれる．したがって $\bigcup_{X\in O}X$ は開集合である．

つぎに X_1, X_2 を相異なる同値類とし，$a_i\ (i=1,2)$ を X_i の点とする．すると (a_1,a_2) は γ に属さず，γ は閉集合だから $\mathcal{V}$ の開集合 U_1, U_2 で $(a_1,a_2)\in U_1\times U_2$, $\gamma\cap(U_1\times U_2)=\emptyset$ なるものがある．$U_i\ (i=1,2)$ と少なくとも一点を共有する同値類ぜんぶの集合を O_i とすると，$O_i\in\mathfrak{V}$, $X_i\in$

O_i, $O_1 \cap O_2 = \emptyset$ が成りたつ．したがって K に位相が定義され，$\mathcal{V}$ はその全開集合系になる．

$\mathcal{V}$ の各点 p にそれの属する同値類を対応させる写像を $\overline{\omega}$ とすると，明きらかに $\overline{\omega}$ は $\mathcal{V}$ から K への連続な開写像である．

位相群 $\mathcal{G}$ とその閉部分集合 $\mathcal{H}$ に戻れば，$\mathcal{H}$ を法とする剰余類ぜんぶの集合に位相が定義される．こうして得られた位相空間を $\mathcal{G}/\mathcal{H}$ と書き，$\mathcal{G}$ の $\mathcal{H}$ による**剰余空間**と言う．この方法で位相群とその閉部分群から得られる空間を**等質空間**と言う．

$\mathcal{G}$ の各元 σ にその $\mathcal{H}$ を法とする剰余類を対応させる写像を $\mathcal{G}$ から $\mathcal{G}/\mathcal{H}$ の上への**自然写像**と言い，$\overline{\omega}$ と書く．

$\mathcal{G}/\mathcal{H}$ の元 $x = \sigma\mathcal{H}$ と $\mathcal{G}$ の元 τ に対し，$\tau\sigma\mathcal{H}$ は $\mathcal{H}$ を法とする剰余類である．これを τx と書く．したがって，$\mathcal{G}$ の任意の元 τ は $\mathcal{G}/\mathcal{H}$ から自分自身の上への写像を定める．言いかえれば，$\mathcal{G}$ は $\mathcal{G}/\mathcal{H}$ に**作用する**．

$\mathcal{G}/\mathcal{H}$ の任意の元 y に対し，$\tau x = y$ となる $\mathcal{G}$ の元 τ が必ず存在する，すなわち $\mathcal{G}$ は $\mathcal{G}/\mathcal{H}$ に**推移的**に作用する．等式 $\tau x = x$ が成りたつのは $\tau\sigma \in \sigma\mathcal{H}$ のとき，すなわち $\tau \in \sigma\mathcal{H}\sigma^{-1}$ の場合である．したがってもし $x = \overline{\omega}(\sigma)$ なら，x を不変にする元 τ ぜんぶの群は $\sigma\mathcal{H}\sigma^{-1}$ である．

これから，$\mathcal{G} \times (\mathcal{G}/\mathcal{H})$ から $\mathcal{G}/\mathcal{H}$ への写像 $(\sigma, x) \to \sigma x$ が連続であることを証明する．$\mathcal{G}/\mathcal{H}$ の開部分集合 U に対し，$\sigma x \in U$ となるペア (σ, x) ぜんぶの集合を U_1 とする．

U_1が開集合であることを示さなければならない．(σ_0, x_0)をU_1の点とし，$\mathcal{G}$の開集合$\overset{-1}{\overline{\omega}}(U)$*) を$V$とする．$\overline{\omega}(\tau_0)=x_0$なる任意の点$\tau_0$に対して$V$は$\sigma_0\tau_0$の近傍である．したがって開集合$V_1, V_2$で$\sigma_0 \in V_1, \tau_0 \in V_2, V_1V_2 \subset V$なるものが存在する．$\overline{\omega}(V_2)$を$U_2'$と書くと，$\overline{\omega}$は開写像だから，$U_2'$は$\mathcal{G}/\mathcal{H}$の開集合である．したがって$V_1 \times U_2'$は$\mathcal{G} \times (\mathcal{G}/\mathcal{H})$の開集合である．さらに$(\sigma_0, x_0) \in V_1 \times U_2', V_1 \times U_2' \subset U_1$だから，$U_1$は$(\sigma_0, x_0)$の近傍であり，$U_1$が開集合であることが示された．

とくに，固定したσに対し，$\mathcal{G}/\mathcal{H}$から自分自身への写像$x \to \varphi_\sigma(x)=\sigma x$は連続であり，$\varphi_\sigma$の逆写像は$\varphi_{\sigma^{-1}}$だからこれも連続であり，$\varphi_\sigma$は$\mathcal{G}/\mathcal{H}$から自分自身への同相写像である．

fを$\mathcal{G}$からある集合Xへの写像とする．もしその値$f(\sigma)$がσの属する剰余類だけによって決まるならば，$f_1(\sigma\mathcal{H})=f(\sigma)$とおくことにより，$\mathcal{G}/\mathcal{H}$から$X$への写像$f_1$で$f=f_1\circ\overline{\omega}$なるものが定義される．$X$が位相空間の場合，もし$f$が連続なら$f_1$も連続である．実際，$Y$を$X$の任意の開集合とする．集合$\overset{-1}{f_1}(Y)$は$\overline{\omega}(\overset{-1}{f}(Y))$と一致する．$f$は連続だから$\overset{-1}{f}(Y)$は開集合，したがって$\overset{-1}{f_1}(Y)$も開集合であり，$f_1$の連続性が示された．また，$f$が開写像なら$f_1$も開写像である．実際，$U$を$\mathcal{G}/\mathcal{H}$の開集合とすると，$f_1(U)$は$f(\overset{-1}{\overline{\omega}}(U))$と一致するが，これは$\overline{\omega}$が連続

＊ ［訳注］本書冒頭の記号表を見よ．

写像，f が開写像だから開集合である．

命題 1 $\mathcal{H}$ **と** $\mathcal{G}/\mathcal{H}$ **がコンパクトなら，群** $\mathcal{G}$ **もコンパクトである．**

証明 Φ を $\mathcal{G}$ の閉集合の族で有限交差性をもつものとする（すなわち Φ の任意の有限部分族の共通部分が空でない）．Φ のすべての集合の共通部分が空でないことを示す．一般性を失なわずに，Φ の有限個の集合の共通部分がまた Φ に属するとしてよい．Φ のすべての集合 F に対する $\overline{\omega}(F)$ たちぜんぶから成る族を Ψ とする．Ψ は $\mathcal{G}/\mathcal{H}$ の部分集合の族で有限交差性をもつ．$\mathcal{G}/\mathcal{H}$ はコンパクトだから，Ψ のすべての集合の閉包に属する点 x が存在する．

U を $\mathcal{G}$ の中立元 ε の任意の近傍とし，σ_0 を $\mathcal{G}$ の元で $\overline{\omega}(\sigma_0)=x$ なるものとする．すると $\overline{\omega}(U\sigma_0)$ は x の近傍であり，したがって任意の $F\in\Phi$ に対する $\overline{\omega}(F)$ と共通点をもつ．これにより，$F\in\Phi$ なら $F\cap U\sigma_0\mathcal{H}\neq\emptyset$ すなわち $U^{-1}F\cap\sigma_0\mathcal{H}\neq\emptyset$ が成りたつ．

F が Φ のすべての集合を走り，U が ε のすべての近傍を走るときの集合 $U^{-1}F\cap\sigma_0\mathcal{H}$ ぜんぶの族を Φ_1 とする．すると Φ_1 は有限交差性をもつ．実際，$F_1,\cdots,F_m\in\Phi$，および ε の近傍 $U_1,\cdots,U_m$ に対して $U=\bigcap_{i=1}^m U_i$, $F=\bigcap_{i=1}^m F_i$ とおくと，集合 $\bigcap_{i=1}^m(U_i^{-1}F_i\cap\sigma_0\mathcal{H})$ は $U^{-1}F\cap\sigma_0\mathcal{H}$ を含み，$F\in\Phi$ で U は ε の近傍だから $U^{-1}F\cap\sigma_0\mathcal{H}$ は空集合ではない．一方 $\sigma_0\mathcal{H}$ は $\mathcal{H}$ と同相だからコンパクトである．したがって $\sigma_0\mathcal{H}$ の元 σ_1 で，Φ_1 のすべての集合の触点（閉包

の元）であるもの，よって当然あらゆる集合 $U^{-1}F$ の触点であるものが存在する．F を固定し，U を ε の近傍ぜんぶを走らせると，U^{-1} も ε の近傍ぜんぶを走るから，σ_1 は F の触点である．F は閉集合だから σ_1 は F に属し，命題1が証明された．

等質空間としての球面

$n\geqq 2$ に対する群 $\mathcal{G}=O(n)$ を考える．$\mathcal{G}$ の行列 σ でつぎの形

$$\sigma=\begin{pmatrix} & & & 0 \\ & \tilde{\sigma} & & \vdots \\ & & & 0 \\ 0 & \cdots & 0 & 1 \end{pmatrix} \qquad (1)$$

のもの全部の集合 $\mathcal{H}$ は明きらかに $\mathcal{G}$ の閉部分群である．ここに出てくる行列 $\tilde{\sigma}$ は当然 $O(n-1)$ の行列だから，$\mathcal{H}$ は（位相群として）$O(n-1)$ に同型である．

つぎに n 次の実行列をベクトル空間 R^n の自己準同型写像と考える．座標のうちひとつだけが1で残りは0であるベクトルを並べて R^n の基底 $(\boldsymbol{e}_1, \cdots, \boldsymbol{e}_n)$ とする．$O(n)$ の元 σ に対して $\boldsymbol{a}(\sigma)=\sigma\boldsymbol{e}_n$ とおく．σ は直交行列だから $\boldsymbol{a}(\sigma)$ は単位ベクトルである．$\sigma\in\mathcal{H}$ なら $\sigma\boldsymbol{e}_n=\boldsymbol{e}_n$ である．逆に $\sigma\boldsymbol{e}_n=\boldsymbol{e}_n$ のとき，$\sigma=(x_{ij})$ とすると $x_{jn}=\delta_{jn}(1\leqq j\leqq n)$ となる．σ は直交行列だから $\sum_{i=1}^{n}x_{ni}^2=1$．$x_{nn}=1$ だから $i<n$ に対しては $x_{ni}=0$ となり，σ は $\mathcal{H}$ に属する．したがっ

て $\boldsymbol{a}(\sigma)=\boldsymbol{a}(\sigma')$ が成りたつのは $\sigma'\in\sigma\mathcal{H}$ の場合である. よって $\boldsymbol{a}(\sigma)$ は $\mathcal{H}$ を法とする σ の剰余類にしかよらないから, $\boldsymbol{a}(\sigma)=\boldsymbol{a}(x)$ とおくことができる.

R^n の単位ベクトル $\boldsymbol{a}$ の全体は $n-1$ 次元の球面 S^{n-1} である. したがって明きらかに $\mathcal{G}/\mathcal{H}$ から S^{n-1} への連続写像 $x\to\boldsymbol{a}(x)$ ができる. しかもこの写像は一対一である. 第1章§3の命題 3a (35 ページ) により, S^{n-1} の各元は $\mathcal{G}/\mathcal{H}$ のある元 x の像である. $O(n)$ の連続像として $\mathcal{G}/\mathcal{H}$ はコンパクトだから, 写像 $x\to\boldsymbol{a}(x)$ は同相写像である.

$O(n-1)$ を部分群 $\mathcal{H}$ と同一視することにより, つぎの命題 2 が得られた:

命題 2 $n\geqq 2$ **なら,** $O(n)$ **の** $O(n-1)$ **による剰余空間は** S^{n-1} **に同相である.**

つぎに, 任意の $\boldsymbol{a}\in S^{n-1}$ に対して $SO(n)$ の元 σ で $\sigma\boldsymbol{e}_n=\boldsymbol{a}$ なるものがあることに注意する. 実際, $O(n)$ の元 σ_1 で $\sigma_1\boldsymbol{e}_n=\boldsymbol{a}$ なるものがある. もし $\boxed{\sigma_1}=-1$ なら

$$\sigma_0=\begin{pmatrix} -1 & 0 & \cdots & 0 \\ 0 & 1 & \cdots & 0 \\ \cdots & \cdots & \cdots & \cdots \\ 0 & 0 & \cdots & 1 \end{pmatrix}$$

をとって $\sigma=\sigma_1\sigma_0$ とすれば $\sigma\in SO(n)$, $\sigma\boldsymbol{e}_n=\boldsymbol{a}$ となる. したがってつぎの命題 2a が得られた:

命題 2a $n\geqq 2$ **なら,** $SO(n)$ **の** $SO(n-1)$ **による剰余空間は** S^{n-1} **に同相である.**

C^n の単位ベクトルの全体が S^{2n-1} に同相であることに注意すれば，上とまったく同じ論法によってつぎの命題を得る．

命題 3 **$U(n)$ の $U(n-1)$ による剰余空間および $SU(n)$ の $SU(n-1)$ による剰余空間は S^{2n-1} に同相である ($n \geqq 2$).**

最後に $n>1$ に対する $Sp(n)$ を考えよう．$Sp(n)$ の元は n 次行列でその成分を四元数の多元体 Q からとったものである．第1章§7（47ページ）と同じやりかたで Q 上のベクトル空間 Q^n を導入する．基底の元 $\boldsymbol{e}_n=(0, \cdots, 0, 1)$ を不変にする $Sp(n)$ の元 σ は（1）の形の行列であり，ただし $\tilde{\sigma} \in Sp(n-1)$ である．これらの元は $Sp(n)$ の部分群をつくる．これを $Sp(n-1)$ と同一視する．

われわれは第1章§8 (52ページ）で Q^n と C^{2n} のあいだの一対一対応を定義した．この対応によって Q^n に位相を入れることができ，$Sp(n)$ の作用は Q^n から自分自身の上への（この位相に関する）連続写像である．第1章§7の命題2（51ページ）から分かるように，これらの作用による $\boldsymbol{e}_n$ の像は単位ベクトルである．一方，第1章§8の式(2)（53ページ）が示すように，Q^n の単位ベクトルたちは C^{2n} の単位ベクトルたちに対応し，これらは S^{4n-1} に同相な集合の元（の全部）である．よって命題4が得られた：

命題 4 **$n \geqq 2$ のとき，$Sp(n)$ の $Sp(n-1)$ による剰余空間は球面 S^{4n-1} に同相である．**

剰余群

つぎに$\mathcal{H}$が$\mathcal{G}$の閉正規部分群の場合を考える．$\mathcal{G}$と$\mathcal{H}$の基礎群をG, Hとすると，群G/Hの元ぜんぶの集合は空間$\mathcal{G}/\mathcal{H}$の点ぜんぶの集合であり，$\mathcal{G}$から$\mathcal{G}/\mathcal{H}$への自然写像$\overline{\omega}$はGからG/Hへの準同型写像である．群G/Hと空間$\mathcal{G}/\mathcal{H}$を合わせたものが位相群になることを示そう．G/Hの元x_0, y_0に対して$z_0=x_0y_0^{-1}$とおき，Uをz_0を含む$\mathcal{G}/\mathcal{H}$の開部分集合とする．σ_0, τ_0をGの元で$\overline{\omega}(\sigma_0)=x_0$, $\overline{\omega}(\tau_0)=y_0$なるものとする．$\overset{-1}{\overline{\omega}}(U)$は$\mathcal{G}$の開集合で$\sigma_0\tau_0^{-1}$を含む．したがって$\mathcal{G}$の開集合$V_1, V_2$で$\sigma_0\in V_1, \tau_0\in V_2$, $V_1V_2^{-1}\subset\overset{-1}{\overline{\omega}}(U)$なるものが存在する．$U_1=\overline{\omega}(V_1), U_2=\overline{\omega}(V_2)$とおくと，これらは$\mathcal{G}/\mathcal{H}$の開集合であり，$x\in U_1$, $y\in U_2$なら$xy^{-1}\in U$となる．したがって$(\mathcal{G}/\mathcal{H})\times(\mathcal{G}/\mathcal{H})$から$\mathcal{G}/\mathcal{H}$への写像$(x, y)\rightarrow xy^{-1}$は連続である．

以上で定義された位相群を$\mathcal{G}$の$\mathcal{H}$による**剰余群**と言い，$\mathcal{G}/\mathcal{H}$と書く．

たとえばR^nの点のうち，座標がすべて整数であるもの全部の部分群をHとする．明らかにHはR^nの閉離散部分群である．剰余群R^n/Hをn次元**トーラス**と呼び，T^nと書く．T^1のことはTとも書く．TはR^2の円周に同相である．すぐに分かるが，T^nは（位相群として）群Tのn個の積に同型である．

φを位相群$\mathcal{G}$からある位相群$\mathcal{G}_1$への連続な準同型写像

とする．この準同型写像の**核**（すなわちφによって$\mathcal{G}_1$の中立元に写されるような元ぜんぶの集合）$\mathcal{H}$は$\mathcal{G}$の正規部分群であり，φが連続だから閉集合である．元$\varphi(\sigma)$は$\mathcal{H}$を核とするσの剰余類$\sigma\mathcal{H}$にしかよらないから，$\mathcal{G}/\mathcal{H}$から$\mathcal{G}_1$への連続準同型写像φ_1が定義される．準同型写像φ_1は一対一であるが，必ずしも同相写像ではないことに注意すべきである．

命題5　φを位相群$\mathcal{G}$から位相群$\mathcal{G}_1$への（抽象群としての）準同型写像とする．もしφが$\mathcal{G}$の中立元εで連続ならば，φはいたるところ連続である．

実際，σ_0を$\mathcal{G}$の任意の元とし，$\varphi(\sigma_0)V_1$を$\varphi(\sigma_0)$の$\mathcal{G}_1$での近傍とする（V_1は$\mathcal{G}_1$の中立元の近傍である）．仮定により，$\mathcal{G}$の中立元εの近傍Vで$\varphi(V)\subset V_1$なるものがある．よって$\varphi(\sigma_0 V)\subset\varphi(\sigma_0)V_1$となり，$\varphi$は$\sigma_0$で連続である．

§4　位相群の連結成分

命題1　位相群$\mathcal{G}$の中立元εの連結成分は$\mathcal{G}$の閉正規部分群である．

証明　この連結成分をKと書き，τをKの元とする．τ^{-1}による右移動は$\mathcal{G}$から自分自身の上への同相写像だから，$K\tau^{-1}$は連結で$\tau\tau^{-1}=\varepsilon$を含む．したがって$K\tau^{-1}\subset K$，よって$KK^{-1}\subset K$となり，$K$は$\mathcal{G}$の部分群である．$\rho$を$\mathcal{G}$の任意の元とすると，写像$\sigma\to\rho\sigma\rho^{-1}$は$\mathcal{G}$から自分自身へ

の同相写像だから $\rho K\rho^{-1}$ は連結である．$\varepsilon\in\rho K\rho^{-1}$ だから $\rho K\rho^{-1}\subset K$ となり，K は正規部分群である．

剰余群 $\mathcal{G}/K$ を $\mathcal{G}$ の**連結成分群**と呼ぶ．これの元は K による剰余類であり，$\mathcal{G}$ の連結成分である．もし $\mathcal{G}$ が局所連結（すなわち ε の連結な近傍 V が存在する*)）なら，群 $\mathcal{G}/K$ は離散である．実際，$\mathcal{G}$ から $\mathcal{G}/K$ への自然写像による V の像は一点であり（$V\subset K$ だから），しかも $\mathcal{G}/K$ の中立元の近傍である（自然写像が開写像だから）．

定理 1　連結位相群において，中立元の任意の近傍は群の生成集合である．

証明　V を連結群 $\mathcal{G}$ の中立元の近傍とし，V の元の生成する部分群を H とする．$\sigma\in H$ なら $V\sigma\in H$ だから，H は開集合である．ところが，**位相群 $\mathcal{G}$ の任意の開部分群 H は閉部分群である**．なぜなら，H による剰余類はすべて開集合であり，H は H 以外の剰余類ぜんぶの合併集合の補集合だから．したがって $\mathcal{G}$ のなかで開かつ閉であり，$\mathcal{G}$ は連結，H は空集合でないから，$H=\mathcal{G}$ を得る．

注意　もっと一般につぎのことが成りたつ：$\mathcal{G}$ を位相群とし，V を $\mathcal{G}$ の中立元 ε の連結な近傍とする．W を ε の任意の近傍とするとき，V の任意の元 σ は $\sigma_1\sigma_2\cdots\sigma_m$ の形に書ける．ただし $\sigma_i\in W(1\leqq i\leqq m)$，$\sigma_1\sigma_2\cdots\sigma_i\in V(1\leqq i\leqq$

---

*　［訳注］これは通常の定義（§6 の定義 1，85 ページ）より弱い．しかしここはこれでいい．

m).

この主張を証明するために，一般性を失なわずに $W=W^{-1}$, $W\subset V$ としてよい（もしこの条件がみたされなければ，W をもっと小さい近傍で置きかえればよい）．上の形に書ける V の元ぜんぶの集合を E とする．$\sigma\in E$ なら明きらかに $\sigma W\cap V\subset E$ だから，E は V で相対的に開集合である．σ_0 を V の点で E の触点なるものとする．$\sigma_0 W$ は E と共通点 σ をもつ．$\sigma_0\in\sigma W^{-1}=\sigma W$ だから $\sigma_0\in E$ となり，E は V で相対的に閉集合でもある．$\varepsilon\in E$ であり，V は連結だから $E=V$ が得られ，主張が証明された．

命題2 **$\mathcal{G}$ を位相群，$\mathcal{H}$ をその閉部分群とする．群 $\mathcal{H}$ と剰余空間 $\mathcal{G}/\mathcal{H}$ がともに連結なら $\mathcal{G}$ も連結である．**

証明 U, V を $\mathcal{G}$ の空でない開集合とし，$\mathcal{G}=U\cup V$ と書けたと仮定する．$\mathcal{G}$ から $\mathcal{G}/\mathcal{H}$ への自然写像によって U, V は $\mathcal{G}/\mathcal{H}$ の開集合 U_1, V_1 に移り，$\mathcal{G}/\mathcal{H}=U_1\cup V_1$ が成りたつ．$\mathcal{G}/\mathcal{H}$ は連結だから U_1 と V_1 は少なくともひとつの共通元 $\sigma_1\mathcal{H}$ をもつ．したがって $\sigma_1\mathcal{H}$ は U, V の両方と交わる．$\sigma_1\mathcal{H}=(\sigma_1\mathcal{H}\cap U)\cup(\sigma_1\mathcal{H}\cap V)$ である．一方 $\sigma_1\mathcal{H}$ は $\mathcal{H}$ と同相だから連結であり，U と V は $\sigma_1\mathcal{H}$ において少なくとも一点を共有する．こうして命題2が証明された．

補題1 **球面 S^n $(n\geqq 1)$ は連結である．**

実際，S^n とは方程式

$$x_1^2+\cdots+x_{n+1}^2=1$$

によって定義される R^{n+1} の部分集合である．$x_{n+1}\geqq 0$ なるS^nの点ぜんぶから成る集合をEとする．Eの点$(x_1, \cdots, x_{n+1})$をR^nの点$(x_1, \cdots, x_n)$に移す写像を考える．明きらかにこれはEから，$\sum_1^n x_i^2 \leqq 1$をみたすR^nの点$(x_1, \cdots, x_n)$ぜんぶの集合B^nへの同相写像である．B^nは明きらかに連結だからEも連結である．同様に$x_{n+1} \leqq 0$で決まる下半球面E'も連結である．$n \geqq 1$だから$E \cap E'$は空でなく，したがってS^nは連結である．

補題 2　群 $SO(1), U(1), SU(1), Sp(1)$ は連結である．

実際，$SO(1)$と$SU(1)$は中立元だけから成る．$U(1)$は絶対値1の複素数の乗法群であり，これはS^1と同相だから連結である．$Sp(1)$はノルム1の四元数の乗法群である．ノルム1の四元数は$a_0e_0 + a_1e_1 + a_2e_2 + a_3e_3$, $\sum_0^3 a_i^2 = 1$の形に書けるから，$Sp(1)$はS^3と同相であり，したがって連結である．

命題 3　群 $SO(n)$, $U(n)$, $SU(n)$, $Sp(n)$ $(n \geqq 1)$ はどれも連結である．

証明はnに関する帰納法により，この節の命題2と補題1, 2および§3の命題2a, 3, 4 (73, 74ページ) を使えばよい．

一方，群$O(n)$はちょうど2個の連結成分をもつ．実際$O(n)$は行列式が-1の行列，たとえば

$$\sigma_0 = \begin{pmatrix} -1 & 0 & \cdots & 0 \\ 0 & 1 & \cdots & 0 \\ \multicolumn{4}{c}{\cdots\cdots\cdots\cdots} \\ 0 & 0 & \cdots & 1 \end{pmatrix}$$

をもつ．行列式は連続関数で $O(n)$ 上 0 にはならないから，$O(n)$ は連結ではありえない．一方 $O(n)$ は $SO(n)$ を指数 2 の正規部分群としてもつ．よって $O(n)$ はちょうど 2 個の連結成分をもち，ひとつは $SO(n)$，もうひとつは行列式が -1 の直交行列の全体である．

§5 局所同型．例

$\mathcal{G}$ を連結な位相群，ε をその中立元とする．われわれは ε の任意の近傍 V が $\mathcal{G}$ の生成集合であることを知っている（§4 の定理 1，77 ページ）．これからこれらの生成元のあいだの関係を調べる．

われわれは $\sigma, \tau, \sigma\tau$ がどれも V に属している場合にのみ，積 $\sigma\tau$ の計算を可能にする解析的な装置をもっていると仮定する（あとで見るように多くの場合こうなっている）．

そうすると，$\sigma\tau \in V$ となる V の元のペア (σ, τ) に，$\mathcal{G}$ の生成元のあいだの関係 $\sigma\tau = \rho$ が対応する．そこで問題はつぎのとおり：V の元のあいだに成りたつ関係はすべていま記述したタイプの関係からの帰結であるか？

すこしあとで，この問題への答えが一般的には否定的であることを見るだろう．そのまえに，まずわれわれの問題を別の，しかし同値な形に定式化しよう．

定義1 **$\mathcal{G}$と$\mathcal{G}_1$をふたつの位相群とする．$\mathcal{G}$から$\mathcal{G}_1$への局所同型写像とは，$\mathcal{G}$の中立元εのある近傍Vから$\mathcal{G}_1$の中立元ε_1のある近傍V_1の上への同相写像fであって，つぎの二条件をみたすもののことである：**

1) $\sigma \in V, \tau \in V, \sigma\tau \in V$ **なら** $f(\sigma\tau) = f(\sigma)f(\tau)$.

2) $\sigma \in V, \tau \in V, f(\sigma\tau) \in V_1$ **なら** $\sigma\tau \in V$.

この概念を使うと，われわれの問題はつぎのように定式化される：$\mathcal{G}$から$\mathcal{G}_1$への局所同型写像fがあるとき，fの定義域を$\mathcal{G}$全体に拡大して，fを$\mathcal{G}$の基礎群から$\mathcal{G}_1$の基礎群への同型写像にすることができるか？

この拡大が可能でない例をふたつ挙げよう．

1) 各実数xに1を法とするその剰余類$\varphi(x)$を対応させる写像をφとする．写像φの区間$]-\frac{1}{4}, +\frac{1}{4}[$*) への制限を$f$とする．明らかに$f$は$R$からトーラス$T$への局所同型写像である．しかし$R$と$T$は同型でないから，$f$は$R$から$T$への同型写像には延長できない．

2) 群$Sp(1)$を考える．すなわち，四元数$q = ae_0 + be_1 + ce_2 + de_3$で$a^2 + b^2 + c^2 + d^2 = 1$なるものの全体である．このような各四元数$q$に対し，$Q$（四元数多元体）から自分自身の上への写像$T_q$が式

---

*）［訳注］記号$]a, b[$は開区間$\{x \in R ; a < x < b\}$を意味する．

$$T_q(r) = qrq^{-1} \quad (r \in Q)$$

によって定義される．このとき，$q^{\iota}=q^{-1}$ だから

$$T_q(r^{\iota}) = qr^{\iota}q^{-1} = (q^{-1})^{\iota}r^{\iota}q^{\iota} = (T_q(r))^{\iota}$$

が成りたつ．$x_1e_1+x_2e_2+x_3e_3$ の形の四元数を**純四元数**と言い，その全体を P と書く．すると写像 T_q は P を自分自身の上に移す．実際，純四元数 p は $p^{\iota}=-p$ によって特徴づけられるからそうなる．

$$T_q(x_1e_1+x_2e_2+x_3e_3) = x_1'e_1+x_2'e_2+x_3'e_3$$

のとき，

$$x_i' = \sum_{j=1}^{3} a_{ij}(q)x_j \tag{1}$$

と書けるから，行列 $(a_{ij}(q))$ を $\theta(q)$ と書く．すると $T_{qq'}=T_q \circ T_{q'}$ だから $\theta(qq')=\theta(q)\theta(q')$ が成りたつ．したがって写像 $q \to \theta(q)$ は $Sp(1)$ の3次行列による表現である．

任意のふたつの四元数 r, r' に対して $T_q(rr') = T_q(r)T_q(r')$ が成りたつ．表示 $(\sum_1^3 x_ie_i)(\sum_1^3 y_ie_i)$ における e_0 の係数は $-\sum_1^3 x_iy_i$ だから，変数 x と y に施された線型置換 (1) は表示 $\sum_1^3 x_iy_i$ を不変に保つ．言いかえると，行列 $\theta(q)$ は直交行列である．

われわれは $Sp(1)$ が連結であることを知っている（§4の補題2，79ページ）．写像 $q \to \theta(q)$ は明きらかに連続だから，$\theta(q)$ は $O(3)$ の中立元の連結成分すなわち $SO(3)$ に属する．これから，$\theta(Sp(1))$ が $SO(3)$ 全体になることを証明する．簡単な計算によって

$$\theta(\cos\lambda e_0+\sin\lambda e_1)=\begin{pmatrix}1 & 0 & 0\\ 0 & \cos 2\lambda & -\sin 2\lambda\\ 0 & \sin 2\lambda & \cos 2\lambda\end{pmatrix}$$

が得られる．したがって $\theta(Sp(1))$ は x_1 軸のまわりの回転ぜんぶの群 g_1 を含む．同様に $\theta(Sp(1))$ は x_2 軸のまわりの回転群 g_2 を含む．だから，g_1 と g_2 が $SO(3)$ を生成することを示せば主張は証明される．

実際 r を任意の回転とし，原点 O を始点とする x_1 軸上の単位ベクトルの先端を M_1 とする．すると g_1 の作用 s_1 で $s_1(rM_1)$ が x_1x_3 平面上の点であるものが存在する．この点の原点からの距離は 1 だから，作用 $s_2\in g_2$ で $s_2s_1rM_1=M_1$ なるものがある．$s_2s_1r\in g_1$ だから，r は g_1 と g_2 の生成する群に属する．

表現 $q\to\theta(q)$ の核を決定しよう．$\theta(q)$ が単位行列なら，q はすべての純四元数と，したがってとくに e_1, e_2, e_3 と交換可能だから $b=c=d=0$，したがって $a=\pm 1$ となる．よってわれわれの表現の核はふたつの四元数 $e_0, -e_0$ から成る．

つぎに V を $Sp(1)$ での e_0 のコンパクト近傍で，$-e_0$ が VVV^{-1} に属さないものとする．すると θ は V を一対一連続に移す．V はコンパクトだから，θ の V への制限は V から $SO(3)$ のある部分集合への同相写像である．$\theta(V)$ が $SO(3)$ の中立元の近傍であることを証明しよう．

実際，V_1 を $Sp(1)$ の e_0 の開近傍で $V_1\subset V$ なるものとす

る．$Sp(1)$ での $V_1 \cup (-e_0)V_1$ の補集合 A はコンパクトである．$SO(3)$ の単位行列のコンパクト近傍ぜんぶを走る変数を U とする．もし集合族 $\overset{-1}{\theta}(U) \cap A$ が有限交差性をもてば，点 $q \in A$ ですべての U に対して $\theta(q) \in U$ となるものが存在する．よって $\theta(q)=E$（単位行列）となるが，これは不可能である．$\overset{-1}{\theta}(U) \cap A$ の形の集合の有限個の共通部分はまた同じ形だから，$SO(3)$ の E の近傍 U で $\overset{-1}{\theta}(U) \cap A = \emptyset$ なるもの，したがって $\overset{-1}{\theta}(U) \subset V \cup (-e_0)V$ なるものが存在する．$U=\theta(\overset{-1}{\theta}(U)), \theta(V)=\theta((-e_0)V)$ だから $\theta(V) \supset U$ となり，主張が証明された．

f を θ の V への制限とする．もし $q \in V, q' \in V, f(qq') \in f(V)$ なら，V の元 r で $f(qq')=f(r)$ なるもの，すなわち $qq'r^{-1}=\pm e_0$ なるものが存在する．$-e_0$ は VVV^{-1} に属さないから $qq'r^{-1} \neq -e_0$，したがって $qq'=r \in V$ となり，f は $Sp(1)$ から $SO(3)$ への局所同型写像である．

ここで f が $Sp(1)$ から $SO(3)$ への同型写像 θ' に延長できたと仮定する．θ も θ' も準同型写像であり，$Sp(1)$ の生成集合である V の上では一致するものだから，$\theta=\theta'$ を得るが，$\theta(-e_0)$ は単位行列なのだからこれは不可能である．

e_0 と $-e_0$ から成る $Sp(1)$ の部分群を H とする．θ に $Sp(1)/H$ から $SO(3)$ への一対一連続な準同型写像 θ_1 が対応する．$Sp(1)/H$ はコンパクトだから θ_1 は同相写像でもある．したがってつぎの命題1が証明された：

命題1　**群** $SO(3)$ **は** $Sp(1)$ **の，**e_0 **と** $-e_0$ **から成る部分**

群による剰余群と（位相群として）同型である.

$\theta(q)=\theta(q')$ が成りたつためには，$q=\pm q'$ が必要十分である．$q=ae_0+be_1+ce_2+de_3$ を点 $(a, b, c, d)\in S^3$ で表わすことにより，$SO(3)$ は S^3 の中心に関する対称点のペアを同一視して得られる空間，すなわち3次元射影空間と同相である.

§6　被覆空間の概念

定義1　位相空間が局所連結であるとは，その空間の任意の点の任意の近傍がその点のある連結近傍を含むことである.

命題1　局所連結空間では，開集合の連結成分はどれも開集合である.

実際，K を開集合 U の連結成分とする．$p\in K$ なら U は p の近傍であり，したがって p のある連結近傍 V を含む．K は連結成分で $V\cap K\neq\emptyset$ だから $V\subset K$ となり，p は K の内点である．こうして命題1が証明された.

注意　すぐ分かるように，局所連結空間の任意の点の任意の近傍はその点のある連結開近傍を含む.

定義2　f を空間 $\tilde{\mathcal{V}}$ から $\mathcal{V}$ への連続写像とする．$\mathcal{V}$ の部分集合 E が（f に関して）$\tilde{\mathcal{V}}$ によって平等に覆われるとは，$\overset{-1}{f}(E)$ が空集合でなく，$\overset{-1}{f}(E)$ のすべての連結成分が f によって E の上に同相に写像されることである.

当然ながら，平等に覆われる集合は連結である．

定義 3 **$\mathcal{V}$ を位相空間とする．$\mathcal{V}$ の被覆空間 $(\tilde{\mathcal{V}}, f)$ とは，連結かつ局所連結な空間 $\tilde{\mathcal{V}}$ と，$\tilde{\mathcal{V}}$ から $\mathcal{V}$ の上への連続写像 f とのペアで，つぎの性質をもつものである：$\mathcal{V}$ の各点は（f に関して）$\tilde{\mathcal{V}}$ によって平等に覆われる近傍をもつ．**

当然ながら，ある空間は連結かつ局所連結でなければ被覆空間をもちえない．逆に $\mathcal{V}$ が連結かつ局所連結なら，$\mathcal{V}$ は少なくともひとつの被覆空間，すなわち $(\mathcal{V}, e)$ をもつ．ただし e は恒等写像である．

$(\tilde{\mathcal{V}}, f)$ が $\mathcal{V}$ の被覆空間なら，f は開写像である．実際，$\tilde{U}$ を $\tilde{\mathcal{V}}$ の開集合とし，$p=f(\tilde{p})(\tilde{p}\in\tilde{U})$ を $f(\tilde{U})$ の任意の点とする．点 p は $\tilde{\mathcal{V}}$ によって平等に覆われる近傍 V をもつ．$\overset{-1}{f}(V)$ での $\tilde{p}$ の連結成分を $\tilde{V}$ とする．すると $\tilde{V}\cap\tilde{U}$ は $\tilde{V}$ で相対的に開集合である．f は $\tilde{V}$ を V に同相に移すから，$f(\tilde{V}\cap\tilde{U})$ は V で相対的に開集合であり，したがって p の近傍である．$f(\tilde{V}\cap\tilde{U})\subset f(\tilde{U})$ だから $f(\tilde{U})$ は p の近傍であり，主張が証明された．

補題 1 **f を局所連結空間 $\tilde{\mathcal{V}}$ から空間 $\mathcal{V}$ への連続写像とする．$\tilde{p}$ を $\tilde{\mathcal{V}}$ の点とし，V を $p=f(\tilde{p})$ の $\mathcal{V}$ での近傍とする．このとき $\overset{-1}{f}(V)$ での $\tilde{p}$ の連結成分 $\tilde{V}$ は $\tilde{p}$ の $\tilde{\mathcal{V}}$ での近傍である．**

実際，V は開集合 U で $p\in U$ なるものを含む．$\tilde{p}\in\overset{-1}{f}(U)$ である．$\tilde{U}$ を $\tilde{p}$ の $\overset{-1}{f}(U)$ での連結成分とする．f

は連続だから $\overset{-1}{f}(U)$ は開集合であり，命題1によって $\tilde{U}$ は開集合である．$\tilde{U}\subset\tilde{\mathscr{V}}$ だから補題1が証明された．

補題1により，$(\tilde{\mathscr{V}},f)$ が $\mathscr{V}$ の被覆空間なら，f は**局所同相写像**である，すなわち $\tilde{\mathscr{V}}$ の各点の近傍で f によって同相に移されるものがある．しかしつぎの例が示すように，この条件は $(\tilde{\mathscr{V}},f)$ が $\mathscr{V}$ の被覆空間であるために十分な条件ではない．実際，f_1 を R から T への写像で，各 $x\in R$ に1を法とする x の剰余類を対応させるものとする．すぐ分かるように (R,f_1) は T の被覆空間である．つぎに f_2 を R^2 から T^2 への写像で $f_2(x,y)=(f_1(x),f_1(y))$ によって定まるものとする．ここでもすぐ分かるように，(R^2,f_2) は T^2 の被覆空間である．ここで R^2 から一点を除いた空間を $\tilde{\mathscr{V}}$ とする．$\tilde{\mathscr{V}}$ は連結かつ局所連結である．f_2 の $\tilde{\mathscr{V}}$ への制限を f とすると，f は局所同相写像で，$\tilde{\mathscr{V}}$ を T^2 の上に移す．しかし $(\tilde{\mathscr{V}},f)$ は T^2 の被覆空間ではない．

補題2 **f を空間 $\tilde{\mathscr{V}}$ から空間 $\mathscr{V}$ への連続写像とする．E が $\mathscr{V}$ の部分集合で（f に関して）$\tilde{\mathscr{V}}$ によって平等に覆われるものならば，E の任意の連結部分集合 F も平等に覆われる．そして，$\overset{-1}{f}(F)$ の各連結成分は，$\overset{-1}{f}(E)$ の連結成分と $\overset{-1}{f}(F)$ との共通部分である．**

実際，ν がある添字集合を走るとして，$\tilde{E}_\nu$ を $\overset{-1}{f}(E)$ の連結成分のぜんぶとする．$\tilde{F}_\nu=\tilde{E}_\nu\cap\overset{-1}{f}(F)$ とおくと，f は $\tilde{F}_\nu$ を F の上に同相に移すから，$\tilde{F}_\nu$ は連結である．逆に

$\overset{-1}{f}(F)$ の任意の連結部分集合は $\overset{-1}{f}(E)$ のある連結成分 $\tilde{E}_\nu$ に含まれるから，補題2が証明された．

補題3 $(\tilde{\mathcal{V}}, f)$ **を空間** $\mathcal{V}$ **の被覆空間とする．** $\mathcal{V}$ **の任意の点** p **に対し，** p **の任意の近傍のなかに** p **の連結な開近傍で，** $\tilde{\mathcal{V}}$ **によって平等に覆われるものがある．**

これは補題2と命題1からすぐ出る．

補題4 f_1 **を局所連結空間** $\tilde{\mathcal{V}}_1$ **から連結空間** $\mathcal{V}$ **への連続写像とする．** $\mathcal{V}$ **の各点** p **は（**f_1 **に関して）**$\tilde{\mathcal{V}}_1$ **によって平等に覆われる近傍をもつと仮定する．** $\tilde{\mathcal{V}}$ **を** $\tilde{\mathcal{V}}_1$ **のひとつの連結成分とし，**f_1 **の** $\tilde{\mathcal{V}}$ **への制限を** f **とする．すると** $(\tilde{\mathcal{V}}, f)$ **は** $\mathcal{V}$ **の被覆空間であり，**$\tilde{\mathcal{V}}$ **は** $\tilde{\mathcal{V}}_1$ **の開集合である．**

証明 まず $f(\tilde{\mathcal{V}})=\mathcal{V}$ を示す．p を $\mathcal{V}$ の点とし，V を $\tilde{\mathcal{V}}_1$ によって平等に覆われる近傍とする．ν は添字集合 N を走るとして，$\overset{-1}{f_1}(V)$ の連結成分のぜんぶを $\tilde{V}_\nu$ とする．もしある集合 $\tilde{V}_\nu$ が $\tilde{\mathcal{V}}$ と交わるなら，それは完全に $\tilde{\mathcal{V}}$ に含まれるから，

$$\tilde{\mathcal{V}} \cap \overset{-1}{f_1}(V) = \bigcup_{\nu\in N'} \tilde{V}_\nu$$

が成りたつ．ただし N' は $\tilde{V}_\nu \cap \tilde{\mathcal{V}} \neq \emptyset$ となる添字 ν ぜんぶの集合である．したがって V が $f(\tilde{\mathcal{V}})$ と交われば $V \subset f(\tilde{\mathcal{V}})$ となる．とくに p が $f(\tilde{\mathcal{V}})$ の触点なら，p は $f(\tilde{\mathcal{V}})$ の内点である．したがってすぐ分かるように $f(\tilde{\mathcal{V}})$ は $\mathcal{V}$ のなかで開かつ閉であり，$\mathcal{V}$ は連結だから $f(\tilde{\mathcal{V}})=\mathcal{V}$ が成りたつ．

$\nu \in N'$ に対して各 $\tilde{V}_\nu$ は $\overset{-1}{f_1}(V)$ の，したがって $\overset{-1}{f}(V)$ の極大連結部分集合だから，$\nu \in N'$ に対する $\tilde{V}_\nu$ たちは $\overset{-1}{f}(V)$ の連結成分のぜんぶである．したがって $(\tilde{\mathscr{V}}, f)$ は $\mathscr{V}$ の被覆空間である．$\tilde{\mathscr{V}}$ が開集合だということは補題1からすぐ出る．

補題5　$(\tilde{\mathscr{V}}, f)$ を空間 $\mathscr{V}$ の被覆空間とし，$\mathscr{X}$ を $\mathscr{V}$ の連結かつ局所連結な $\mathscr{V}$ の部分空間とする．$\tilde{\mathscr{X}}$ が $\overset{-1}{f}(\mathscr{X})$ の任意の連結成分なら，$\tilde{\mathscr{X}}$ は $\overset{-1}{f}(\mathscr{X})$ の相対開集合である．f の $\tilde{\mathscr{X}}$ への制限を g とすれば，$(\tilde{\mathscr{X}}, g)$ は $\mathscr{X}$ の被覆空間である．

証明　p を $\mathscr{X}$ の点とし，V を p の開近傍で $\tilde{\mathscr{V}}$ によって平等に覆われるものとする（補題3を見よ）．$\mathscr{X}$ は局所連結だから，$\mathscr{X}$ に関する p の連結近傍 X で $X \subset V$ なるものがある．$\overset{-1}{f}(X)$ の連結成分 $\tilde{X}_\nu$ たちは，$\overset{-1}{f}(X)$ と $\overset{-1}{f}(V)$ の連結成分 $\tilde{V}_\nu$ たちとの共通部分である（補題2を見よ）．$\tilde{p}_\nu$ が $\tilde{X}_\nu$ の点で f によって p に移されるものならば，$\tilde{p}_\nu$ は $\tilde{V}_\nu$ の内点であり，したがって $\tilde{X}_\nu$ は $\overset{-1}{f}(\mathscr{X})$ に関する $\tilde{p}_\nu$ の近傍である．すぐ分かるように $\overset{-1}{f}(\mathscr{X})$ は局所連結であり，$\mathscr{X}$ の各点は f の $\overset{-1}{f}(\mathscr{X})$ への制限に関して $\overset{-1}{f}(\mathscr{X})$ で平等に覆われる近傍をもつ．補題5は補題4から出る．

定義3において，われわれは空間 $\tilde{\mathscr{V}}$ が局所連結であることを要求した．この条件をはずしたときの状況をつぎの補題は記述する．

補題6　$\mathscr{V}$ を連結かつ局所連結な空間とする．ある空間 $\tilde{\mathscr{V}}$ から $\mathscr{V}$ への連続写像 f があり，$\mathscr{V}$ の各点は f に関して

$\tilde{V}$ によって平等に覆われる近傍をもつと仮定する．$\tilde{V}$ の開集合の連結成分の合併として表わされるような $\tilde{V}$ の部分集合ぜんぶの族を $\mathcal{K}$ とする．すると $\mathcal{K}$ は，$\tilde{V}$ と同じ点から成るある空間 $\tilde{V}'$ の開集合ぜんぶの族であるように取ることができる．空間 $\tilde{V}'$ は局所連結であり，V の各点は f に関して $\tilde{V}'$ によって平等に覆われる近傍をもつ．

証明　明きらかに，$\mathcal{K}$ の集合の任意の合併は $\mathcal{K}$ に属し，$\tilde{V}$ のすべての開集合は $\mathcal{K}$ に属する．したがって，$\tilde{V}$ の相異なる二点 $\tilde{p}_1, \tilde{p}_2$ に対し，$\mathcal{K}$ に属する集合 $\tilde{K}_1, \tilde{K}_2$ で $\tilde{p}_1 \in \tilde{K}_1$, $\tilde{p}_2 \in \tilde{K}_2$, $\tilde{K}_1 \cap \tilde{K}_2 = \emptyset$ なるものが存在する．

つぎに $\tilde{K}_1, \tilde{K}_2$ を $\mathcal{K}$ の集合で共通点 $\tilde{p}$ をもつものとする．補題2からすぐ分かるように，点 $p=f(\tilde{p})$ は V では連結な開近傍 U_3 で，f に関して $\tilde{V}$ によって平等に覆われるものをもつ．一方，$\tilde{V}$ の開部分集合 $\tilde{U}_i\ (i=1,2)$ で，$\tilde{U}_i$ での $\tilde{p}$ の連結成分が $\tilde{K}_i$ に含まれるものが存在する．$\tilde{U}_1 \cap \tilde{U}_2 \cap \overset{-1}{f}(U_3)$ での $\tilde{p}$ の連結成分を $\tilde{K}$ とする．$\tilde{K}$ は $\mathcal{K}$ に属し，$\tilde{p}$ を含み，$\tilde{K}_1 \cap \tilde{K}_2$ に含まれる．したがって $\tilde{K}_1 \cap \tilde{K}_2 \in \mathcal{K}$ であり，補題6の最初の主張が示された．

つぎに $\overset{-1}{f}(U_3)$ での $\tilde{p}$ の連結成分を $\tilde{K}_3$ とする．すると $\tilde{K}$ は $\tilde{U}_1 \cap \tilde{U}_2 \cap \tilde{K}_3$ での $\tilde{p}$ の連結成分でもある．仮定により，f は $\tilde{K}_3$（$\tilde{V}$ の部分空間と考えて）を U_3 の上に同相に移す．したがって $\tilde{K}_3$ は局所連結であり，$\tilde{K}$ は $\tilde{K}_3$ で相対的開集合である．$\tilde{K}_1 = \tilde{K}_2$ と取ることにより，$\tilde{V}$ と $\tilde{V}'$ が集合 $\tilde{K}_3$ に引きおこす位相は互いに一致し，したがって $\tilde{V}'$ は局所連結である．さらに，明きらかに U_3 は f に関して

$\widetilde{\mathscr{V}}'$ によって平等に覆われる．こうして補題6は完全に証明された．

§7 単連結空間．モノドロミー原理

同じ空間 $\mathscr{V}$ のふたつの被覆空間 $(\widetilde{\mathscr{V}}_1, f_1)$ と $(\widetilde{\mathscr{V}}_2, f_2)$ があるとする．同型という一般概念に合わせて，$\widetilde{\mathscr{V}}_1$ から $\widetilde{\mathscr{V}}_2$ への同相写像 φ で $f_1=f_2\circ\varphi$ なるものが存在するとき，これらふたつの被覆空間は**同型**であると言う．

定義1　空間 $\mathscr{V}$ が単連結であるとはつぎのことである：$\mathscr{V}$ は連結かつ局所連結であり，$\mathscr{V}$ の任意の（every）被覆空間は自明な被覆空間 $(\mathscr{V}, e)$ に同型である．ただし e は恒等写像である．

注意　ある空間のすべての被覆空間の類に関連して使われる《任意》(every）ということばは，訓練された論理家に疑念を起こさせるかもしれない．なぜなら，《すべての》(all）被覆空間という概念は，たとえば与えられた濃度をもつすべての集合という概念を内包してしまうから．われわれはこの困難をつぎのようにして避けることができる：与えられた空間 $\mathscr{V}$ に対し，$\mathscr{V}$ の被覆空間から成る集合 C で，任意に与えられた被覆空間が C に属するある被覆空間と同型になることが証明できるようなものを，正当な論理的手続きによって構成するのである．そうすれば定義1のなかの《任意》(every）の意味を C の元である被覆空間に

限定することができる.

実際, $\mathcal{V}$ の点 p_0 に対し, かわりばんこに点 p_i と開集合 U_i から成る有限列

$$S=(p_0, U_0, p_1, U_1, \cdots, p_n, U_n, p_{n+1})$$

で, つぎの条件をみたすものを考える:

1) S の初項は p_0 である.

2) p_i と p_{i+1} $(0\leqq i\leqq n)$ は U_i に属する.

3) S の最後の項は点である.

このような有限列 S ぜんぶの集合を Σ とする.

さて, $\mathcal{V}$ の任意の被覆空間 $(\tilde{\mathcal{V}}, f)$ に対し, $\tilde{\mathcal{V}}$ の濃度がたかだか Σ の濃度であることを示す. Σ に属する列

$$S=(p_0, U_0, p_1, U_1, \cdots, p_n, U_n, p_{n+1})$$

のうち, 各 U_i が f に関して $\tilde{\mathcal{V}}$ によって平等に覆われるものの全体を Σ' とする. $f(\tilde{p}_0)=p_0$ なる $\tilde{\mathcal{V}}$ の一点 $\tilde{p}_0$ を固定する. Σ' に属する列 S に対し, 帰納法によって $\tilde{p}_k$ $(1\leqq k\leqq n+1)$ をつぎのように定める: $\tilde{p}_k$ が ($\overset{-1}{f}(U_k)$ の元として) すでに定まっているとき, $\overset{-1}{f}(U_k)$ での $\tilde{p}_k$ の連結成分を $\tilde{U}_k$ とし, $\tilde{U}_k$ の点で f によって p_{k+1} に移されるものを $\tilde{p}_{k+1}$ とする (U_k が平等に覆われているから, こういう点はひとつしかない). そして $\tilde{p}_{n+1}$ を $\varphi(S)$ と書く. φ は Σ' から $\tilde{\mathcal{V}}$ への写像である. これが $\tilde{\mathcal{V}}$ の<u>上へ</u>の写像であることを示そう. $\tilde{\mathcal{V}}$ の任意の点 $\tilde{p}$ に対し, $p=f(\tilde{p})$ は $\tilde{\mathcal{V}}$ によって平等に覆われるような少なくともひとつの開集合 U に属し (§6の補題3, 88ページ), $\overset{-1}{f}(U)$ での $\tilde{p}$ の連結成分 $\tilde{U}$ は開集合である (§6の命題1, 85ページ). もし $\tilde{U}$ が

$\varphi(\Sigma')$ と交わるなら，$\tilde{U}$ は完全に $\varphi(\Sigma')$ に含まれる．実際，$\varphi(S)=\tilde{q}$ が $\tilde{U}$ の点で $S=(p_0, U_0, p_1, U_1, \cdots, p_n, U_n, p_{n+1})\in\Sigma'$ としよう．すると $p_{n+1}=f(\tilde{q})$ は U に属し，U の任意の点 r に対して

$$S_r=(p_0, U_0, p_1, U_1, \cdots, p_n, U_n, p_{n+1}, U, r)$$

は Σ' に属する．点 $\tilde{r}=\varphi(S_r)$ は $\tilde{U}$ に属するから $f(\tilde{r})=r$ であり，主張が証明された．

したがって $\tilde{\mathcal{V}}$ の点で $\varphi(\Sigma')$ の触点であるものは $\varphi(\Sigma')$ の内点であり，よって $\varphi(\Sigma')$ は $\tilde{\mathcal{V}}$ で開かつ閉だから $\varphi(\Sigma')=\tilde{\mathcal{V}}$ となる．したがって $\tilde{\mathcal{V}}$ の濃度はたかだか Σ' の濃度，したがってたかだか Σ の濃度である．

Σ の元を点とするすべての位相空間の集合について語ることは正当である（こういう空間は Σ のひとつの部分集合 A および A の部分集合のある族を与えることによって決まる）．したがって Σ の点から成る空間 $\tilde{\mathcal{V}}$ と，$\tilde{\mathcal{V}}$ から $\mathcal{V}$ への写像とのペアぜんぶの集合を構成することができる．最後にこれらのペアのうち，$\mathcal{V}$ の被覆空間であるものを取りだすことができる．上記のことにより，$\mathcal{V}$ の任意の被覆空間は C のある元に同型である．

つぎの補題はある空間が単連結であることを証明するためにしばしば有効である．

補題 1　$(\tilde{\mathcal{V}}, f)$ **を空間** $\mathcal{V}$ **の被覆空間とする．もし** $\tilde{\mathcal{V}}$ **の開集合** A **で，** f **によって一対一に** $\mathcal{V}$ **の上に移されるものがあれば，** f **は** $\tilde{\mathcal{V}}$ **から** $\mathcal{V}$ **への同相写像である．**

実際，f は連続開写像だから，f の A への制限は A から $\mathcal{V}$ への同相写像である．だからあとは $A=\tilde{\mathcal{V}}$ を示せばよい．そのためには A が $\tilde{\mathcal{V}}$ の閉集合であればよい．$\tilde{\mathcal{V}}$ の点 $\tilde{p}$ が A の触点だとし，V を $\tilde{\mathcal{V}}$ によって平等に覆われる $f(\tilde{p})$ の近傍とする．$\overset{-1}{f}(V)$ での $\tilde{p}$ の連結成分を $\tilde{V}$ とすると，$\tilde{V}$ も $\tilde{V}'=A\cap\overset{-1}{f}(V)$ も f によって V の上に同相に移される．一方 $\tilde{V}$ は $\tilde{p}$ の近傍だから（§6の補題1，86ページ）A と交わる．したがって $\tilde{V}\cap\tilde{V}'\neq\emptyset$．$\tilde{V}'$ は連結だから $\tilde{V}'\subset\tilde{V}$ となる．f は $\tilde{V}$ を一対一に移すから $\tilde{V}'=\tilde{V}$, $\tilde{p}\in A$ となり，補題1が証明された．

命題1　**$\mathcal{V}_1$ と $\mathcal{V}_2$ が単連結空間なら，空間 $\mathcal{V}_1\times\mathcal{V}_2$ も単連結である．**

証明　明きらかに $\mathcal{V}_1\times\mathcal{V}_2$ は連結かつ局所連結である．$(\mathcal{W},f)$ を $\mathcal{V}_1\times\mathcal{V}_2$ の被覆空間とする．水平ファイバーと垂直ファイバーをつぎのように定義する：ある $v_2\in\mathcal{V}_2$ に対する $\overset{-1}{f}(\mathcal{V}_1\times\{v_2\})$ の形の集合の連結成分を**水平ファイバー**と言い，ある $v_1\in\mathcal{V}_1$ に対する $\overset{-1}{f}(\{v_1\}\times\mathcal{V}_2)$ の形の集合の連結成分を**垂直ファイバー**と言う．§6の補題5（89ページ）からすぐ分かるように，f はすべての水平ファイバーを $\mathcal{V}_1$ の上に同相に移し，すべての垂直ファイバーを $\mathcal{V}_2$ の上に同相に移す．$\tilde{\mathcal{V}}_2^0$ をひとつ固定した垂直ファイバーとする．$\tilde{\mathcal{V}}_2^0$ と交わる水平ファイバーぜんぶの合併を A と書く．明きらかに f は A を $\mathcal{V}_1\times\mathcal{V}_2$ の上に一対一に移す．A が $\mathcal{W}$ の開集合であることを証明すれば，命題1

は上の補題1から出る．

$\widetilde{\mathcal{V}}_1$ を A に含まれるひとつの水平ファイバーとし，$\widetilde{\mathcal{V}}_1$ の点のうち A の内点であるものの全体を E とする．集合 E は $\widetilde{\mathcal{V}}_1$ で相対的に開集合である．E が空でない閉集合であることが証明できれば，$E=\widetilde{\mathcal{V}}_1$ となって A が開集合であることが結論される．

$\widetilde{\mathcal{V}}_1$ の任意の点 w に対して $f(w)=(v_1, v_2)$ とおくと，それぞれ $\mathcal{V}_1, \mathcal{V}_2$ に関する v_1, v_2 の連結な近傍 V_1, V_2 で，$V_1\times V_2$ が $\mathcal{W}$ によって平等に覆われるものが存在する．$\overset{-1}{f}(V_1\times V_2)$ における w の連結成分を W とする．$V_1\times V_2$ の元 (v_1', v_2') に対して

$$\widetilde{V}_1(v_2') = W\cap \overset{-1}{f}(V_1\times\{v_2'\}),$$

$$\widetilde{V}_2(v_1') = W\cap \overset{-1}{f}(\{v_1'\}\times V_2)$$

とおく．f は $\widetilde{V}_1(v_2')$ を $V_1\times\{v_2'\}$ の上に，$\widetilde{V}_2(v_1')$ を $\{v_1'\}\times V_2$ の上にそれぞれ同相に移す．したがって $\widetilde{V}_1(v_2')$ はある水平ファイバー $\widetilde{\mathcal{V}}_1(v_2')$ に含まれ，$\widetilde{V}_2(v_1')$ はある垂直ファイバー $\widetilde{\mathcal{V}}_2(v_1')$ に含まれる．両ファイバー $\widetilde{\mathcal{V}}_1(v_2')$ と $\widetilde{\mathcal{V}}_2(v_1')$ は W の一点だけを共有し，それは f によって (v_1', v_2') に移される．一方

$$W = \bigcup_{v_2'\in V_2} \widetilde{V}_1(v_2') = \bigcup_{v_1'\in V_1} \widetilde{V}_2(v_1') \tag{1}$$

が成りたつ．

そこでまず w が $\widetilde{\mathcal{V}}_1$ と $\widetilde{\mathcal{V}}_2^0$ と交わる点だと仮定する．すると $\widetilde{\mathcal{V}}_2(v_1)$ は $\widetilde{\mathcal{V}}_2^0$ と一致するから，任意の $v_2'\in V_2$ に対し

て $\tilde{\mathcal{V}}_1(v_2')\subset A$ となる．式 (1) によって $W\subset A$ だから $w\in E$ となり，E は空でない．

つぎに w が E の触点だと仮定する．すると $\tilde{\mathcal{V}}_1(v_2)$ は E と点 w' を共有する．$f(w')=(v_1^*, v_2)$ と書くと，$\mathcal{V}_2$ に関する v_2 の近傍 V_2^* であって $V_2^*\subset V_2$ かつ $W\cap \overset{-1}{f}(\{v_1^*\}\times V_2^*)$ が A に含まれるものが存在する．もし $v_2^*\in V_2^*$ なら，水平ファイバー $\tilde{\mathcal{V}}_1(v_2^*)$ は A と交わるから $\tilde{\mathcal{V}}_1(v_2^*)\subset A$ となる．集合 $W\cap \overset{-1}{f}(V_1\times V_2^*)=W'$ は $v_2^*\in V_2$ に対する集合 $\tilde{\mathcal{V}}_1(v_2^*)$ たちぜんぶの合併だから $W'\subset A$ となる．W' は w の近傍だから $w\in E$ となり，E は閉集合である．以上で命題 1 が証明された．

さて，単連結空間の基本性質を証明しよう．

定理 2（モノドロミー原理） **$\mathcal{V}$ を単連結空間とする．$\mathcal{V}$ の各点 p に空でない集合 E_p が対応していると仮定する（E_p は抽象的な集合であって $\mathcal{V}$ とは関係ない）．さらに，$\mathcal{V}\times\mathcal{V}$ のある部分集合 D の各元 (p, q) に，E_p から E_q への写像 φ_{pq} が対応してつぎの三条件をみたすと仮定する：**

1) 集合 D は $\mathcal{V}\times\mathcal{V}$ の対角集合の連結な近傍である（対角集合とは $p\in\mathcal{V}$ に対するペア (p, p) ぜんぶの集合である）．

2) 各 φ_{pq} は E_p から E_q の上への一対一写像であり，φ_{pp} は恒等写像である．

3) $\varphi_{pq}, \varphi_{qr}, \varphi_{pr}$ がすべて定義されていれば，$\varphi_{pr}=\varphi_{qr}\circ\varphi_{pq}$ が成りたつ．

このとき，$\mathcal{V}$ の各点 p に E_p の元 $\psi(p)$ を対応させる写像 ψ で，φ_{pq} が定義されていれば $\psi(q)=\varphi_{pq}(\psi(p))$ となるものが存在する．さらに p_0 を $\mathcal{V}$ の点とする．E_{p_0} の元 $e^0_{p_0}$ があらかじめ指定されているとき，$\psi(p_0)$ が $e^0_{p_0}$ であるように ψ を選ぶことができる．このとき ψ は一意的に決定される．

証明　$p\in\mathcal{V}$ に対する集合 $\{p\}\times E_p$ ぜんぶの合併集合を $\tilde{\mathcal{V}}$ とする．$\tilde{\mathcal{V}}$ に位相を定義する．$\tilde{\mathcal{V}}$ の部分集合 $\tilde{U}$ でつぎの条件をみたすもの全部の族を $\mathfrak{U}$ とする：任意の $(p,e_p)\in\tilde{U}$ に対し，$\mathcal{V}$ での p の近傍 N で，$N\times N\subset D$ であり，かつ任意の $q\in N$ に対して $(q,\varphi_{pq}(e_p))\in\tilde{U}$ なるものが存在する．明きらかに $\tilde{\mathcal{V}}$ および空集合は $\mathfrak{U}$ に属する．また $\mathfrak{U}$ の集合の任意の合併は $\mathfrak{U}$ に属し，$\mathfrak{U}$ のふたつの集合の共通部分も $\mathfrak{U}$ に属する．

$\tilde{\mathcal{V}}$ から $\mathcal{V}$ への写像 $\overline{\omega}$ を $\overline{\omega}(p,e_p)=p$ として定義する．つぎの言明は定義からすぐ出る：U が $\mathcal{V}$ の開集合なら $\overset{-1}{\overline{\omega}}(U)$ は $\mathfrak{U}$ に属し，$\tilde{U}\in\mathfrak{U}$ なら $\overline{\omega}(\tilde{U})$ は開集合である．

U を $\mathcal{V}$ の開集合で $U\times U\subset D$ なるものとする．U の点 p と E_p の点 e_p に対し，$q\in U$ に対する $(q,\varphi_{pq}(e_p))$ ぜんぶから成る集合を $\tilde{U}(p,U,e_p)$ と書く．この集合は $\mathfrak{U}$ に属する．実際，$(q,\varphi_{pq}(e_p))$ を $\tilde{U}(p,U,e_p)$ の点とする．U の任意の点 r に対して $\varphi_{pq},\varphi_{qr},\varphi_{pr}$ は定義され，

$$(r,\varphi_{qr}(\varphi_{pq}(e_p)))=(r,\varphi_{pr}(e_p))\in\tilde{U}(p,U,e_p)$$

が成りたつから，主張が証明された．

(p,e_p) と $(p',e'_{p'})$ を $\tilde{\mathcal{V}}$ の異なる二点とする．もし $p\neq p'$

なら，$\mathcal{V}$ の開集合 U', U'' で $p \in U', p' \in U'', U' \cap U'' = \emptyset$ なるものがある．$(p, e_p) \in \overset{-1}{\overline{\omega}}(U')$，$(p', e'_{p'}) \in \overset{-1}{\overline{\omega}}(U'')$，$\overset{-1}{\overline{\omega}}(U') \cap \overset{-1}{\overline{\omega}}(U'') = \emptyset$ が成りたつ．つぎに $p = p'$，したがって $e_p \neq e'_p$ とする．U が p を含む開集合で $U \times U \subset D$ なるものであれば，集合 $\tilde{U}(p, U, e_p)$ と $\tilde{U}(p, U, e'_p)$ は $\mathcal{U}$ に属し，φ_{pq} が一対一だから共通点はない．したがって $\mathcal{U}$ は $\tilde{\mathcal{V}}$ の位相を定める（$\mathcal{U}$ は $\tilde{\mathcal{V}}$ の開集合の全体）．こうして得られた位相空間を $\tilde{\mathcal{V}}$ と書く．明きらかに $\overline{\omega}$ は $\tilde{\mathcal{V}}$ から $\mathcal{V}$ の上への連続開写像である．

$\mathcal{V}$ の任意の点 p は連結開近傍 U で $U \times U \subset D$ なるものをもつ．$\overset{-1}{\overline{\omega}}(U)$ は $e_p \in E_p$ に対する集合 $\tilde{U}(p, U, e_p)$ たち全部の合併である（φ_{pq} が E_p を E_q の上に移すから）．これらの集合は $\tilde{\mathcal{V}}$ の開集合であり，$\overline{\omega}$ はそのおのおのを U の上に一対一に移す．したがって $\overline{\omega}$ は各 $\tilde{U}(p, U, e_p)$ を U の上に同相に移す．U は連結だから，集合 $\tilde{U}(p, U, e_p)$ たちは $\overset{-1}{\overline{\omega}}(U)$ の連結成分の全部であり，U は $\overline{\omega}$ に関して $\tilde{\mathcal{V}}$ によって平等に覆われる．

$\tilde{\mathcal{V}}$ での $(p_0, e^0_{p_0})$ の連結成分を $\tilde{\mathcal{V}}_0$ とし，$\overline{\omega}$ の $\tilde{\mathcal{V}}_0$ への制限を $\overline{\omega}_0$ とする．§6 の補題 5（89 ページ）によって $(\tilde{\mathcal{V}}_0, \overline{\omega}_0)$ は $\mathcal{V}$ の被覆空間である．$\mathcal{V}$ は単連結だから $\overline{\omega}_0$ は同相写像である．そこで写像 ψ を

$$\overset{-1}{\overline{\omega}}_0(p) = (p, \psi(p))$$

によって定義する．

ペア $(p, q) \in D$ であって $\psi(q) = \varphi_{pq}(\psi(p))$ なるもの全

部の集合を D^* とする. (p_1, q_1) を D の任意の元とする. それぞれ p_1 と q_1 の連結な開近傍 U_1 と V_1 であって, $U_1\times U_1\subset D, V_1\times V_1\subset D, U_1\times V_1\subset D$ なるものが存在する. $U_1\times V_1$ と D^* に共通な元 (p_2, q_2) があったとしよう. すなわち $\psi(q_2)=\varphi_{p_2q_2}(\psi(p_2))$. 集合 $\widetilde{U}(p_1, U_1, \psi(p_1))$ は連結だから $\widetilde{\mathcal{V}}_0$ に含まれ, したがって

$$\psi(p_2) = \varphi_{p_1p_2}(\psi(p_1)) \tag{1}$$

が成りたつ. 写像 $\varphi_{p_1p_2}, \varphi_{p_2q_2}, \varphi_{p_1q_2}, \varphi_{q_1q_2}, \varphi_{p_1q_1}$ はどれも定義されているから,

$$\begin{aligned} \psi(q_2) &= \varphi_{p_2q_2}(\varphi_{p_1p_2}(\psi(p_1))) \\ &= \varphi_{p_1q_2}(\psi(p_1)) = \varphi_{q_1q_2}(\varphi_{p_1q_1}(\psi(p_1))) \end{aligned} \tag{2}$$

が成りたつ. 一方 ((1) を証明したのと同じ論法によって)

$$\psi(q_2) = \varphi_{q_1q_2}(\psi(q_1)) \tag{3}$$

が成りたつ. $\varphi_{p_1q_1}$ は E_{p_1} から E_{q_1} の上への一対一写像だから, (2) と (3) によって $\varphi_{p_1q_1}(\psi(p_1))=\psi(q_1)$, すなわち $(p_1, q_1)\in D^*$ となる. すぐ分かるように D^* は D のなかで開かつ閉だから, $D^*=D$ を得る.

あと証明すべきことは写像 ψ の一意性だけである. ψ' を ψ と同じ条件 ($\psi'(p_0)=e_{p_0}^0$ を含む) をみたす任意の写像とする. $\psi'(p)=\psi(p)$ なる点 p ぜんぶの集合を A とする. すでに A が空でないことは分かっている. p を $\mathcal{V}$ の任意の点とし, N を p の近傍で $N\times N\subset D$ なるものとする. N が A と共通点 p_1 をもつとする. すると $\varphi_{p_1p}(\psi'(p))=\psi'(p_1)=\psi(p_1)=\varphi_{p_1p}(\psi(p))$ だから $\psi(p)=\psi'(p)$ となる. すぐ分かるように A は $\mathcal{V}$ で開かつ閉, したがって $A=\mathcal{V}$

となり，定理2が証明された．

定義 2 $\mathcal{G}$**を位相群とする．**$\mathcal{G}$**から群** H **への局所準同型写像とは，**$\mathcal{G}$**の中立元のある近傍** V **から** H **への写像** η **でつぎの条件をみたすものである：**$\sigma, \tau, \sigma\tau$ **が** V **に属すれば** $\eta(\sigma\tau)=\eta(\sigma)\eta(\tau)$.

定理 3 $\mathcal{G}$**を単連結位相群，**η **を** $\mathcal{G}$ **から群** H **への局所同型写像とする．**η **の定義されている集合が連結ならば，**η **は** $\mathcal{G}$ **全体から** H **への準同型写像に延長される．**

証明 η の定義されている集合を V とする．$\mathcal{G}\times\mathcal{G}$ のペア (σ, τ) で $\tau\sigma^{-1}\in V$ なるもの全部の集合を D とする．明らかに D は $\mathcal{G}\times\mathcal{G}$ の対角集合の近傍である．さらに D は $\sigma\in\mathcal{G}$ に対する集合 $\{\sigma\}\times V\sigma$ ぜんぶの合併として表わされる．これらの集合はどれも連結であり，（$\mathcal{G}\times\mathcal{G}$ の連結な対角集合と交わるから）D も連結である．

$(\sigma, \tau)\in D$ に対し，H から自分自身への写像 $\alpha\to\eta(\tau\sigma^{-1})\alpha$ を $\varphi_{\sigma\tau}$ と書く．$(\sigma, \tau), (\tau, \rho), (\sigma, \rho)$ がどれも D に属するならば，

$$\varphi_{\sigma\rho}(\alpha) = \eta(\rho\sigma^{-1})\alpha = \eta(\rho\tau^{-1})\eta(\tau\sigma^{-1})\alpha = \varphi_{\tau\rho}(\varphi_{\sigma\tau}(\alpha))$$

が成りたつ．したがって定理2が適用され，$\mathcal{G}$ から H への写像 ψ で，$\psi(\varepsilon)$ は H の中立元であり，かつ $\tau\sigma^{-1}\in V$ なるかぎり

$$\psi(\tau) = \eta(\tau\sigma^{-1})\psi(\sigma)$$

となるものが得られる．$\sigma=\varepsilon$ とおくことにより，V の上では ψ は η と一致する．$\xi\in V$ なら式 $\psi(\xi\sigma)=\psi(\xi)\psi(\sigma)$

が成りたつ．$\mathcal{G}$ は連結だから，$\mathcal{G}$ の任意の元 ρ は $\zeta_1\cdots\zeta_h$ の形に書ける．ただし $\zeta_i\in V(1\leqq i\leqq h)$ である（これは $V\cap V^{-1}$ が ε の近傍であることに注意すれば，§4の定理1（77ページ）から簡単に得られる）．簡単な帰納法により，

$$\phi(\zeta_1\cdots\zeta_h\sigma) = \phi(\zeta_1)\cdots\phi(\zeta_h)\phi(\sigma)$$

が成りたつ．$\sigma=\varepsilon$ とおくことにより，$\phi(\rho)=\phi(\zeta_1)\cdots\phi(\zeta_h)$ であり，よって $\phi(\rho\sigma)=\phi(\rho)\phi(\sigma)$ となって ϕ は準同型写像である．こうして定理3が証明された．

注釈 **$\mathcal{G}$ を単連結な位相群とする．連結位相群 $\mathcal{G}_1$ が $\mathcal{G}$ に局所同型ならば，$\mathcal{G}_1$ は $\mathcal{G}$ の中心の離散部分群による剰余群に同型である．**

証明 η を $\mathcal{G}$ の中立元 ε の連結な近傍から $\mathcal{G}_1$ への局所同型写像とする．すると η は $\mathcal{G}$ から $\mathcal{G}_1$ への準同型写像 ϕ に延長される．ϕ は準同型写像で，中立元で連続だから，ϕ はいたるところ連続である（§3の命題5，76ページを見よ）．集合 $\phi(\mathcal{G})$ は $\mathcal{G}_1$ の部分群であり，$\mathcal{G}_1$ の中立元 ε_1 の近傍を含む．$\mathcal{G}_1$ は連結だから $\phi(\mathcal{G})=\mathcal{G}_1$ となる（§4の定理1，77ページを見よ）．ϕ は $\mathcal{G}$ での ε のある近傍を $\mathcal{G}_1$ での ε_1 のある近傍の上に移すから，ϕ は任意の開集合を開集合の上に移す．簡単に分かるように，$\mathcal{G}_1$ は $\mathcal{G}/K$ に同型である．ただし K は ϕ の核である．$\mathcal{G}$ での ε の近傍で，K との共通部分が ε しか含まないものがあるから，K は離散である．K が $\mathcal{G}$ の中心に含まれることはつぎの命題から出る：

命題 2　連結位相群 $\mathcal{G}$ の離散正規部分群 K は $\mathcal{G}$ の中心に含まれる.

実際 κ を K の任意の元とする. N を $\mathcal{G}$ での κ の近傍で $N \cap K = \{\kappa\}$ なるものとし, V を $\mathcal{G}$ での ε の近傍で $V\kappa V^{-1} \subset N$ なるものとする. K が正規だから, すべての $\sigma \in V$ に対して $\sigma\kappa\sigma^{-1} = \kappa$ となる. κ と可換な $\mathcal{G}$ の元の全部は $\mathcal{G}$ の部分群 G' をなし, V を含む. $\mathcal{G}$ は連続だから $G' = \mathcal{G}$ となり, 命題2が証明された.

§8　ポアンカレ群. 被覆群

$\mathcal{V}$ を空間で単連結被覆空間（すなわち被覆空間 $(\tilde{\mathcal{V}}, f)$ で $\tilde{\mathcal{V}}$ が単連結なもの）をもつものとする. この被覆空間が同型を除いて一意的であることを証明する.

まずつぎの命題を証明する：

命題 1　$\mathcal{W}$ を単連結空間, $\mathcal{V}$ を空間, $(\tilde{\mathcal{V}}, f)$ を $\mathcal{V}$ の被覆空間, φ を $\mathcal{W}$ から $\mathcal{V}$ への連続写像とする. このとき $\mathcal{W}$ から $\tilde{\mathcal{V}}$ への連続写像 $\tilde{\varphi}$ で $\varphi = f \circ \tilde{\varphi}$ となるものが存在する. w_0 を $\mathcal{W}$ の点, $\tilde{p}_0$ を $\tilde{\mathcal{V}}$ の点で $f(\tilde{p}_0) = p_0 = \varphi(w_0)$ なる任意の点とするとき, $\tilde{\varphi}$ は w_0 を $\tilde{p}_0$ に移すように選ぶことができる. このとき $\tilde{\varphi}$ は一意的に決まる.

証明　ペア $(w, \tilde{p}) \in \mathcal{W} \times \tilde{\mathcal{V}}$ で $\varphi(w) = f(\tilde{p})$ なるもの全部の集合を $\mathcal{X}_1$ と書く. $\mathcal{W} \times \tilde{\mathcal{V}}$ から $\mathcal{W}$ への射影を $\mathcal{X}_1$ に制限した写像 ϕ_1 は $\mathcal{X}_1$ から $\mathcal{W}$ の上への連続写像である.

$\mathscr{W}$ の点 w に対し，$\mathscr{V}$ の点 $p=\varphi(w)$ の連結近傍 V で，$\widetilde{\mathscr{V}}$ によって平等に覆われるものがある．ν がある添字集合を走るとして，$\overset{-1}{f}(V)$ の連結成分たちを $\widetilde{V}_\nu$ とする．W を $\mathscr{W}$ での w の連結近傍で $\varphi(W)\subset V$ なるものとする．W の元 w' に対し，点 $(w',\tilde{p}'_\nu)$（ただし $\tilde{p}'_\nu$ は $f(\tilde{p}'_\nu)=\varphi(w')$ によって定義される $\widetilde{V}_\nu$ の点）を $\widetilde{w}'_\nu$ と書く．写像 $w'\to\widetilde{w}'_\nu$ は W を連続的に $\mathscr{X}_1$ のある部分集合 $\widetilde{W}_\nu$ の上に移し，$\psi_1(\widetilde{w}'_\nu)$ は点 w' である．したがって ψ_1 は $\widetilde{W}_\nu$ を W の上に同相に移す．集合 $\overset{-1}{\psi_1}(W)$ は集合 $\widetilde{W}_\nu$ たち全部の合併である．$\widetilde{W}'$ が $\overset{-1}{\psi_1}(W)$ の任意の連結部分集合のとき，写像 $(w,\tilde{p})\to\tilde{p}$ は $\widetilde{W}'$ を $\overset{-1}{f}(V)$ のある連結部分集合の上，すなわちある $\widetilde{V}_\nu$ の上に移す．したがって $\widetilde{W}_\nu$ たちは $\overset{-1}{\psi_1}(W)$ の連結成分のぜんぶであり，W は ψ_1 に関して $\mathscr{X}_1$ によって平等に覆われる．

つぎに $\mathscr{X}_1$ での $(w_0,\tilde{p}_0)$ の連結成分を $\mathscr{X}$ とし，ψ_1 の $\mathscr{X}$ への制限を ψ とする．§6の補題5（89ページ）により，$(\mathscr{X},\psi)$ は $\mathscr{W}$ の被覆空間である．$\mathscr{W}$ は単連結だから ψ は同相写像である．いまやわれわれは写像 $\tilde{\varphi}$ を $\overset{-1}{\psi}(w)=(w,\tilde{\varphi}(w))$ によって定義することができる．明らかに $\tilde{\varphi}$ は要求される性質をもつ．$\tilde{\varphi}$ の一意性はつぎの補題1から出る：

補題1　**$(\widetilde{\mathscr{V}},f)$ を空間 $\mathscr{V}$ の被覆空間とし，φ と φ' をある連結空間 $\mathscr{W}$ から $\widetilde{\mathscr{V}}$ への連続写像で $f\circ\varphi=f\circ\varphi'$ なるものとする．少なくともひとつの点 w_0 に対して $\varphi(w_0)=\varphi'(w_0)$ なら，$\varphi=\varphi'$ が成りたつ．**

実際，$\varphi(w)=\varphi'(w)$ となる点 w ぜんぶの集合を A とすると，A は明らかに閉集合で空ではない．A が開集合であることを示せば，補題1は証明される．A の点 w に対し，$v=f(\varphi(w))$ の近傍 V で $\tilde{\mathscr{V}}$ によって平等に覆われるものがある．$\overset{-1}{f}(V)$ での点 $\varphi(w)=\varphi'(w)$ の連結部分 $\tilde{V}$ は $\tilde{\mathscr{V}}$ での $\varphi(w)$ の近傍である（§6の補題1，86ページを見よ）．したがって $\mathscr{W}$ での w の近傍 W で $\varphi(W)\subset\tilde{V}$，$\varphi'(W)\subset\tilde{V}$ なるものがある．f は $\tilde{V}$ を同相に写すから，$w'\in W$ なら $\varphi(w')=\varphi'(w')$ となり，$W\subset A$ が成りたち，補題1が証明された．

注意 命題1の言明はある程度モノドロミー原理に似ている．実際，$\mathscr{W}$ が正規（normal）と仮定した場合，命題1はモノドロミー原理から導かれる．

つぎに $(\tilde{\mathscr{V}},f)$ と $(\tilde{\mathscr{V}}',f')$ を空間 $\mathscr{V}$ の単連結被覆空間とする．p を $\mathscr{V}$ の点，$\tilde{p},\tilde{p}'$ をそれぞれ $\tilde{\mathscr{V}},\tilde{\mathscr{V}}'$ の点で $f(\tilde{p})=p$，$f'(\tilde{p}')=p$ なるものとする．命題1により，$\tilde{\mathscr{V}}$ から $\tilde{\mathscr{V}}'$ への連続写像 φ および $\tilde{\mathscr{V}}'$ から $\tilde{\mathscr{V}}$ への連続写像 φ' で，

$$f'\circ\varphi=f,\ f\circ\varphi'=f',\ \varphi(\tilde{p})=\tilde{p}',\ \varphi'(\tilde{p}')=\tilde{p}$$

なるものが存在する．$\varphi'\circ\varphi$ は $\tilde{\mathscr{V}}$ から自分自身への連続写像（これを θ と書く）であり，$f\circ\theta=f$，$\theta(\tilde{p})=\tilde{p}$ が成りたつから，命題1によって θ は $\tilde{\mathscr{V}}$ の恒等写像である．同様に，$\varphi\circ\varphi'$ は $\tilde{\mathscr{V}}'$ の恒等写像である．したがって φ は同相写像で $\varphi'=\varphi^{-1}$ となる．以上でつぎの命題2が証明された：

命題 2 空間 $\mathcal{V}$ が単連結な被覆空間をもつならば，それは（同型を除いて）ひとつしかない．

以上の考察を $\tilde{\mathcal{V}}=\tilde{\mathcal{V}}', f=f'$ の場合に適用する．$\tilde{\mathcal{V}}$ の点 $\tilde{p}, \tilde{p}'$ が $f(\tilde{p})=f(\tilde{p}')$ をみたすならば，$\tilde{\mathcal{V}}$ から自分自身への同相写像 φ であって $f\circ\varphi=f$，$\varphi(\tilde{p})=\tilde{p}'$ をみたすものがただひとつ存在する．

定義 1 空間 $\mathcal{V}$ が単連結被覆空間 $(\tilde{\mathcal{V}}, f)$ をもつとする．$\tilde{\mathcal{V}}$ から自分自身への同相写像 φ で $f\circ\varphi=f$ をみたすもの全部のつくる群を $\tilde{\mathcal{V}}$ の**ポアンカレ群**（または**基本群**）と言う．

同じ空間 $\mathcal{V}$ のふたつの単連結被覆空間のポアンカレ群は互いに同型である（命題 2 からすぐ出る）．任意の単連結被覆空間のポアンカレ群に同型な抽象群を考えるとき，この群を $\mathcal{V}$ の**ポアンカレ群**（または**基本群**）と言う．つぎの命題はすでに証明されている：

命題 3 空間 $\mathcal{V}$ が単連結被覆空間 $(\tilde{\mathcal{V}}, f)$ をもつとする．$\tilde{\mathcal{V}}$ の点 $\tilde{p}, \tilde{p}'$ が $f(\tilde{p}')=f(\tilde{p})$ をみたすとき，$\mathcal{V}$ のポアンカレ群の作用で，$\tilde{p}$ を $\tilde{p}'$ に移すものがただひとつ存在する．

補題 2 $\mathcal{V}_1, \mathcal{V}_2$ をふたつの空間とし，$(\tilde{\mathcal{V}}_i, f_i)\,(i=1,2)$ を $\mathcal{V}_i$ の被覆空間とする．$f(\tilde{v}_1, \tilde{v}_2)=(f_1(\tilde{v}_1), f_2(\tilde{v}_2))$ とおくと，$(\tilde{\mathcal{V}}_1\times\tilde{\mathcal{V}}_2, f)$ は $\mathcal{V}_1\times\mathcal{V}_2$ の被覆空間である．

実際，$\mathcal{V}_1\times\mathcal{V}_2$ の任意の点 $v=(v_1, v_2)$ に対し，$\mathcal{V}_i\,(i=$

1, 2) に関する v_i の近傍 V_i で，$\widetilde{V}_i$ によって平等に覆われるものが存在する．$\widetilde{V}_i$ を $\overset{-1}{f_i}(V_i)$ の任意の連結成分とすると，f は $\widetilde{V}_1\times\widetilde{V}_2$ を $V_1\times V_2$ の上に同相に移す．集合 $\widetilde{V}_1\times\widetilde{V}_2$ は連結だから $\overset{-1}{f}(V_1\times V_2)$ のある連結成分 $\widetilde{V}$ に含まれる．$\widetilde{V}_1\times\widetilde{V}_2$ から $\widetilde{V}_i$ への射影は $\widetilde{V}$ を $\overset{-1}{f_i}(V_i)$ のある連結成分に移すから，$\widetilde{V}=\widetilde{V}_1\times\widetilde{V}_2$ が成りたつ．$\overset{-1}{f}(V_1\times V_2)$ の任意の点は $\widetilde{V}_1\times\widetilde{V}_2$ という形のある集合に属するから，集合 $\widetilde{V}_1\times\widetilde{V}_2$ たちの全体は $\overset{-1}{f}(V_1\times V_2)$ の連結成分たちの全体であり，したがって，$V_1\times V_2$ は f に関して $\widetilde{V}_1\times\widetilde{V}_2$ によって平等に覆われる．$\widetilde{V}_1\times\widetilde{V}_2$ は連結かつ局所連結だから，補題 2 が証明された．

命題 4　空間 $\mathcal{V}_1, \mathcal{V}_2$ がともに単連結被覆空間をもつとする．このとき $\mathcal{V}_1\times\mathcal{V}_2$ も単連結被覆空間をもち，そのポアンカレ群は $\mathcal{V}_1$ と $\mathcal{V}_2$ のポアンカレ群の積に同型である．

実際，$(\widetilde{\mathcal{V}}_i, f_i)\,(i=1,2)$ を $\mathcal{V}_i$ の単連結被覆空間とする．写像 f を補題 2 のように定義すると，$(\widetilde{\mathcal{V}}_1\times\widetilde{\mathcal{V}}_2, f)$ は $\mathcal{V}_1\times\mathcal{V}_2$ の被覆空間であり，§7 の命題 1（94 ページ）によって単連結である．$(\widetilde{\mathcal{V}}_i, f_i)\,(i=1,2)$ の基本群を F_i とする．F_i の元 φ_i に対し，$\widetilde{\mathcal{V}}_1\times\widetilde{\mathcal{V}}_2$ から自分自身への写像 φ を $\varphi(\tilde{v}_1, \tilde{v}_2)=(\varphi_1(\tilde{v}_1), \varphi_2(\tilde{v}_2))$ と定義すると，明きらかに φ は $(\widetilde{\mathcal{V}}_1\times\widetilde{\mathcal{V}}_2, f)$ のポアンカレ群 F に属する．簡単に分かるように，写像 $(\varphi_1, \varphi_2)\to\varphi$ は $F_1\times F_2$ から F のある部分群の上への同型写像である．$(\tilde{v}_1, \tilde{v}_2)$ および $(\tilde{v}_1', \tilde{v}_2')$ を $\widetilde{\mathcal{V}}_1\times\widetilde{\mathcal{V}}_2$ で $f(\tilde{v}_1, \tilde{v}_2)=f(\tilde{v}_1', \tilde{v}_2')$ なる任意のものとすると，$f_i(\tilde{v}_i)=$

$f_i(\tilde{v}_i')\,(i=1,2)$ だから，F_i の元 φ_i で $\varphi_i(\tilde{v}_i)=\tilde{v}_i'$ なるものが存在する．(φ_1,φ_2) に対応する F の作用 φ は $(\tilde{v}_1,\tilde{v}_2)$ を $(\tilde{v}_1',\tilde{v}_2')$ に移す．命題3を考えることにより，写像 $(\varphi_1,\varphi_2)\to\varphi$ は $F_1\times F_2$ を F の上に移し，命題4が証明された．

これから被覆される空間が位相群である場合の被覆空間の概念を考える．

定義2　$\mathcal{G}$ を位相群とする．$\mathcal{G}$ の被覆群とは，位相群 $\tilde{\mathcal{G}}$ と，$\tilde{\mathcal{G}}$ から $\mathcal{G}$ への準同型写像 f とのペア $(\tilde{\mathcal{G}},f)$ であって，$(\tilde{\mathcal{G}},f)$ が $\mathcal{G}$ の被覆空間であるもののことである．

命題5　位相群 $\mathcal{G}$ が単連結被覆空間 $(\tilde{\mathcal{G}},f)$ をもつとする．このとき $\tilde{\mathcal{G}}$ に乗法を定義して $\tilde{\mathcal{G}}$ を位相群にし，被覆空間 $(\tilde{\mathcal{G}},f)$ を被覆群にすることができる．

証明　ε を $\mathcal{G}$ の中立元とし，$\tilde{\varepsilon}$ を $\tilde{\mathcal{G}}$ の元で $f(\tilde{\varepsilon})=\varepsilon$ なる任意のものとする．空間 $\tilde{\mathcal{G}}\times\tilde{\mathcal{G}}$ は単連結である（§7の命題1，94ページ）．上の命題1により，$\tilde{\mathcal{G}}\times\tilde{\mathcal{G}}$ から $\tilde{\mathcal{G}}$ への連続写像 φ で，$f(\varphi(\tilde{\sigma},\tilde{\tau}))=f(\tilde{\sigma})(f(\tilde{\tau}))^{-1}$ かつ $\varphi(\tilde{\varepsilon},\tilde{\varepsilon})=\tilde{\varepsilon}$ なるものがある．$f(\varphi(\tilde{\sigma},\tilde{\varepsilon}))=f(\tilde{\sigma}),\ \varphi(\tilde{\varepsilon},\tilde{\varepsilon})=\tilde{\varepsilon}$ である．命題1の一意性の主張を写像 $\tilde{\sigma}\to f(\varphi(\tilde{\sigma},\tilde{\varepsilon}))$ に適用することによって $\varphi(\tilde{\sigma},\tilde{\varepsilon})=\tilde{\sigma}$ を得る．そこで

$$\tilde{\tau}^{-1}=\varphi(\tilde{\varepsilon},\tilde{\tau}),\quad \tilde{\sigma}\tilde{\tau}=\varphi(\tilde{\sigma},\tilde{\tau}^{-1})$$

と定義すると，$f(\tilde{\tau}^{-1})=(f(\tilde{\tau}))^{-1},\ f(\tilde{\sigma}\tilde{\tau})=f(\tilde{\sigma})f(\tilde{\tau})$ となる．もう一度命題1の一意性の主張を使うと，簡単に式 $(\tilde{\sigma}\tilde{\tau})\tilde{\rho}=\tilde{\sigma}(\tilde{\tau}\tilde{\rho}),\ \tilde{\sigma}\tilde{\varepsilon}=\tilde{\varepsilon}\tilde{\sigma}=\tilde{\sigma}$ が導かれる．連続写像 $\tilde{\sigma}\to\tilde{\sigma}\tilde{\sigma}^{-1}$ は連結空間 $\tilde{\mathcal{G}}$ を離散空間 $\overset{-1}{f}(\varepsilon)$ に移し，$\tilde{\varepsilon}$ を自分自

身に移すから，$\tilde{\sigma}\tilde{\sigma}^{-1}=\tilde{\varepsilon}$ が成りたつ．同様に $\tilde{\sigma}^{-1}\tilde{\sigma}=\tilde{\varepsilon}$ となる．したがって演算 $(\tilde{\sigma},\tilde{\tau})\rightarrow\tilde{\sigma}\tilde{\tau}$ によって $\tilde{\mathcal{G}}$ は位相群になり，命題5が証明された．

$\tilde{\mathcal{G}}$ に定義した演算は $\tilde{\varepsilon}$ の選びかたに依存する．しかしつぎの命題6が証明される：

命題6　位相群 $\mathcal{G}$ が単連結被覆群 $(\tilde{\mathcal{G}},f)$ をもつとき，この被覆群は同型を除いて一意的である，すなわち $(\tilde{\mathcal{G}}',f')$ が $\mathcal{G}$ のもうひとつの単連結被覆群ならば，位相群 $\tilde{\mathcal{G}}$ から $\tilde{\mathcal{G}}'$ への同型写像 θ で $f=f'\circ\theta$ となるものが存在する．

証明　$\tilde{\varepsilon},\tilde{\varepsilon}',\varepsilon$ をそれぞれ $\tilde{\mathcal{G}},\tilde{\mathcal{G}}',\mathcal{G}$ の中立元とする．すると $\tilde{\varepsilon},\tilde{\varepsilon}',\varepsilon$ の近傍 $\tilde{V},\tilde{V}',V$ で，f,f' の $\tilde{V},\tilde{V}'$ への制限がこれらの集合から V の上への局所同型写像になるものが存在する．したがって $\tilde{V}$ から $\tilde{V}'$ への局所同型写像 θ および $\tilde{V}'$ から $\tilde{V}$ への局所同型写像 θ' で，$\theta'\circ\theta$ と $\theta\circ\theta'$ がそれぞれ $\tilde{V},\tilde{V}'$ の恒等写像であり，さらに $\tilde{V}$ の上では $f'\circ\theta$ が f と一致するようなものが存在する．§7の定理3（100ページ）により，θ は $\tilde{\mathcal{G}}$ から $\tilde{\mathcal{G}}'$ への，θ' は $\tilde{\mathcal{G}}'$ から $\tilde{\mathcal{G}}$ への準同型写像に延長される．延長された準同型写像も θ,θ' と書こう．$\tilde{V},\tilde{V}'$ はそれぞれ $\tilde{\mathcal{G}},\tilde{\mathcal{G}}'$ の生成集合だから（§4の定理1，77ページ），$\theta'\circ\theta$ および $\theta\circ\theta'$ はそれぞれ $\tilde{\mathcal{G}}$ および $\tilde{\mathcal{G}}'$ の恒等写像である．したがって θ は $\tilde{\mathcal{G}}$ から $\tilde{\mathcal{G}}'$ への（位相群としての）同型写像である．さらに f と $f'\circ\theta$ はともに $\tilde{\mathcal{G}}$ から $\mathcal{G}$ への準同型写像だから，それらはいた

るところで一致し，命題6が証明された．

命題7 **位相群 $\mathcal{G}$ が単連結被覆群 $(\tilde{\mathcal{G}}, f)$ をもつとする．このとき $\mathcal{G}$ のポアンカレ群は準同型写像の核に同型である．とくにこの群は可換である．**

実際 D を f の核とする．δ が D の元なら，δ に伴なう $\tilde{\mathcal{G}}$ の左移動 φ_δ は $\tilde{\mathcal{G}}$ から自分自身への同相写像で $f\circ\varphi_\delta=f$ をみたす．したがって φ_δ は $(\tilde{\mathcal{G}}, f)$ のポアンカレ群に属する．上の命題3を使うことにより，写像 $\delta\to\varphi_\delta$ が D から $(\tilde{\mathcal{G}}, f)$ のポアンカレ群への同型写像であることが簡単に分かる．§7の命題2（102ページ）によって命題7が成りたつ．

§9 単連結被覆空間の存在

定義1 **空間 $\mathcal{V}$ が局所単連結であるとは，$\mathcal{V}$ の各点が少なくともひとつの単連結近傍をもつことである．**

この定義で，われわれは一点の任意の近傍が単連結近傍をふくむことは要求していない．

局所単連結空間はもちろん局所連結である．

定理4 **$\mathcal{V}$ を連結かつ局所単連結な空間とする．$\mathcal{V}$ は単連結被覆空間をもつ．**

証明 v_0 を $\mathcal{V}$ の任意の点とする．三つ組 $(\tilde{\mathcal{V}}, \tilde{v}^0, f)$ で $(\tilde{\mathcal{V}}, f)$ が $\mathcal{V}$ の被覆空間であり，$\tilde{v}^0$ が $f(\tilde{v}^0)=v_0$ なる $\tilde{\mathcal{V}}$ の点であるとき，この三つ組 $(\tilde{\mathcal{V}}, \tilde{v}^0, f)$ を $\mathcal{V}$ の**特定**

(specified) **被覆空間**と言う．$(\widetilde{\mathcal{V}}, \tilde{v}^0, f)$ と $(\widetilde{\mathcal{V}}_1, \tilde{v}_1^0, f_1)$ がふたつの特定被覆空間であり，$\widetilde{\mathcal{V}}$ から $\widetilde{\mathcal{V}}_1$ への同相写像 η で $f_1 \circ \eta = f$ かつ $\eta(\tilde{v}^0) = \tilde{v}_1^0$ なるものが存在するとき，これらふたつの特定被覆空間は同じ**型**であると言う．

われわれは $\mathcal{V}$ の被覆空間から成る集合で，任意の被覆空間がこの集合のある元と同型であるようなものを構成することができることを知っている*)．これからすぐ分かるように，(α はある添字集合を走るとして) すべての型の特定被覆空間 $(\widetilde{\mathcal{V}}_\alpha, \tilde{v}_\alpha^0, f_\alpha)$ を代表する完全系を構成することができる．積空間 $\prod_\alpha \widetilde{\mathcal{V}}_\alpha$ の元 $x = (\cdots \tilde{v}_\alpha \cdots)$ であって $f_\alpha(\tilde{v}_\alpha)$ がすべて等しいもの全部の集合を $\mathcal{X}_1$ とする．$\mathcal{X}_1$ の元 x に対し，共通な値 $f_\alpha(\tilde{v}_\alpha)$ を $f^*(x)$ と書く．明らかに f^* は $\mathcal{X}_1$ から $\mathcal{V}$ の上への連続写像であり，点 $x^0 = (\cdots \tilde{v}_\alpha^0 \cdots)$ は $\mathcal{X}_1$ に属する．

v を $\mathcal{V}$ の点，V を v の単連結近傍とする．$\overset{-1}{f_\alpha}(V)$ の連結成分の全部を $\widetilde{V}_{\alpha,\nu}$ とする．ただし ν は α に依存するある添字集合 N_α を走る．§6の補題5 (89ページ) から明らかに，f_α は $\widetilde{V}_{\alpha,\nu}$ を V の上に同相に移す．

さて $Z = \prod_\alpha N_\alpha$ とおく．ζ の α 座標を $\zeta(\alpha)$ と書き，

$$\widetilde{V}_\zeta = \mathcal{X}_1 \cap \prod_\alpha \widetilde{V}_{\alpha, \zeta(\alpha)}$$

とおく．f^* の $\widetilde{V}_\zeta$ への制限を f_ζ とすると，f_ζ は明らかに一対一で連続である．一方，V の元 v に対し，$\overset{-1}{f_\zeta}(v)$ は

*) ［訳注］§7の定義1と補題1のあいだ (91ページ) を見よ．

f_α によって v に移る $\widetilde{V}_{\alpha,\zeta(\alpha)}$ のただひとつの点である．この点は v の連続関数であり，したがって $\overset{-1}{f_\zeta}$ は連続である．よって f_ζ は $\widetilde{V}_\zeta$ から V の上への同相写像である．とくに $\widetilde{V}_\zeta$ は連結である．明きらかに

$$\overset{-1}{f^*}(V)=\bigcup_{\zeta\in Z}\widetilde{V}_\zeta$$

が成りたつ．

$\mathcal{X}_1$ の各元 $x=(\cdots\tilde{v}_\alpha\cdots)$ に対して $g_\alpha^*(x)=\tilde{v}_\alpha$ とおくと，$\mathcal{X}_1$ から $\widetilde{V}_\alpha$ への連続写像 g_α^* が得られる．集合 $\overset{-1}{g_\alpha^*}(\widetilde{V}_{\alpha,\nu})$ は，$\zeta(\alpha)=\nu$ となる ζ に対する集合 $\widetilde{V}_\zeta$ ぜんぶの合併である．$\widetilde{K}$ が $\overset{-1}{f^*}(V)$ の任意の連結成分のとき，$g_\alpha^*(\widetilde{K})$ は $\overset{-1}{f_\alpha}(V)$ の連結部分集合であり，したがってある $\widetilde{V}_{\alpha,\nu}$ に含まれる．よって各 $\widetilde{V}_\zeta$ は $\overset{-1}{f^*}(V)$ の連結成分であり，$\overset{-1}{g_\alpha^*}(\widetilde{V}_{\alpha,\nu})$ の各連結成分は $\zeta(\alpha)=\nu$ なる ζ に対する集合 $\widetilde{V}_\zeta$ である．f_ζ が同相写像であり，f_α と g_α^* が連続だという事実から簡単に分かるように，g_α^* は $\widetilde{V}_\zeta$ を $\widetilde{V}_{\alpha,\zeta(\alpha)}$ の上に同相に移す．

$\mathcal{X}_1$ と同じ点から成り，開集合として $\mathcal{X}_1$ の開集合の連結成分の合併たち全部を取った空間を $\mathcal{X}_1'$ とする（§6の補題6，89ページを見よ）．$\mathcal{X}_1'$ は局所連結である．$\mathcal{V}$ の各点は f^* に関して $\mathcal{X}_1'$ によって平等に覆われる近傍をもつ．また，$\widetilde{V}_\alpha$ の各点は g_α^* に関して $\mathcal{X}_1'$ によって平等に覆われる近傍をもつ．$\mathcal{X}_1'$ での x^0 の連結成分を $\mathcal{X}$ とし，f^* と g_α^* の $\mathcal{X}$ への制限をそれぞれ f と g_α とする．すると $(\mathcal{X},f)$ は $\mathcal{V}$ の被覆空間であり，$(\mathcal{X},g_\alpha)$ は $\widetilde{V}_\alpha$ の被覆空間である（§

6の補題5，89ページを見よ）．あと$\mathfrak{X}$が単連結であることを示せば定理4の証明が終わる．

$(\tilde{\mathfrak{X}},\varphi)$を$\mathfrak{X}$の被覆空間とする．$(\tilde{\mathfrak{X}},f\circ\varphi)$が$\mathcal{V}$の被覆空間であることを示す．実際，$x$を$\mathfrak{X}$の任意の点とし，$V$を$\mathcal{V}$での$f(x)$の単連結近傍とする．$\overset{-1}{f}(V)$での$x$の連結成分を$\tilde{V}$とすると，§6の補題1と補題5（86,89ページ）により，$\tilde{V}$は$\mathfrak{X}$でのxの単連結近傍であり，したがってφに関して$\tilde{\mathfrak{X}}$によって平等に覆われる．以上で主張が証明された．

つぎに$\tilde{x}^0$を$\tilde{\mathfrak{X}}$の点で$\varphi(\tilde{x}^0)=x^0$なるものとする．すると$(\tilde{\mathfrak{X}},\tilde{x}^0,f\circ\varphi)$は$\mathcal{V}$の特定被覆空間であり，ある$\alpha$に対する$(\tilde{\mathcal{V}}_\alpha,\tilde{v}_\alpha^0,f_\alpha)$と（特定被覆空間として）同じ型である．すなわち$\tilde{\mathcal{V}}_\alpha$から$\tilde{\mathfrak{X}}$への同相写像$h$で

$$(f\circ\varphi)\circ h=f_\alpha,\ \ h(\tilde{v}_\alpha^0)=\tilde{x}^0$$

なるものが存在する．そこで$\psi=\varphi\circ h$とおくと，$(\tilde{\mathcal{V}}_\alpha,\psi)$は$\mathfrak{X}$の被覆空間であり，$\psi(\tilde{v}_\alpha^0)=x^0, f\circ\psi=f_\alpha$が成りたつ．$\varphi$が同相写像であることを示すためには，$\psi$が同相写像であることを示せばよい．写像$g_\alpha\circ\psi$は$\tilde{\mathcal{V}}_\alpha$を連続に自分自身に移し，

$$f_\alpha\circ(g_\alpha\circ\psi)=f\circ\psi=f_\alpha,\ \ (g_\alpha\circ\psi)(\tilde{v}_\alpha^0)=\tilde{v}_\alpha^0$$

が成りたつ．§8の補題1（103ページ）により，$g_\alpha\circ\psi$は$\tilde{\mathcal{V}}_\alpha$の恒等写像であり，したがって$\psi$は一対一写像である．$(\tilde{\mathcal{V}}_\alpha,\psi)$は$\mathfrak{X}$の被覆空間だから，$\psi$は同相写像であり，定理4が証明された．

§10 いくつかの空間のポアンカレ群

命題1 実数の加法群 R は単連結である.

証明 $(\tilde{R}, f)$ を R の被覆群とする. $\tilde{R}$ の中立元の近傍 $\tilde{V}$ で, f によって R の区間 $]-a, +a[$ $(a>0)$ の上に同相に移されるものが存在する. f は準同型写像だから, $\tilde{V} \cap \overset{-1}{f}(]-a/2, +a/2[)$ の元たちは互いに交換可能である. したがって $\tilde{R}$ は可換だから, $\tilde{R}$ の演算を加法で書く. $\tilde{d}$ を $\tilde{R}$ の元で $f(\tilde{d})=0$ なるものとする. $\tilde{d}$ を $\tilde{d}_1+\cdots+\tilde{d}_h$ の形に書く. ただし $\tilde{d}_i \in \tilde{V}$ $(1 \leqq i \leqq h)$ である. $f(\tilde{d}_i)=d_i$ とおくと $d_1+\cdots+d_h=0$. k を整数で

$$|k^{-1}(d_1+\cdots+d_i)| < a \quad (1 \leqq i \leqq h)$$

なるものとし, $\tilde{x}_i$ を $\tilde{V}$ の元で f によって $k^{-1}d_i$ に移されるものとする. f は局所同型写像だから

$$f(\tilde{x}_1+\cdots+\tilde{x}_h) = f(\tilde{x}_1)+\cdots+f(\tilde{x}_h) = 0$$

であり, したがって $\tilde{x}_1+\cdots+\tilde{x}_h=\tilde{0}$ ($\tilde{0}$ は $\tilde{R}$ の中立元) となる. f は局所同型写像だから $\tilde{d}_i=k\tilde{x}_i$ であり, したがって $\tilde{d}=\sum \tilde{d}_i=k\sum \tilde{x}_i=\tilde{0}$ となる. 以上で f が一対一であることが分かり, 命題1が証明された.

補題1 $(\tilde{\mathcal{V}}, f)$ を空間 $\mathcal{V}$ の被覆空間とする. A と B を $\mathcal{V}$ の連結かつ局所連結な閉部分集合で, ともに f に関して $\tilde{\mathcal{V}}$ によって平等に覆われるものとする. もし $A \cap B$ が空でなく連結ならば, 集合 $A \cup B$ も $\tilde{\mathcal{V}}$ によって平等に覆

われる.

証明 ある添字集合Nを走る添字をνとして$\tilde{A}_\nu$を$\overset{-1}{f}(A)$の連結成分の全部とする ($\nu \neq \nu'$なら$\tilde{A}_\nu \neq \tilde{A}_{\nu'}$と仮定する). ここで$C = A \cap B$, $\tilde{A}_\nu \cap \overset{-1}{f}(C) = \tilde{C}_\nu$とおく. fが$\tilde{A}_\nu$をAの上に同相に移すことは分かっているから, fは$\tilde{C}_\nu$をCの上に同相に移す. とくに$\tilde{C}_\nu$は連結だから, それは$\overset{-1}{f}(B)$のある決まった連結成分$\tilde{B}_\nu$に含まれる. 明らかに, $\nu \neq \nu'$なら$\tilde{B}_\nu \neq \tilde{B}_{\nu'}$であり, $\overset{-1}{f}(B)$の任意の連結成分はある$\nu \in N$に対する$\tilde{B}_\nu$と一致する. ここで

$$\tilde{K}_\nu = \tilde{A}_\nu \cup \tilde{B}_\nu, \quad \tilde{L}_\nu = \bigcup_{\nu' \neq \nu} \tilde{K}_{\nu'}$$

とおく. $\tilde{K}_\nu$は明きらかに閉集合であり,

$$\tilde{L}_\nu = \Bigl(\bigcup_{\nu' \neq \nu} \tilde{A}_{\nu'}\Bigr) \cup \Bigl(\bigcup_{\nu' \neq \nu} \tilde{B}_{\nu'}\Bigr)$$

が成りたつ. $\tilde{A}_\nu$は$\overset{-1}{f}(A)$で相対的に開集合であり, $\tilde{B}_\nu$は$\overset{-1}{f}(B)$で相対的に開集合である (§6の補題5, 89ページを見よ). これから分かるように$\bigcup_{\nu' \neq \nu} \tilde{A}_{\nu'}$と$\bigcup_{\nu' \neq \nu} \tilde{B}_{\nu'}$は閉集合, したがって$\tilde{L}_\nu$も閉集合である.

$\tilde{K}_\nu \cup \tilde{L}_\nu = \overset{-1}{f}(A \cup B)$だから, $\tilde{K}_\nu$は$\overset{-1}{f}(A \cup B)$で相対的に開かつ閉である. したがって$\tilde{K}_\nu$たちは$\overset{-1}{f}(A \cup B)$の連結成分の全部である. fの$\tilde{K}_\nu$への制限をf_νとすると, $(\tilde{K}_\nu, f_\nu)$は空間$A \cup B$の被覆空間である (§6の補題5, 89ページ). 一方f_νは$\tilde{K}_\nu$を一対一に移す. 実際$f(\tilde{p}) = f(\tilde{p}')$ $(\tilde{p}, \tilde{p}' \in \tilde{K}_\nu)$としよう. もし$\tilde{p}, \tilde{p}'$が$\tilde{A}_\nu, \tilde{B}_\nu$の一方に属していれば, 明きらかに$\tilde{p} = \tilde{p}'$である. そうでなけれ

ば $f(\tilde{p})=f(\tilde{p}')\in C$ であり，f_ν は $\tilde{A}_\nu$ も $\tilde{B}_\nu$ も一対一に移すから，やはり $\tilde{p}=\tilde{p}'$ となる．したがって f は $\tilde{K}_\nu$ を $A\cup B$ の上に同相に移し，補題1が証明された．

命題 2　**R の区間はどれも単連結である．**

実際，まず半開空間 $\mathcal{V}=]a,b]$ $(a<b)$ を扱う．$(\tilde{\mathcal{V}},f)$ を $\mathcal{V}$ の被覆空間とする．すると b のある閉近傍 $[c,b]$ で $\tilde{\mathcal{V}}$ によって平等に覆われるものがある．さて $]a,b[$ は R に同相であり，簡単に分かるように $]a,b[$ は $\mathcal{V}$ によって平等に覆われる．$c<c'<b$ なる c' をとると，$]a,c']$ は $\tilde{\mathcal{V}}$ によって平等に覆われる．集合 $]a,c']\cap[c,b]=[c,c']$ は連結であって空でない．したがって補題1により，$\mathcal{V}$ は $\tilde{\mathcal{V}}$ によって平等に覆われる．$\mathcal{V}$ が単連結であることを見るのはやさしい．同様の論法を b のかわりに a に適用して，$[a,b]$ も単連結となり，命題2が証明された．

系　**R の有限個の区間の積は単連結である．**

したがって R^n の開球も閉球も単連結である（p を中心とする半径 r の開球とは，p からの距離が $<r$ であるような点ぜんぶの集合，閉球は開球の閉包である）．

命題 3　**S^1 のポアンカレ群は整数の加法群に同型である．$n>1$ なら S^n は単連結である．**

実際，S^1 は T^1 に同型であり，T^1 は R の整数群による剰余群である．R は単連結だから，T^1 のポアンカレ群は整数の加法群に同型である（§8の命題7，109ページを見よ）．$n>1$ のときは，つぎの条件で定義される R^{n+1} の部

分集合をそれぞれ A, B とする：

$$A\ :\ x_{n+1} \geqq 0,\quad \sum_1^{n+1} x_i^2 = 1.$$

$$B\ :\ x_{n+1} \leqq 0,\quad \sum_1^{n+1} x_i^2 = 1.$$

写像 $(x_1, \cdots, x_n, x_{n+1}) \to (x_1, \cdots, x_n)$ は A と B を R^n のなかのある閉球の上に同相に移すから，A も B も単連結である．$A \cap B$ は S^{n-1} に同相だから，$n>1$ なら連結である．したがって補題1によって命題3が成りたつ．

命題4 $\mathcal{G}$ **を連結かつ局所連結な位相群，** $\mathcal{H}$ **をその局所連結な閉部分群，** $\mathcal{H}_0$ **を** $\mathcal{H}$ **の中立元の連結成分とする．このとき，** $\mathcal{G}/\mathcal{H}_0$ **から** $\mathcal{G}/\mathcal{H}$ **への写像** f **で，**$(\mathcal{G}/\mathcal{H}_0, f)$ **が** $\mathcal{G}/\mathcal{H}$ **の被覆空間であるようなものが存在する．とくに** $\mathcal{H}$ **が正規部分群なら，**$(\mathcal{G}/\mathcal{H}_0, f)$ **は** $\mathcal{G}/\mathcal{H}$ **の被覆群である．**

証明　$\mathcal{H}$ は局所連結だから，$\mathcal{H}_0$ は $\mathcal{H}$ で相対的開集合である（§6の命題1，85ページ）．したがって $\mathcal{G}$ の中立元の近傍 V で $V^{-1}V \cap \mathcal{H} \subset \mathcal{H}_0$ なるものが存在する．一般性を失なわずに V は連結な開集合としてよい．

$\overline{\omega}$ と $\overline{\omega}_0$ をそれぞれ $\mathcal{G}$ から $\mathcal{G}/\mathcal{H}$ と $\mathcal{G}/\mathcal{H}_0$ の上への自然写像とする．$\mathcal{G}/\mathcal{H}_0$ の元 u は $\mathcal{H}_0$ を法とする剰余類，すなわち $u = \sigma\mathcal{H}_0$ である．この剰余類は $\mathcal{H}$ を法とする剰余類 $\sigma\mathcal{H}$ にまるまる含まれる．$w = \sigma\mathcal{H}$ のとき $w = f(u)$ とおくと，f は $\mathcal{G}/\mathcal{H}_0$ から $\mathcal{G}/\mathcal{H}$ への写像である．$\overline{\omega}$ も $\overline{\omega}_0$ も連続開写像だから，すぐ分かるように f も連続開写像である．

$\mathcal{G}$の元σに対して$W(\sigma)=\overline{\omega}(\sigma V)$とおく．$\mathcal{H}_0$を法とする$\mathcal{H}$の剰余類ぜんぶの完全代表集合のひとつを$\Delta$とする：$\mathcal{H}=\bigcup_{\delta\in\Delta}\delta\mathcal{H}_0$. 集合$\overset{-1}{f}(W(\sigma))$は集合$\widetilde{W}_\delta(\sigma)=\overline{\omega}_0(\sigma V\delta)$たち($\delta\in\Delta$)ぜんぶの合併である．これらの集合のおのおのは$f$によって$W(\sigma)$の上に移される．$\widetilde{W}_\delta(\sigma)$たちは互いに共通点がなく，$f$によって一対一に移される．実際$\tau_1,\tau_2\in V$および$\delta,\delta'\in\Delta$に対して$\overline{\omega}(\sigma\tau_1\delta)=\overline{\omega}(\sigma\tau_2\delta')$と仮定しよう．$\sigma\tau_1\delta=\sigma\tau_2\delta'\eta$ ($\eta\in\mathcal{H}$)と書けるから$\tau_2^{-1}\tau_1=\delta'\eta\delta^{-1}$. 一方$\delta'\eta\delta^{-1}$は$\mathcal{H}$に属するから$\tau_2^{-1}\tau_1\in V^{-1}V\cap\mathcal{H}\subset\mathcal{H}_0$となる．もし$\delta=\delta'$なら$\eta\in\mathcal{H}_0$ ($\mathcal{H}_0$は$\mathcal{H}$の閉正規部分群である；§4の命題1, 76ページを見よ）だから$\overline{\omega}_0(\sigma\tau_1\delta)=\overline{\omega}_0(\sigma\tau_2\delta)$となり，各$\widetilde{W}_\delta(\eta)$は一対一に移される．一方，もし$\overline{\omega}_0(\sigma\tau_1\delta)=\overline{\omega}_0(\sigma\tau_2\delta')$を仮定すれば，$\eta\in\mathcal{H}_0$だから

$$\delta'\eta\delta^{-1}\in\delta'\mathcal{H}_0\delta^{-1}=(\delta'\mathcal{H}_0\delta'^{-1})(\delta'\delta^{-1})=\mathcal{H}_0\delta'\delta^{-1}$$

となり，$\mathcal{H}_0\delta'\delta^{-1}\cap\mathcal{H}_0=\emptyset$となるから$\delta'=\delta$が成りたつ．よって$\widetilde{W}_\delta(\sigma)$たちは互いに共通点がないことが示された．

各$\widetilde{W}_\delta(\sigma)$は$\mathcal{G}/\mathcal{H}_0$の開集合だから，$f$は$\widetilde{W}_\delta(\sigma)$から$W(\sigma)$の上への一対一連続な開写像，すなわち同相写像である．各$\widetilde{W}_\delta(\sigma)$は連結（$\sigma V\delta$の連続像）だから，$\overset{-1}{f}(W(\sigma))$の連結成分は集合$\widetilde{W}_\delta(\sigma)$たち全部である．これからすぐ分かるように$(\mathcal{G}/\mathcal{H}_0, f)$は$\mathcal{G}/\mathcal{H}$の被覆空間である．

もし$\mathcal{H}$が$\mathcal{G}$の正規部分群なら，$\mathcal{H}_0$も$\mathcal{G}$の正規部分群である．実際，$\sigma\in\mathcal{G}$なら$\sigma\mathcal{H}_0\sigma^{-1}$は$\mathcal{H}$の連結部分集合で

中立元を含むから$\sigma\mathcal{H}_0\sigma^{-1}\subset\mathcal{H}_0$. さらに，写像$f$は明きらかに$\mathcal{G}/\mathcal{H}_0$から$\mathcal{G}/\mathcal{H}$の上への準同型写像である．こうして命題4が証明された．

系1　命題4の記号のままで，もし$\mathcal{G}/\mathcal{H}$が単連結なら$\mathcal{H}$は連結である．

実際，$\mathcal{G}/\mathcal{H}$が単連結ならfは一対一だから$\mathcal{H}=\mathcal{H}_0$となる．

系2　$\mathcal{G}$を連結かつ局所連結な位相群，$\mathcal{H}$を$\mathcal{G}$の離散正規部分群，fを$\mathcal{G}$から$\mathcal{G}/\mathcal{H}$への自然写像とする．このとき$(\mathcal{G}, f)$は$\mathcal{G}/\mathcal{H}$の被覆群である．

実際，命題4の記号で明きらかに$\mathcal{G}/\mathcal{H}_0=\mathcal{G}$であり，命題4の証明で構成した写像$f$は$\mathcal{G}$から$\mathcal{G}/\mathcal{H}$の上への自然写像である．

命題5　$\mathcal{G}$を連結かつ局所連結な位相群，$\mathcal{H}$を$\mathcal{G}$の局所連結な閉部分群とする．もし$\mathcal{G}/\mathcal{H}$が単連結で$\mathcal{G}$と$\mathcal{H}$がともに局所単連結なら，$\mathcal{G}$のポアンカレ群は$\mathcal{H}$のポアンカレ群のある剰余群に同型である．

証明　$(\tilde{\mathcal{G}}, g)$を$\mathcal{G}$の単連結被覆群とする．$\tilde{\mathcal{H}}=\overset{-1}{g}(\mathcal{H})$とおく．明きらかに$g$は$\tilde{\mathcal{G}}$の$\tilde{\mathcal{H}}$を法とする剰余類を$\mathcal{G}$の$\mathcal{H}$を法とする剰余類に移し，互いに共通点のない（$\tilde{\mathcal{G}}$の）剰余類を，互いに共通点のない（$\mathcal{G}$の）剰余類に移す．$\bar{\omega}$および$\tilde{\omega}$をそれぞれ$\mathcal{G}$から$\mathcal{G}/\mathcal{H}$への，および$\tilde{\mathcal{G}}$から$\tilde{\mathcal{G}}/\tilde{\mathcal{H}}$への自然写像とする．すると$\tilde{\mathcal{G}}/\tilde{\mathcal{H}}$から$\mathcal{G}/\mathcal{H}$の上への一

対一写像 g^* で

$$g^*(\tilde{\omega}(\tilde{\sigma})) = \overline{\omega}(g(\tilde{\sigma})) \quad (\tilde{\sigma} \in \tilde{\mathscr{G}})$$

なるものが存在する．$\overline{\omega}$ と $\tilde{\omega}$ は連続開写像だから，すぐ分かるように g^* も連続開写像である．よって g^* は同相写像となり，$\tilde{\mathscr{G}}/\tilde{\mathscr{H}}$ は単連結である．

$\tilde{\mathscr{H}}$ は局所連結である．実際，$\tilde{V}$ を $\tilde{\mathscr{G}}$ の中立元 $\tilde{\varepsilon}$ の近傍で，g によって同相に写されるものとする．集合 $g(\tilde{V})\cap\mathscr{H}$ は $\varepsilon=g(\tilde{\varepsilon})$ の $\mathscr{H}$ に関する近傍で局所連結なもの W を含む．集合 $\tilde{V}\cap\overset{-1}{g}(W)$ は W に同相だから局所連結である．この集合は $\tilde{\varepsilon}$ の $\tilde{\mathscr{H}}$ に関する近傍であり，主張が証明された．

命題4の系1によって $\tilde{\mathscr{H}}$ は連結である．g の $\tilde{\mathscr{H}}$ への制限を g_0 とすると，§6の補題5（89ページ）によって $(\tilde{\mathscr{H}}, g_0)$ は $\mathscr{H}$ の被覆群である．

つぎに $\mathscr{G}$ のポアンカレ群は準同型写像 g の核 F に同型であり，$F\subset\tilde{\mathscr{H}}$ が成りたつ．さて $(\tilde{\mathscr{H}}_1, g_1)$ を $\mathscr{H}$ の単連結被覆群とする．簡単に分かるように，$\tilde{\mathscr{H}}_1$ の中立元のある連結近傍 W_1 から $\tilde{\mathscr{H}}$ の中立元のある近傍への局所同型写像 η で，すべての $\rho\in W_1$ に対して $g_0(\eta(\rho))=g_1(\rho)$ となるものが存在する．§7の定理3（100ページ）により，η は $\tilde{\mathscr{H}}_1$ から $\tilde{\mathscr{H}}$ への準同型写像 h に延長される．$\tilde{\mathscr{H}}_1$ の元 ρ で $g_0(h(\rho))=g_1(\rho)$ が成りたつものぜんぶの集合は $\tilde{\mathscr{H}}_1$ の部分群で W_1 を含むから，§4の定理1（77ページ）によってこの集合は $\tilde{\mathscr{H}}_1$ と一致し，したがって，$g_0\circ h=g_1$ が成りたつ．準同型写像 g_1 と h それぞれの核を F_1 と H とする．

F は g_0 の核だから，明きらかに F は F_1/H に同型である．F_1 は $\mathcal{H}$ のポアンカレ群に同型だから命題5が証明された．

命題3と命題5からすぐ分かるように，$SO(n)(n\geqq3)$, $SU(n), Sp(n)(n>1)$ のポアンカレ群はそれぞれ $SO(n-1), SU(n-1), Sp(n-1)$ のポアンカレ群のある剰余群に同型である（§3の命題2a, 3, 4（73, 74ページ）を見よ）．群 $SU(1)$ は1個の元だけから成るから単連結である．群 $Sp(1)$ は S^3 と同型だから単連結である．こうしてつぎの命題が証明された：

命題6 $n\geqq1$ **なら群** $SU(n)$ **および** $Sp(n)$ **は単連結である．**

§5の命題1（84ページ）によって $SO(3)$ のポアンカレ群は位数2である．したがって $n>3$ に対する $SO(n)$ のポアンカレ群の位数は1か2である．つぎの節でこの群が位数2であることを証明する．

ここでは $U(n)$ を考える．行列

$$\begin{pmatrix} \exp 2\pi\sqrt{-1}\varphi & 0 \cdots\cdots & 0 \\ 0 & 1 & \vdots \\ \cdots\cdots & \ddots & \cdots \\ 0 & 0 & 1 \end{pmatrix}$$

を $\rho(\varphi)$ と書く．$\rho(\varphi)$ の形の行列の全体 $\mathfrak{g}$ は $U(n)$ の部分群をなし，T^1 に同型である．σ を $U(n)$ の任意の行列とする．すると $\boxed{\sigma}$ は絶対値が1であり，したがってある

数 φ を選ぶと $\sigma=\rho(\varphi)\tau, \tau\in SU(n)$ と書ける. $\mathfrak{g}\cap SU(n)$ は単位行列だけから成るから, $U(n)$ のすべての元 σ は $\sigma=\rho\tau$ $(\rho\in\mathfrak{g}, \tau\in SU(n))$ の形に一意的に書ける. $\mathfrak{g}\times SU(n)$ から $U(n)$ の上への写像 $(\rho,\tau)\to\rho\tau$ は一対一連続である. $\mathfrak{g}\times SU(n)$ はコンパクトだから, 上の写像は同相写像であり, つぎの命題が証明された：

命題 7　$U(n)$ **の基礎空間は** $T^1\times SU(n)$ **に同相である.** $U(n)$ **のポアンカレ群は整数の加法群に同相である.**

§11　クリフォード数. スピノル群

K を標数が 2 でない体とする. これから K 上の多元環 $\mathfrak{o}$ を構成する：$\mathfrak{o}$ は単位元 e_0 をもち, e_0 および他の n 個の元 $e_1,\cdots,e_n$ ($n>0$ は任意の整数) から生成され, 任意の K の元 $x_1,\cdots,x_n$ に対して恒等式

$$\left(\sum_1^n x_ie_i\right)^2=-e_0\sum_1^n x_i^2$$

をみたす. すなわち

$$\begin{aligned} &e_0e_0=e_0,\quad e_0e_i=e_ie_0=e_i,\\ &e_ie_j+e_je_i=0\quad(i\neq j), \qquad\qquad (1)\\ &e_i^2=-e_0\quad(1\leqq i,j\leqq n). \end{aligned}$$

すぐ分かるように, $\mathfrak{o}$ のすべての元は e_0 および $1\leqq i_1<\cdots<i_m\leqq n$ なる $e_{i_1}\cdots e_{i_m}$ たちの線型結合である.

いまから実際に $\mathfrak{o}$ を構成する手続きに入る. 集合 $N=\{1,2,\cdots,n\}$ のすべての部分集合 A に対してひとつの記号

e_A を対応させ，これらが K 上のあるベクトル空間の基底をなすと考える．したがってこのベクトル空間は 2^n 次元である．A と B が N のふたつの部分集合のとき，A と B のどちらか一方だけに属する数ぜんぶの集合を $A+B$ と書く．N の元 j に対し，A の元 i で $i \geqq j$ なるものの個数を $p(A, j)$ と書き，

$$p(A, B) = \sum_{j \in B} p(A, j), \ \zeta(A, B) = (-1)^{p(A, B)}$$

とおく．そして基底の元 e_A たちの乗法を式

$$e_A e_B = \zeta(A, B) e_{A+B}$$

によって定義する．まずこの乗法が結合的であることを証明する．ふたつの元 $\mathit{0}$ と $\mathit{1}$ から成る標数2の体を $\mathcal{K}$ とする．N の部分集合 A に対し，N から $\mathcal{K}$ への写像 f_A を，i が A に属するときは $f_A(i) = \mathit{1}$，属さないときは $f_A(i) = \mathit{0}$ として定める．$\mathit{1}+\mathit{1}=\mathit{0}$ だから，$f_{A+B} = f_A + f_B$ であり，したがって

$$f_{(A+B)+C} = f_A + f_B + f_C = f_{A+(B+C)},$$
$$(A+B)+C = A+(B+C)$$

が成りたつ．一方

$$p(A, B+C) = \sum_{j \in B+C} p(A, j) \equiv p(A, B) + p(A, C) \pmod 2$$

$$p(A+B, C) = \sum_{j \in C} p(A+B, j) \equiv p(A, C) + p(B, C) \pmod 2$$

が成りたつから，$(e_A e_B)e_C$ も $e_A(e_B e_C)$ も

$$\zeta(A,B)\zeta(B,C)\zeta(A,C)e_{(A+B)+C}$$

に等しい．

以上で K 上の結合多元環 $\mathfrak{o}$ が定義された．ここで $e_0=e_{\emptyset}, e_i=e_{\{i\}}(1\leqq i\leqq n)$ とおけば，$A=\{i_1,\cdots,i_m\}(i_1<\cdots<i_m)$ に対して $e_A=e_{i_1}\cdots e_{i_m}$ となり，式 (1) が成りたつ．

多元環 $\mathfrak{o}$ の元を**クリフォード数**と言う．

以下，多元環 $\mathfrak{o}$ の中心とすべてのイデアルを決定する．各 $h\ (1\leqq h\leqq n)$ に対し，$\mathfrak{o}$ から自分自身への線型写像 Q_h を $Q_h(x)=\dfrac{1}{2}(x-e_h x e_h)$ として定める．$Q_h(e_A)$ を計算するために A の元の個数を $s(A)$ と書くと，簡単に分かるように，

$s(A)\equiv 0 \pmod 2$ の場合，h が A に属すれば $Q_h(e_A)=0$，h が A に属さなければ $Q_h(e_A)=e_A$.

$s(A)\equiv 1 \pmod 2$ の場合，h が A に属すれば $Q_h(e_A)=e_A$，h が A に属さなければ $Q_h(e_A)=0$.

線型写像 $Q_1\circ\cdots\circ Q_n$ を Q と書く．$n\equiv 0 \pmod 2$ の場合，$Q(e_0)=e_0, A\neq\emptyset$ なら $Q(e_A)=0$．$n\equiv 1 \pmod 2$ の場合，$Q(e_0)=e_0, Q(e_N)=e_N, A\neq\emptyset, N$ なら $Q(e_A)=0$．このことから特に，$n\equiv 1 \pmod 2$ の場合，e_N が $\mathfrak{o}$ の中心に属することが分かる．

$\mathfrak{o}$ の中心を $\mathfrak{c}$ とする．$x\in\mathfrak{c}$ ならすべての h に対して $Q_h(x)=x$ だから $Q(x)=x$．したがってすぐ分かるように，n が偶数なら $\mathfrak{c}=Ke_0$，n が奇数なら $\mathfrak{c}=Ke_0+Ke_N$ であ

る．

つぎに$\mathfrak{a}$を$\mathfrak{o}$の$\{0\}$でない任意のイデアル，$x=\sum_A c_A e_A$を$\mathfrak{a}$の0でない任意の元とする．$c_{A_0}\neq 0$と仮定すると$e_{A_0}^{-1}x=\sum_A c'_A e_A$は$\mathfrak{a}$に属し，$Q(e_{A_0}^{-1}x)$も$\mathfrak{a}$に属する．$c'_\emptyset\neq 0$である．もし$n$が偶数なら$Q(e_{A_0}^{-1}x)=c'_\emptyset e_0$だから$e_0\in\mathfrak{a}$，したがって$\mathfrak{a}=\mathfrak{o}$となり，つぎの命題1が証明された．

命題1 n**が偶数の場合，クリフォード数の多元環の中心は**Ke_0**である**（K**は基礎体**）．**この多元環のイデアルは**$\{0\}$**と環全体だけである．**

つぎにnが奇数の場合，$Q(e_{A_0}^{-1}x)=c'_\emptyset e_0+c'_N e_N$であり，簡単に分かるように$e_N^2=(-1)^{n(n+1)/2}$である．もし$(-1)^{n(n+1)/2}$が$K$の平方元でなければ，$K$の中心$\mathfrak{c}=Ke_0+Ke_N$は体である．$\mathfrak{a}\cap\mathfrak{c}$は$\mathfrak{c}$の$\{0\}$でないイデアルだから$\mathfrak{a}\cap\mathfrak{c}=\mathfrak{c}$，したがって$\mathfrak{a}=\mathfrak{o}$となる．最後に$(-1)^{n(n+1)/2}=j^2$ $(j\in K)$と仮定すると，ふたつの元$u=\dfrac{1}{2}(e_0+je_N)$および$v=\dfrac{1}{2}(e_0-je_N)$は$\mathfrak{c}$の直交ベキ等元（すなわち$u^2=u, v^2=v, uv=0$）であり，$\mathfrak{c}=Ku+Kv$を得る．$\mathfrak{c}$の$\{0\}$でないイデアルは$Ku, Kv, \mathfrak{c}$である．したがって$\mathfrak{a}$はu, vのうちのひとつを含む．$\mathfrak{a}$がuを含むと仮定しよう．もし$\mathfrak{a}$の元yで$x=yv\neq 0$となるものが存在すれば，$\mathfrak{a}\cap\mathfrak{c}$は$Q(e_{A_0}^{-1}x)=Q(e_{A_0}^{-1}y)v\in Kv$を含む（$v$は中心に属するから，すべての$z$に対して$Q(zv)=Q(z)v$となることに注意せよ）．したがって，もし$u\in\mathfrak{a}$なら$\mathfrak{a}=\mathfrak{o}$または$\mathfrak{a}v=\{0\}$となる．最後の場合には明きらかに$\mathfrak{a}=\mathfrak{o}u$である．以上でつぎの命題2

が証明された：

命題 2　**n が奇数の場合，クリフォード数の多元環の中心は Ke_0+Ke_N である．もし $(-1)^{n(n+1)/2}$ が K の平方元でなければ，$\mathfrak{o}$ のイデアルは $\{0\}$ と $\mathfrak{o}$ だけである．もし $(-1)^{n(n+1)/2}=j^2$ $(j\in K)$ なら $\mathfrak{o}$ のイデアルは $\{0\}$, $\mathfrak{o}$, $\mathfrak{o}u$, $\mathfrak{o}v$ である．ただし $u=\dfrac{1}{2}(e_0+je_N)$, $v=\dfrac{1}{2}(e_0-je_N)$.**

$x\in\mathfrak{o}$ のとき，写像 $y\to\theta(x)y=xy$ は K 上のベクトル空間 $\mathfrak{o}$ の線型自己準同型写像である．基底元 e_A たちをある任意の順序に並べると，この自己準同型写像を 2^n 次の行列で表わすことができる．この行列も $\theta(x)$ と書く．こうして多元環 $\mathfrak{o}$ の行列による表現が得られる．この表現を**正則表現**と言う．$\theta(x)$ の行列式を $\Delta(x)$ と書く．n が奇数のとき，K に $\sqrt{-1}$ を添加した体を K' と書く．元 e_A たちの K' の元を偶数とする線型結合ぜんぶの集合は，K' 上のクリフォード数の多元環 $\mathfrak{o}'$ である．$\theta(x)$ は $\mathfrak{o}'$ の線型自己準同型写像を定める．j を K' の元で $j^2=(-1)^{n(n+1)/2}$ なるものとして，

$$u'=\frac{1}{2}(e_0+je_N),\ \ v'=\frac{1}{2}(e_0-je_N)$$

とおくと，明きらかに $\theta(x)$ は $\mathfrak{o}'$ の部分空間 $\mathfrak{o}'u'$ および $\mathfrak{o}'v'$ を自分自身に移す．$\theta(x)$ の $\mathfrak{o}'u'$, $\mathfrak{o}'v'$ への制限をそれぞれ $\theta'(x)$, $\theta''(x)$ とし，自己準同型写像 $\theta'(x)$, $\theta''(x)$ の行列式をそれぞれ $\Delta'(x)$, $\Delta''(x)$ とする．関数 Δ, Δ', Δ'' の任意のひとつを D と書くと，$D(xy)=D(x)D(y)$ が成りたつ．

$\mathfrak{D}$の元xに逆元があるとき，すなわち$\mathfrak{D}$の元x^{-1}で$xx^{-1}=x^{-1}x=e_0$なるものが存在するとき，xは**正則**であると言う．xが正則なら$\Delta(x)\Delta(x^{-1})=1$だから$\Delta(x)\neq 0$．逆に$\Delta(x)\neq 0$なら$\theta(x)$は正則行列であり，$\theta(x)$は$\mathfrak{D}$を自分自身の上に一対一に移す．したがって元$x^{-1}$が存在して$xx^{-1}=e_0$となる．$x(x^{-1}x)=x=xe_0$だから$x^{-1}x=e_0$であり，$x$は正則である．

以後，基礎体Kは実数体Rであると仮定する．$\mathfrak{D}$の正則元ぜんぶの集合は乗法群をなす．これを$\mathfrak{D}^*$と書く．θの$\mathfrak{D}^*$への制限は$\mathfrak{D}^*$の忠実な表現である．

$x\in\mathfrak{D}^*$のとき，写像$y\to xyx^{-1}$は$\mathfrak{D}$の自己準同型写像である．これを行列$\phi(x)$で表わす．写像$x\to\phi(x)$は$\mathfrak{D}^*$の表現であり，その核は$\mathfrak{D}$の中心$\mathfrak{c}$と$\mathfrak{D}^*$との共通部分である．

まずNの部分集合Aたちをある順序に並べておく．$\mathfrak{D}$の元$x=\sum_A c_A e_A$に，その係数c_Aたちを座標とするR^{2^n}の点を対応させると，$\mathfrak{D}$とR^{2^n}のあいだに一対一対応ができる．この対応が同相写像になるように$\mathfrak{D}$に位相を定義することができる．するとこの位相に関して，$\mathfrak{D}$の諸演算（$\mathfrak{D}$の元どうしの加法と乗法および実数倍）は明きらかに連続である．さらに，$x\in\mathfrak{D}^*$に対してx^{-1}はxの連続関数である．実際，x^{-1}が方程式$\theta(x)y=e_0$のただひとつの解であることをわれわれはすでに見た．行列$\theta(x)$の成分たちはxの係数c_Aたちの線型関数だから，x^{-1}を基底元e_Aたちの線型結合として表わしたときの係数たちは量 c_A たちの有理関数であり，これらの関数の分母は $\Delta(x)$ に等しい．$\mathfrak{o}^*$ では $\Delta(x)\neq 0$ だから，x^{-1} は $\mathfrak{o}^*$ で x の連続関数であることが分かった．したがって，$\mathfrak{o}$ の部分空間と考えたときの $\mathfrak{o}^*$ は位相群になり，θ と ϕ は $\mathfrak{o}^*$ の連続表現である．

さらに，写像 $x\to\theta(x)$ は連続であるだけでなく，$\mathfrak{o}$ から 2^n 次の実行列ぜんぶの作る空間のある部分空間への同相写像であることが分かる．実際 $\theta(x)e_0=x$ だから，x の係数は行列 $\theta(x)$ のある列の成分でもある．

つぎに

$$\theta\left(e_0+x+\frac{x^2}{2!}+\cdots+\frac{x^m}{m!}\right)$$
$$=\theta(e_0)+\theta(x)+\frac{1}{2!}(\theta(x))^2+\cdots+\frac{1}{m!}(\theta(x))^m$$

が成りたつ．ここで m を限りなく大きくすると，右辺は $\exp\theta(x)$ に近づく．したがって $e_0+x+\dfrac{x^2}{2!}+\cdots+\dfrac{x^m}{m!}$ もある極限（これを $\exp x$ と書く）に近づき，$\theta(\exp x)=\exp\theta(x)$ となる．$xy=yx$ なら $\exp(x+y)=(\exp x)(\exp y)$ が成りたち，とくに $\exp(-x)=(\exp x)^{-1}$ となる．したがって $\exp x$ は $\mathfrak{o}^*$ に属する．第1章§2の命題2の系1（26ページ）によって $\Delta(\exp x)=\exp \operatorname{Sp}\theta(x)\neq 0$.

つぎに $\phi(\exp x)$ を計算する．$\mathfrak{o}$ の線型変換 $y\to xy-yx$ を $X(x)$ と書く．y_0 を $\mathfrak{o}$ の任意の元，t を実数として $y(t)=(\exp tx)y_0(\exp(-tx))$ とおく．

$$y(t+h) = (\exp hx)y(t)(\exp(-h(x)))$$
$$= (e_0+hx+\cdots)y(t)(e_0-hx+\cdots)$$

だから,

$$\frac{dy}{dt} = \lim_{h\to 0}\frac{y(t+h)-y(t)}{h} = xy(t)-y(t)x = X(x)y(t)$$

が成りたつ. この微分方程式は $y(t)$ の係数たちに関する 2^n 個の斉次線型微分方程式系と同値であり, その解は $y(t)=(\exp tX(x))y_0$ であることをわれわれは知っている. したがって

$$\phi(\exp tx) = \exp tX(x)$$

が得られた.

$e_1, \cdots, e_n$ によって張られる $\mathfrak{o}$ の部分ベクトル空間を $\mathcal{M}$ とする. $\mathfrak{o}^*$ の元 x で $\phi(x)$ が $\mathcal{M}$ を自分自身に移すもの全部の集合を考える. この集合は明きらかに $\mathfrak{o}^*$ の部分群である.

定義1 **$\mathfrak{o}^*$ の元 x で $\phi(x)\mathcal{M}\subset\mathcal{M}$, $\Delta(x)=1$ であり, n が奇数のときはさらに $\Delta'(x)=\Delta''(x)=1$ でもあるもの全部のつくる群を G とする. G を $\mathfrak{o}^*$ の位相部分群と考えたときの, 中立元 e_0 の連結成分をスピノル群と言い, $Spin(n)$ と書く.**

$\mathfrak{o}^*$ の元 x が $\phi(x)\mathcal{M}\subset\mathcal{M}$ をみたすとき, $\phi(x)$ の $\mathcal{M}$ への制限は $\mathcal{M}$ の自己準同型写像である. これを $\varphi(x)$ と書く. $\varphi(x)e_i=\sum_{j=1}^n a_{ji}e_j$ なら,

$$\varphi(x)\left(\sum_{1}^{n} x_i e_i\right) = \sum_{j=1}^{n} e_j\left(\sum_{i=1}^{n} a_{ji} x_i\right)$$

である．$\psi(x)$ は $\mathfrak{o}$ の自己同型写像だから，

$$\psi(x)\left(\sum_{1}^{n} x_i e_i\right)^2 = \left(\psi(x)\left(\sum_{1}^{n} x_i e_i\right)\right)^2 = -\sum_{j=1}^{n}\left(\sum_{i=1}^{n} a_{ji} x_i\right)^2 \cdot e_0$$

となり，したがって $\sum_{j=1}^{n}(\sum_{i=1}^{n} a_{ji} x_i)^2 = \sum_{i=1}^{n} x_i^2$ が成りたつ．これからすぐ分かるように，$\varphi(x)$ は $\mathcal{M}$ の基底 $\{e_1, \cdots, e_n\}$ に関して直交行列で表わされる．すなわち $\varphi(G) \subset O(n)$ である．写像 $x \to \varphi(x)$ は明らかに連続だから $\varphi(Spin(n)) \subset SO(n)$ が成りたつ．以下，$\varphi(Spin(n)) = SO(n)$ を証明する．

$i \neq j\,(1 \leqq i, j \leqq n)$ に対する元 $e_i e_j$ たちの張るベクトル空間を $\mathcal{M}_2$ とする．この空間の次元は $n(n-1)/2$ であり，

$$X(e_i e_j) e_k = \begin{cases} 0 & k \neq i, j \text{ のとき} \\ 2e_j & k = i \text{ のとき} \\ -2e_i & k = j \text{ のとき} \end{cases} \quad (1 \leqq i, j, k \leqq n,\ i \neq j)$$

が成りたつ．したがって，$x \in \mathcal{M}_2$ なら $X(x)\mathcal{M} \subset \mathcal{M}$ である．$\psi(\exp tX) = \exp tX(x)$ はすでに示したから，$x \in \mathcal{M}_2$ ならすべての t に対して $\psi(\exp tx)\mathcal{M} \subset \mathcal{M}$ が成りたつ．$\mathrm{Sp}\,\theta(e_i e_j) = \mathrm{Sp}\,\theta(e_i)\theta(e_j) = \mathrm{Sp}\,\theta(e_j)\theta(e_i) = \mathrm{Sp}\,\theta(e_j e_i)$ であり，$e_i e_j + e_j e_i = 0$ だから，$\mathrm{Sp}\,\theta(e_i e_j) = 0\,(1 \leqq i, j \leqq n, i \neq j)$ となる．同じ論法により，n が奇数のとき，$\mathrm{Sp}\,\theta'(e_i e_j) = \mathrm{Sp}\,\theta(e_i e_j) = 0$ となる．式 $\boxed{\exp U} = \exp \mathrm{Sp}\, U$ を使って，$x \in \mathcal{M}_2$ なら $\Delta(\exp x) = \Delta'(\exp x) = \Delta''(\exp x) = 1$ が分かる．したがって $x \in \mathcal{M}_2$ ならすべての実数 t に対して

$\exp tx \in G$ であり，したがって $\exp x$ は $Spin(n)$ に属する．$\mathcal{M}_2$ の元 x に対し，（$\mathcal{M}$ の基底 $\{e_1, \cdots, e_n\}$ に関して）線型写像 $X(x)$ の $\mathcal{M}$ への制限を表わす行列を $X_1(x)$ と書く．すべての t に対して $\exp tX_1(x) \in SO(n)$ だから $X_1(x)$ は反対称行列である．$X_1(x)=0$ は x が $\mathfrak{o}$ の中心に属することを意味するから $x=0$ である．したがって $x \to X_1(x)$ は $\mathcal{M}_2$ から n 次反対称行列の空間への一対一の線型写像である．ところが $\mathcal{M}_2$ と n 次交代行列の空間は同じ次元 $n(n-1)/2$ だから，この写像は交代行列空間を覆う．$\exp X_1(x) \in \varphi(Spin(n))$ だから，第1章§2の命題4（28ページ）により，$\varphi(Spin(n))$ は $SO(n)$ の中立元のある近傍を含む．一方 $\varphi(Spin(n))$ は $SO(n)$ の部分群であり，$SO(n)$ は連結だから，§4の定理1（77ページ）によって $\varphi(Spin(n))=SO(n)$ となる．

φ の $Spin(n)$ への制限を φ_1 とする．$Spin(n)$ から $SO(n)$ の上への写像 φ_1 は明らかに連続だが，これは開写像でもある．実際，V を $\mathfrak{o}$ における e_0 の近傍とする．関数 $\exp x$ は連続だから，$\mathcal{M}_2$ における0の近傍 U で，$x \in U$ なら $\exp x \in V$ となるものがある．知られているように，X が反対称行列空間の0のある近傍の元ぜんぶを走るとき，対応する元 $\exp X$ ぜんぶの集合は $SO(n)$ の中立元の近傍である．したがって $\varphi_1(V \cap Spin(n))$ は $SO(n)$ の中立元のある近傍を含み，われわれの主張が証明された．これからすぐ分かるように，$SO(n)$ は（位相群として）

$Spin(n)$ の，準同型写像 φ_1 の核 F による剰余群と同型である．

G の元で φ によって単位行列に移されるもの全部の集合は $G\cap\mathfrak{c}$（$\mathfrak{c}$ は $\mathfrak{o}$ の中心）である．a が実数なら $\Delta(ae_0)=a^{2^n}$ が成りたつから，ae_0 の形の元で G に属するのは $\pm e_0$ だけである．もし $n\equiv1\pmod 4$ なら，

$$ae_0+be_N=(a-\sqrt{-1}b)u+(a+\sqrt{-1}b)v$$

と書くことができる．ただし $u=\frac{1}{2}(e_0+\sqrt{-1}e_N)$, $v=\frac{1}{2}(e_0-\sqrt{-1}e_N)$ である．u は $\mathfrak{o}u$ の単位元だから $\Delta'(u)=1$ であり，これからすぐ分かるように $\Delta'(ae_0+be_N)=(a-\sqrt{-1}b)^{2^{n-1}}$ である．同様に $\Delta''(ae_0+be_N)=(a+\sqrt{-1}b)^{2^{n-1}}$ となる．したがって群 $\mathfrak{c}\cap G$ は $(a+\sqrt{-1}b)^{2^{n-1}}=1$ であるような元 ae_0+be_N から成り，これは位数 2^{n-1} の巡回群である．

もし $n\equiv3\pmod 4$ なら，同じようにして $\Delta'(ae_0+be_N)=(a+b)^{2^{n-1}}$, $\Delta''(ae_0+be_N)=(a-b)^{2^{n-1}}$ を得る．これから $\mathfrak{c}\cap G$ が元 $\pm e_0$, $\pm f$ から成ることが分かる．

どっちの場合でも群 F は $G\cap\mathfrak{c}$ の部分群だから有限群，したがって離散である．よって $(Spin(n),\varphi_1)$ は $SO(n)$ の被覆群である．簡単な計算から分かるように，$\exp te_1e_2=(\cos t)e_0+(\sin t)e_1e_2$ が成りたつ．したがって $-e_0=\exp\pi e_1e_2\in Spin(n)$ となるから $-e_0\in F$ となる．F は e_0 以外の元を含むから，群 $SO(n)$ は単連結ではありえない．一方 $SO(n)$ のポアンカレ群は $n\geqq3$ ならたかだか 2 であ

ることがすでに分かっている．こうしてつぎの命題3が証明された：

命題 3 $SO(n)$ **のポアンカレ群は** $n \geqq 3$ **なら位数 2 である．** $n \geqq 3$ **なら群** $Spin(n)$ **は単連結である．**

第3章　多様体

要約　これから考える多様体は《解析多様体》に限られる．その定義は§1で与えられる．われわれの定義法は，あとからの同一視を必要としない点で《本質的》であり，ホイットニーの定義法より少し好ましいと思われる．

§4で，与えられた任意の多様体の接空間の概念を定義する．多様体 $\mathcal{V}$ から多様体 $\mathcal{W}$ への解析写像 Φ に，$\mathcal{V}$ の接空間から $\mathcal{W}$ の接空間への微分写像 $d\Phi$ を対応させる．関数の微分は，上記の微分写像の特別な場合とみなされる．

§5では無限小変換の概念を導入する．これは多様体の各点に，その点でのひとつの接ベクトルを対応させる規則として定義される．ふたつの無限小変換の《カッコ積》を定義し，カッコ積への写像の効果を論ずる．

§6,§7,§8では多様体 $\mathcal{V}$ 上の分布という概念を調べる．分布は $\mathcal{V}$ の各点 p に，その点での接空間のある部分空間 $\mathcal{M}_p$ を対応させる規則として定義される．この分布の積分多様体とは，$\mathcal{V}$ の部分多様体でその各点 p での接空間が $\mathcal{M}_p$ であるもののことである．このような積分多様体の存在はある可積分条件に依存する．われわれはこの条件を分布が《包合的》でなければならない，ということばで表わす（§6の定義5，165ページ）．§7で《包合的》という条件が，実際に分布が積分多様体をもつための十分条件であることを証明する．積分多様体ははじめ局所的に得られ，それから《つなぎ合わせ》という位相的手続きにより，§8で《完全な》大域的積分多様体が構成される．

§9ではハウスドルフの第2可算公理をみたす多様体を考える．この公理は§9の命題1（179ページ）を証明するためだけに使うが，本当にこの公理が必要かどうかは分からない．

§1 多様体の公理的定義

$\mathcal{V}$を位相空間とする．pを$\mathcal{V}$の点とし，pのある近傍で定義された$k+1$個の実数値関数$f_0, f_1, \cdots, f_k$を考える．関数f_0がpの近傍で，またはpのまわりで$f_1, \cdots, f_k$に**解析的に従属**しているとはつぎのことである：pの近傍Vおよびk実変数の関数$F(u_1, \cdots, u_k)$でつぎの四つの性質をもつものが存在する：

1）関数$f_0, f_1, \cdots, f_k$はVで定義されている．

2）Fの定義域は$q \in V$に対する$u_1 = f_1(q), \cdots, u_k = f_k(q)$なる$(u_1, \cdots, u_k)$をすべて含む．

3）$q \in V$なら

$$f_0(q) = F(f_1(q), \cdots, f_k(q)).$$

4）関数Fは点$u_1 = f_1(p), \cdots, u_k = f_k(p)$で解析的であ

る[1]).

つぎに $\mathcal{V}$ が連結と仮定し，$\mathcal{V}$ の各点 p に対して実数値関数の族 $\mathcal{A}(p)$ でつぎの三条件をみたすものが対応していると仮定する：

I　$\mathcal{A}(p)$ の各関数は p のある近傍で定義されている（この近傍は関数に依存してもいい）.

II　点 p のまわりで，$\mathcal{A}(p)$ に属する有限個の関数に解析的に従属する任意の関数はまた $\mathcal{A}(p)$ に属する.

III　$\mathcal{A}(p)$ の関数から成る有限列 $(f_1, \cdots, f_n)$, p の近傍 V および数 $a>0$ の三つ組でつぎの三条件をみたすものが存在する：

1)　$f_1, \cdots, f_n$ は V で定義されている.

2)　V の各点 q に座標 $x_1=f_1(q), \cdots, x_n=f_n(q)$ をもつ R^n の点 $\Phi(q)$ を対応させると，写像 Φ は V から

$$|x_1-f_1(p)|<a, \cdots, \ |x_n-f_n(p)|<a$$

なる R^n の点 $(x_1, \cdots, x_n)$ ぜんぶの集合への同相写像である.

3)　V の任意の点 q に対して関数 $f_1, \cdots, f_n$ たちは $\mathcal{A}(q)$ に属し，$\mathcal{A}(q)$ の任意の関数は q のまわりで $f_1, \cdots, f_n$ に解析的に従属する.

以上の諸条件がみたされたとき，われわれは**多様体 $\mathcal{V}$**

---

1)　これは F がこの点の近傍で収束ベキ級数で表わされることを意味する.

が定義されたと言う[1]．つまり，多様体を定義するためにはまず位相空間 $\mathcal{V}$ を与え，さらに $\mathcal{V}$ の各点 p に対して実数値関数の族 $\mathcal{A}(p)$ を選ばなければならない．

空間 $\mathcal{V}$ を多様体の**基礎位相空間**と言い，$\mathcal{A}(p)$ を点 p における $\mathcal{V}$ の**解析関数族**と言う．

基礎空間 $\mathcal{V}$ は勝手な位相空間ではありえない．実際，われわれはそれが連結であることを要求したし，さらに条件Ⅲにより，$\mathcal{V}$ の各点はあるデカルト空間の正方体に同相な近傍をもたなければならない．

有限列 $(f_1, \cdots, f_n)$，近傍 V，数 $a>0$ の三つ組が条件Ⅲの三性質 1), 2), 3) をもつとき，a と V はそのままにして関数 $f_1, \cdots, f_n$ に任意の置換を施しても，この三性質は保持される．従って三性質 1), 2), 3) は有限集合 $\{f_1, \cdots, f_n\}$ の（そしてもちろん V と a の）性質であることが分かる．

定義1　列 $(f_1, \cdots, f_n)$，近傍 V，数 a の三つ組が条件Ⅲの三性質 1), 2), 3) をもつとき，有限集合 $\{f_1, \cdots, f_n\}$ は $\mathcal{V}$ の点 p での座標系であると言い，V はこの座標系に関する p の正方近傍であると言う．数 a を座標系 $\{f_1, \cdots, f_n\}$ に関する近傍 V の幅と言う．

注意　1)　$\{f_1, \cdots, f_n\}$ が点 p での座標系であり，V がこ

1)　この定義はホイットニーが "Differentiable Manifolds"（Ann. Math. 37, 1936）で与えた古典的定義と同値である．われわれが考察の対象を解析多様体に限っていることに注意．

の座標系に関する p の正方近傍なら，$\{f_1, \cdots, f_n\}$ は V の任意の点での座標系でもある．

2)　$\{f_1, \cdots, f_n\}$ が p での座標系ならば，p の任意の近傍はこの座標系に関する正方近傍を含む．

3)　f が点 p で解析的な $\mathcal{V}$ 上の関数なら，p のある近傍 V を選ぶと，そのすべての点 q で f は解析的である．実際 $\{f_1, \cdots, f_n\}$ を p での座標系とすると，p の近傍 V_1 で $f, f_1, \cdots, f_n$ が定義され，かつすべての $q \in V_1$ に対して

$$f(q) = f^*(f_1(q), \cdots, f_n(q)) \tag{1}$$

と表わされるようなものが存在する．ただし $f^*(u_1, \cdots, u_n)$ は n 変数の関数で，点 $u_1 = f_1(p), \cdots, u_n = f_n(p)$ で解析的なものである．この関数 f^* は R^n のこの点のある近傍 U のすべての点で定義され，かつ解析的である．したがって座標系 $\{f_1, \cdots, f_n\}$ に関する p の正方近傍 V で，$V \subset V_1$ かつすべての $q \in V$ に対して $(f_1(q), \cdots, f_n(q)) \in U$ となるものが存在する．したがって V のすべての点 q で f が解析的であることが分かった．

式 (1) を座標 $f_1, \cdots, f_n$ による f の**表示**と言う．ここで関数 f^* は，座標系の関数たちの並べかたに依存することに注意すべきである．

命題 1　**$\{x_1, \cdots, x_n\}$ を多様体 $\mathcal{V}$ の点 p での座標系とし，$f_1, \cdots, f_m$ を $\mathcal{A}(p)$ に属する有限個の関数とする，$\{f_1, \cdots, f_m\}$ が p での座標系であるためには，つぎの二条件がみたされることが必要かつ十分である：**

1)　$m=n$.

2)　$f_i=f_i^*(x_1,\cdots,x_n)$ **が座標** $x_1,\cdots,x_n$ **に関する** f_i **の表示ならば，関数行列式**

$$\frac{D(f_1^*,\cdots,f_n^*)}{D(x_1,\cdots,x_n)}$$

は $x_1=x_1(p),\cdots,x_n=x_n(p)$ **で0でない．**

証明　1°　二条件は必要である．実際 $\{f_1,\cdots,f_m\}$ が p での座標系なら，関数 x_i は点 p の近傍で $x_i=g_i(f_1,\cdots,f_m)$ と表示される．ただし $g_i(u_1,\cdots,u_m)$ は m 実変数の関数で，点 $u_1=f_1(p),\cdots,u_m=f_m(p)$ のある近傍で定義されて解析的なものである．さらに

$$f_i^*(g_1(\boldsymbol{u}),\cdots,g_n(\boldsymbol{u}))=u_i\quad(1\leqq i\leqq m),$$
$$g_i(f_1^*(\boldsymbol{x}),\cdots,f_m^*(\boldsymbol{x}))=x_i\quad(1\leqq i\leqq n)$$

が成りたつ．ただし $\boldsymbol{u}=(u_1,\cdots,u_m)$, $\boldsymbol{x}=(x_1,\cdots,x_n)$ はそれぞれ R^m, R^n の点で，点 $\boldsymbol{u}_0=(f_1(p),\cdots,f_m(p))$, $\boldsymbol{x}_0=(x_1(p),\cdots,x_n(p))$ の十分小さい近傍に属するものである．そして

$$\sum_j\left(\frac{\partial f_i^*}{\partial x_j}\right)_{\boldsymbol{x}_0}\left(\frac{\partial g_j}{\partial u_k}\right)_{\boldsymbol{u}_0}=\delta_{ik}\quad(1\leqq i\leqq m)$$

$$\sum_j\left(\frac{\partial g_k}{\partial u_j}\right)_{\boldsymbol{u}_0}\left(\frac{\partial f_j^*}{\partial x_i}\right)_{\boldsymbol{x}_0}=\delta_{ik}\quad(1\leqq k\leqq n)$$

が成りたつ．ここで $a_{ij}=\left(\dfrac{\partial f_i^*}{\partial x_j}\right)_{\boldsymbol{x}_0}$ とおく．第一の方程式系により，1次方程式系 $\sum_i a_{ij}y_i=b_j$ は右辺の $b_1,\cdots,b_n$ が何であっても解をもつ．したがって $m\leqq n$ であり，行列 (a_{ij})

の階数は m である．同様に，第二の方程式系によって $n \leqq m$ となるから $m=n$ であり，$\boxed{(a_{ij})} \neq 0$ となる．よって二条件は必要である．

2° 逆に条件 1), 2) がみたされていると仮定する．V を座標系 $\{x_1, \cdots, x_n\}$ に関する p の正方近傍とし，その幅を a とする．数 a を十分小さく取ることにより，関数 $f_1, \cdots, f_n$ は V で定義され，V の各点で解析的だと仮定してよい．陰関数定理によってつぎのようなふたつの数 $a_1>0$, $b>0$ が存在する：n 個の実数 $y_1, \cdots, y_n$ が不等式

$$|y_i - f_i(p)| < b \quad (1 \leqq i \leqq n) \tag{2}$$

をみたせば，方程式系

$$f_i^*(x_1, \cdots, x_n) = y_i$$

は条件

$$|x_i - x_i(p)| < a_1$$

をみたす解 $(x_1, \cdots, x_n)$ をただひとつもつ．さらにこの解は

$$x_i = g_i(y_1, \cdots, y_n)$$

の形の方程式で与えられる．ただし関数 $g_1, \cdots, g_n$ は不等式系 (2) で定義される正方体 Q で解析的である．

一般性を失なわずに $a_1 < a$ と仮定してよい．Q の各点 $\boldsymbol{y} = (y_1, \cdots, y_n)$ に V の点 $\Phi(\boldsymbol{y})$ を，その座標が $x_i = g_i(y_1, \cdots, y_n)\ (1 \leqq i \leqq n)$ であるとして定めると，

$$f_i(\Phi(\boldsymbol{y})) = y_i \quad (1 \leqq i \leqq n)$$

が成りたつ．したがって Φ は Q から V のある部分集合 W への同相写像である．$0 < a_2 < a_1$ なる数 a_2 を適当に選

ぶと，条件 $|x_i - x_i(p)| < a_2\ (1 \leqq i \leqq n)$ から $|f_i^*(x_1, \cdots, x_n) - f_i(p)| < b$ が導かれる．したがって W は不等式 $|x_i(q) - x_i(p)| < a_2$ をみたす V のすべての点 q を含むから，W は p の近傍である．つぎに

$$x_i(q) = g_i(f_1(q), \cdots, f_n(q)) \quad (q \in W, 1 \leqq i \leqq n)$$

だから，W の任意の元 r に対し，関数 $x_1, \cdots, x_n$ のおのおのは r のまわりで $f_1, \cdots, f_n$ に解析的に従属する．こうして列 $(f_1, \cdots, f_n)$，近傍 W，数 b の三つ組に対して条件Ⅲの三性質 1), 2), 3) が成りたつことが分かる．言いかえれば，$\{f_1, \cdots, f_n\}$ は p のまわりの座標系であり，W はこの座標系に関する正方近傍である．

系 $\mathcal{V}$**が多様体，**p**が**$\mathcal{V}$**の点のとき，**p**での座標系内の関数の数は，**p**でのあらゆる座標系に対して同一である．**

この関数の数を $\mathcal{V}$ の p での**次元**と言う．この数は p によらない．実際，136 ページの注意の 1) により，p のある近傍 V をとると，V のすべての点での $\mathcal{V}$ の次元は同一であることがすぐに分かる．整数 $n>0$ に対し，$\mathcal{V}$ の点でそこでの $\mathcal{V}$ の次元が n であるもの全部の集合を U_n とおく．U_n たちはすべて開集合であり，互いに共通点がなく，$\mathcal{V}$ のどの点もそのうちのひとつに属する．$\mathcal{V}$ は連結な位相空間だから，U_n たちはひとつを除いて空集合であり，主張が証明された．

$\mathcal{V}$ の各点に共通な次元を $\mathcal{V}$ の**次元**と言う．

§2　多様体の例

V を集合とし，その上に n 個の実数値関数 $f_1, \cdots, f_n$ が定義されていてつぎの性質をもつとする：V の各点 p に，座標が $f_1(p), \cdots, f_n(p)$ である R^n の点 $\Phi(p)$ を対応させると，写像 $p \to \Phi(p)$ は V から R^n のある連結な開集合の上への一対一写像である．

この条件のもとで，その点集合が V であるような多様体 $\mathcal{V}$ で，関数 $f_1, \cdots, f_n$ が V の各点での $\mathcal{V}$ の座標系である，として決定されるものが存在する．実際，Φ が一対一だから，その点集合が V であるような位相空間 $\mathscr{V}$ で，Φ が $\mathscr{V}$ から R^n の部分空間 $\Phi(V)$ への同相写像であるものが存在する．$\mathscr{V}$ の開集合は，Φ によって R^n の開部分集合に移されるものである．位相空間 $\mathscr{V}$ は連結である．$\mathscr{V}$ の点 p に対し，p の近傍で定義された実数値関数で，p のまわりで $f_1, \cdots, f_n$ に解析的に従属するもの全部の集合を $\mathcal{A}(p)$ とする．すぐに分かるように，p に $\mathcal{A}(p)$ を対応させる仕組みは§1の条件 I, II, III をみたす．したがってこの仕組みによって多様体 $\mathcal{V}$ が定義され，関数 $f_1, \cdots, f_n$ は明らかに $\mathcal{V}$ の各点での座標系となる．

もし V にあらかじめ位相が与えられていて，Φ が同相写像であるときには，上記で定義した位相空間はあらかじめ与えられたものと一致し，この空間はわれわれの構成した多様体の基礎空間である．

たとえば V が標準位相を備えた R^n で，$f_1, \cdots, f_n$ として R^n の座標をとった場合，われわれの得る多様体の基礎空間は R^n である．この多様体も R^n と書く．関数 f が R^n の点 p の近傍で定義され，座標 $x_1=x_1(p), \cdots, x_n=x_n(p)$ の解析関数で表わされるとき，f は多様体 R^n の点 p で解析的である．

上の手続きで得られる多様体では，多様体全体で定義された実数値関数族で，多様体の各点での座標系をなすものが存在する．しかし，この性質をもたない多様体もある．このことに関連して，もっとも難しいと思われるつぎの問題を挙げておこう：多様体 $\mathcal{V}$ に対し，$\mathcal{V}$ のすべての点で定義され，かつ解析的な実数値関数の有限集合 $\{f_1, \cdots, f_N\}$ であって，$\mathcal{V}$ の各点 p に対して集合 $\{f_1, \cdots, f_N\}$ のある部分集合が p での座標系であるようなものが存在するか？実際，ある多様体の上に，いたるところ解析的な非定値関数がつねに存在するかどうかさえ知られていない*)．

これから1次元トーラス，すなわち実数 R の加法群の整数群 Z による剰余群 T^1 を基礎空間とする多様体を構成する．$\boldsymbol{x}$ を T^1 の任意の点とする．$\boldsymbol{x}$ は R の Z を法とする剰余類である．すなわちある実数およびそれに任意の整数を足して得られる実数ぜんぶから成る．$f(x)$ が周期1の周期関数なら，それは剰余類 $\boldsymbol{x}$ のすべての点 x で同じ値をとる．これを $f(\boldsymbol{x})$ と書くことにより，f は T^1 上の関数を

*) ［訳注］のちにこの問題は解決された．すなわち任意の多様体の上に，いたるところ解析的な非定値関数が存在する．

あらわす記号となる．とくに，関数 $\sin 2\pi\boldsymbol{x}$ と $\cos 2\pi\boldsymbol{x}$ は T^1 で定義された実数値関数である．点 $\boldsymbol{x}_0$ の T^1 での近傍で定義され，$\boldsymbol{x}_0$ のまわりで $\sin 2\pi\boldsymbol{x}$ と $\cos 2\pi\boldsymbol{x}$ に解析的に従属する関数ぜんぶの集合を $\mathcal{A}(\boldsymbol{x}_0)$ と書く．すぐ分かるように，$\boldsymbol{x}_0$ に $\mathcal{A}(\boldsymbol{x}_0)$ を対応させる仕組みは§1の三条件I, II, IIIをみたす．したがってそれは多様体を定める．この多様体も T^1 と書く．もし剰余類 $\boldsymbol{x}_0$ が $\dfrac{1}{4}$ も $\dfrac{3}{4}$ も含まなければ，関数 $\sin 2\pi\boldsymbol{x}$ は $\boldsymbol{x}_0$ での座標系である．$\boldsymbol{x}_0$ が 0 も $\dfrac{1}{2}$ も含まなければ，関数 $\cos 2\pi\boldsymbol{x}$ は $\boldsymbol{x}_0$ での座標系である．しかし簡単に分かるように，どの関数も T^1 のすべての点での座標系にはなりえない．

$\mathcal{V}$ を多様体，U を $\mathcal{V}$ の連結な開部分集合とし，$\mathcal{V}$ の点 p での解析関数族を $\mathcal{A}(p)$ とし，U から $\mathcal{V}$ への恒等写像を I とする．U の各点 p に $f\circ I$ の形の関数（f は $\mathcal{A}(p)$ の任意の関数）ぜんぶの集合を対応させることにより，明らかに U を基礎空間とする多様体 $\mathcal{U}$ が得られる．このような多様体を $\mathcal{V}$ の**開部分多様体**と言う．

定義1　**$\mathcal{V}, \mathcal{W}$ を多様体，Φ を $\mathcal{V}$ の点 p のある近傍 V から $\mathcal{W}$ への写像とする．つぎの条件がみたされるとき，Φ は p で解析的であると言う：g が $\Phi(p)$ で解析的な $\mathcal{W}$ 上の関数なら，$g\circ\Phi$ は p で $\mathcal{V}$ 上解析的である．**

さらに Φ が $\mathcal{V}$ から $\mathcal{W}$ への同相写像であると仮定する．Φ および逆写像 Φ^{-1} が両方ともいたるところ解析的なとき，Φ は $\mathcal{V}$ から $\mathcal{W}$ への解析的同型写像であると言う．

いま$\mathcal{W}$を多様体，Vを位相空間，ΦをVから$\mathcal{W}$のある連結な開部分集合Uへの同相写像とする．するとUは$\mathcal{W}$のある開部分多様体$\mathcal{U}$の基礎空間である．Vを基礎空間とする多様体$\mathcal{V}$を，Φが$\mathcal{V}$から$\mathcal{U}$への解析的同型写像になるとして定義することができる．そのためには単にVの各点pに$f\circ\Phi$の形の関数の族$\mathcal{A}(p)$を対応させればよい．ただしfは$\Phi(p)$において$\mathcal{U}$上解析的な任意の関数である．

注意　多様体$\mathcal{V}$から多様体$\mathcal{W}$への同相写像Φがいたるところ解析的でありながら解析的同型写像ではない，ということがありうる．実際，$\mathcal{V}$として上で定義した実数多様体Rをとり，$\mathcal{W}$として$\mathcal{V}$と同じ基礎空間をもつ多様体で，写像$x\to\psi(x)=x^3$がRから$\mathcal{W}$への解析的同型写像であるようなものとする．Rから$\mathcal{W}$への恒等写像をΦと書くと，明きらかにΦはRから$\mathcal{W}$へのいたるところ解析的な同相写像である．点0で関数xはR上解析的だが，$\mathcal{W}$上解析的ではなく，Φは解析的同型写像ではない．この例は異なる多様体が同じ基礎空間をもちうることも示している．

命題1　**Φを多様体$\mathcal{V}$から多様体$\mathcal{W}$への写像とする．Φが$\mathcal{V}$から$\mathcal{W}$への解析的同型写像であるためには，つぎの二条件がみたされることが必要かつ十分である：1) Φは$\mathcal{V}$から$\mathcal{W}$への同相写像である．2) pが$\mathcal{V}$の任意の点であり，$\{y_1, \cdots, y_n\}$が$\Phi(p)$における$\mathcal{W}$上の座標ならば，$y_1\circ\Phi, \cdots, y_n\circ\Phi$は$p$における$\mathcal{V}$上の座標系をなす．**

証明　1°　Φ が解析的同型写像と仮定し，その逆写像を Ψ とする．f が p で $\mathcal{V}$ 上解析的なら，$f\circ\Psi$ は $\Phi(p)$ で $\mathcal{W}$ 上解析的だから，$\Phi(p)$ のまわりでそれは $y_1, \cdots, y_n$ に解析的に従属する．$f=(f\circ\Psi)\circ\Phi$ だから，f は p のまわりで $y_1\circ\Phi, \cdots, y_n\circ\Phi$ に解析的に従属する．したがって $y_1\circ\Phi, \cdots, y_n\circ\Phi$ は p での座標系である．また W が系 $\{y_1, \cdots, y_n\}$ に関して $\Phi(p)$ の正方近傍ならば，$\Psi(W)$ はこの系に関して p の正方近傍である．

2°　つぎに条件 1)，2) がみたされると仮定する．関数 g が $\Phi(p)$ で $\mathcal{W}$ 上解析的，すなわち g が $\Phi(p)$ のまわりで $y_1, \cdots, y_n$ に解析的に従属するならば，$g\circ\Phi$ は p のまわりで $y_1\circ\Phi, \cdots, y_n\circ\Phi$ に解析的に従属し，したがって $g\circ\Phi$ は p で解析的である．これは Φ がいたるところ解析的であることを示す．f が p で $\mathcal{V}$ 上解析的な任意の関数なら，f は p のまわりで $y_1\circ\Phi, \cdots, y_n\circ\Phi$ に解析的に従属する．したがって $f\circ\Psi$ は $\Phi(p)$ のまわりで関数たち $(y_1\circ\Phi)\circ\Psi=y_1, \cdots, (y_n\circ\Phi)\circ\Psi=y_n$ に解析的に従属する．これは $f\circ\Psi$ が $\Phi(p)$ で $\mathcal{W}$ 上解析的であることを示す．したがって Ψ はいたるところ解析的であり，Φ は解析的同型写像である．

§3　多様体の積

$\mathcal{V}, \mathcal{W}$ をそれぞれ m, n 次元の多様体とし，その基礎位相空間を $\mathbb{V}, \mathbb{W}$ とする．デカルト積 $\mathbb{V}\times\mathbb{W}$ は連結な位相空間であるが，これを基礎空間とする多様体をつくる．

(p,q) を $\mathcal{V}\times\mathcal{W}$ の点とする $(p\in\mathcal{V}, q\in\mathcal{W})$．点 p,q における $\mathcal{V},\mathcal{W}$ それぞれの上の解析関数族を $\mathcal{A}(p)$, $\mathcal{B}(q)$ と書く．

$\mathcal{V}\times\mathcal{W}$ から $\mathcal{V},\mathcal{W}$ それぞれへの射影を $\overline{\omega}_1, \overline{\omega}_2$ と書く $(\overline{\omega}_1(p,q)=p, \overline{\omega}_2(p,q)=q)$．$f$ が $\mathcal{A}(p)$ を動き，g が $\mathcal{B}(q)$ を動くときの関数 $f\circ\overline{\omega}_1, g\circ\overline{\omega}_2$ およびこれらの関数に (p,q) のまわりで解析的に従属する関数たちぜんぶの集合を $C(p,q)$ と書く．(p,q) に $C(p,q)$ を対応させることによって $\mathcal{V}\times\mathcal{W}$ を基礎空間とする多様体が定義される．実際，集合 $C(p,q)$ は明きらかに§1の条件IとIIをみたす．条件IIIがみたされることを確かめるために，点 p における $\mathcal{V}$ 上の座標系 $\{x_1,\cdots,x_m\}$ および点 q における $\mathcal{W}$ 上の座標系 $\{y_1,\cdots,y_n\}$ を選ぶ．a が十分小さい正の数のとき，系 $\{x_1,\cdots,x_m\}$ に関する p の正方近傍 V および系 $\{y_1,\cdots,y_n\}$ に関する q の正方近傍 W で，ともに幅が a であるものが存在する．

ここで $z_1=x_1\circ\overline{\omega}_1, \cdots, z_m=x_m\circ\overline{\omega}_1, z_{m+1}=y_1\circ\overline{\omega}_2, \cdots, z_{m+n}=y_n\circ\overline{\omega}_2$ とおく．すると関数 $z_1,\cdots,z_{m+n}$ たちは $V\times W$ 上定義され，$V\times W$ の任意の点 (p',q') に対して $C(p',q')$ に属する．$f\in\mathcal{A}(p')$ に対する $f\circ\overline{\omega}_1$ の形の関数はすべて (p',q') のまわりで $z_1,\cdots,z_m$ に解析的に従属し，$g\in\mathcal{B}(q')$ に対する $g\circ\overline{\omega}_2$ の形の関数はすべて (p',q') のまわりで $z_{m+1},\cdots,z_{m+n}$ に解析的に従属する．したがって $C(p',q')$ の関数はすべて (p',q') のまわりで $z_1,\cdots,z_{m+n}$ に解析的に従属する．

最後に $V\times W$ の任意の点 (p_1,q_1) に，R^{m+n} の点で座標

が $z_1(p_1, q_1)=x_1(p_1), \cdots, z_m(p_1, q_1)=x_m(p_1), z_{m+1}(p_1, q_1)=y_1(q_1), \cdots, z_{m+n}(p_1, q_1)=y_n(q_1)$ であるものを対応させると，明らかに $V\times W$ から幅 a の R^{m+n} の正方体への同相写像が得られる．こうして条件Ⅲが確かめられた．

以上で得られた多様体を多様体 $\mathcal{V}, \mathcal{W}$ の**積**と言い，$\mathcal{V}\times\mathcal{W}$ と書く．同じ方法で任意有限個の多様体の積が定義される．

$\mathcal{V}, \mathcal{W}, \mathcal{X}$ が多様体のとき，厳密に言うと三つの多様体 $(\mathcal{V}\times\mathcal{W})\times\mathcal{X}, \mathcal{V}\times(\mathcal{W}\times\mathcal{X}), \mathcal{V}\times\mathcal{W}\times\mathcal{X}$ は同一のものではない．しかし，これらのあいだには自然な解析的同型写像が存在する．たとえば写像 $((p, q), r)\to(p,(q, r))$ は $(\mathcal{V}\times\mathcal{W})\times\mathcal{X}$ から $\mathcal{V}\times(\mathcal{W}\times\mathcal{X})$ への解析的同型写像であり，写像 $((p, q), r)\to(p, q, r)$ は $(\mathcal{V}\times\mathcal{W})\times\mathcal{X}$ から $\mathcal{V}\times\mathcal{W}\times\mathcal{X}$ への解析的同型写像である．

§2で定義した多様体 R^n は明らかに R と同一の多様体の n 個の積である．T^1 と同一の多様体の n 個の積を作れば，n 次元トーラスを基礎空間とする多様体ができる．この多様体を T^n と書く．

§4　接ベクトル．微分

$\mathcal{V}$ を n 次元多様体，p を $\mathcal{V}$ の点，$\mathcal{A}(p)$ を p での解析関数族とする．$\mathcal{A}(p)$ から実数体への写像 L がつぎの二条件をみたすとき，L を点 p での $\mathcal{V}$ の**接ベクトル**と言う：

1）　L は線型である，すなわち $\mathcal{A}(p)$ の任意のふたつの

関数 f, g および実数 a, b に対して $L(af+bg)=aL(f)+bL(g)$ が成りたつ.

2) L は**微分子**（differentiation）である. すなわち $\mathcal{A}(p)$ の任意のふたつの関数 f, g に対して $L(fg)=(L(f))g(p)+f(p)(L(g))$ が成りたつ.

L が接ベクトルで f が $\mathcal{A}(p)$ の関数のとき, 数 $L(f)$ はしばしば L 方向の f の**微分係数**または**導値**（どちらも derivative）と呼ばれる.

L, L' が p での $\mathcal{V}$ の接ベクトルならば, 任意の実数 λ, λ' に対して写像

$$f \to \lambda L(f)+\lambda' L'(f)$$

も p での $\mathcal{V}$ の接ベクトルである. したがって p での接ベクトルの全体はベクトル空間をなす. これを p での $\mathcal{V}$ の**接ベクトル空間**または**接空間**と言う.

つぎに $\{x_1, \cdots, x_n\}$ を p での任意の座標系とする. f が p で解析的なら, p のある近傍で f はこれらの座標による表現

$$f(q) = f^*(x_1(q), \cdots, x_n(q))$$

をもつ. ただし $f^*(u_1, \cdots, u_n)$ は n 個の実変数の関数で, 点 $u_1=x_1(p), \cdots, u_n=x_n(p)$ のある近傍で定義されて解析的なものである. 記号を簡単にするために, $\left.\dfrac{\partial f^*}{\partial u_i}\right]_{u_i=x_i(p)}$ のことを $\dfrac{\partial f}{\partial x_i}$ と書くことにする. そうするとすぐ分かるように, 任意の実数 $\lambda_1, \cdots, \lambda_n$ に対し,

$$f \to \sum_i \frac{\partial f}{\partial x_i}\lambda_i$$

として定義される $\mathcal{A}(p)$ から実数体への写像は p での接ベクトルである．以下，p での接ベクトルはすべてこの形であることを示す．すなわち，$\{x_1, \cdots, x_n\}$ **が p での任意の座標系，L が p での任意の接ベクトルのとき，$\mathcal{A}(p)$ の任意の関数 f に対して**

$$L(f) = \sum_i \frac{\partial f}{\partial x_i} L(x_i) \tag{1}$$

が成りたつことを示す．この関係式は，接ベクトルが座標系の関数たちに対して取る値によって一意的に決まることを示している点でも有意義である．

関係式 (1) を証明するために，まず任意の接ベクトルが任意の定値関数を 0 に移すという自明の事実に注意する．f が $\mathcal{A}(p)$ の任意の関数なら，f を (p のある近傍で) つぎの形に書くことができる．

$$f = a_0 + a_1(x_1 - x_1^0) + \cdots + a_n(x_n - x_n^0) + \sum_{i,j=1}^{n} (x_i - x_i^0)(x_j - x_j^0) g_{ij}.$$

ただし g_{ij} は $\mathcal{A}(p)$ の関数であり，$x_1^0 = x_1(p), \cdots, x_n^0 = x_n(p)$ である．これに L を施せば，

$$\begin{aligned} Lf &= a_1 L(x_1 - x_1^0) + \cdots + a_n L(x_n - x_n^0) + L\left(\sum_{i,j=1}^{n} (x_i - x_i^0)(x_j - x_j^0) g_{ij}\right) \\ &= a_1 L x_1 + \cdots + a_n L x_n + \sum_{i,j=1}^{n} L((x_i - x_i^0)(x_j - x_j^0) g_{ij}) \end{aligned} \tag{2}$$

を得る．ここで L が微分子であることを使うと，

$$L((x_i-x_i^0)(x_j-x_j^0)g_{ij})$$
$$=((x_i(p)-x_i^0)L(x_j-x_j^0)+(x_j(p)-x_j^0)L(x_i-x_i^0))$$
$$+(Lg_{ij})((x_i(p)-x_i^0)(x_j(p)-x_j^0))$$
$$=0$$

となる．したがって $\left(a_j=\dfrac{\partial f}{\partial x_j}\right.$ だから) (2) から (1) が導かれる．

もし $L_i(f)=\dfrac{\partial f}{\partial x_i}$ $(1\leqq i\leqq n)$ とおけば，$L_i(x_j)=\delta_{ij}$ なる接ベクトル L_i が得られる．$(\sum_i\lambda_i L_i)(x_j)=\lambda_j$ だから，これら n 個の接ベクトルは線型独立である．さらに任意の接ベクトル L に対して $L(x_j)=(\sum_i L(x_i)L_i)(x_j)$ $(1\leqq j\leqq n)$ だから，$L=\sum_i L(x_i)L_i$ となる．したがって**接空間は n 次元ベクトル空間である**．

つぎに $\mathcal{W}$ も多様体とし，Φ を $\mathcal{V}$ から $\mathcal{W}$ への写像で，$\mathcal{V}$ のある点 p で解析的なものとする．さらに L を p での $\mathcal{V}$ の接ベクトル，g を $\mathcal{W}$ の点 $q=\Phi(p)$ での $\mathcal{W}$ 上の任意の解析関数とする．ここで

$$M(g)=L(g\circ\Phi) \tag{3}$$

とおくと，明きらかに M は q での $\mathcal{W}$ の接ベクトルである．やはり明きらかに写像 $L\to M$ は線型である．

定義1 点 p での $\mathcal{V}$ の各接ベクトル L に，式 (3) で定義される点 q での $\mathcal{W}$ の接ベクトル M を対応させる写像を，写像 Φ の p での**微分** (differential) と言い，ふつう $d\Phi$ または $d\Phi_p$ と書く．

いまΨが$\mathcal{W}$から第三の多様体$\mathcal{X}$への写像で，qで解析的なものとする．$r=\Psi(q)$で解析的な$\mathcal{X}$上の任意の関数hに対し，$(h\circ\Psi)\circ\Phi$と$h\circ(\Psi\circ\Phi)$とはpの近傍で一致する．ただちに関係式

$$d(\Psi\circ\Phi)_p = d\Psi_q\circ d\Phi_p$$

が得られる．

命題1 **$\mathcal{V}$と$\mathcal{W}$を多様体とし，Φを$\mathcal{V}$の点pで解析的な，$\mathcal{V}$から$\mathcal{W}$への写像とする．微分$d\Phi_p$がpでの$\mathcal{V}$の接空間から$q=\Phi(p)$での$\mathcal{W}$の接空間への一対一写像だと仮定する．このとき，$\{y_1, \cdots, y_m\}$がqでの$\mathcal{W}$上の座標系ならば，$\mathcal{V}$上のm個の関数$y_1\circ\Phi, \cdots, y_m\circ\Phi$から$n$個の関数を選んで，それらが$p$での$\mathcal{V}$上の座標系をなすようにすることができる．さらに，もし$\{x_1, \cdots, x_n\}$がpでの$\mathcal{V}$上の座標系ならば，qでの$\mathcal{W}$上の座標系$z_1, \cdots, z_m$であって，$1\leqq j\leqq n$なるjに対し，x_jがpの近傍で$z_j\circ\Phi$と一致するものが存在する．**

証明 関数$y_i\circ\Phi$はpの近傍で$\varphi_i(x_1, \cdots, x_n)$の形に表わされる．ただし$\varphi_i$は$n$個の実変数の関数で，点$x_1=x_1(p), \cdots, x_n=x_n(p)$で解析的なものである．これから$m\times n$型の行列$\left(\dfrac{\partial\varphi_i}{\partial x_j}\right)_{x=x(p)}$の階数が$n$であることを示す．この行列の$n$個の列ベクトルのあいだに線型関係$0=\sum_{j=1}^n \lambda_j\left(\dfrac{\partial\varphi_i}{\partial x_j}\right)_{x=x(p)}$ $(1\leqq i\leqq m)$があったとする．L_jを式$L_j(x_k)=\delta_{kj}(1\leqq j, k\leqq n)$によって定義される，$p$での$\mathcal{V}$の接ベクトルとし，ベクトル$\sum\lambda_j L_j$を$L$と書く．$L(y_i\circ\Phi)$

$=\sum\lambda_j\left(\dfrac{\partial\varphi_i}{\partial x_j}\right)_{x=x(p)}=0$ だから，$(d\Phi(L))y_i=0$ $(1\leqq i\leqq m)$ が成りたつ．したがって $d\Phi(L)=0$ である．$d\Phi$ は一対一だから $L=0, \lambda_1=\lambda_2=\cdots=\lambda_n=0$ となり，主張が証明された．

集合 $\{1,\cdots,m\}$ から n 個の添字 $i_1,\cdots,i_n$ を選んで，添字 $i_1,\cdots,i_n$ 番目の行から作られる行列式が 0 でないようにできる．明きらかに $y_{i_1}\circ\Phi,\cdots,y_{i_n}\circ\Phi$ は p での $\mathcal{V}$ 上の座標系である．

さて x_j を p の近傍で $x_j=\psi_j(y_{i_1}\circ\Phi,\cdots,y_{i_n}\circ\Phi)$ の形に表わすことができる．ただし ψ_j たちは n 個の実変数の解析関数で，その関数行列式が $y_{i_j}=y_{i_j}(q)$ で 0 にならないものである．ここで $z_j=\psi_j(y_{i_1},\cdots,y_{i_n})$ $(1\leqq j\leqq n)$ とおき，$z_{n+1},\cdots,z_m$ として $i_1,\cdots,i_n$ にない添字 i たちに対する関数 y_i をとる．明きらかに $\{z_1,\cdots,z_m\}$ は q での $\mathcal{W}$ 上の座標系であり，$z_j\circ\Phi=x_j$ $(1\leqq j\leqq n)$ が成りたって命題 1 が証明された．

注意 命題 1 の仮定のもとで，p の $\mathcal{V}$ での近傍で Φ によって同相に移されるものが存在することが分かる．

定義 2 **Φ を多様体 $\mathcal{V}$ から多様体 $\mathcal{W}$ への写像とする．Φ が $\mathcal{V}$ の点 p で解析的であり，かつ $d\Phi_p$ が一対一写像のとき，Φ は p で正則 (regular) であると言う．**

命題 2 **命題 1 の記号で，p での $\mathcal{V}$ の接空間の $d\Phi_p$ による像が，$q=\Phi(p)$ での $\mathcal{W}$ の接空間ぜんぶを覆うと仮定する．このとき，$\{y_1,\cdots,y_m\}$ が q での $\mathcal{W}$ 上の座標系ならば，**

関数 $y_1\circ\Phi, \cdots, y_m\circ\Phi$ たちは p での $\mathcal{V}$ 上のある座標系の一部分になる．

証明 点 p での $\mathcal{V}$ 上のある座標系を構成する関数を $x_1, \cdots, x_n$ とする．ここでもまた $y_i\circ\Phi$ は p の近傍で $\varphi_i(x_1, \cdots, x_n)$ と表わされる．行列 $\left(\dfrac{\partial\varphi_i}{\partial x_j}\right)_{x=x(p)}$ の階数が m であることを示そう．実際，$\sum_{i=1}^m \mu_i\left(\dfrac{\partial\varphi_i}{\partial x_j}\right)_{x=x(p)}=0$ をこの行列の行のあいだの関係式とする $(1\leqq j\leqq n)$．M_i を $M_i(y_k)=\delta_{ik}(1\leqq i, k\leqq m)$ によって定義される q での $\mathcal{W}$ の接ベクトルとする．仮定により，p での $\mathcal{V}$ の接ベクトル L_i で $d\Phi(L_i)=M_i$ となるものが存在する．

$$\sum_j \left(\frac{\partial\varphi_k}{\partial x_j}\right)_{x=x(p)} L_i(x_j) = L_i(y_k\circ\Phi) = \delta_{ik}$$

が成りたつ．これに μ_k を掛けて $k=1$ から m まで足すと $\mu_i=0$ となり，主張が証明された．

一般性を失なわずに，上記行列のはじめの m 列から成る行列式が 0 でないとしてよい．すると関数 $y_1\circ\Phi, \cdots, y_m\circ\Phi, x_{m+1}, \cdots, x_n$ は p での $\mathcal{V}$ 上の座標系である．

注意 ただちに分かるように，命題 2 の仮定のもとで，p の $\mathcal{V}$ での任意の近傍の Φ による像は q の $\mathcal{W}$ でのある近傍を覆う．

命題 3 **命題 1 の記号のもとで，$d\Phi_p$ が (p での) $\mathcal{V}$ の接空間から ($q=\Phi(p)$ での) $\mathcal{W}$ の接空間への線型同型写像であると仮定する．このとき p の近傍 V で，Φ によって $\mathcal{W}$**

での q のある近傍 W の上に同相に移されるものが存在する．さらに，W から V の上への逆写像 Φ^{-1} は q で解析的である．

これは命題1,2からの直接の帰結である．

命題 4 **Φ を多様体 $\mathcal{V}$ から多様体 $\mathcal{W}$ への解析写像とする．もし $\mathcal{V}$ の各点で Φ の微分が 0 であれば，Φ は定値写像である（すなわち Φ は $\mathcal{V}$ を $\mathcal{W}$ のある一点に移す）．**

証明 p を $\mathcal{V}$ の点とする．$\{y_1, \cdots, y_m\}$ を点 Φp での $\mathcal{W}$ 上の座標系とし，W をこの座標系に関する Φp の正方近傍とする．つぎに $\{x_1, \cdots, x_n\}$ を p での $\mathcal{V}$ 上の座標系とし，V をこの座標系 x に関する p の正方近傍で $\Phi(V) \subset W$ なるものとする．q が V の点のとき，$y_j(\Phi q) = F_j(x_1(q), \cdots, x_n(q))$ と書くことができる．ただし関数 F_j たちは，不等式系 $|x_i - x_i(p)| < a$（a は V の幅）で定義される正方近傍で解析的な関数である．

V の点 q に対し，$X_{i,q}$ を q での $\mathcal{V}$ の接ベクトルで $X_{i,q}x_k = \delta_{ik}$ として定義されるものとする．すると

$$\frac{\partial F_j}{\partial x_i}(x_1(q), \cdots, x_n(q)) = X_{i,q}(y_j \circ \Phi)$$
$$= (d\Phi_q(X_{i,q}))y_j = 0$$

が成りたつ．したがって関数 F_j たちの偏導関数はすべて 0 であり，関数 F_j たちは定値関数である．これは Φ が V を一点 Φp に移すことを意味する．

つぎに $\mathcal{W}$ の各点 r に，Φ によって r に移される $\mathcal{V}$ の点

ぜんぶの集合 U_r を対応させる．すでに証明したことによって U_r は開集合である．一方 U_r たちは互いに共通点がなく，これらの集合ぜんぶの合併は $\mathcal{V}$ である．$\mathcal{V}$ は連結だから，U_r のうちのひとつだけが空集合でない．以上で命題 4 が証明された．

関数の微分

$\mathcal{V}$ で定義された実数値解析関数 f は，$\mathcal{V}$ から実数全体の多様体 R への写像とみなされる．$x_0=f(p)$ とすると，f の p での微分は，p での $\mathcal{V}$ の接空間 $\mathcal{L}$ から x_0 での R の接空間 $\mathcal{M}_{x_0}$ への線型写像である．$\mathcal{M}_{x_0}$ は R 上の 1 次元線型空間で，$M_0(x)=1$（x を R 上の実数値関数と考えて）として定義されるベクトル M_0 によって張られる．だから M_0 を数 1 と同一視することにより，$\mathcal{M}_{x_0}$ を R と同一視することができる．こうすることにより，df は $\mathcal{L}$ で定義された実数値線型関数になる．定義からただちに

$$df(L) = L(f)$$

である．f_1, f_2 が p で解析的な $\mathcal{V}$ 上の関数なら，

$$d(\lambda_1 f_1+\lambda_2 f_2)(L) = \lambda_1 df_1(L)+\lambda_2 df_2(L)$$

が成りたつ．したがって $\mathcal{A}(p)$ の元 f の微分 df ぜんぶの集合は，$\mathcal{L}$ 上の線型関数ぜんぶの作る空間の部分線型空間になる．$x_1, \cdots, x_n$ が p での座標系なら，それらの微分 $dx_1, \cdots, dx_n$ は明らかに線型独立である．したがって微分たちぜんぶのつくる空間 $\mathcal{D}$ は n 次元であり，$\mathcal{L}$ 上の線型関数

ぜんぶの空間と一致する．

以上によって$\mathscr{L}$と$\mathscr{D}$とが互いに双対(そうつい)ベクトル空間であることが分かった[1]．

積多様体

$\mathcal{V}_1, \mathcal{V}_2$をそれぞれ$n_1, n_2$次元の多様体とし，$\mathcal{V}=\mathcal{V}_1\times\mathcal{V}_2$をその積とする．$p_1$を$\mathcal{V}_1$の点，$p_2$を$\mathcal{V}_2$の点とし，点$(p_1, p_2)$を$p$と書く．また，点$p_1, p_2, p$でのそれぞれ$\mathcal{V}_1, \mathcal{V}_2, \mathcal{V}$の接空間を$\mathscr{L}_1, \mathscr{L}_2, \mathscr{L}$と書く．

さらに$\mathcal{V}$から$\mathcal{V}_1, \mathcal{V}_2$への射影を$\overline{\omega}_1, \overline{\omega}_2$とする．$\mathscr{L}$の各ベクトル$L$に，$\mathscr{L}_1$のベクトル$L_1=d\overline{\omega}_1(L)$および$\mathscr{L}_2$のベクトル$L_2=d\overline{\omega}_2(L)$を対応させる．また，$\{x_1, \cdots, x_{n_1}\}$を$p_1$での$\mathcal{V}_1$上の座標系，$\{y_1, \cdots, y_{n_2}\}$を$p_2$での$\mathcal{V}_2$上の座標系とすると，関数$z_1=x_1\circ\overline{\omega}_1, \cdots, z_{n_1}=x_{n_1}\circ\overline{\omega}_1, z_{n_1+1}=y_1\circ\overline{\omega}_2, \cdots, z_{n_1+n_2}=y_{n_2}\circ\overline{\omega}_2$たちは$p$での$\mathcal{V}$上の座標系をつくる．

L_1, L_2をそれぞれ$\mathscr{L}_1, \mathscr{L}_2$の任意のベクトルとすると，$\mathscr{L}$のベクトル$L$が等式

$$L(z_1)=L_1(x_1), \cdots, L(z_{n_1})=L_1(x_{n_1}),$$
$$L(z_{n_1+1})=L_2(y_1), \cdots, L(z_{n_1+n_2})=L_2(y_{n_2})$$

によって定義され，明きらかに$d\overline{\omega}_1(L)=L_1, d\overline{\omega}_2(L)=L_2$が成りたつ．これらの等式が成りたつベクトル$L$はひと

1）体K上のベクトル空間$\mathscr{L}$の双対空間とは，$\mathscr{L}$からKへの線型写像ぜんぶの集合である．$\mathscr{L}$が有限次元のときは，$\mathscr{L}$は$\mathscr{L}$の双対空間の双対空間と同一視できる．

つしかないから，$\mathscr{L}$ を空間 $\mathscr{L}_1$ と $\mathscr{L}_2$ の積と同一視することができる．

われわれはすでに，実数ぜんぶの多様体 R の各点での接空間を R 自身と同一視した．したがって R^n を多様体 R^n の接空間と同一視することができる．

§5 無限小変換

定義1 $\mathcal{V}$**を多様体とする．**$\mathcal{V}$**上の無限小変換（ベクトル場とも言う）**X**とは，**$\mathcal{V}$**の各点** p **に，**p **での** $\mathcal{V}$ **のひとつの接ベクトル** $X(p)$ **を対応させる写像のことである．**

f を $\mathcal{V}$ のある開部分集合 U の各点で定義されて解析的な任意の関数とする．U の各点 p に対して

$$g(p) = X(p)f$$

とおくことによって U 上の関数 g が定義される．これを Xf と書く．すべての解析的な f に対して Xf も解析的なとき，X は**解析的無限小変換**であると言う．

U を $\mathcal{V}$ の開部分集合で，その上の座標系 $\{x_1, \cdots, x_n\}$ が存在すると仮定すると，U 上定義された解析的無限小変換が必ず存在する．実際，f を U の一点 p で解析的な任意の関数とする．p の近傍で f は $x_1, \cdots, x_n$ の関数 $f^*(x_1, \cdots, x_n)$ として表わされる．$X_1(p)f = \left(\dfrac{\partial f^*}{\partial x_1}\right)_p$ とおくことによって p での接ベクトルが得られ，写像 $p \to X_1(p)$ は明らかに U 上定義された解析的無限小変換である．さらに

$X_i(p)f=\left(\dfrac{\partial f^*}{\partial x_i}\right)_p$ $(1\leqq i\leqq n)$ とおくことにより，U の各点での線型独立な n 個の解析的無限小変換が得られる．X が U 上定義された他の任意の無限小変換ならば，X は $X(p)=\sum_i A_i(p)X_i(p)$ の形にかける．ただし $A_1, \cdots, A_n$ は U 上定義された n 個の関数である．$A_i=Xx_i$ $(1\leqq i\leqq n)$ だから，もし X が解析的なら関数 $A_i(p)$ たちも解析的である．逆に $A_1, \cdots, A_n$ が U 上定義されて解析的な関数なら，明きらかに $X=\sum A_iX_i$ は U 上の解析的無限小変換である．$(Xf)(p)=\sum A_i(p)\left(\dfrac{\partial f^*}{\partial x_i}\right)_p$ なので，$\sum A_i\dfrac{\partial}{\partial x_i}$ を無限小変換 X の**シンボル**と呼ぶ．

X と Y が多様体 $\mathcal{V}$ 上定義された解析的無限小変換のとき，作用 $YX=Y\circ X$ は一般には無限小変換でない．たとえば $\mathcal{V}=R^n$ とし，X と Y が $Xf=\dfrac{\partial f}{\partial x_1}$, $Yf=\dfrac{\partial f}{\partial x_2}$ で与えられるとき，$YXf=\dfrac{\partial^2 f}{\partial x_1\partial x_2}$ であり，写像 $f\to\left(\dfrac{\partial^2 f}{\partial x_1\partial x_2}\right)_p$ は R^n への接ベクトルではない（p は R^n の点）．しかし，作用 $U=YX-XY$ は必ず解析的無限小変換になる．これを証明するには，直接の計算（省略する）によって $U(p)$ が接ベクトルの定義の条件 1) と 2) をみたすことを確認すればよい．

点 p での座標系 $\{x_1, \cdots, x_n\}$ を使うと，$\mathcal{A}(p)$ の関数 f に対し，p の近傍で Xf, Yf はそれぞれ

$$\sum A_i^*(x_1, \cdots, x_n)\frac{\partial f^*}{\partial x_i},\ \ \sum B_i^*(x_1, \cdots, x_n)\frac{\partial f^*}{\partial x_i}$$

の形に表わされる．したがって

$$(Uf)_p = \sum_{ij}\left(B_i^*\frac{\partial A_j^*}{\partial x_i} - A_i^*\frac{\partial B_j^*}{\partial x_i}\right)_p\left(\frac{\partial f^*}{\partial x_j}\right)_p \tag{1}$$

が成りたつ．Uf のこの表示は，$YX-XY$ が解析的無限小変換であることの第二の証明を与える．

定義 2 **X と Y が $\mathcal{V}$ 上の解析的無限小変換であるとき，無限小変換 $U=YX-XY$ を $[X,Y]$ と書く．**

解析的無限小変換の任意のペア (X,Y) に第三の無限小変換 $[X,Y]$ を対応させるこの括弧作用は，無限小変換のあいだの算法である．すぐ分かるように，a が実数で X が無限小変換なら，aX も無限小変換であり，X と Y が無限小変換なら $X+Y$ も無限小変換である．

括弧作用は加法に関して分配的である：

$$[a_1X_1+a_2X_2, Y] = a_1[X_1, Y]+a_2[X_2, Y],$$
$$[X, a_1Y_1+a_2Y_2] = a_1[X, Y_1]+a_2[X, Y_2].$$

ただし $a_1, a_2 \in R$，X, X_1, X_2, Y, Y_1, Y_2 は無限小変換である．しかしこれは結合的ではない：一般には $[[X,Y],Z] \neq [X,[Y,Z]]$．簡単に分かるように，任意の解析的無限小変換 X, Y, Z に対してつぎの恒等式が成りたつ：

$$[X,X] = 0,$$
$$[[X,Y],Z]+[[Y,Z],X]+[[Z,X],Y] = 0.$$

第一の恒等式から $[X+Y, X+Y]=0=[X,Y]+[Y,X]$ が導かれるから，

$$[Y,X] = -[X,Y]$$

が成りたつ．第二の恒等式は**ヤコービの恒等式**と呼ばれる．

つぎに Φ を多様体 $\mathcal{V}$ から多様体 $\mathcal{W}$ への解析写像とし，X を $\mathcal{V}$ 上の無限小変換，Y を $\mathcal{W}$ 上の無限小変換とする．$\mathcal{V}$ の各点 p に対して

$$d\Phi_p(X_p) = Y_{\Phi p}$$

が成りたつとき，X と Y は Φ **関連**していると言う．

もし Φ がいたるところ正則*) であれば，$\mathcal{W}$ 上に与えられた任意の Y に対し，Y に Φ 関連する $\mathcal{V}$ 上の無限小変換 X はたかだかひとつしかない．実際，このとき X_p は $d\Phi_p(X_p)$ によって完全に決まってしまう．

点 p での $\mathcal{V}$ の接空間を $\mathcal{L}_p$ とすると，$d\Phi_p$ によるその像は点 Φp での $\mathcal{W}$ の接空間 $\mathcal{M}_{\Phi p}$ の部分空間 $\tilde{\mathcal{L}}_p$ である．もし $\mathcal{W}$ 上の無限小変換 Y が $\mathcal{V}$ 上の X に Φ 関連していれば，$\mathcal{V}$ のすべての点 p に対して必然的に $Y_{\Phi p} \in \tilde{\mathcal{L}}_p$ が成りたつ．

命題 1 **Φ を多様体 $\mathcal{V}$ から多様体 $\mathcal{W}$ への，いたるところ正則な写像とする．$\mathcal{V}$ の点 p に対し，p での $\mathcal{V}$ の接空間を $\mathcal{L}_p$ とし，$\tilde{\mathcal{L}}_p = d\Phi_p(\mathcal{L}_p)$ とおく．Y を $\mathcal{W}$ 上の解析的無限小変換であって任意の点 $p \in \mathcal{V}$ に対して $Y_{\Phi p} \in \tilde{\mathcal{L}}_p$ なるものとする．このとき，$\mathcal{V}$ 上の解析的無限小変換 X であって Y に Φ 関連しているものがただひとつ存在する．**

*) ［訳注］§4の定義2を見よ．

証明　仮定により，$\mathcal{V}$の各点pに対して$\mathcal{L}_p$の元X_pで$d\Phi_p(X_p)=Y_{\Phi p}$なるものがただひとつ存在する．対応X：$p\to X_p$が解析的無限小変換であることを示せばよい．§4の命題1（151ページ）により，Φpでの$\mathcal{W}$上の座標系$\{y_1, \cdots, y_m\}$で，$\{y_1\circ\Phi, \cdots, y_n\circ\Phi\}$が$p$での$\mathcal{V}$上の座標系であるものが存在する（$m, n$はそれぞれ多様体$\mathcal{W}, \mathcal{V}$の次元）．$p$の$\mathcal{V}$での十分小さい近傍の点$q$に対し，等式$d\Phi_q(X_q)=Y_{\Phi q}$から

$$X_q(y_i\circ\Phi) = Y_{\Phi q}y_i = (Yy_i)_{\Phi q}$$

が導かれる．すなわち関数$X(y_i\circ\Phi)$はpのある近傍で$Yy_i\circ\Phi$と一致する．Yは$\mathcal{W}$上解析的だからYy_iはΦpで解析的，したがって$Yy_i\circ\Phi$はpで解析的，すなわち$X(y_i\circ\Phi)$はpで解析的であり，結局Xがpで解析的であることが証明された．

命題2　**Φを多様体$\mathcal{V}$から多様体$\mathcal{W}$への解析的な写像とする．X_1, X_2を$\mathcal{V}$上の解析的無限小変換，Y_1, Y_2を$\mathcal{W}$上の解析的無限小変換とする．もし$X_i\ (i=1,2)$がY_iにΦ関連していれば，$[X_1, X_2]$は$[Y_1, Y_2]$にΦ関連している．**

証明　pを$\mathcal{V}$の点，gを$\mathcal{W}$上の関数で点$q=\Phi p$で解析的なものとする．X_iと$Y_i\ (i=1,2)$がΦ関連しているという事実は，pの$\mathcal{V}$での適当な近傍の任意の点p'に対する公式

$$(X_i(g\circ\Phi))_{p'} = (Y_i g)_{\Phi p'}$$

ないし

$$(X_i(g\circ\Phi))_{p'}=(Y_ig\circ\Phi)_{p'}$$

によって表わされる．したがって

$$(Y_2Y_1g)_{\Phi p'}=(X_2(Y_1g\circ\Phi))_{p'}=(X_2X_1(g\circ\Phi))_{p'}$$

となる．添字1, 2を交換した公式を書いて引き算すれば，

$$([Y_1, Y_2]g)_{\Phi p'}=([X_1, X_2](g\circ\Phi))_{p'}$$

となり，$[Y_1, Y_2]_p=d\Phi_p([X_1, X_2]_p)$ が得られて命題2が証明された．

§6 部分多様体．分布

定義1 $\mathcal{V}$を多様体とする．多様体$\mathcal{W}$が$\mathcal{V}$の部分多様体であるとは，つぎの二条件がみたされることである．

1) $\mathcal{W}$の基礎集合は$\mathcal{V}$の基礎集合の部分集合である．

2) $\mathcal{W}$から$\mathcal{V}$への恒等写像は$\mathcal{W}$の各点で正則である．

たとえば$\mathcal{V}$の開部分多様体（§2, 143ページに定義されている）は上記の定義の意味で部分多様体である．$\mathcal{W}$が$\mathcal{V}$の開部分多様体の場合には，$\mathcal{W}$から$\mathcal{V}$への恒等写像は同相写像でもある．しかし$\mathcal{V}$の任意の部分多様体が必ずしもこうならないと認識するのは重要である[1]．しかしこの恒等写像はいたるところ連続ではある．

---

1) たとえばT^2のコンパクトでない1係数部分群の場合，これはR^1と解析的に同型な多様体の基礎集合とみなされる．この多様体からT^2への恒等写像はいたるところ解析的で正則であるが，T^2のいかなる部分空間への同相写像でもない．

さて，I を $\mathcal{V}$ の部分多様体 $\mathcal{W}$ から $\mathcal{V}$ への恒等写像とする．$\mathcal{W}$ の点 p に対し，f が p で解析的な $\mathcal{V}$ 上の関数のとき，関数 $f\circ I$ は p で解析的な $\mathcal{W}$ 上の関数である．この関数を関数 f の $\mathcal{W}$ への**制限**と言う．§4の命題1（151ページ）により p での $\mathcal{V}$ 上の座標系 $\{x_1, \cdots, x_n\}$ であって，$x_1\circ I, \cdots, x_m\circ I$ が p での $\mathcal{W}$ 上の座標系であるものが存在する（m は $\mathcal{W}$ の次元）．g を p で解析的な $\mathcal{W}$ 上の関数とすると，g は p の $\mathcal{W}$ でのある近傍で座標系 $x_i\circ I$ たちの関数として $g^*(x_1\circ I, \cdots, x_m\circ I)$ と表わされる．そこで $f(q)=g^*(x_1(q), \cdots, x_m(q))$ とおくと，f は p で解析的な $\mathcal{V}$ 上の関数であり，p の $\mathcal{W}$ でのある近傍で $f\circ I$ は g と一致する．したがって，**$p\in\mathcal{W}$ で解析的な任意の関数は，p の $\mathcal{W}$ でのある近傍で，p で解析的な $\mathcal{V}$ 上のある関数の $\mathcal{W}$ への制限に一致する**．

しかし，$\mathcal{W}$ 上いたるところ定義されて解析的な任意の関数が，$\mathcal{V}$ 上のある連続関数の制限に一致するわけではない．

多様体 $\mathcal{V}$ の部分多様体 $\mathcal{W}$ の点 p に対し，p での $\mathcal{V}$ の接空間を $\mathcal{L}_p$ とする．写像 dI_p は p で $\mathcal{W}$ の接空間を $\mathcal{L}_p$ のある部分ベクトル空間 $\mathcal{M}_p$ の上に同型に移す．この空間 $\mathcal{M}_p$ も（不適切ではあるが）p での $\mathcal{W}$ の接空間と呼ぶ．

X を $\mathcal{V}$ 上の任意の解析的無限小変換で，すべての $p\in\mathcal{W}$ に対して $X_p\in\mathcal{M}_p$ なるものとする．I はいたるところ正則だから，$\mathcal{W}$ 上の解析的無限小変換 Y で，すべての $p\in\mathcal{W}$ に対して $X_p=dI_p(Y_p)$ となるものがただひとつ存在する．この無限小変換 Y を X の $\mathcal{W}$ への**制限**と言う．§5の命題2（161ページ）により，もし X_1, X_2 が $\mathcal{V}$ 上の解析的無限小変換で，Y_1, Y_2 がそれぞれの $\mathcal{W}$ への制限ならば，$[Y_1, Y_2]$ は $[X_1, X_2]$ の制限である．

定義2　多様体 $\mathcal{V}$ の点 p での $\mathcal{V}$ の接空間の m 次元部分ベクトル空間を $\mathcal{V}$ の m 次元の接触要素と言い，p をこの接触要素の始点と言う．$\mathcal{V}$ の各点 p に，p を始点とするひとつの m 次元の接触要素を対応させる規則を m 次元の分布と言う．

$\mathcal{V}$ 上の m 次元分布を $\mathcal{M}$ と書き，点 p に対して $\mathcal{M}$ によって決まる m 次元部分空間を $\mathcal{M}_p$ と書く．

定義3　分布 $\mathcal{M}$ が点 p でつぎの条件をみたすとき，$\mathcal{M}$ は p で解析的であると言う：点 p の近傍 V および V 上定義されて解析的な m 個の無限小変換 $X_1, \cdots, X_m$ であって，V の各点 q に対して m 個のベクトル $(X_1)_q, \cdots, (X_m)_q$ が空間 $\mathcal{M}_q$ の基底をなすものが存在する．このとき，系 $\{X_1, \cdots, X_m\}$ を分布 $\mathcal{M}$ に対する点 p のまわりの局所基底と言う．

注意　多様体上にいつも解析的分布が存在するとは限らない．たとえば4次元球面には1次元の解析的分布は存在しないことが証明される．

一方 n 次元の多様体には n 次元の自明な分布がつねに存在するから，上の注意により，与えられた解析的分布に対して，各点でこの分布の基底となる解析的無限小変換の系を見つけることは必ずしも可能でないことが分かる．

定義 4 **$\mathcal{V}$を多様体，$\mathcal{W}$を$\mathcal{V}$の部分多様体とし，$\mathcal{M}$を$\mathcal{V}$上の解析的分布とする．$\mathcal{W}$の各点pに対して$\mathcal{M}_p$がpでの$\mathcal{W}$の接空間に一致するとき，$\mathcal{W}$を$\mathcal{M}$の積分多様体と言う．**

$\mathcal{M}$を分布とする．X_1とX_2を点p_0のある近傍Vで定義された無限小変換であって，Vのすべての点pに対して$(X_1)_p$と$(X_2)_p$の両方が$\mathcal{M}_p$に属するものとする．点p_0が$\mathcal{M}$のひとつの積分多様体$\mathcal{W}$に属すると仮定すると，X_1とX_2は$\mathcal{W}$への制限Y_1, Y_2をもち，したがって$[X_1, X_2]$は制限$[Y_1, Y_2]$をもつ．よって$[X_1, X_2]_{p_0} \in \mathcal{M}_{p_0}$が成りたつ．これから分かるように，ひとつの分布が$p_0$をとおる積分多様体をもつためにはある種の条件をみたさなければならない．

Xを多様体$\mathcal{V}$の点p_0のある近傍で定義されて解析的な無限小変換とし，$\mathcal{M}$を分布とする．この近傍のすべての点pに対して$X_p \in \mathcal{M}_p$が成りたつとき，無限小変換Xは分布$\mathcal{M}$に**属する**（belong）と言う．たとえばp_0のまわりの$\mathcal{M}$の基底の任意の無限小変換は$\mathcal{M}$に属する．

定義 5 **解析的分布$\mathcal{M}$がつぎの条件をみたすとき，$\mathcal{M}$は包合的**（involutive）**であると言う：同じ開集合で定義されたふたつの解析的無限小変換X_1, X_2がともに$\mathcal{M}$に属す**

れば，無限小変換 $[X_1, X_2]$ も $\mathcal{M}$ に属する．

前の注意により，もし $\mathcal{V}$ のすべての点が $\mathcal{M}$ のある積分多様体に属していれば，$\mathcal{M}$ は必然的に包合的である．以後の節では主としてこの命題の逆命題の証明を扱う．

つぎの命題を証明してこの節を終わる．

命題1 **Σ を多様体 $\mathcal{V}$ 上定義された解析的無限小変換から成る集合で，つぎの二性質をもつものとする：**

1) $\mathcal{V}$ の各点 p に対して $X_p (X \in \Sigma)$ たちの張る空間 $\mathcal{M}_p$ は，$\mathcal{V}$ のすべての点 p で同一次元 m をもつ．

2) 任意の $X, Y \in \Sigma$ に対し，無限小変換 $[X, Y]$ は Σ の有限個の元の線型結合として表わされる．ただし係数は $\mathcal{V}$ 上の関数である．

このとき $\mathcal{V}$ の各点 p に $\mathcal{M}_p$ を対応させる規則は解析的かつ包合的な分布である．

証明 p_0 を $\mathcal{V}$ の点とする．Σ の適当な m 個の元 $X_1, \cdots, X_m$ をとると，$(X_1)_{p_0}, \cdots, (X_m)_{p_0}$ は線型独立で，$\mathcal{M}_p$ を張る．$\{x_1, \cdots, x_n\}$ を p_0 での座標系とすると，mn 個の関数 $X_i x_j$ $(1 \leqq i \leqq m, 1 \leqq j \leqq n)$ から成る mn 型行列は p_0 での階数が m である．これらの関数は連続だから，p_0 のある正方近傍 V のすべての点で階数 m である．したがって分布 $\mathcal{M}$ は解析的であり，m 個の元 $X_1, \cdots, X_m$ は p_0 のまわりの $\mathcal{M}$ の基底をなす．

X を p_0 のある近傍で定義され，$\mathcal{M}$ に属する任意の解析的無限小変換とする．X は V で定義され，$X_p = \sum_{j=1}^{m}$

$g_j(p)(X_j)_p$ の形だと仮定してよい．すると関数 $g_j(p)$ たちは V で解析的である．実際，これらの関数は1次方程式系

$$(Xx_k)_p = \sum_j g_j(p)(X_j x_k)_p \quad (1 \leqq k \leqq n) \tag{1}$$

をみたし，その係数たちは V で解析的である．しかも V のすべての点で $g_1(p), \cdots, g_m(p)$ の係数行列は階数 m である．したがって V の任意の点 p の近傍で，関数 $g_j(p)$ たちの値は，方程式系 (1) から適当に m 個の方程式を選んだ系を解くことによって得られる．よって関数たちが解析的であることが分かった．

つぎに $Y = \sum h_j X_j$ をもうひとつの V 上の解析的無限小変換で $\mathcal{M}$ に属するものとする．$[X, Y]$ も $\mathcal{M}$ に属することを証明すればよい．明きらかに証明は $X = gX_i$, $Y = hX_j$ のときにやればよい．ただし g, h は V 上のふたつの解析関数，i, j は1と m のあいだのふたつの添数である．

$$\begin{aligned}[X, Y] &= YX - XY \\ &= h(X_j g)X_i + ghX_jX_i - ghX_iX_j - g(X_i h)X_j \\ &= (h(X_j g))X_i - (g(X_i h))X_j + gh[X_i, X_j]\end{aligned}$$

が成りたつ．$[X_i, X_j]$ は Σ の元たちの線型結合だから $\mathcal{M}$ に属し，したがって $[X, Y]$ は $\mathcal{M}$ に属することになり，命題1が証明された．

§7 包合的分布の積分多様体（局所理論）

$\mathcal{V}$を多様体，pを$\mathcal{V}$の点，$\{x_1, \cdots, x_n\}$をpでの座標系とし，Vをこの座標系に関する幅aの正方近傍とする．mをnより小さい任意の整数とし，$\xi_{m+1}, \cdots, \xi_n$を$n-m$個の数で$|\xi_{m+h}-x_{m+h}(p)|<a\ (1\leqq h\leqq n-m)$なるものとする．$V$の点$q$でその座標が条件

$$x_{m+h}(q)=\xi_{m+h} \quad (1\leqq h\leqq n-m)$$

をみたすもの全部の集合をS_ξと書く．

そこで多様体S_ξをつぎのように定義する：S_ξの基礎集合はS_ξであり，$x_1, \cdots, x_m$のS_ξへの制限はS_ξのすべての点での座標系をなす．明らかにS_ξは$\mathcal{V}$の部分多様体である．多様体S_ξを，方程式系$x_{m+h}=\xi_{m+h}\ (1\leqq h\leqq n-m)$によって定義される$V$の**断片**（slice）と呼ぶ．

定理1 **$\mathcal{M}$をあるn次元多様体$\mathcal{V}$上のm次元の解析的包合的分布とする．$\mathcal{V}$の任意の点pに対し，pでの座標系$\{x_1, \cdots, x_n\}$およびこの座標系に関する正方近傍Vで，つぎの二条件をみたすものが存在する：**

1) $x_i(p)=0 \quad (1\leqq i\leqq n)$.

2) **Vの幅をaとする．$n-m$個の数$\xi_{m+1}, \cdots, \xi_n$が$|\xi_{m+h}|<a\ (1\leqq h\leqq n-m)$をみたすとき，方程式系$x_{m+h}=\xi_{m+h}\ (1\leqq h\leqq n-m)$によって定義される$V$の断片は$\mathcal{M}$の積分多様体である．**

まずつぎの補題を証明する．

補題 1　**X を $\mathcal{V}$ の点 p のある近傍で定義された解析的な無限小変換で $X_p \neq 0$ なるものとする．このとき p での座標系 $\{y_1, \cdots, y_n\}$ およびこの座標系に関する p の正方近傍 W で，つぎの条件をみたすものが存在する：$y_i(p)=0$ $(1 \leqq i \leqq n)$ であり，X は W 上定義され，W 上で（y 座標系に関する）シンボルが $\partial/\partial y_1$ である無限小変換と一致する．**

証明　p での座標系 $\{z_1, \cdots, z_n\}$ で $X_p z_1 \neq 0$ なるものを選ぶ．Z をこの座標系に関する p の正方近傍で，X がその上で定義されて解析的なるものとし，Z の幅を c とする．$q \in Z$ ならば

$$X_q z_i = F_i(z_1(q), \cdots, z_n(q)) \quad (1 \leqq i \leqq n)$$

と書ける．ただし F_i たちは不等式 $|z_i - z_i(p)| < c$ で定義される正方体のなかで定義されて解析的な関数である．

つぎの微分方程式系を考える：

$$\frac{dz_i}{dt} = F_i(z_1, \cdots, z_n) \quad (1 \leqq i \leqq n). \tag{1}$$

解析的微分方程式系に対する解の存在定理によってつぎの結果が得られる：$0 < b_1 < c$ なる数 b_1 および n 個の関数 $\varphi_i(y_1, \cdots, y_n)$ $(1 \leqq i \leqq n)$ が存在する．ただし $\varphi_i(y_1, \cdots, y_n)$ は不等式系 $|y_i| < b_1$ $(1 \leqq i \leqq n)$ の定める正方体 Q_1 で定義されて解析的であってつぎの二条件をみたす：

1)　$(y_1, \cdots, y_n) \in Q_1$ なら $|\varphi_i(y_1, \cdots, y_n)| < c$.

2)　方程式系 $z_i = \varphi_i(t, y_2, \cdots, y_n)$ は微分方程式系（1）の

解で，初期条件

$$\varphi_1(0, y_2, \cdots, y_n) = z_1(p),$$
$$\varphi_i(0, y_2, \cdots, y_n) = y_i + z_i(p) \quad (i > 1)$$

をみたすものを表わす．

ここで関数行列式 $\dfrac{D(\varphi_1, \cdots, \varphi_n)}{D(y_1, \cdots, y_n)}$ が $y_1 = \cdots = y_n = 0$ に対して0でないことを示す．実際，

$$\left(\frac{\partial \varphi_1}{\partial y_1}\right)_0 = F_1(z_1(p), \cdots, z_n(p)) = X_p z_1 \neq 0$$

であり，一方 $\varphi_i(0, y_2, \cdots, y_n) = (1-\delta_{1i})y_i + z_i(p)$ だから，$j>1$ なら $\left(\dfrac{\partial \varphi_i}{\partial y_j}\right)_0 = \delta_{ij}$ である．これらの式から主張がただちに導かれる．

したがって p での座標系 $\{y_1, \cdots, y_n\}$ およびこの座標系に関する p の正方近傍 W で，$W \subset Z$ であり，かつ W のすべての元 q に対して $z_i(q) = \varphi_i(y_1(q), \cdots, y_n(q))$ となるものが存在する．$q \in W$ ならば，

$$X_q z_i = F_i(z_1(q), \cdots, z_n(q)) = \frac{\partial \varphi_i}{\partial y_1}(y_1(q), \cdots, y_n(q))$$

が成りたつから，W 内で $X = \dfrac{\partial}{\partial y_1}$ が成りたち，補題が証明された．

定理1の証明 $\{X_1, \cdots, X_m\}$ を p のまわりの $\mathcal{M}$ の基底とする．$(X_1)_p \neq 0$ だから，X_1 に補題1を適用する．$\{y_1, \cdots, y_n\}$ を p での座標系，W を X_1 に対して補題1の条件をみたす p の近傍とする．W は十分小さくとって，W の各点 q で $(X_1)_q, \cdots, (X_m)_q$ が $\mathcal{M}_q$ の基底になるようにしてお

く．もし $m=1$ なら，方程式系 $y_2=\xi_2, \cdots, y_n=\xi_n$ ($\xi_2, \cdots, \xi_n$ はその絶対値が W の幅より小さい任意の数）の定める W の断片は $\mathscr{M}$ の積分多様体であり，したがって $m=1$ のときには定理 1 が成りたつ．一般の場合に定理 1 を証明するために，m に関する帰納法を使う．

$m>1$ とし，$m-1$ 次元の分布に対しては定理 1 が成りたつと仮定する．明きらかに V 上解析的な $m-1$ 個の関数 $A_2, \cdots, A_m$ で $(X_i-A_iX_1)y_1=0$ $(2 \leqq i \leqq m)$ となるものが存在する．$X_i'=X_i-A_iX_1$ とおくと，W のすべての点 q に対して $(X_1)_q, (X_2')_q, \cdots, (X_m')_q$ は $\mathscr{M}_q$ の基底をなす．方程式 $y_1=0$ の定める W の断片を $\mathfrak{X}$ とする．$q \in \mathfrak{X}$ ならベクトル $(X_i')_q$ $(2 \leqq i \leqq m)$ たちは q で $\mathfrak{X}$ に接するから，$X_2', \cdots, X_m'$ は $\mathfrak{X}$ への制限 $\overline{X}_2, \cdots, \overline{X}_m$ をもつ．$q \in \mathfrak{X}$ なら，ベクトル $(\overline{X}_2)_q, \cdots, (\overline{X}_m)_q$ たちの張る空間 $\overline{\mathscr{M}}_q$ は，$\mathscr{M}_q$ と q での $\mathfrak{X}$ の接空間との共通部分である．q に $\overline{\mathscr{M}}_q$ を対応させる分布 $\overline{\mathscr{M}}$ は明きらかに $\mathfrak{X}$ 上解析的である．一方 §5 の命題 2（161 ページ）からすぐ分かるように，$\overline{\mathscr{M}}$ は包合的でもある．

$\overline{\mathscr{M}}$ は $m-1$ 次元だから，帰納法の仮定を $\overline{\mathscr{M}}$ に適用する．点 p での $\mathfrak{X}$ 上の座標系 $\overline{x}_2, \cdots, \overline{x}_n$ およびこの座標系に関する p の正方近傍 $\overline{V}$ で，つぎの二条件をみたすものが存在する：

1) $\overline{x}_i(p)=0$ $(2 \leqq i \leqq n)$.

2) $\overline{V}$ の幅 a より絶対値が小さい $n-m$ 個の数 $\xi_{m+1}, \cdots, \xi_n$ に対し，方程式系 $\overline{x}_{m+h}=\xi_{m+h}$ $(1 \leqq h \leqq n-m)$ の定める $\overline{V}$ の断片 $\overline{S}_\xi$ は $\overline{\mathscr{M}}$ の積分多様体である．

このとき a は W の幅以下だと仮定してよい．W の点 q でつぎの条件をみたすもの全部の集合を V とする：$(0, y_2(q), \cdots, y_n(q))$ を座標とする点 q' は $\overline{V}$ に属し，$|y_1(q)|<a$．V の点 q に対し，$x_1(q)=y_1(q), x_i(q)=\overline{x}_i(q')\,(i>1)$ とおくと，明らかに $\{x_1, \cdots, x_n\}$ は p での座標系であり，V はこの座標系に関する p の正方近傍である．さらに $x_2(q), \cdots, x_n(q)$ は $y_2(q), \cdots, y_n(q)$ だけに依存し，$x_1(q)=y_1(q)$ だから，（座標系 $x_1, \cdots, x_n$ に関する）X_1 のシンボルは $\partial/\partial x_1$ である．

$X_1 x_{m+h}=0\ (1\leqq h\leqq n-m)$ だから，

$$\frac{\partial}{\partial x_1}(X_i' x_{m+h}) = X_1 X_i' x_{m+h} = [X_i', X_1] x_{m+h}$$

が成りたつ．$\mathcal{M}$ は包合的だから $[X_i', X_1]=g_{i1}X_1+\sum_{j=2}^m g_{ij}X_j'$ と書け，関数 $g_{ij}\ (1\leqq i, j\leqq m)$ たちは V 上解析的である．したがって

$$\frac{\partial}{\partial x_1}(X_i' x_{m+h}) = \sum_{j=1}^m g_{ij}(X_i' x_{m+h}) \tag{2}$$

が成りたつ．

$\overline{S}_\xi$ は $\overline{\mathcal{M}}$ の積分多様体だから，$\mathcal{X}$ 上，すなわち $x_1=0$ に対して $X_i' x_{m+h}=0$ である．関数 $X_i' x_{m+h}\ (1\leqq i\leqq m)$ たちを x_1 の関数と考えると，斉次線型微分方程式系 (2) をみたす．微分方程式系の解の一意性定理により，V 上恒等的に $X_i' x_{m+h}=0$ が成りたつ．したがって $x_{m+h}=\xi_{m+h}\ (1\leqq h\leqq n-m)$ の形の方程式系の定める V の任意の断片は $\mathcal{M}$ の積分多様体である．以上で m 次元の分布に対して定理 1 が

証明された．

命題1 $\mathcal{M}$ **を多様体** $\mathcal{V}$ **上の解析的な包合的分布とする．もし** $\mathcal{M}$ **のふたつの積分多様体** $\mathcal{W}$ **と** $\mathcal{W}'$ **が一点** p **を共有していれば，点** p **を含む** $\mathcal{M}$ **の積分多様体で，**$\mathcal{W}$ **と** $\mathcal{W}'$ **両方の開部分多様体であるものが存在する．**

証明 定理1の記号を使う．方程式系 $x_{m+h}=0$ $(1\leqq h\leqq n-m)$ の定める V の断片を S_0 とする．命題を証明するためには，p を含む $\mathcal{M}$ の任意の積分多様体 $\mathcal{W}$ が，S_0 の開部分多様体でもあるような開部分多様体をもつことを示せばよい．

$\mathcal{W}$ から $\mathcal{V}$ への恒等写像は連続だから，集合 $V\cap\mathcal{W}$ は $\mathcal{W}$ の相対的開部分集合である．$\mathcal{W}$ は局所連結だから，$V\cap\mathcal{W}$ での p の連結成分 C（$\mathcal{W}$ の位相で）は $\mathcal{W}$ の相対的開部分集合である[1)]．よって C は $\mathcal{W}$ のある開部分多様体 $\mathcal{C}$ の，したがって $\mathcal{M}$ のある積分多様体の基礎集合である．

X_i を無限小変換で（座標 $x_1,\cdots,x_n$ に関する）シンボルが $\partial/\partial x_i$ であるものとする．すると V の点 q に対し，ベクトル $(X_1)_q,\cdots,(X_m)_q$ たちは $\mathcal{M}_q$ の基底をなす．一方§4の命題1（151ページ）により，$q\in C$ に対して，n 個の関数 $x_1,\cdots,x_n$ のうちの m 個を適当に選ぶと，これら m 個の関数の C への制限は q での座標系をなす．ところが $X_i x_{m+h}=0$ $(1\leqq i\leqq m, 1\leqq h\leqq n-m)$ だから，いま選んだ m 個の関

---

1) 実際 $q\in C$ なら，$\mathcal{W}\cap V$ に含まれる q の連結近傍が存在し，それは C にも含まれる．

数の添字は m より大きくはありえない．したがって $x_1, \cdots, x_m$ の C への制限は C のすべての点での座標系をなす．

$q \in C$ なら，ベクトル $(X_1)_q, \cdots, (X_m)_q$ たちは q での C の接空間の基底をなす．等式 $X_i x_{m+h}=0$ により，x_{m+h} の C への制限は0である．したがって各関数 x_{m+h} は C 上定値である $(1 \leqq h \leqq n-m)$ (§4の命題4，154ページを見よ)．よって C は S_0 の部分集合である．ところが $x_1, \cdots, x_m$ の C への制限は C の各点での座標系なのだから，C は S_0 の開部分多様体である．以上で命題1が証明された．

§8 包合的分布の極大積分多様体

$\mathcal{V}$ を多様体，$\mathcal{M}$ を $\mathcal{V}$ 上の解析的な包合的分布とする．

いままでは $\mathcal{V}$ の一点の近傍だけを考えてきたが，これから大域的に $\mathcal{M}$ の積分多様体を研究する．

V を $\mathcal{V}$ の基礎集合とし，集合 V に新しい位相を定義する．$\mathcal{M}$ の積分多様体の集まりの合併として表わされる V の部分集合の族を O とする．O は V のある位相の開集合族と考えられる．実際，

1) O の集合の任意の合併集合は明らかにまた O に属する．

2) O_1, O_2 を O のふたつの集合とし，p を $O_1 \cap O_2$ の点とする．すると $\mathcal{M}$ のふたつの積分多様体 $\mathcal{W}_1, \mathcal{W}_2$ で，ともに p を含み，$\mathcal{W}_1 \subset O_1$, $\mathcal{W}_2 \subset O_2$ であるようなものが存在

する．§7の命題1（173ページ）により，$\mathcal{W}_1$ と $\mathcal{W}_2$ の両方に含まれる積分多様体 $\mathcal{W}$ で点 p を含むものが存在する．$p \in \mathcal{W} \subset O_1 \cap O_2$ だから $O_1 \cap O_2 \in \boldsymbol{O}$ となる．

3)（分離性）$\mathcal{V}$ の任意の開部分集合 U は $\boldsymbol{O}$ に属する．実際，p を U の点とする．$\mathcal{M}$ の積分多様体 $\mathcal{W}$ で $p \in \mathcal{W}$ なるものがある．$\mathcal{W}$ は局所連結だから，$\mathcal{W} \cap U$ での p の連結成分は $\mathcal{W}$ の開部分集合である[1]．したがって，$\mathcal{W} \cap U$ は $\mathcal{W}$ のある開部分多様体 $\mathcal{W}_1$ の基礎空間であり，$\mathcal{W}_1$ は明きらかに $\mathcal{M}$ の積分多様体で，$p \in \mathcal{W}_1 \subset U$ である．よって $U \in \boldsymbol{O}$，とくに $V \in \boldsymbol{O}$，さらに $p_1 \neq p_2$ なら，$\boldsymbol{O}$ に属する集合 O_1, O_2 で，$p_1 \in O_1, p_2 \in O_2, O_1 \cap O_2 = \varnothing$ なるものが存在する．以上で $\boldsymbol{O}$ が V の位相を定めることが分かった．

開集合族 $\boldsymbol{O}$ の定める位相空間を $\mathcal{V}^*$ とする．$\mathcal{W}$ が $\mathcal{M}$ の任意の積分多様体なら，$\mathcal{W}$ は $\mathcal{V}^*$ の開部分空間であることを証明する．p を $\mathcal{W}$ の任意の点とすると，つぎのふたつのことが成りたつ：

1)　$\mathcal{W}$ に関する p の任意の近傍は $\mathcal{W}$ のある開部分多様体を含む．この部分多様体は $\mathcal{M}$ の積分多様体なので，それは $\boldsymbol{O}$ に属する集合であり，したがって $\mathcal{V}^*$ に関する p の近傍である．

2)　$\mathcal{V}^*$ に関する p の近傍で，$p \in O, O \in \boldsymbol{O}$ なる集合 O を含むものが存在する．$\boldsymbol{O}$ の定義により，O は p を含む $\mathcal{M}$ のある積分多様体 $\mathcal{W}_1$ を含む．§7の命題1（173ペー

1)　173ページの脚注1）を見よ．

ジ）により，$\mathcal{W}_1 \cap \mathcal{W}$ は $\mathcal{W}$ での p のある近傍を含む．

上記の1）と2）からただちに分かるように，$\mathcal{W}$ は $\mathcal{V}^*$ の開部分空間である．

$\mathscr{W}$ を $\mathcal{V}^*$ の任意の連結成分とする．ただし，この連結成分は $\mathcal{V}^*$ の部分空間と考える．これから $\mathscr{W}$ が $\mathscr{M}$ のある積分多様体の基礎空間であることを証明する．

そのために，まず V の各点 p に対し，p を含む $\mathscr{M}$ のある積分多様体 $\mathcal{W}'(p)$ を選ぶ．もし $p \in \mathscr{W}$ なら，$\mathcal{W}'(p)$ は $\mathcal{V}^*$ の連結開部分集合だから，$\mathcal{W}'(p) \subset \mathscr{W}$ である．点 p で解析的な $\mathcal{W}'(p)$ 上の実数値関数ぜんぶの集合を $\mathcal{A}(p)$ と書く．これらの関数は p の $\mathscr{W}$ での近傍で定義された関数とみなされる．ここで規則 $p \to \mathcal{A}(p)$ が $\mathscr{W}$ に多様体の構造を定義することを示す．§1の三条件 I, II, III（135ページ）のうち，I と II は明らかにみたされている．条件 III に現われる近傍 V としては，$\mathcal{W}'(p)$ での近傍 W' で，$\mathcal{W}'(p)$ に対して条件 III をみたすものを選んであるから，条件 III の1）と2）はみたされる．条件 III の3）については，$q \in W'$ に対し，多様体 $\mathcal{W}'(p)$ と $\mathcal{W}'(q)$ には共通の部分多様体で，両方の開部分多様体であるものがある．これからただちに条件 III の3）がみたされることが分かる．

以上で，規則 $p \to \mathcal{A}(p)$ によって定義された，$\mathscr{W}$ を基礎空間とする多様体を $\mathcal{W}$ とする．もし $q \in \mathcal{W}$ なら $\mathcal{W}'(p)$ は明らかに $\mathcal{W}$ の開部分多様体だから，$\mathcal{W}$ は $\mathscr{M}$ の積分多様体である．それは明らかに多様体 $\mathcal{W}'(p)$ の選びか

たには依存しない．$\mathcal{W}'(p)\subset\mathcal{W}$だから，$\mathcal{W}$と共通点をもつ$\mathcal{M}$の任意の積分多様体は$\mathcal{W}$の開部分多様体である．

以上でつぎの定理が証明された．

定理 2 **$\mathcal{V}$を多様体，$\mathcal{M}$を$\mathcal{V}$上の包合的分布とする．$\mathcal{V}$の任意の点pに対し，pをとおる$\mathcal{M}$の極大積分多様体$\mathcal{W}(p)$が存在する．すなわちこれより大きな積分多様体は存在しない．点pを含む任意の積分多様体は$\mathcal{W}(p)$の開部分多様体である．**

注意 極大積分多様体は，明きらかにこの定理2で述べられた性質によって一意的に特徴づけられる．

§9 可算性公理

いままでわれわれは，多様体$\mathcal{V}$の基礎空間がハウスドルフの可算性公理をみたすことを要請してこなかった．しかしこの公理はこんご考える多様体に対しては成りたつのだし，このことから重要な帰結が引きだされもするのである．

多様体$\mathcal{V}$の部分集合が，$\mathcal{V}$のある一点での適当な座標系に関する正方近傍になっているとき，この集合を$\mathcal{V}$の**正方部分集合**と呼ぶことにする．すぐ分かるように，$\mathcal{V}$で可算性公理が成りたつことと，$\mathcal{V}$が正方部分集合の可算個の集まりによって覆われることは同値である．つぎのように言うこともできる：

多様体$\mathcal{V}$で可算性公理が成りたつことと，$\mathcal{V}$がそのコンパクト部分集合の可算族の合併として表わされることは同値である．

実際，

1) $\mathcal{V}$で可算性公理が成りたつとすると，$\mathcal{V}$は正方部分集合の可算族の合併として表わされる．各正方部分集合はR^nの正方体と同相である（nは$\mathcal{V}$の次元）．正方体はコンパクト集合の可算族の合併として表わされるから，$\mathcal{V}$も同様である．

2) $\mathcal{V}$がコンパクト部分集合の可算族$(K_1, \cdots, K_m, \cdots)$の合併だと仮定する．$K_m$の各点には$\mathcal{V}$での近傍で正方集合であるものが存在する．$K_m$はコンパクトだから，それはこれら正方集合の有限個で覆われる．これがすべてのmについて成りたつから，$\mathcal{V}$は正方集合の可算族で覆われる．

さて，多様体$\mathcal{V}$上の包合的分布$\mathcal{M}$を考える．すでに見たように（§7の定理1，168ページ），$\mathcal{V}$の各点pにはその近傍Vで，それが断片に分解され，各断片が$\mathcal{M}$の積分多様体であるようなものが存在する．点pを含む極大積分多様体を$\mathcal{W}$とする．共通部分$V \cap \mathcal{W}$は上の断片たちのある集まりの合併である．ふたつの異なる断片には共通点がないから，$\mathcal{W}$のコンパクト部分集合はたかだか有限個の断片としか交われない．$\mathcal{W}$で可算性公理が成りたっていれば，すぐ分かるように共通部分$V \cap \mathcal{W}$はこれらの断片のたかだか可算個の合併である.

点pを含む断片をS_0とする. 明らかにS_0は$\mathcal{W}\cap V$でのpの連結成分と一致する. ただしこの連結成分は$\mathcal{W}$の位相での意味である. 一方, もし$V\cap\mathcal{W}$がたかだか可算個の断片しか含まなければ, S_0は$\mathcal{V}$の位相の意味でも$V\cap\mathcal{W}$でのpの連結成分である. これを証明するために, Vは座標系$\{x_1, \cdots, x_n\}$に関するpの正方近傍であり, Vの各断片は

$$x_{r+1}=x_{r+1}(p_1), \cdots, x_n=x_n(p_1)$$

の形の方程式系 (p_1はこの断片の一点) によって表わされると仮定してよい. R^nからR^{n-r}への写像$\overline{\omega}$を$\overline{\omega}(x_1, \cdots, x_n)=(x_{r+1}, \cdots, x_n)$によって定義する. われわれの仮定のもとで, $\overline{\omega}$は$V\cap\mathcal{W}$をR^{n-r}の可算部分集合の上に移す. $\overline{\omega}$は連続だから, それは$V\cap\mathcal{W}$の ($\mathcal{V}$の位相での) すべての連結成分をR^{n-r}の連結部分集合の上に移す. ところがR^{n-r}の連結かつ可算な部分集合はもちろん一点だけから成る. 以上で$V\cap\mathcal{W}$の任意の連結成分がある断片と一致することが示された.

命題1 **$\mathcal{M}$を多様体$\mathcal{V}$上の包合的分布, $\mathcal{W}$を$\mathcal{M}$のひとつの積分多様体とする. φをある多様体$\mathcal{U}$から$\mathcal{V}$への解析写像で, その像が$\mathcal{W}$に含まれるものとする. もし$\mathcal{W}$で可算性公理が成りたっていれば, φは$\mathcal{U}$から$\mathcal{W}$への解析写像である.**

証明 sを$\mathcal{U}$の点, $p=\varphi(s)$をその$\mathcal{W}$内の像とする.

点 p での $\mathcal{V}$ 上の座標系 $\{x_1, \cdots, x_n\}$ およびこの座標系に関する正方近傍 V を，上記と同じ性質をもつように選ぶ．φ は連続だから，（s の $\mathcal{U}$ 上のある座標系に関する）s の正方近傍 U で，φ によって V のある部分集合の上に移されるものが存在する．さらに，U は連結だから，同じことが $\varphi(U)$ についても成りたつ．したがって $\varphi(U)$ は（V の位相で）$V \cap \mathcal{W}$ の連結部分集合である．よって $\varphi(U)$ は共通部分 $V \cap \mathcal{W}$ の p を含む断片 S_0 に含まれる．

点 p で解析的な $\mathcal{W}$ 上の任意の関数 f は，p で解析的な $\mathcal{V}$ 上のある関数 f_1 の制限と，$\mathcal{W}$ での p のある近傍上で一致する．φ は $\mathcal{U}$ から $\mathcal{V}$ への解析写像だから，関数 $f_1 \circ \varphi$ は $\mathcal{U}$ 上 s で解析的である．集合 U を，$\varphi(U)$ が f_1 の定義域であるように選べば，（$\varphi(U) \subset S_0$ だから）$\varphi(U)$ は f の定義域に含まれる．そして関数 $f \circ \varphi$ と $f_1 \circ \varphi$ は U 上定義されて一致する．したがって $f \circ \varphi$ は U 上 s で解析的であり，よって φ は $\mathcal{U}$ から $\mathcal{W}$ への解析写像である．

命題 2　多様体 $\mathcal{V}$ で可算性公理が成りたてば，$\mathcal{V}$ の任意の部分多様体でもそれは成りたつ．

この命題を証明するために四つの補題を準備する．

補題 1　$\mathscr{V}$ を連結空間とし，$\mathscr{V}$ の開部分集合の族 $\{V_\alpha\}$ でつぎの三条件をみたすものが存在すると仮定する：

a)　$\mathscr{V}$ の部分空間と考えた各 V_α で可算性公理が成りたつ．

b)　族の与えられたひとつの V_α に対し，V_β がこれと交

わるような添字 β はたかだか可算個しかない.

c) $\bigcup_{\alpha} V_{\alpha}=\mathscr{V}$.

このとき $\mathscr{V}$ で可算性公理が成りたつ.

証明 α_0 を $V_{\alpha_0}\neq\emptyset$ なる任意の添字とする. 添字 α が α_0 から h 回で**到達可能**とは, α_0 で始まり, $\alpha_h=\alpha$ で終わる $h+1$ 個の添字の列 $(\alpha_0, \cdots, \alpha_h)$ で $V_{\alpha_{i-1}}\cap V_{\alpha_i}\neq\emptyset$ $(1\leqq i\leqq h)$ なるものが存在することと定義する. この性質をもつ添字列ぜんぶの集合を A_h と書く. A_h が可算集合であることを h に関する帰納法で示す. 仮定の条件 b) により, $h=1$ に対しては主張が成りたつ. h のときに正しいと仮定し, $\alpha\in A_{h+1}$ とすると, $\beta\in A_h$ で $V_{\alpha}\cap V_{\beta}\neq\emptyset$ なるものがある. A_h には可算個の添字 β しか存在せず, 各 β に対して $V_{\alpha}\cap V_{\beta}\neq\emptyset$ となる添字 α も可算個しかない. したがって $h+1$ のときに主張が証明された.

$A=\bigcup_{h=1}^{\infty}A_h$ とおけば A は可算集合である. そこで $V=\bigcup_{\alpha\in A}V_{\alpha}$ とおくと, V は $\mathscr{V}$ の開部分集合で, V で可算性公理が成りたつ.

p を V の閉包の任意の点とする. 仮定の条件 c) によって p はある V_{α} に属する. V_{α} は開集合だから $V\cap V_{\alpha}\neq\emptyset$, よってある $\beta\in A$ に対して $V_{\alpha}\cap V_{\beta}\neq\emptyset$ である. $\beta\in A_h$ とすると $\alpha\in A_{h+1}$, $V_{\alpha}\subset V$ だから $p\in V$ となり, V は閉集合でもある. $\mathscr{V}$ は連結だから $V=\mathscr{V}$ となって補題 1 が証明された.

補題 2 **$\mathscr{V}$ を連結かつ局所連結な空間で, つぎの条件を**

みたす開部分集合 V_k $(k=1, \cdots)$ の可算族の合併によって覆われると仮定する：V_k たちのどのひとつのどの連結成分も可算性公理をみたす．このとき $\mathcal{V}$ で可算性公理が成りたつ．

証明 V_k の連結成分の全部を $V_{k,\alpha}$ とする．ただし α はある添字集合 A_k を走る．補題1により，つぎのことを証明すればよい：k, m および $\alpha \in A_k$ が与えられたとき，添字 $\beta \in A_m$ で $V_{k,\alpha} \cap V_{m,\beta} \neq \emptyset$ なるものは可算個しかない．実際，$V_m \cap V_{k,\alpha}$ は $V_{k,\alpha}$ の開部分集合である．$V_{k,\alpha}$ で可算性公理が成りたつから，集合 $V_m \cap V_{k,\alpha}$ は可算個の連結成分 K_ρ $(\rho=1, \cdots)$ しかもたない．各 K_ρ は V_m の連結部分集合だから，それはただひとつ決まる V_m の連結成分 $V_{m,\beta(\rho)}$ に含まれる．β を $V_{k,\alpha} \cap V_{m,\beta} \neq \emptyset$ なる任意の添字とする．$V_{k,\alpha} \cap V_{m,\beta}$ の任意の点 p は集合 K_ρ たちのうちのひとつに属する．この K_ρ は V_m の連結部分集合であり，$V_{m,\beta}$ と共通点をもつから $V_{m,\beta}$ に含まれ，したがって $\beta=\beta(\rho)$ であり，補題2が証明された．

補題3 **$\mathcal{V}$ を連結空間とし，$\mathcal{V}$ から R^d への連続写像 φ で，つぎの性質をもつものが存在すると仮定する：$\mathcal{V}$ の任意の点 p に対し，p を含む $\mathcal{V}$ の開部分集合 V で，φ によって R^d のある開部分集合の上に同相に移されるものが存在する．このとき $\mathcal{V}$ で可算性公理が成りたつ．**

証明 R^d の開部分集合から成る可算集合 $\{U_1, \cdots\}$ で，R^d の任意の点 r の任意の近傍がある U_k を含むようなものが存在する．さらに U_k たちはどれも連結だと仮定してよい．任意の整数 $k>0$ に対し，φ によって U_k の上に同相に移される $\mathcal{V}$ の開部分集合ぜんぶの族を $V_{k,\alpha}$ とする．ただし α はある添字集合 A_k を走る（k によっては A_k は空集合かもしれない）．$\alpha\neq\beta$ なら $V_{k,\alpha}\neq V_{k,\beta}$ と仮定する．

もし $V_{k,\alpha}$ と $V_{k,\beta}$ が共通点をもてば $\alpha=\beta$ が成りたつ．実際，φ の $V_{k,\alpha}, V_{k,\beta}$ それぞれへの制限の逆写像（U_k から $V_{k,\alpha}, V_{k,\beta}$ への写像）を ψ_α, ψ_β とする．そして $W=V_{k,\alpha}\cap V_{k,\beta}$ とおく．一時的に W の境界点 p が $V_{k,\alpha}$ のなかにあると仮定する．すると W 内の点列 (p_n) があって $p=\lim p_n$ と書け，$\varphi(p)=\lim\varphi(p_n), \psi_\beta(\varphi(p))=\lim\psi_\beta(\varphi(p_n))$ が成りたつ．W の任意の点 q に対して明きらかに $\psi_\beta(\varphi(q))=q$ だから，$\psi_\beta(\varphi(p))=\lim p_n=p$ となる．一方 $\psi_\beta(\varphi(p))$ は $V_{k,\beta}$ に，よって W に属する．これは $p\in W$ を示すが，W は開集合だから矛盾である．したがって W は $V_{k,\alpha}$ のなかに境界点をもたない．$V_{k,\alpha}$ は（U_k と同相だから）連結であり，$W=V_{k,\alpha}$ となる．同じ論法で $W=V_{k,\beta}$ となるから $\alpha=\beta$ が成りたつ．

集合 $V_{k,\alpha}$ たちは開集合だから，これらは $V_k=\bigcup_{\alpha\in A_k}V_{k,\alpha}$ の連結成分である．さらに，明きらかに各 $V_{k,\alpha}$ で可算性公理が成りたち，$\mathcal{V}$ の任意の点は集合 V_k たちのうちのひとつに属する．したがって補題2から補題3が導かれる．

補題 4 R^n **の任意の** d **次元部分多様体** $\mathcal{V}$ **に対して可算性公理が成りたつ．**

証明 R^n の座標系の $\mathcal{V}$ への制限を x_i^* $(1 \leqq i \leqq n)$ とする．$I = \{i_1, \cdots, i_d\}$ を 1 から n までの相異なる d 個の数たちの任意の集合とする．各 I に対し，$\mathcal{V}$ の点で $x_{i_1}^*, \cdots, x_{i_d}^*$ がその点での $\mathcal{V}$ 上の座標系であるもの全部の集合を V_I とする．V_I は $\mathcal{V}$ の開部分集合であり，$\mathcal{V}$ の任意の点は集合 V_I たちのどれかに属する．V' を V_I の任意の連結成分とし，φ を V' から R^d への写像で

$$\varphi(p) = (x_{i_1}^*(p), \cdots, x_{i_d}^*(p)) \quad (p \in V')$$

によって定義されるものとする．補題 3 を空間 V' と写像 φ に適用すると，ただちに分かるように V' で可算性公理が成りたつことが分かる．補題 4 は補題 2 からすぐ出る．

命題 2 の証明 $\mathcal{V}$ で可算性公理が成りたっているから，$\mathcal{V}$ は可算個の開部分集合 V_k $(1 \leqq k < \infty)$ で覆われる．ただし，各 V_k は $\mathcal{V}$ のある点でのある座標系に関する正方近傍である．$\mathcal{W}$ を $\mathcal{V}$ の部分多様体とし，$W_k = V_k \cap \mathcal{W}$ とおく．W_k たちは $\mathcal{W}$ の開部分集合である．W_k' が（$\mathcal{W}$ の位相での）W_k のひとつの連結成分ならば，$\mathcal{W}$ の部分空間と考えた W_k' は $\mathcal{W}$ のある開部分多様体 $\mathcal{W}_k'$ の基礎空間である．V_k を $\mathcal{V}$ の部分空間と考えると，それは $\mathcal{V}$ のある開部分多様体 $\mathcal{V}_k$ の基礎空間であり，$\mathcal{W}_k'$ は $\mathcal{V}_k$ の部分多様体である．V_k はある座標系に関する正方近傍だから，$\mathcal{V}_k$ は R^n $(n = \dim \mathcal{V})$ のある開部分多様体と解析的に同型である．したがって $\mathcal{W}_k'$ は R^n のある部分多様体と解析的に同型である．補題 4 によって $\mathcal{W}_k'$ で可算性公理が成りたち，

補題2によって$\mathcal{W}$で可算性公理が成りたつ.

第4章 解析群．リー群

要約 第2章では，群であって同時に位相空間でもある対象を扱った．この章では，群であって同時に多様体でもある対象を考える．こうして§1で解析群の概念が定義される．

解析群の導入のもたらすもっとも重要な概念はリー環の概念であり，それは§2で定義される．任意の解析群にひとつのリー環が対応する．解析群相互のあいだに成りたつ関係には，それに相応するリー環のあいだの関係が成りたつ．たとえば解析群 $\mathcal{G}$ の解析部分群には $\mathcal{G}$ のリー環の部分環が対応し（§4の定理1，204ページ），解析群 $\mathcal{G}$ から解析群 $\mathcal{H}$ への解析的準同型写像には，$\mathcal{G}$ のリー環から $\mathcal{H}$ のリー環への準同型写像が対応する（§6の定理2，212ページ）．ここで言う解析部分群は，部分多様体ではあるけれども，必ずしも閉部分群ではなく，したがって必ずしも位相部分群ではない．解析部分群の基礎集合が閉部分集合であれば，それは必然的に位相部分群になることが§5で示される．

$\mathscr{H}$ が解析群 $\mathcal{G}$ の位相部分群で，その中立元の $\mathscr{H}$ での連結成分が $\mathcal{G}$ の閉解析部分群の基礎位相群であれば，等質

空間 $\mathcal{G}/\mathcal{H}$ は多様体の構造をもつ．これは§5で定義される．もし $\mathcal{H}$ が正規部分群なら，$\mathcal{G}/\mathcal{H}$ は解析群である．このとき，§7で示すように $\mathcal{G}/\mathcal{H}$ のリー環は $\mathcal{G}$ のリー環のある剰余環である．

行列の指数写像の概念は任意の解析群の場合に一般化される．こうして解析群 $\mathcal{G}$ のリー環の各元は，$\mathcal{G}$ の中立元の近傍のすべての元をパラメーター表示するのに用いられる．この一般指数写像の定義が§8の目標である．§9では指数写像を使って，§7で概略をしるした解析群のあいだの準同型写像の考察を完成させる．

§10では，リー環での加法と括弧積が（近似的に）対応する群での乗法と交換子乗法に対応することを示す．

§11では，任意の解析群 $\mathcal{G}$ が，そのリー環に作用する線型変換による表現をもつことを示す．これにより，解析群はそのリー環がゼロでない中心をもたなければ，それは線型群のある部分群に少なくとも局所的に同型であることが導かれる．さらに，与えられたリー環の中心が0だけから成るという仮定のもとで，そのリー環がある解析群のリー環として表わされることを証明する．実はこの仮定はいらない．そのことはずっとあと（第2巻）で証明される*)．

§12では，解析群の交換子群がある解析群，すなわち導来群（derived group）の基礎群であることが示される．

解析群は必然的に位相群の構造をもつ．§13で，その解

*）［訳注］本書『リー群論』の第2巻は別の主題に関するものになった．そのためにこの約束は果たされなかった．

析構造が（またとくにそのリー環が）位相構造によって一意的に決まることを示す．この注目すべき事実は実解析群だけに対して成りたち，複素パラメーターの群に対しては成りたたない（第2巻を見よ）．多様体の概念に含まれている連結性の条件を除くために，**リー群**というものをつぎのように定義する．それは局所連結な位相群 $\mathcal{G}$ であって，中立元の $\mathcal{G}$ での連結成分がある解析群（これは一意的に決まる）の基礎位相群であるようなものである．上記の一意性により，リー群を扱うときには自由にそのリー環の概念を使うことができる．

§14ではある位相群がリー群であるためのひとつの十分条件を導く．われわれの結果は，リー群の閉部分群がまたリー群であるというカルタンの結果をちょっと一般化する．

§15では，実数体上の任意の双線型代数系*) の自己同型群がリー群であることを示す．このことから，連結リー群の自己同型群がリー群であることが導かれる．

§1　解析群の概念の定義．例

定義1　解析群とは多様体 $\mathcal{V}$ と群 G のペア $(\mathcal{V}, G)$ であって，つぎの二条件をみたすものである：

1)　$\mathcal{V}$ の点ぜんぶの集合は G の元ぜんぶの集合と一致

*）［訳注］定義は§15（251ページ）を見よ．

する．

2) 多様体 $\mathcal{V}\times\mathcal{V}$ から $\mathcal{V}$ への写像 $(\sigma,\tau)\to\sigma\tau^{-1}$ はいたるところ解析的である．

多様体 $\mathcal{V}$ をこの解析群の**基礎多様体**と呼ぶ．$\mathcal{V}$ の基礎位相空間はこの解析群の基礎空間とも呼ばれる．解析写像はすべて連続だから，解析群の基礎空間と群 G のペアは位相群である．これを解析群の**基礎位相群**と呼ぶ．この位相群は明きらかに連結かつ局所単連結である．

多様体 R^n（第3章§2, 142ページで定義された）と加法群 R^n のペアは解析群である．これも R^n と書く．

群 $GL(n,C)$ を考える．$\sigma=(x_{ij}(\sigma))$ がこの群に属する行列のとき，その実数部分および虚数部分をそれぞれ $x'_{ij}(\sigma), x''_{ij}(\sigma)$ と書く．

さて，群 $GL(n,C)$ を考えよう．各 σ に R^{2n^2} の点 $\Phi(\sigma)$ を対応させる．ただし，$\Phi(\sigma)$ は数 $x'_{ij}(\sigma), x''_{ij}(\sigma)$ たち（をある決まった順序で並べたもの）を座標とする R^{2n^2} の点である．これにより，$GL(n,C)$ から

$$\boxed{x'_{ij}+\sqrt{-1}\,x''_{ij}} \neq 0^{*)}$$

であるような R^{2n^2} の点ぜんぶのつくる部分集合（これは開集合）への同相写像 Φ が得られる．一方群 $GL(n,C)$ は連結である．したがって多様体 $\mathcal{V}$ を，その基礎空間が $GL(n,C)$ の基礎空間であり，$2n^2$ 個の関数 x'_{ij}, x''_{ij} が $\mathcal{V}$ の

*）［訳注］$\boxed{\sigma}$ は行列 σ の行列式．

各点での座標系となるものとして定義することができる（第3章§2，141ページを見よ）．

量 $x'_{ij}(\sigma\tau^{-1}), x''_{ij}(\sigma\tau^{-1})$ たちは $x'_{ij}(\sigma), x'_{ij}(\tau), x''_{ij}(\sigma), x''_{ij}(\tau)$ たちの有理関数として表わされ，$GL(n,C)$ 上でその分母は0でない．したがって写像 $(\sigma,\tau)\to\sigma\tau^{-1}$ は解析的だから，$\mathcal{V}$ と $GL(n,C)$ のペアは解析群である．この解析群も $GL(n,C)$ と書く．

最後にトーラス群 T^1，すなわち R の整数群による剰余群を考える．われわれは位相空間 T^1 を，多様体 T^1 の基礎空間として考えた．そして関数 $\cos 2\pi\boldsymbol{x}, \sin 2\pi\boldsymbol{x}$ が T^1 上いたるところ解析的であり，各点で上記関数の一方が T^1 上の座標であることを見た．公式

$$\cos 2\pi(\boldsymbol{x}-\boldsymbol{y}) = \cos 2\pi\boldsymbol{x}\cos 2\pi\boldsymbol{y}+\sin 2\pi\boldsymbol{x}\sin 2\pi\boldsymbol{y},$$

$$\sin 2\pi(\boldsymbol{x}-\boldsymbol{y}) = \sin 2\pi\boldsymbol{x}\cos 2\pi\boldsymbol{y}-\sin 2\pi\boldsymbol{y}\cos 2\pi\boldsymbol{x}$$

からただちに，多様体 T^1 と群 T^1 を同時に考えたものが解析群になることが分かる．この解析群も T^1 と書く．

つぎに $\mathcal{G}$ と $\mathcal{H}$ を解析群とし，$\mathcal{V}$ と $\mathcal{W}$ をそれらの基礎多様体，G と H をそれらの基礎群とする．すると積 $G\times H$ は群であり，その元ぜんぶの集合は $\mathcal{V}\times\mathcal{W}$ の点ぜんぶの集合でもある．$((\sigma,\tau),(\sigma_1,\tau_1))$ を $G\times H$ の元のペアとする．ただし $\sigma,\sigma_1\in G, \tau,\tau_1\in H$．$(\mathcal{V}\times\mathcal{W})\times(\mathcal{V}\times\mathcal{W})$ から $(\mathcal{V}\times\mathcal{V})\times(\mathcal{W}\times\mathcal{W})$ への写像

$$((\sigma,\tau),(\sigma_1,\tau_1))\to((\sigma,\sigma_1),(\tau,\tau_1))$$

は明きらかに解析的である．$\mathcal{V}\times\mathcal{V}$ から $\mathcal{V}$ への写像 $(\sigma,$

$\sigma_1)\to\sigma\sigma_1^{-1}$ および $\mathcal{W}\times\mathcal{W}$ から $\mathcal{W}$ への写像 $(\tau,\tau_1)\to\tau\tau_1^{-1}$ は仮定によって解析的である．すぐ分かるように，$(\mathcal{V}\times\mathcal{V})\times(\mathcal{W}\times\mathcal{W})$ から $\mathcal{V}\times\mathcal{W}$ への写像 $((\sigma,\sigma_1),(\tau,\tau_1))\to(\sigma\sigma_1^{-1},\tau\tau_1^{-1})$ は解析的である．したがって $(\mathcal{V}\times\mathcal{W})\times(\mathcal{V}\times\mathcal{W})$ から $\mathcal{V}\times\mathcal{W}$ への写像

$$((\sigma,\tau),(\sigma_1,\tau_1))\to(\sigma,\tau)(\sigma_1,\tau_1)^{-1}=(\sigma\sigma_1^{-1},\tau\tau_1^{-1})$$

も解析的である．この意味するところとして，多様体 $\mathcal{V}\times\mathcal{W}$ と群 $G\times H$ のペアは解析群である．これを解析群 $\mathcal{G}$ と $\mathcal{H}$ の**積**と言い，$\mathcal{G}\times\mathcal{H}$ と書く．同様に任意有限個の解析群の積が定義される．

§2 リー環

$\mathcal{G}$ を解析群とする．点 σ での $\mathcal{G}$ の接空間を $\mathfrak{g}_\sigma$ と書く．$\mathcal{G}$ の任意の元 σ,τ に対し，$\mathcal{G}$ の元 ρ で，それに伴う左移動が σ を τ に移すものがただひとつ存在する $(\rho=\tau\sigma^{-1})$．この左移動を $\Phi_\rho=\Phi_{\tau\sigma^{-1}}$ と書く．

解析群の定義からすぐ分かるように，$\mathcal{G}$ から自分自身への写像 $\xi\to\xi^{-1}$ は解析的である．したがって写像 $\xi\to\xi^{-1}$ に続いて写像 $\xi\to\rho\xi^{-1}$ を施して得られる写像 $\xi\to\rho\xi$ も解析的である，すなわち解析群の左移動はすべて基礎多様体から自分自身への解析的同型写像である．

したがって写像 Φ_ρ は微分 $d\Phi_\rho$ をもち，これは $\mathfrak{g}_\sigma$ を $\mathfrak{g}_\tau$ の上に同型に移す．

定義1　$\mathcal{G}$ **上の無限小変換** X **が左不変であるとは，**$\mathcal{G}$ **の任意の元** σ,τ **に対して**

$$d\Phi_{\tau\sigma^{-1}}X_\sigma = X_\tau$$

が成りたつことである．

$\mathcal{G}$ の中立元を ε とする．$\mathcal{G}$ の任意の元 τ に対して $d\Phi_\tau X_\varepsilon = X_\tau$ が成りたちさえすれば，X は左不変である．実際この条件がみたされるとしよう．$\Phi_{\sigma^{-1}}$ は Φ_σ の逆写像だから，$d\Phi_{\sigma^{-1}}$ は $d\Phi_\sigma$ の逆写像であり，一方 $X_\varepsilon = d\Phi_{\sigma^{-1}}X_\sigma$ だから，

$$X_\tau = d\Phi_\tau(d\Phi_{\sigma^{-1}}X_\sigma) = d(\Phi_\tau\circ\Phi_{\sigma^{-1}})X_\sigma = d\Phi_{\tau\sigma^{-1}}X_\sigma$$

が成りたち，X は左不変である．

これからすぐ分かるように，$\mathfrak{g}_\varepsilon$ の任意の元 X_ε に対し，左不変な無限小変換 X で，ε での値が X_ε であるものがただひとつ存在する．

さて，これから**すべての左不変無限小変換** X **が解析的であること**を証明する．$\mathcal{G}$ の任意の元 σ_0 に対し，σ_0 での $\mathcal{G}$ 上の座標系 $\{x_1, \cdots, x_n\}$ と，この座標系に関する σ_0 の正方近傍 V_1 を選ぶ．σ_0 の正方近傍 V_2 で，$\sigma\in V_2, \tau\in V_2$ なら $\sigma\sigma_0^{-1}\tau\in V_1$ なるものが存在する．σ を V_2 の任意の元とすると，

$$X_\sigma x_i = (d\Phi_{\sigma\sigma_0^{-1}}X_{\sigma_0})x_i = X_{\sigma_0}(x_i\circ\Phi_{\sigma\sigma_0^{-1}})$$

が成りたつ．関数 $x_i'(\sigma,\tau) = x_i(\sigma\sigma_0^{-1}\tau)$ たちは $V_2\times V_2$ で定義されて解析的である．そして

$$x_i'(\sigma,\tau) = f_i(x_1(\sigma), \cdots, x_n(\sigma), x_1(\tau), \cdots, x_n(\tau))$$

と書ける．ただし関数 $f_i(y_1, \cdots, y_n, z_1, \cdots, z_n)$ たちは，$2n$ 個の変数の値 $y_k=x_k(\sigma_0), z_k=x_k(\sigma_0)$ $(1\leqq k\leqq n)$ の近傍で解析的である．このとき

$$X_\sigma x_i = \sum_{j=1}^{n}(X_{\sigma_0}x_j)\left(\frac{\partial f_i}{\partial z_j}\right)_{\sigma,\sigma_0}$$

が成りたつ．ただし，添字 σ, σ_0 は偏導関数が $y_k=x_k(\sigma)$，$z_k=x_k(\sigma_0)$ $(1\leqq k\leqq n)$ に関して取られていることを意味する．量 $X_{\sigma_0}x_j$ たちは定値であり，σ の関数と考えた $\left(\dfrac{\partial f_i}{\partial z_j}\right)_{\sigma,\sigma_0}$ は σ_0 で解析的である．したがって関数 $X_\sigma x_i$ たちは σ_0 で解析的であり，X が σ_0 で解析的であることが証明された．

X, Y を任意のふたつの左不変無限小変換とすると，

$$d\Phi_{\tau\sigma^{-1}}([X, Y]_\sigma) = [d\Phi_{\tau\sigma^{-1}}(X), d\Phi_{\tau\sigma^{-1}}(Y)]_\tau = [X, Y]_\tau$$

が成りたつから，$[X, Y]$ も左不変である．

$\mathcal{G}$ の左不変無限小変換の全部は実数体上の n 次元ベクトル空間 $\mathfrak{g}$ をつくる（n は $\mathcal{G}$ の次元）．さらに，$X\in\mathfrak{g}, Y\in\mathfrak{g}$ なら $[X, Y]\in\mathfrak{g}$ となる．

定義 2　K **を体，**$\mathfrak{g}$ **を** K **上の有限次元ベクトル空間とする．さらに，そこにひとつの算法** $(X, Y)\to[X, Y]$ **が備わっていて，つぎの二条件をみたすとする：**

1)　双線型性すなわち

$$[a_1X_1+a_2X_2, Y] = a_1[X_1, Y]+a_2[X_2, Y],$$
$$[X, a_1Y_1+a_2Y_2] = a_1[X, Y_1]+a_2[X, Y_2]$$
$$(a_1, a_2\in K\,;\ X, Y, X_1, Y_1, X_2, Y_2\in\mathfrak{g}).$$

2)　つぎの二等式が成りたつ：

$$[X, X] = 0,$$
$$[[X, Y], Z]+[[Y, Z], X]+[[Z, X], Y] = 0 \quad (X, Y, Z \in \mathfrak{g}).$$

このとき，この算法を備えた$\mathfrak{g}$をK上のリー環と言う．

注意　定義からすぐに

$$[X, Y]+[Y, X] = 0 \quad (X, Y \in \mathfrak{g})$$

が分かる．実際，

$$\begin{aligned} 0 &= [X+Y, X+Y] \\ &= [X, X]+[X, Y]+[Y, X]+[Y, Y] \\ &= [X, Y]+[Y, X]. \end{aligned}$$

この定義のことばを使えば，解析群$\mathcal{G}$の左不変無限小変換の全部は実数体上のリー環となり，その次元は$\mathcal{G}$の次元に等しい．このリー環を **$\mathcal{G}$のリー環**と呼ぶ．

左不変無限小変換のかわりに右不変無限小変換を考えることもできる．元τから決まる右移動をΨ_τと書くと，無限小変換Yが右不変だということは$Y_\tau = d\Psi_\tau Y_\varepsilon (\tau \in \mathcal{G})$によって特徴づけられる．$J$を$\mathcal{G}$から自分自身への写像$\xi \to \xi^{-1}$とすると，明らかに$J$は$\mathcal{G}$の基礎多様体から自分自身への解析的同型写像である．さて，Xを左不変無限小変換とする．このとき，$Y_\sigma = dJ(X_{\sigma^{-1}})$で定義される無限小変換$Y$は右不変である．実際

$$d\Psi_\tau Y_\varepsilon = d\Psi_\tau(dJ(X_\varepsilon)) = d(\Psi_\tau \circ J)X_\varepsilon$$

であるが，$\Psi_\tau \circ J$は任意の元ξを$\xi^{-1}\tau = (\tau^{-1}\xi)^{-1}$に移すか

ら，$\Psi_\tau \circ J = J \circ \Phi_{\tau^{-1}}$ となり，

$$d\Psi_\tau Y_\varepsilon = dJ(d\Phi_{\tau^{-1}} X_\varepsilon) = dJ(X_{\tau^{-1}}) = Y_\tau$$

が成りたって主張が証明された．

右不変無限小変換の全体はやはりリー環を作る．しかし

$$dJ([X_1, X_2]) = [dJ(X_1), dJ(X_2)]$$

だから，この新しいリー環は左不変無限小変換のリー環と同型であり，$\mathcal{G}$ の構造について今まで以上の情報を与えない．

§3　リー環の例

はじめに実数ぜんぶの加法群 R を考える．R の座標を x と書くと，R のすべての元 a に対して $X_a x = 1$ として定まる無限小変換 X が存在する．この無限小変換は左不変である．実際，元 a による移動を Φ_a と書くと，$\Phi_a b = b + a$ であり，

$$(d\Phi_a X_0)x = X_0(x \circ \Phi_a) = X_0(x+a) = 1 = X_a x$$

が成りたつから，X は左不変である．これから X は，X の λ 倍 $\lambda X (\lambda \in R)$ のぜんぶから成る R のリー環の基底元であることが分かる．

つぎに $\mathcal{G}$ と $\mathcal{H}$ を解析群，$\mathfrak{g}$ と $\mathfrak{h}$ をそれぞれのリー環とする．すでに知っているように，点 (σ, τ) での $\mathcal{G} \times \mathcal{H}$ の接空間は，σ での $\mathcal{G}$ の接空間 $\mathfrak{g}_\sigma$ と τ での $\mathcal{H}$ の接空間 $\mathfrak{h}_\tau$ との積空間 $\mathfrak{g}_\sigma \times \mathfrak{h}_\tau$ と同一視される．そこで X を $\mathcal{G}$ 上の左

不変無限小変換，Y を $\mathcal{H}$ 上の左不変無限小変換とする．$\mathcal{G}\times\mathcal{H}$ の各点 (σ,τ) に，(σ,τ) での $\mathcal{G}\times\mathcal{H}$ の接ベクトル (X_σ, Y_τ) を対応させれば，$\mathcal{G}\times\mathcal{H}$ 上の無限小変換 Z が得られる．この Z が左不変であることを証明する．$\overline{\omega}_1$ と $\overline{\omega}_2$ を $\mathcal{G}\times\mathcal{H}$ から $\mathcal{G}$ と $\mathcal{H}$ それぞれへの射影とする．ベクトル $Z_{\sigma,\tau}$ は条件

$$d\overline{\omega}_1 Z_{\sigma,\tau} = X_\sigma,\ \ d\overline{\omega}_2 Z_{\sigma,\tau} = Y_\tau$$

によって決まる．$\mathcal{G}, \mathcal{H}$ および $\mathcal{G}\times\mathcal{H}$ においてそれぞれ $\sigma, \tau, (\sigma,\tau)$ に伴う左移動を $\Phi_\sigma, \Psi_\tau, \Theta_{\sigma,\tau}$ とすると，

$$\overline{\omega}_1\circ\Theta_{\sigma,\tau} = \Phi_\sigma\circ\overline{\omega}_1,\ \ \overline{\omega}_2\circ\Theta_{\sigma,\tau} = \Psi_\tau\circ\overline{\omega}_2$$

が成りたつから，$\mathcal{G}$ および $\mathcal{H}$ の中立元を ε および η と書くと，

$$d\overline{\omega}_1(d\Theta_{\sigma,\tau}Z_{\varepsilon,\eta}) = d\Phi_\sigma(d\overline{\omega}_1 Z_{\varepsilon,\eta}) = d\Phi_\sigma X_\varepsilon = X_\sigma,$$
$$d\overline{\omega}_2(d\Psi_{\sigma,\tau}Z_{\varepsilon,\eta}) = d\Psi_\tau(d\overline{\omega}_2 Z_{\varepsilon,\eta}) = d\Psi_\tau Y_\eta = Y_\tau$$

となる．したがって $Z_{\sigma,\tau}=d\Theta_{\sigma,\tau}Z_{\varepsilon,\eta}$ が成りたち，Z は左不変である．

一方 Z と Z' が $\mathcal{G}\times\mathcal{H}$ 上のふたつの解析的無限小変換なら，$d\overline{\omega}_i[Z, Z'] = [d\overline{\omega}_i Z, d\overline{\omega}_i Z']\ (i=1, 2)$ だから，われわれはつぎの定義に導かれる：

定義１　**$\mathfrak{g}$ と $\mathfrak{h}$ を同じ体 K 上のふたつのリー環とする．$\mathfrak{g}\times\mathfrak{h}$ につぎの算法を定義する：**

$$[(X, Y), (X', Y')] = ([X, X'], [Y, Y']).$$

これにより，$\mathfrak{g}$ と $\mathfrak{h}$ それぞれの基礎ベクトル空間の積を基礎ベクトル空間とするリー環ができる．このリー環を $\mathfrak{g}$ と $\mathfrak{h}$ の積と言い，$\mathfrak{g}\times\mathfrak{h}$ と書く．

この定義によれば，われわれは**ふたつの解析群の積のリー環がそれぞれの群のリー環の積である**ことを証明したわけである．

以上の定義と結果は，もっと多くのリー環ないし解析群の積の場合に簡単に拡張される．

特に，解析群 R^n のリー環 $\mathfrak{r}^n$ は R のリー環 $\mathfrak{r}$ と同じリー環 n 個の積である．ところが，$\mathfrak{r}$ の任意のふたつの元 X, X' に対して $[X, X']=0$ だから，これは R^n のリー環に対しても同様に成りたつ．

T^1 は1次元だからそのリー環も1次元であり，したがって $\mathfrak{r}$ と一致する．T^1 と同じ解析群 n 個の積を T^n と書けば，T^n のリー環は $\mathfrak{r}^n$ である．

これから $GL(n, C)$ のリー環を見つけよう．行列 $\sigma \in GL(n, C)$ の成分 $x_{ij}(\sigma)$ は複素数値関数であり，その実部 $x'_{ij}(\sigma)$ および虚部 $x''_{ij}(\sigma)$ は $GL(n, C)$ 上の解析関数である．$GL(n, C)$ 上の解析的無限小変換 X に対し，

$$Xx_{ij} = Xx'_{ij}+\sqrt{-1}Xx''_{ij}$$

とおく．

$GL(n, C)$ 上の任意の左不変無限小変換 X に，行列 $(a_{ij}(X))$ を対応させる．ただし $a_{ij}(X) = X_\varepsilon x_{ij}$ $(1\leqq i, j \leqq n)$，ε は $GL(n, C)$ の中立元である．こうすることによって，$GL(n, C)$ のリー環 $\mathfrak{gl}(n, C)$ から，実ないし複素成分の n 次行列ぜんぶから成るベクトル空間 $\mathcal{M}_n(C)$ への線型写像が得られる．（$\mathcal{M}_n(C)$ は R 上 $2n^2$ 次元のベクトル

空間である.）$2n^2$ 個の関数 x'_{ij}, x''_{ij} は ε での座標系なのだから，もしすべての (i,j) に対して $a_{ij}(X)=0$ なら $X_\varepsilon=0$ である．X は左不変だから $X=0$ となる．したがってわれわれの写像は $\mathfrak{gl}(n,C)$ から $\mathscr{M}_n(C)$ のある部分空間への線型同型写像である．ところが $\mathfrak{gl}(n,C)$ も $\mathscr{M}_n(C)$ も $2n^2$ 次元だから，$\mathfrak{gl}(n,C)$ の像は $\mathscr{M}_n(C)$ 全体である．

最後に，X と Y が左不変無限小変換で，$(a_{ij}(X))$ と $(a_{ij}(Y))$ が分かっているとき，行列 $(a_{ij}([X,Y]))$ を計算しよう．$GL(n,C)$ の元 σ に伴う左移動を Φ_σ と書くと，

$$X_\sigma x_{ij} = d\Phi_\sigma X_\varepsilon x_{ij} = X_\varepsilon(x_{ij}\circ\Phi_\sigma)$$

が成りたつ．よって

$$X_\sigma x_{ij} = \sum_k x_{ik}(\sigma) X_\varepsilon x_{kj} = \sum_k x_{ik}(\sigma) a_{kj}(X)$$

となる．$X_\sigma x_{ij}$ を σ の関数と考えると

$$Y_\varepsilon(X_\sigma x_{ij}) = \sum_k a_{ik}(Y) a_{kj}(X)$$

が成りたつ．行列 $(a_{ij}(X)), (a_{ij}(Y))$ を $\tilde{X}, \tilde{Y}$ とすると，数 $Y_\varepsilon(X_\sigma x_{ij})$ たちを成分とする行列は $\tilde{Y}\tilde{X}$ であり，数 $X_\varepsilon(Y_\sigma x_{ij})$ たちを成分とする行列は $\tilde{X}\tilde{Y}$ である．したがって $[X,Y]$ に対応する行列は $\tilde{Y}\tilde{X}-\tilde{X}\tilde{Y}$ となる．

したがって $GL(n,C)$ **のリー環は** n **次複素行列ぜんぶの空間に同型である．ただしこの空間には算法** $[\tilde{X},\tilde{Y}]=\tilde{Y}\tilde{X}-\tilde{X}\tilde{Y}$ **が備わっているものとする．**

もっと一般に任意の体 K に対し，K の元を成分とする n 次行列ぜんぶの集合は，括弧積 $[\tilde{X},\tilde{Y}]=\tilde{Y}\tilde{X}-\tilde{X}\tilde{Y}$ を定

義することによって K 上のリー環となる．

$\mathfrak{g}$ を体 K 上の有限次元ベクトル空間とし，$\{X_1, \cdots, X_n\}$ を K 上の $\mathfrak{g}$ の基底とする．もし $\mathfrak{g}$ に算法を定義してリー環の構造をもたせたいならば，元 $[X_i, X_j]\ (1 \leqq i, j \leqq n)$ たちの表示，すなわち

$$[X_i, X_j] = \sum_k c_{ijk} X_k$$

を与えれば十分である．定数 c_{ijk} たちを，基底 $\{X_1, \cdots, X_n\}$ に関するリー環の**構造定数**と言う．これらの定数は勝手なものではいけない．実際，

$$[X_i, X_j] + [X_j, X_i] = 0, \qquad (1)$$

$$[[X_i, X_j], X_k] + [[X_j, X_k], X_i] + [[X_k, X_i], X_j] = 0 \qquad (2)$$

でなければならないから，

$$c_{ijk} + c_{jik} = 0 \qquad (3)$$

$$\sum_h (c_{ijh} c_{hkl} + c_{jkh} c_{hil} + c_{kih} c_{hjl}) = 0 \quad (1 \leqq i, j, k, l \leqq n) \qquad (4)$$

でなければならない．

K の標数が 2 でなければ，定数 c_{ijk} たちの定める括弧算法が定義 1 で記述した性質をもつために，上記の条件 (3) (4) は必要なだけでなく，十分でもある．実際，条件 (3) (4) がみたされると仮定し，

$$X = \sum_i x_i X_i, \quad Y = \sum_i y_i X_i, \quad Z = \sum_i z_i X_i$$

を $\mathfrak{g}$ の任意の三つの元とする．まず $[X_i, X_j] + [X_j, X_i] = 0$

だから $[X, X]=\sum_{ij} x_i x_j [X_i, X_j]=0$ となる．つぎに

$$\begin{aligned}&[[X, Y], Z]+[[Y, Z], X]+[[Z, X], Y]\\&=\sum_{ijk} x_i y_j z_k([[X_i, X_j], X_k]+[[X_j, X_k], X_i]+[[X_k, X_i], X_j])\\&=0\end{aligned}$$

となって主張が証明された．

さらに，すぐ分かるように，条件 (1) が $i \leqq j$ に対して，条件 (2) が $i<j<k$ に対して成立するだけで十分である．

こうしてたとえば実数体上の与えられた次元のリー環すべてを構成する問題は，純代数的な問題に帰着した．しかし，すべてのリー環に解析群が対応するという事実の証明は非常に難しい．これは第2巻にまわす*)．

§4 解析部分群

定義1 $\mathcal{G}$**を解析群とする．解析群** $\mathcal{H}$**がつぎの二条件をみたすとき，**$\mathcal{H}$**を** $\mathcal{G}$**の解析部分群という：**

1) $\mathcal{H}$**の基礎多様体は** $\mathcal{G}$**の基礎多様体の部分多様体である．**

2) $\mathcal{H}$**の基礎群は** $\mathcal{G}$**の基礎群の部分群である．**

$\mathcal{H}$を $\mathcal{G}$の解析部分群とする．$\mathcal{G}$のリー環を $\mathfrak{g}$ とし，点 $\sigma \in \mathcal{G}$での $\mathcal{G}$の接ベクトル空間を $\mathfrak{g}_\sigma$ とする．$\mathfrak{g}$ の元 X であって，X_ε が中立元 ε での $\mathcal{H}$の接空間 $\mathfrak{h}_\varepsilon$ に属するよう

*) ［訳注］188ページの脚注を見よ．

なもの全部の集合を$\mathfrak{h}$とする．$\mathcal{H}$の元σに伴う左移動Φ_σは，$\mathcal{H}$の基礎多様体から自分自身への解析的同型写像を引きおこす．そして$d\Phi_\sigma(\mathfrak{h}_\varepsilon)$は$\sigma$での$\mathcal{H}$の接空間$\mathfrak{h}_\sigma$である．$X \in \mathfrak{h}$なら，すべての$\sigma \in \mathcal{H}$に対して$X_\sigma \in \mathfrak{h}_\sigma$であり，したがって$X$は部分多様体$\mathcal{H}$への制限をもち，この制限は$\mathcal{H}$上の左不変無限小変換である．$X$と$Y$が$\mathfrak{h}$に属していれば，$[X, Y]$も$\mathcal{H}$への制限をもつ．とくに$[X, Y] \in \mathfrak{h}$.

定義2 **$\mathfrak{g}$をリー環とする．$\mathfrak{g}$の部分集合$\mathfrak{h}$がつぎの二条件をみたすとき，$\mathfrak{h}$を$\mathfrak{g}$の部分環と言う：**

1) **$\mathfrak{h}$は$\mathfrak{g}$の部分ベクトル空間である．**

2) $X \in \mathfrak{h}, Y \in \mathfrak{h}$ **なら** $[X, Y] \in \mathfrak{h}$.

この用語法によれば，上記で導入した$\mathfrak{h}$は$\mathcal{G}$のリー環$\mathfrak{g}$の部分環であり，この部分環は$\mathcal{H}$のリー環と同型である（同型写像は各$X \in \mathfrak{h}$にその$\mathcal{H}$への制限を対応させて得られる）．よって$\mathcal{H}$のリー環を$\mathfrak{g}$の部分環と同一視する．

逆に$\mathfrak{h}$を$\mathfrak{g}$の任意の部分環とする．$\mathcal{G}$の各元σに，元X_σ $(X \in \mathfrak{h})$の全部から成る$\mathfrak{g}_\sigma$の部分空間$\mathfrak{h}_\sigma$を対応させる．こうして$\mathcal{G}$上の分布$\mathcal{M}$が得られるが，これは明らかに解析的である．

$\{X_1, \cdots, X_m\}$が$\mathfrak{h}$の基底なら，無限小変換$X_1, \cdots, X_m$は$\mathcal{G}$の各点のまわりで$\mathcal{M}$の基底をつくる．$\mathfrak{h}$は部分環だから，すぐ分かるように分布$\mathcal{M}$は包合的である．分布$\mathcal{M}$の

中立元εを含む極大積分多様体を$\mathcal{H}$とする．σが$\mathcal{H}$の元ならば，左移動Φ_σは$\mathcal{H}$の基礎多様体から自分自身への解析的同型写像である．$d\Phi_\sigma\mathfrak{h}_\tau=\mathfrak{h}_{\sigma\tau}$だから，この解析的同型写像は分布$\mathcal{M}$を不変に保つ．すぐ分かるように，$\Phi_\sigma$は$\mathcal{M}$の極大積分多様体たち相互の置換を引きおこす．$\sigma\in\mathcal{H}$なら，$\Phi_{\sigma^{-1}}$による$\mathcal{H}$の行く先は$\Phi_{\sigma^{-1}}\sigma=\varepsilon$を含む極大積分多様体だから，$\Phi_{\sigma^{-1}}\mathcal{H}=\mathcal{H}$である．したがって$\mathcal{H}$の点ぜんぶの集合$H$は$\mathcal{G}$の基礎群の部分群であり，$H$の元$\sigma$に対する$\Phi_\sigma$は$\mathcal{H}$から自分自身への解析的同型写像を引きおこす．以下，$\mathcal{H}\times\mathcal{H}$から$\mathcal{H}$への写像$(\sigma,\tau)\to\sigma\tau^{-1}$が解析的であることを証明する．

われわれは写像$(\sigma,\tau)\to\sigma\tau^{-1}$が$\mathcal{H}\times\mathcal{H}$から$\mathcal{G}$への解析写像であることを知っている（なぜなら$\mathcal{H}\times\mathcal{H}$は明きらかに$\mathcal{G}\times\mathcal{G}$の部分多様体だから）．したがって，第3章§9の命題1（179ページ）により，$\mathcal{H}$で可算性公理が成りたっていることを証明すればよい．$\mathcal{H}$は$\mathcal{G}$の部分多様体だから，可算性公理が$\mathcal{G}$で成りたつことを示せばよい（第3章§9の命題2（180ページ）を見よ）．

Vを$\mathcal{G}$の中立元εでのある座標系に関するεの正方近傍とする．Vはあるデカルト空間の正方体と同相だから，可算かつ稠密な部分集合Eを含む．Eの元ぜんぶの生成する群をDとする．Dは可算である．δがDを走るときの集合δVたち全部の合併が$\mathcal{G}$であることを証明する．そうすれば明きらかに$\mathcal{G}$で可算性公理が成りたつことになる．実際，σを$\mathcal{G}$の任意の元とする．$\mathcal{G}$は連結だから，

V の元の全体は $\mathcal{G}$ の生成集合をつくる．そこで $\sigma=\sigma_1^{a_1}\cdots\sigma_h^{a_h}$ の形に書く $(\sigma_k\in V, a_k=\pm1\ (1\leqq k\leqq h))$．各 k に対し，σ_k に収束する E の元の列 $(\theta_{k,n})$ がある．$\delta_n=\theta_{1,n}^{a_1}\cdots\theta_{h,n}^{a_h}$ とおくと $\lim_{n\to\infty}\delta_n=\sigma$ が成りたつ．σV^{-1} は σ の近傍だから，ある n に対して $\delta_n\in\sigma V^{-1}$ となり，よって $\sigma\in\delta_n V$．$\delta_n\in D$ だから主張が証明された．

以上で $\mathcal{H}$ が $\mathcal{G}$ の解析部分群であることが分かった．$\mathcal{H}$ に対応する $\mathfrak{g}$ の部分環は，この節のはじめに示された作りかたにより，明きらかに $\mathfrak{h}$ である．

つぎに $\mathcal{H}'$ を $\mathcal{G}$ の解析部分群で，リー環 $\mathfrak{h}$ をもつものとする．明きらかに $\mathcal{H}'$ は分布 $\mathcal{M}$ の積分多様体だから，それは $\mathcal{H}$ の開部分多様体である．$\mathcal{H}'$ は ε を含むから，ε の $\mathcal{H}$ に関するある近傍を含む．$\mathcal{H}$ は連結だから ε の任意の近傍の元の全体は $\mathcal{H}$ の生成集合をつくる．したがって $\mathcal{H}'=\mathcal{H}$ が成りたち，つぎの定理が証明された：

定理 1　$\mathcal{G}$ を解析群，$\mathcal{H}$ を $\mathcal{G}$ の解析部分群とする．$\mathcal{H}$ のリー環は $\mathcal{G}$ のリー環の部分環とみなせる．逆に $\mathcal{G}$ のリー環の任意の部分環は，$\mathcal{G}$ のただひとつの解析部分群のリー環である．

注意　証明の途中で導入された分布 $\mathcal{M}$ の極大積分多様体の全体は，もちろん $\mathcal{H}$ から $\mathcal{G}$ での左移動によって得られる剰余類 $\sigma\mathcal{H}$ の全体である．

§5　閉解析部分群

$\mathcal{G}$をm次元解析群，$\mathcal{H}$を$\mathcal{G}$のn次元解析部分群とする．さらに$\mathcal{H}$の点ぜんぶの集合が$\mathcal{G}$の基礎空間の閉部分集合だと仮定する．この条件のもとで，$\mathcal{H}$の基礎空間が$\mathcal{G}$の基礎空間の部分空間であることを証明し，よって$\mathcal{H}$の基礎位相群が$\mathcal{G}$の基礎位相群の部分位相群であることを示す．

実際，$\mathcal{H}$およびその剰余類たちは$\mathcal{G}$のある包合的分布の極大積分多様体だから（§4，203ページを見よ），$\mathcal{G}$の中立元εでの座標系$\{x_1, \cdots, x_m\}$およびこの座標系に関するεの正方近傍Vで，つぎの性質をもつものが存在する：aをVの幅とするとき，$\xi_{n+1}, \cdots, \xi_m$が$m-n$個の数で$|\xi_{n+j}|<a\ (1\leqq j\leqq m-n)$をみたせば，方程式系$x_{n+j}=\xi_{n+j}\ (1\leqq j\leqq m-n)$で決まる$V$の断片$S_\xi$は$\mathcal{H}$を法とするある剰余類に含まれる（第3章§7の定理1，168ページを見よ）．

$\mathcal{H}$で可算性公理が成りたっているから，集合$\mathcal{H}\cap V$はたかだか可算個の断片S_ξたちから成る（第3章§9，178ページを見よ）．R^{m-n}の点$(\xi_{n+1}, \cdots, \xi_m)$で$S_\xi\subset\mathcal{H}$なるもの全部の集合を$\Xi$とする．$\mathcal{H}$が閉集合だから，$\Xi$は$|x_{n+j}|<a\ (1\leqq j\leqq m-n)$で定義される正方体で相対的に閉じている（$x_{n+j}$たちは$R^{m-n}$での座標系としてとる）．$\Xi$は可算だから，$\Xi$には少なくとも一個の孤立点$\xi^0$がある．$\sigma_0$を$S_{\xi^0}$の点とする．$W$が$\mathcal{H}$に関する$\varepsilon$の十分小さい近傍な

らば，$\sigma_0 W$ は S_{ξ^0} に関する σ_0 の近傍である．ξ^0 は Ξ の孤立点だから，$\mathcal{G}$ での ε の近傍 V' で $\sigma_0 W=\mathcal{H}\cap\sigma_0 V'$ となるものが存在する．すぐ分かるように，$\mathcal{H}$ の任意の点 σ に対し，$\mathcal{H}$ に関する σ の近傍の全部は，$\mathcal{G}$ に関する σ の近傍と $\mathcal{H}$ との共通部分の全部である．以上で $\mathcal{H}$ が $\mathcal{G}$ の部分空間であることが証明された．

同時につぎのことが分かった：Ξ の点はすべて孤立点であり，したがって ε を含む断片を S_0 とするとき，a が十分小さければ $V\cap\mathcal{H}\subset S_0$ となる．

つぎに $\mathscr{H}_1$ を $\mathcal{G}$ の閉位相部分群で，$\mathcal{H}$ を相対開部分群として含むものとする（このとき $\mathscr{H}_1$ の中立元の連結成分は $\mathcal{H}$ である）．a が十分小さければ $V\cap\mathscr{H}_1\subset\mathcal{H}$，よって $V\cap\mathscr{H}_1=S_0$ となる．以下，つぎの性質をもつ数 $a_1>0$ $(a_1<a)$ が存在することを証明する：数 $|\xi_{n+j}|, |\xi'_{n+j}|$ たち $(1\leqq j\leqq m-n)$ がすべて $\leqq a_1$ をみたし，点 $\xi=(\xi_{n+1},\cdots,\xi_m)$ と $\xi'=(\xi'_{n+1},\cdots,\xi'_m)$ とが異なれば，S_ξ と $S_{\xi'}$ とは $\mathscr{H}_1$ を法とする異なる余剰類に属する．実際，近傍 V は $V\cap\mathscr{H}_1=S_0$ をみたしている．V_2 および V_1 を ε の正方近傍で $V_2V_2\subset V$，$V_1^{-1}V_1\subset V_2$ となるようにとる．すると V_1 の幅の半分 a_1 が条件をみたすことを示す．実際 σ と τ を V_1 のふたつの元で $\mathscr{H}_1$ を法とする同じ剰余類に属するものとする．$\tau^{-1}\sigma\in V_2\cap\mathscr{H}_1=V_2\cap S_0$ だから σ は $\tau(V_2\cap S_0)$ に属する．ところが $V_2\cap S_0$ は連結で $\tau(V_2\cap S_0)\subset V_2V_2\subset V$ だから，σ と τ は $\tau\mathscr{H}_1\cap V$ の同じ連結成分に，すなわち同じ断片 S_ξ

に属し，主張が証明された．

$\mathcal{H}_1$ は $\mathcal{G}$ の閉部分群だから，等質空間 $\mathcal{G}/\mathcal{H}_1$ には自然な位相が入る（第2章§3, 69ページを見よ）．$\mathcal{G}$ から $\mathcal{G}/\mathcal{H}_1$ への自然写像を $\overline{\omega}$ とし，条件

$$x_1=0,\cdots,x_n=0,\ |x_{n+j}|\leqq a_1\quad(1\leqq j\leqq m-n)$$

で決まる V の部分集合を F とすると，$\overline{\omega}$ は F 上で連続かつ一対一である．F はコンパクトだからこの写像は同相写像である．$\overline{\omega}(F)$ は ε の幅 a_1 の正方近傍の $\overline{\omega}$ による像を含むから，$\overline{\omega}(F)$ は $\mathcal{G}/\mathcal{H}_1$ での $\overline{\omega}(\varepsilon)$ の近傍である．以上でつぎの命題が証明された．

命題1　$\mathcal{H}$ を解析群 $\mathcal{G}$ の閉解析部分群とする．$\mathcal{H}$ は $\mathcal{G}$ の位相部分群である．$\mathcal{H}_1$ を $\mathcal{G}$ の閉位相部分群で，$\mathcal{H}$ を相対開部分群として含むものとする．このときつぎのような $\mathcal{G}$ の部分集合 F が存在する：F は中立元 ε を含み，あるデカルト空間の閉正方体に同相であり，$\mathcal{G}$ から $\mathcal{G}/\mathcal{H}_1$ への自然写像 $\overline{\omega}$ によって $\mathcal{G}/\mathcal{H}_1$ での $\overline{\omega}(\varepsilon)$ のある近傍に同相に移される．

つぎに空間 $\mathcal{G}/\mathcal{H}_1$ の点 p での**解析関数**の概念を定義する．f を p のある近傍で定義された関数，σ を集合 $\overset{-1}{\overline{\omega}}(p)$ の任意の点とする．関数 $f\circ\overline{\omega}=g$ は，$\mathcal{H}_1$ を法とする剰余類たちの合併として表わされる $\mathcal{G}$ の部分集合で定義され，$\tau\in\mathcal{H}_1$ に対して $g(\rho\tau)=g(\rho)$ が成りたつ．したがって，もし g が σ で解析的なら，g は $\sigma\tau$ $(\tau\in\mathcal{H}_1)$ の形のすべて

の点，すなわち $\overset{-1}{\omega}(p)$ のすべての点でも解析的である．このとき，f は $\mathcal{G}/\mathcal{H}_1$ 上 p で**解析的**であると言う．

点 p で解析的な関数ぜんぶの集合を $\mathcal{A}(p)$ と書くと，$\mathcal{A}(p)$ たちは明きらかに第3章§1（135ページ）の性質 I，II をみたす．F は命題1のすこしまえに定義された集合（207ページ）とし，$\overline{\omega}(\sigma F)$ の内点ぜんぶの集合を W と書く．W の点 q に対し，$y_j(q)=x_{n+j}(\rho)$ とおく．ただし ρ は $\overline{\omega}(\sigma\rho)=q$ なる F の点である．すると写像 $q\to(y_1(q),\cdots,y_{m-n}(q))$ は W を R^{m-n} のある正方体の上に同相に移す．そして関数 y_j たちは W の各点で解析的であり，逆に W の一点 q で解析的なすべての関数は，q のまわりで関数 $y_1,\cdots,y_{m-n}$ たちに解析的に従属する．すぐ分かるように，$\mathcal{G}/\mathcal{H}_1$ を基礎空間とする多様体で，$\mathcal{A}(p)$ が点 p でのこの多様体上の解析関数ぜんぶの集合であるものを定義することができる．この多様体をこれから $\mathcal{G}/\mathcal{H}_1$ と書く．F の点でその座標たちの絶対値が a_1 より小さいもの全部の集合を I とすると，$\overline{\omega}$ の I への制限は，I（を $\mathcal{G}$ の部分多様体と考えたもの）から $\mathcal{G}/\mathcal{H}_1$ のある開部分多様体の上への解析的同型写像である．

$\mathcal{G}$ の任意の元 ρ に対し，$\mathcal{G}/\mathcal{H}_1$ から自分自身への同相写像が，$p=\overline{\omega}(\sigma)$ を $\rho p=\overline{\omega}(\rho\sigma)$ に移すことによって定義される．**写像 $(\rho,p)\to\rho p$ は $\mathcal{G}\times(\mathcal{G}/\mathcal{H}_1)$ から $\mathcal{G}/\mathcal{H}_1$ への解析写像である**．実際，$p_0=\overline{\omega}(\sigma_0)$ を $\mathcal{G}/\mathcal{H}_1$ の任意の点とし，$\overline{\omega}$ の $\sigma_0 I$ への制限の逆写像を $\overline{\omega}^*$ とすると，$\overline{\omega}^*$ は p_0 のある

近傍から $\mathcal{G}$ への解析写像であり，この近傍の点 p に対して $\rho p = \overline{\omega}(\rho\overline{\omega}^*(p))$ が成りたつ．以上で主張が証明された．

§6 解析的準同型写像

定義1 H **を解析群** $\mathcal{G}$ **から解析群** $\mathcal{H}$ **への準同型写像とする．** H **が** $\mathcal{G}$ **の基礎多様体から** $\mathcal{H}$ **の基礎多様体への解析写像であるとき，** H **を** $\mathcal{G}$ **から** $\mathcal{H}$ **への解析的準同型写像と言う．**

H を $\mathcal{G}$ から $\mathcal{H}$ への解析的準同型写像とし，X を $\mathcal{G}$ 上の左不変無限小変換とする．$\mathcal{G}$ と $\mathcal{H}$ の中立元をそれぞれ ε と η と書くと，$dH_\varepsilon X_\varepsilon$ は η での $\mathcal{H}$ の接ベクトルである．Y を $\mathcal{H}$ 上の左不変無限小変換で，$Y_\eta = dH_\varepsilon X_\varepsilon$ によって定まるものとする．このとき，$\sigma \in \mathcal{G}$ に対して

$$Y_{H\sigma} = dH_\sigma X_\sigma \tag{1}$$

が成りたつ．実際，ε を σ に移す $\mathcal{G}$ の左移動を Φ_σ，η を $H\sigma$ に移す $\mathcal{H}$ の左移動を $\Psi_{H\sigma}$ と書く．H が準同型写像であることからすぐ分かるように，$H \circ \Phi_\sigma = \Psi_{H\sigma} \circ H$ となるから，

$$\begin{aligned} dH_\sigma X_\sigma &= d(H \circ \Phi_\sigma) X_\varepsilon = d(\Psi_{H\sigma} \circ H) X_\varepsilon \\ &= d\Psi_{H\sigma}(dH_\varepsilon X_\varepsilon) = d\Psi_{H\sigma} Y_\eta = Y_{H\sigma} \end{aligned}$$

が成りたち，主張が証明された．

式 (1) は Y が X に H 関連していることを意味する（第

3章§5，160ページを見よ）．$Y=dH(X)$とおく．すでに知っているように（第3章§5の命題1，160ページを見よ），$\mathcal{G}$上のふたつの左不変無限小変換XとX'に対して

$$dH([X,X']) = [dH(X), dH(X')]$$

が成りたつ．

定義2 $\mathfrak{g}$と$\mathfrak{h}$を同じ体K上のリー環とする．$\mathfrak{g}$から$\mathfrak{h}$への写像Δが準同型写像であるとは，

a) それは線型写像である；

b) $\mathfrak{g}$の任意の元X, X'に対して

$$\Delta([X,X']) = [\Delta(X), \Delta(X')]\ ;$$

の二条件がみたされることである．

$\mathcal{G}$から$\mathcal{H}$への任意の解析的準同型写像Hに，$\mathcal{G}$のリー環$\mathfrak{g}$から$\mathcal{H}$のリー環$\mathfrak{h}$への準同型写像dHが対応することが分かる．これから，この逆が成りたつかどうかを調べる．

Δを$\mathfrak{g}$から$\mathfrak{h}$への準同型写像とし，$(X, \Delta X)(X\in\mathfrak{g})$の形の元ぜんぶから成る$\mathfrak{g}\times\mathfrak{h}$の部分集合を$\mathfrak{e}$とする．$\Delta$が準同型写像だから，簡単に分かるように$\mathfrak{e}$は$\mathfrak{g}\times\mathfrak{h}$の部分環である．すでに知っているように，$\mathfrak{g}\times\mathfrak{h}$は$\mathcal{G}\times\mathcal{H}$のリー環である（§3，197ページを見よ）．$\mathcal{E}$を$\mathcal{G}\times\mathcal{H}$の解析部分群で，そのリー環が$\mathfrak{e}$であるものとする（§4の定理1，204ページを見よ）．ϖ_1を$\mathcal{G}\times\mathcal{H}$から$\mathcal{G}$への射影とし，$\varpi_1$の$\mathcal{E}$への制限を$\varpi_1'$とする．写像$\varpi_1'$は明きらかに$\mathcal{E}$か

ら $\mathcal{G}$ への解析的準同型写像である．さらに X が $\mathfrak{g}$ の元なら $d\overline{\omega}_1'$ は $(X_\varepsilon, (\Delta X)_\eta)$ を X_ε に移すから，$d\overline{\omega}_1'$ は (ε, η) での $\mathcal{E}$ の接空間を一対一に $\mathfrak{g}_\varepsilon$（ε での $\mathcal{G}$ の接空間）の上に移す．したがって (ε, η) での $\mathcal{E}$ の（$\mathcal{E}$ 上のある座標系に関する）正方近傍 U で，$\overline{\omega}_1'$ によって $\mathcal{G}$ での ε のある近傍の上に同相に移されるものが存在する（第3章§4の命題3，153ページを見よ）．

$\overline{\omega}_1'$ の U への制限の逆写像を λ とすると，λ は $\mathcal{G}$ から $\mathcal{E}$ への局所準同型写像である．もし群 $\mathcal{G}$ が単連結なら，この局所準同型写像は $\mathcal{G}$ から $\mathcal{E}$ への準同型写像（これも λ と書く）に拡張される（第2章§7の定理3，100ページ）．$\lambda\circ\overline{\omega}_1'$ は U では恒等写像であり，$\mathcal{E}$ は連結だから，$\lambda\circ\overline{\omega}_1'$ は $\mathcal{E}$ 全体で恒等写像である．したがって $\overline{\omega}_1'$ は $\mathcal{E}$ から $\mathcal{G}$ への同相写像である．$\mathcal{G}\times\mathcal{H}$ から $\mathcal{H}$ への射影を $\overline{\omega}_2$ とし，$H=\overline{\omega}_2\circ\lambda$ とおくと，H は明きらかに $\mathcal{G}$ から $\mathcal{H}$ への解析的準同型写像である．X が $\mathcal{G}$ 上の左不変無限小変換なら

$$d\lambda(X_\varepsilon) = (X_\varepsilon, (\Delta X)_\eta),\quad d\overline{\omega}_2(X_\varepsilon, (\Delta X)_\eta) = (\Delta X)_\eta$$

となるから $dH(X)=\Delta X$ が成りたつ．

つぎに $\mathcal{G}$ から $\mathcal{H}$ への解析的準同型写像 H で，$dH=\Delta$ となるものが存在すると仮定する（$\mathcal{G}$ が単連結ならこうなることはすでに見た）．このとき H が一意的に決まることを証明する．実際，H' を $\mathcal{G}$ から $\mathcal{H}$ への解析的準同型写像で $dH'=\Delta$ なるものとする．写像 $\sigma\to\theta(\sigma)=(\sigma, H'\sigma)$ は $\mathcal{G}$ の基礎群を $\mathcal{G}\times\mathcal{H}$ の基礎群のある部分群 E' の上に同型に

移す．さらに，θ は $\mathcal{G}$ から $\mathcal{G}\times\mathcal{H}$ への正則*) な解析写像である．ここで解析群 $\mathcal{E}'$ を，その基礎群が E' であって θ が $\mathcal{G}$ から $\mathcal{E}'$ への解析的同型写像であるとして定義することができる．$\mathcal{E}'$ から $\mathcal{G}\times\mathcal{H}$ への恒等写像は $\theta\circ\theta^{-1}$ と書かれるから解析的かつ正則である．したがって $\mathcal{E}'$ は $\mathcal{G}\times\mathcal{H}$ の解析部分群である．写像 $\overline{\omega}_1\circ\theta$ は $\mathcal{G}$ から自分自身の上への恒等写像だから，写像 $\overline{\omega}_2\circ\theta$ は H' と一致する．したがって $X\in\mathfrak{g}$ なら

$$d\overline{\omega}_1(d\theta(X)) = X,\ d\overline{\omega}_2(d\theta(X)) = dH'(X) = \Delta(X)$$

となるから $d\theta(X)=(X,\Delta X)$ が成り立つ．これにより，$\mathcal{E}'$ のリー環はまえに構成したリー環 $\mathfrak{e}$ と一致し，Δ だけに依存する．よって群 $\mathcal{E}'$ は Δ によって一意的に決まり，同様に H' も一意的に決まる．

以上を合わせてつぎの定理が証明された．

定理 2　**$\mathcal{G}$ と $\mathcal{H}$ を解析群，$\mathfrak{g}$ と $\mathfrak{h}$ をそれぞれのリー環とする．H を $\mathcal{G}$ から $\mathcal{H}$ への解析的準同型写像とすると，H に対し，$\mathfrak{g}$ から $\mathfrak{h}$ への準同型写像 dH で，$\mathfrak{g}$ の任意の元 X に対して無限小変換 X と $dH(X)$ とが H 関連するものが対応する．H と H' がともに解析的準同型写像で $dH=dH'$ なら $H=H'$ である．$\mathcal{G}$ が単連結なら，$\mathfrak{g}$ から $\mathfrak{h}$ への任意の準同型写像は dH の形に書ける．ただし H は $\mathcal{G}$ から $\mathcal{H}$ への解析的準同型写像である．**

---

*）［訳注］第3章§4の定義2（152ページ）を見よ．

$\mathcal{G}$が単連結だという仮定ははずせない．実際すでに見たように，T^1とRは同じリー環$\mathfrak{r}$をもつ．ところがT^1からRへの準同型写像はすべての元を0に移す写像だけだから，$\mathfrak{r}$から自分自身への恒等写像はT^1からRへの準同型写像からは得られない．

しかし定理の証明から分かるように，つぎの結果はいつでも成りたつ：**$\mathfrak{g}$から$\mathfrak{h}$への任意の準同型写像Δに対し，$\mathcal{G}$の中立元εのある近傍Uから$\mathcal{H}$への局所準同型写像Hで，Uのすべての点σで解析的であり，任意の$X \in \mathfrak{g}$および$\sigma \in U$に対して条件$dH(X_\sigma)=(\Delta X)_{H\sigma}$をみたすものが対応する**．

この節を終わるにあたって，解析群$\mathcal{G}$から解析群$\mathcal{H}$への任意の準同型写像Hは，それがεで解析的ならいたるところ解析的であることに注目する．実際，$H(\sigma_0\sigma)=H(\sigma_0)H(\sigma)$だから，われわれの主張は$\mathcal{G}$および$\mathcal{H}$の左移動たちがこれらの多様体から自分自身への解析的同型写像だという事実から導かれる．

§7 解析群の剰余群

$\mathcal{G}$を解析群とし，$\mathscr{H}$を$\mathcal{G}$の位相部分群でつぎの二条件をみたすものとする：

1) $\mathscr{H}$は$\mathcal{G}$で閉じている．

2) $\mathscr{H}$の中立元の連結成分は，$\mathcal{G}$のある解析部分群$\mathcal{H}$の基礎位相群であり，$\mathscr{H}$のなかで相対的な開集合である．

このとき，われわれはすでに $\mathcal{G}/\mathcal{H}$ に多様体の構造を定義した＊)．以後さらに $\mathcal{H}$ が正規部分群だと仮定する．すると $\mathcal{G}/\mathcal{H}$ は群の構造をもつ．以下，群 $\mathcal{G}/\mathcal{H}$ と多様体 $\mathcal{G}/\mathcal{H}$ が解析群を形成することを証明する．

$\mathcal{G}\times(\mathcal{G}/\mathcal{H})$ から $\mathcal{G}/\mathcal{H}$ への写像 $(\rho, p)\to\rho^{-1}p$ は解析的である（§5，208ページを見よ）．さらに $\mathcal{H}$ は正規だから，$\rho^{-1}p$ は ρ を含む $\mathcal{H}$ を法とする剰余類 q だけによって決まり，$\rho^{-1}p=q^{-1}p$ である．$\mathcal{G}$ から $\mathcal{G}/\mathcal{H}$ への自然写像を $\overline{\omega}$ とする．§5で見たように，与えられた点 $q_0^{-1}\in\mathcal{G}/\mathcal{H}$ に対し，q_0^{-1} のある近傍から $\mathcal{G}$ への解析写像 $\overline{\omega}^*$ で，この近傍の任意の点 q^{-1} に対して $\overline{\omega}(\overline{\omega}^*(q^{-1}))=q^{-1}$ となるものが存在する．$q^{-1}p=\overline{\omega}^*(q^{-1})p$ だから写像 $(p, q)\to q^{-1}p$ は解析的であり，$\mathcal{G}/\mathcal{H}$ が解析群であることが分かった．

群 $\mathcal{G}/\mathcal{H}$ を $\mathcal{K}$ と書き，$\mathcal{G}, \mathcal{H}, \mathcal{K}$ それぞれのリー環を $\mathfrak{g}, \mathfrak{h}, \mathfrak{k}$ とする．§6の定理2（212ページ）により，$\overline{\omega}$ に $\mathfrak{g}$ から $\mathfrak{k}$ への準同型写像 $d\overline{\omega}$ が対応する．すでに知っているように，$\mathcal{G}$ の中立元を含む部分多様体 I で，$\overline{\omega}$ の I への制限が I から $\mathcal{K}$ のある開部分多様体への解析的同型写像であるものが存在する（§5，208ページを見よ）．したがって $\overline{\omega}(\varepsilon)$ での $\mathcal{K}$ の任意の接ベクトルは，ε での $\mathcal{G}$ のある接ベクトルの $d\overline{\omega}_\varepsilon$ による像である．言いかえれば $d\overline{\omega}(\mathfrak{g})=\mathfrak{k}$．

$\mathfrak{g}$ の元 X で $d\overline{\omega}(X)=0$ なるもの全部の集合を $\mathfrak{h}_1$ とする．$\mathfrak{h}_1$ はたかだか $m-(m-n)=n$ 次元の $\mathfrak{g}$ の部分ベクト

＊）［訳注］§5の命題1のあと（207ページ）を見よ．

ル空間である（m と n はそれぞれ $\mathcal{G}$ と $\mathcal{H}$ の次元）．一方 $\overline{\omega}$ は $\mathcal{H}$ を $\overline{\omega}(\varepsilon)$ の上に移す．したがってすぐ分かるように，任意の $X\in\mathfrak{h}$ に対して $d\overline{\omega}(X_\varepsilon)=0$ となるから，$\mathfrak{h}\subset\mathfrak{h}_1$．$\mathfrak{h}$ は n 次元だから $\mathfrak{h}=\mathfrak{h}_1$．$\mathfrak{h}_1$ の定義からすぐ分かるように，$X\in\mathfrak{h}, Y\in\mathfrak{g}$ なら $[X, Y]\in\mathfrak{h}$ である．

定義1　リー環 $\mathfrak{g}$ の部分ベクトル空間 $\mathfrak{h}$ が $\mathfrak{g}$ のイデアルであるとは，$X\in\mathfrak{h}$ かつ $Y\in\mathfrak{g}$ なら $[X, Y]\in\mathfrak{h}$ となることである．

$\mathfrak{h}$ をリー環 $\mathfrak{g}$ のイデアルとする．Y_1^* と Y_2^* をベクトル空間 $\mathfrak{g}/\mathfrak{h}$ のふたつの元とする．もし Y_1 と Y_2 が剰余類 Y_1^* と Y_2^* に属する $\mathfrak{g}$ の元ならば，$[Y_1, Y_2]$ はつぎの式から分かるように，Y_1^* と Y_2^* だけに依存する剰余類に属する：

$$\begin{aligned}[Y_1+X_1, Y_2+X_2] &= [Y_1, Y_2]+[Y_1, X_2] \\ &\qquad -[Y_2, X_1]+[X_1, X_2] \\ &\equiv [Y_1, Y_2] \pmod{\mathfrak{h}}\ (X_1, X_2\in\mathfrak{h}).\end{aligned}$$

$[Y_1, Y_2]$ を含む剰余類を $[Y_1^*, Y_2^*]$ と書けば，すぐ分かるように算法 $(Y_1^*, Y_2^*)\to[Y_1^*, Y_2^*]$ は $\mathfrak{g}/\mathfrak{h}$ にリー環の構造を定める．こうして定義されたリー環を同じ記号 $\mathfrak{g}/\mathfrak{h}$ で表わす．

群 $\mathcal{G}/\mathcal{H}$ の考察に戻ると，$X\in\mathfrak{g}$ なら $d\overline{\omega}(X)$ は X の属する，$\mathfrak{h}$ を法とする剰余類だけによって決まるから，自然なやりかたで $d\overline{\omega}$ は $\mathfrak{g}/\mathfrak{h}$ から $\mathfrak{k}$ の上への線型同型写像 δ を定める．$d\overline{\omega}$ は準同型写像だから，δ はリー環 $\mathfrak{g}/\mathfrak{h}$ から $\mathfrak{k}$ への同型写像である．以上でつぎの命題1が証明された．

命題1 $\mathcal{G}$**を解析群,** $\mathscr{H}$ **を** $\mathcal{G}$ **の閉正規位相部分群とする.** $\mathscr{H}$ **の中立元の連結成分が** $\mathscr{H}$ **で相対的に開集合であり, それが** $\mathcal{G}$ **のある解析部分群** $\mathcal{H}$ **の基礎位相群であると仮定する.** $\mathcal{G}$ **と** $\mathcal{H}$ **それぞれのリー環を** $\mathfrak{g}$ **と** $\mathfrak{h}$ **とする. このとき** $\mathfrak{h}$ **は** $\mathfrak{g}$ **のイデアルであり,** $\mathcal{G}/\mathscr{H}$ **のリー環は** $\mathfrak{g}/\mathfrak{h}$ **に同型である.**

あとで証明するが, $\mathcal{H}$ が $\mathcal{G}$ の（必ずしも閉集合でない）解析部分群のとき, $\mathcal{H}$ のリー環が $\mathcal{G}$ のリー環のイデアルであるのは $\mathcal{H}$ が $\mathcal{G}$ の正規部分群のときである.

§8 指数写像. 標準座標

$\mathcal{G}$ を解析群, $\mathfrak{g}$ を $\mathcal{G}$ のリー環とする. 実数の加法群 R から $\mathcal{G}$ への解析的準同型写像を考える. R の座標を t と書くと, R のリー環 $\mathfrak{r}$ は, $Lt=1$ で定義される無限小変換 L によって張られる. f が点 t_0 で解析的な R 上の関数なら, $L_{t_0}f=(df/dt)_{t_0}$ である.

$\mathfrak{g}$ の任意の元 X に対し, $\mathfrak{r}$ から $\mathfrak{g}$ への準同型写像で L を X に移すものが存在する. R は単連結だから, この準同型写像に R から $\mathcal{G}$ への解析的準同型写像 $t\to\theta(t,X)$ が対応する（§6の定理2（212ページ）を見よ）. f が点 $\sigma_0=\theta(t_0, X)$ で解析的な $\mathcal{G}$ 上の関数なら,

$$X_{\sigma_0}f=\left(\frac{df(\theta(t,X))}{dt}\right)_{t_0} \tag{1}$$

が成りたつ．

$\mathcal{G}$の例として$GL(n, C)$を考える．行列$\sigma \in GL(n, C)$の成分たちを$x_{ij}(\sigma)$とすると，$\mathcal{G}$のリー環の元Xは行列$(X_\varepsilon x_{ij}) = \widetilde{X}$で表わされる（§3，199ページを見よ）．すると任意の$\sigma \in GL(n, C)$に対し，行列$(X_\sigma x_{ij})$は$\sigma\widetilde{X}$に等しい．行列$\theta(t, X)$の成分たちはtの解析関数である．$\theta(t, X)$の成分たちの導関数を成分とする行列を$d\theta(t, X)/dt$と書くと，式（1）は

$$\frac{d\theta(t, X)}{dt} = \theta(t, X)\widetilde{X} \tag{2}$$

と書ける．一方$\theta(0, X) = \varepsilon$（単位行列）だから，初期条件$\theta(0, X) = \varepsilon$をもつ微分方程式（2）の解は

$$\theta(t, X) = \exp t\widetilde{X}$$

である（第1章§2，24ページを見よ）．このことから，つぎの一般的定義が導かれる．

定義1 **Xを解析群$\mathcal{G}$のリー環$\mathfrak{g}$の任意の元とする．群Rのリー環$\mathfrak{r}$の元Lを$Lt=1$によって決める（tはRの座標）．Rから$\mathcal{G}$への解析的準同型写像で，その微分である$\mathfrak{r}$から$\mathfrak{g}$への準同型写像がLをXに移すものを$t \to \theta(t, X)$と書く．今後，元$\theta(1, X)$を$\exp X$と書くことにする．**

したがって指数写像は$\mathfrak{g}$から$\mathcal{G}$への写像である．明らかに

$$\exp(t_1 + t_2)X = (\exp t_1 X)(\exp t_2 X),$$

$$\exp(-tX) = (\exp tX)^{-1}.$$

$\{X_1, \cdots, X_n\}$ を $\mathfrak{g}$ の 基 底 と す る．各 $X \in \mathfrak{g}$ は $X = \sum_1^n u_i(X) X_i$ の形に書ける．集合 $\mathfrak{g}$ 上に多様体の構造をつぎのように定義する：この多様体の各点で $u_1, \cdots, u_n$ は座標系をなす．こうして得られた多様体は明きらかに基底 $\{X_1, \cdots, X_n\}$ の選びかたにはよらない．

以下，指数写像がいま定義した多様体から $\mathcal{G}$ への解析写像であることを証明する．$\{y_1, \cdots, y_n\}$ を $\mathcal{G}$ の中立元 ε での $\mathcal{G}$ 上の座標系で $y_i(\varepsilon)=0$ $(1 \leqq i \leqq n)$ なるものとし，W をこの座標系に関する ε の正方近傍とする．任意の実数 $u_1, \cdots, u_n$ に対してある数 $t_1>0$ をとると，$|t|<t_1$ なる任意の t に対して $t\sum_1^n u_i X_i \in W$ となる．この条件をみたす数 t_1 たちの最小上界を $T(u_1, \cdots, u_n)$ とする．n 個の文字 $u_1, \cdots, u_n$ の組を u と書き，$|t|<T(\mathrm{u})$ なる任意の t に対して

$$y_j\left(\exp t\sum_1^n u_i X_i\right) = F_j(t;\mathrm{u})$$

とおく．$\sigma \in W$ なら $(X_i)_\sigma y_j = U_{ij}(y_1(\sigma), \cdots, y_n(\sigma))$ と書ける．ただし $U_{ij}(y_1, \cdots, y_n)$ たちは $|y_k|<a$ (a は W の幅) で定義されて解析的な関数である．指数写像の定義によって

$$\frac{dF_j}{dt}(t;\mathrm{u}) = \sum_{i=1}^n u_i U_{ij}(F_1(t;\mathrm{u}), \cdots, F_n(t;\mathrm{u}))$$

が成りたつ．言いかえると，方程式 $y_i = F_i(t;\mathrm{u})$ $(1 \leqq i \leqq n)$ は $|t|<T(\mathrm{u})$ に対して微分方程式系

$$\frac{dy_j}{dt}=\sum_{i=1}^{n}u_iU_{ij}(y_1,\cdots,y_n)\quad(1\leqq j\leqq n)\tag{1}$$

のひとつの解を表わす．さらに $F_i(0;\mathrm{u})=0$ $(1\leqq i\leqq n)$ が成りたつ．

ここで方程式系 (1) に存在定理を適用するとつぎの結果を得る：ふたつの数 $b>0$ と $c>0$ および n 個の関数 $F_i^*(t;\mathrm{u})$ が存在する．ただし，$F_i^*(t;\mathrm{u})$ たちは条件 $|u_k|<b$ $(1\leqq k\leqq n)$, $|t|<c$ の定める領域で定義されて解析的であり，つぎの三条件をみたす：

1)　$F_i^*(0;\mathrm{u})=0$　$(1\leqq i\leqq n)$,

2)　$|F_i^*(t;\mathrm{u})|<a$,

3)　方程式 $y_i=F_i^*(t;\mathrm{u})$ は系 (1) のひとつの解を表わす．

一意性定理により，等式 $F_i(t;\mathrm{u})=F_i^*(t;\mathrm{u})$ たち $(1\leqq i\leqq n)$ が条件 $|u_k|<b$ $(1\leqq k\leqq n)$, $|t|<\min\{c,T(\mathrm{u})\}$ のもとで成りたつ．$T(\mathrm{u})$ の定義からすぐ分かるように，

$$\text{l.u.b.}_{|t|<T(\mathrm{u})}(\max_{1\leqq i\leqq n}|F_i(t;\mathrm{u})|)=a$$

が成りたつ*)．

関数 F_i^* たちの性質 2) により，$|u_k|<b$ $(1\leqq k\leqq n)$ なら $T(\mathrm{u})\geqq c$ が成りたつ．一方 $|t|<|\lambda|^{-1}T(\mathrm{u})$ なら，明らかに

$$F_i(t;\lambda\mathrm{u})=F_i(\lambda t;\mathrm{u})$$

が成りたつ．簡単に分かるように，$|u_k|<bc$ $(1\leqq k\leqq n)$ で

*）［訳注］l.u.b. は最小上界．

関数 $F_i(1;\mathrm{u})$ は定義されて解析的である．以上で指数写像が $\mathfrak{g}$ の原点で解析的であることが分かった．

最後に X を $\mathfrak{g}$ の任意の元とするとき，ある整数 $M>0$ をとると，$M^{-1}X$ は指数写像が解析的であるような 0 のある開近傍に属する．

$$\exp Y = (\exp M^{-1}Y)^M$$

だから，指数写像は X でも解析的であり，主張が証明された．

さて，指数写像が $\mathfrak{g}$ の原点で正則（regular）*) であることを証明しよう（一般に指数写像はいたるところ正則なのではないことに注意）．実際，X_i を $\mathfrak{g}$ の原点での $\mathfrak{g}$ の接ベクトルで，$X_iu_j=\delta_{ij}$ $(1\leqq j\leqq n)$ として定義されるものとする．明きらかに指数写像の微分は X_i を $(X_i)_\varepsilon$ に移す．ベクトル $(X_i)_\varepsilon$ たちは ε での $\mathcal{G}$ の接空間の基底をつくるから，われわれの主張は証明された．すぐ分かるように，ε での $\mathcal{G}$ 上の座標系 $\{x_1, \cdots, x_n\}$ であって，$|u_1|, \cdots, |u_n|$ が十分小さければ等式 $x_i(\exp \sum_k u_k X_k) = u_i$ たち $(1\leqq i\leqq n)$ が成りたつようなものが存在する．

定義 2 $\{X_1, \cdots, X_n\}$ **を解析群** $\mathcal{G}$ **のリー環の基底とする．中立元** ε **での** $\mathcal{G}$ **の座標系** $\{x_1, \cdots, x_n\}$ **は，十分小さい** $|u_1|, \cdots, |u_n|$ $(1\leqq i\leqq n)$ **に対して等式** $x_i(\exp \sum_k u_k X_k) = u_i$ **たちが成りたつとき，（基底** $\{X_1, \cdots, X_n\}$ **に関する）標準座標系**

---

*）［訳注］第3章§4の定義2（152ページ）を見よ．

と呼ばれる．数 a を，$|u_i|<a$ $(1\leqq i\leqq n)$ なるかぎり上記の等式たちが成りたつものとする．このとき，座標 $x_1, \cdots, x_n$ に関する幅が a より小さい正方近傍を ε の標準近傍と言う．

§9 標準座標の最初の応用

命題 1 **$\overline{\omega}$ を解析群 $\mathcal{G}$ から解析群 $\mathcal{H}$ への解析的準同型写像とするとき，$\mathcal{G}$ のリー環の任意の元 X に対して**

$$\overline{\omega}(\exp X) = \exp(d\overline{\omega}(X))$$

が成りたつ．

証明 L を加法群 R の無限小変換で，$dt\cdot L=1$ によって定義されるものとし（t は R の座標），写像 $t\to\exp tX$ を θ と書く．$d\theta(L)=X$ だから $d(\overline{\omega}\circ\theta)(L)=d\overline{\omega}(X)$ が成りたつ．R から $\mathcal{H}$ への写像 $t\to\exp t\cdot d\overline{\omega}(X)$ を θ' と書くと $d\theta'(L)=d\overline{\omega}(X)$ が成りたつ．したがって $\theta'=\overline{\omega}\circ\theta$ となって命題 1 が証明された．

系 1 **命題 1 の写像 $\overline{\omega}$ が一対一なら，それはいたるところ正則である．**

実際，$\mathcal{G}$ のリー環のある元 X に対して $d\overline{\omega}(X)=0$ と仮定する．任意の $t\in R$ に対して $\overline{\omega}(\exp tX)=\overline{\omega}(\varepsilon)$ である．$\overline{\omega}$ は一対一だから $\exp tX=\varepsilon, X=0$ となり，$d\overline{\omega}$ は一対一写像となるから系が成りたつ．

系 2 **$\mathcal{H}$ を $\mathcal{G}$ の解析部分群，$\mathfrak{h}$ を $\mathcal{H}$ のリー環とする．**

U が $\mathfrak{h}$ での 0 の近傍なら，$X\in U$ に対する元 $\exp X$ たちは $\mathcal{H}$ の中立元の近傍をつくる．

これは命題 1 を $\mathcal{H}$ から $\mathcal{G}$ への恒等写像に適用すれば得られる．

系 3　**命題 1 の記号のまま，$\mathcal{G}$ と $\mathcal{H}$ のリー環をそれぞれ $\mathfrak{g}$ と $\mathfrak{h}$ とする．このとき $\overline{\omega}$ の像は，$\mathfrak{g}$ の $d\overline{\omega}$ による像をリー環とする $\mathcal{H}$ の解析部分群である．**

実際 $d\overline{\omega}$ は $\mathfrak{g}$ から $\mathfrak{h}$ への準同型写像であり，$\mathfrak{i}=d\overline{\omega}(\mathfrak{g})$ は明きらかに $\mathfrak{h}$ の部分環である．$\mathfrak{i}$ をリー環とする $\mathcal{H}$ の解析部分群を I とする．$X\in\mathfrak{g}$ に対する $\exp X$ たちは $\mathcal{G}$ の生成系をつくるから，元 $\overline{\omega}(\exp X)=\exp d\overline{\omega}(X)$ たちは $\overline{\omega}(\mathcal{G})$ の生成系をつくる．ところが系 2 により，これらの元は I の生成系をつくる．

系 4　**命題 1 の記号のまま，$d\overline{\omega}$ の核を $\mathfrak{n}$ とし，$\mathfrak{n}$ をリー環とする $\mathcal{G}$ の解析部分群を $\mathcal{N}$ とする．$\mathcal{N}$ は $\overline{\omega}$ の核 $\mathcal{N}_1$ の中立元の連結成分であり，$\mathcal{N}_1$ で相対的に開集合である．**

証明　$X\in\mathfrak{n}$ なら，（命題 1 によって）$\overline{\omega}(\exp X)=\exp d\overline{\omega}(X)=\eta$（$\mathcal{H}$ の中立元）である．したがって系 2 により，$\mathcal{N}\subset\mathcal{N}_1$ が成りたつ．B を $\mathfrak{h}$ のゼロ元の近傍で，$\mathfrak{h}$ から $\mathcal{H}$ への指数写像によって同相に移されるものとする．A を $\mathfrak{g}$ のゼロ元の近傍で $d\overline{\omega}(A)\subset B$（$d\overline{\omega}$ は線型写像だから明きらかに連続である）なるものとする．元 $X\in A$ が $\overline{\omega}(\exp X)=\exp d\overline{\omega}(X)=\eta$ をみたせば $d\overline{\omega}(X)=0$ だから $X\in\mathfrak{n}$, $\exp X\in\mathcal{N}$ となる．$\mathfrak{g}$ から $\mathcal{G}$ への指数写像によ

る A の像を V とすると，V は $\mathcal{G}$ の中立元の近傍で，$\mathcal{N}_1 \cap V \subset \mathcal{N}$ が成りたつ．したがって $\mathcal{N}$ の基礎群は $\mathcal{N}_1$ で相対的に開集合である．よってこの群は $\mathcal{N}_1$ で相対的に閉集合でもある．$\mathcal{N}_1$ は明きらかに $\mathcal{G}$ で閉じているから，$\mathcal{N}$ の点集合は閉集合であり，$\mathcal{N}$ は $\mathcal{G}$ の部分空間である．こうして系4が証明された．

§3でわれわれは n 次複素行列ぜんぶの集合 $\mathcal{M}_n(C)$ にリー環の構造を定義した．n 次実行列ぜんぶの集合 M^R は明きらかに $\mathcal{M}_n(C)$ の部分リー環である．トレース0の行列の全体もそうである．実際トレースのよく知られた性質により，$\mathcal{M}_n(C)$ の任意のふたつの行列 X と Y に対して $\mathrm{Sp}\,[X, Y] = \mathrm{Sp}\,YX - \mathrm{Sp}\,XY = 0$ となる．反エルミート行列の全体 M^{sh} も部分環である．実際 $\overline{X} + {}^tX = 0$，$\overline{Y} + {}^tY = 0$ のとき，$Z = YX - XY$ とおくと，

$${}^tZ = {}^t(YX) - {}^t(XY) = {}^tX{}^tY - {}^tY{}^tX = \overline{X}\,\overline{Y} - \overline{Y}\,\overline{X} = -\overline{Z}$$

となる．

命題 2　群 $SL(n, C)$, $U(n)$, $SU(n)$, $SL(n, R)$, $SO(n)$ はどれも $GL(n, C)$ のある解析部分群の基礎位相群である．

$SO(n)$ のときだけ証明する．他の群も同じようにしてできる．集合 $M^R \cap M^S \cap M^{sh}$ は $\mathfrak{gl}(n, C)$ の部分環である．これに対応する部分群を $\mathcal{H}$ とする．第1章§2の命題4（28ページ）および上記の系2により，集合 W で $\mathcal{H}$ と $SO(n)$ 両方の中立元の近傍であるものが存在する．$\mathcal{H}$ と

$SO(n)$ はともに連結だから，W はこの両方の群の生成集合であり，したがって $\mathcal{H}$ と $SO(n)$ は同じ元から成る．とくに $\mathcal{H}$ の点集合は $GL(n, C)$ の閉集合だから，$\mathcal{H}$ は $GL(n, C)$ の部分空間であり（§5，205 ページを見よ），命題 2 が証明された．

以後，記号 $SL(n, C)$, $U(n)$, $SU(n)$, $SL(n, R)$, $SO(n)$ は命題 2 で定義された解析群を表わす．

同様に $Sp(n)$ もある解析群の基礎位相群であることが証明できる；同じ論法は $Sp(n, C)$ にも，これが連結であることが分かれば使える．これはあとで証明する．

§10 積と交換子の標準座標

$\mathcal{G}$ を解析群とし，$\mathcal{G}$ の中立元 ε での標準座標系 $\{x_1, x_2, \cdots, x_n\}$ を選ぶ．V をこの座標系に関する ε の正方近傍（幅を a とする）とし，V_1 を幅 a_1 の ε の正方近傍で $V_1V_1 \subset V$ なるものとする．

V_1 の元 σ, τ に対して

$$x_i(\sigma\tau) = f_i(x_1(\sigma), \cdots, x_n(\sigma) ; x_1(\tau), \cdots, x_n(\tau))$$

と書ける．ただし $f_i(y_1, \cdots, y_n ; z_1, \cdots, z_n)$ たちは $|y_i| < a_1$, $|z_i| < a_1$ によって定まる領域で解析的な関数である．これらの関数は $y_1, y_2, \cdots, y_n, z_1, z_2, \cdots, z_n$ のベキ級数に展開され，それは $|y_i| < a_2$, $|z_i| < a_2$ $(a_2 \leqq a_1)$ で収束する．ここで

$$f_i = \sum_{l=0}^{\infty} P_{il}(y_1, y_2, \cdots, y_n ; z_1, z_2, \cdots, z_n)$$

と書く．ただし P_{il} は $z_1, z_2, \cdots, z_n$ の l 次の多項式で，その係数は $y_1, y_2, \cdots, y_n$ の解析関数である．いま $\tau=\exp\sum x_i(\tau)X_i$ と書いて $\tau(u)=\exp\sum ux_i(\tau)X_i$ とおく．すると $|x_i(\sigma)|<a_2$, $|x_i(\tau)|<a_2$, $|u|\leqq 1$ であれば

$$x_i(\sigma\tau(u))$$
$$=\sum_0^\infty P_{il}(x_1(\sigma), \cdots, x_n(\sigma)\,;\,x_1(\tau), \cdots, x_n(\tau))u^l \quad (1)$$

が成りたつ．

一方 V_1 上解析的な任意の関数 f に対して

$$\frac{df(\sigma\tau(u))}{du}=((\sum x_i(\tau)X_i)f)_{\sigma\tau(u)}$$

が成りたつ．ここで $T=\sum x_i(\tau)X_i$ とおき，上の式を Tf, $T^2f, \cdots$ に適用すると，

$$\frac{d^lf(\sigma\tau(u))}{du^l}=(T^lf)_{\sigma\tau(u)}$$

が成りたつから，u の関数と考えた $f(\sigma\tau(u))$ の $u=0$ でのテイラー展開は

$$f(\sigma\tau(u))=f(\sigma)+\sum_1^\infty\frac{u^l}{l!}(T^lf)_\sigma$$

となる．$f=x_i$ のとき，$|x_i(\sigma)|<a_2, |x_i(\tau)|<a_2$ なら，式 (1) によって u のこの級数は $|u|\leqq 1$ に対して収束し，

$$P_{il}(x_1(\sigma), \cdots, x_n(\sigma)\,;\,x_1(\tau), \cdots, x_n(\tau))=\frac{1}{l!}(T^lx_i)_\sigma$$

が成りたつ．

ここで $S=\sum x_i(\sigma)X_i$, $\sigma(t)=\exp tS$ とおく．g が ε で

の解析関数なら，$g(\sigma(t))$ の t に関するテイラー展開は

$$g(\sigma(t)) = g(\varepsilon)+\sum_1^\infty \frac{t^k}{k!}(S^k g)_\varepsilon$$

となる．この式を関数 $(T^l x_i)_\sigma$ たちに適用して，最終的に

$$x_i(\sigma\tau) = \sum_{k,l=0}^\infty \frac{1}{k!l!}(S^k T^l x_i)_\varepsilon \qquad (2)$$

を得る．これらの式は $|x_i(\sigma)|<a_2, |x_i(\tau)|<a_2$ に対して成りたつ（S^0 と T^0 は恒等作用素を表わす：$S^0 f=T^0 f=f$）．

量 $(S^k T^l x_i)_\varepsilon$ は量 $x_1(\sigma), \cdots, x_n(\sigma), x_1(\tau), \cdots, x_n(\tau)$ たちの $k+l$ 次の多項式である．したがって式 (2) は関数 $x_i(\sigma\tau)$ たちのテイラー展開を与える．

つぎに $f(\sigma,\tau)$ を $\mathcal{G}\times\mathcal{G}$ 上の $(\varepsilon,\varepsilon)$ で解析的な任意の関数とする．量 $x_1(\sigma), \cdots, x_n(\sigma)$；$x_1(\tau), \cdots, x_n(\tau)$ たちに関する $f(\sigma,\tau)$ のテイラー展開がこれら $2n$ 個の変数の総次数 h の項からはじまるとき，関数 f は $(\varepsilon,\varepsilon)$ で**位数** (order) h であるという．

$$x_i(\sigma) = x_i(\varepsilon)+\sum_1^\infty \frac{1}{k!}(S^k x_i)_\varepsilon,$$

$$x_i(\tau) = x_i(\varepsilon)+\sum_1^\infty \frac{1}{l!}(T^l x_i)_\varepsilon$$

が成りたつから，式 (2) は

$$x_i(\sigma\tau) = x_i(\sigma)+x_i(\tau)+(STx_i)_\varepsilon+R_{1,i}(\sigma,\tau) \qquad (3)$$

と書ける．ただし，$R_{1,i}$ は位数 $\geqq 3$ である．

差 $x_i(\sigma\tau)-x_i(\sigma)-x_i(\tau)$ は $(\varepsilon,\varepsilon)$ で位数 2 であり，もし σ か τ の一方が ε に等しければそれも消える．したがって

$$x_i(\sigma\tau)-x_i(\sigma)-x_i(\tau) = \sum_{j,j'=1}^{n} x_j(\sigma)x_{j'}(\tau)A_{ijj'}(\sigma,\tau) \quad (4)$$

と書け，$A_{ijj'}$ は $(\varepsilon,\varepsilon)$ で解析的である．

ここで σ を $\sigma\tau$ に，τ を $\tau^{-1}\sigma^{-1}\tau\sigma$ におきかえることにより，

$$\begin{aligned} &x_i(\tau\sigma)-x_i(\sigma\tau)-x_i(\tau^{-1}\sigma^{-1}\tau\sigma) \\ &\quad = \sum_{jj'} x_j(\sigma\tau)x_{j'}(\tau^{-1}\sigma^{-1}\tau\sigma)A_{ijj'}(\sigma\tau,\tau^{-1}\sigma^{-1}\tau\sigma) \end{aligned}$$

を得る．τ か σ の一方が ε に一致すれば $x_{j'}(\tau^{-1}\sigma^{-1}\tau\sigma)$ は消えるから，それは少なくとも位数2であり，したがって差 $x_i(\tau\sigma)-x_i(\sigma\tau)-x_i(\tau^{-1}\sigma^{-1}\tau\sigma)$ は少なくとも位数3である．一方 (3) によって

$$x_i(\tau\sigma)-x_i(\sigma\tau) = ([S,T]x_i)_\varepsilon+R_{1,i}(\sigma,\tau)-R_{1,i}(\tau,\sigma)$$

だから，

$$x_i(\tau^{-1}\sigma^{-1}\tau\sigma) = ([S,T]x_i)_\varepsilon+R_{2,i}(\sigma,\tau) \quad (5)$$

となる．$R_{2,i}$ は少なくとも位数3である．

$\tau(\tau^{-1}\sigma^{-1}\tau\sigma)=\sigma^{-1}\tau\sigma$ だから，(4) によって

$$x_i(\sigma^{-1}\tau\sigma) = x_i(\tau)+([S,T]x_i)_\varepsilon+R_{3,i}(\sigma,\tau)$$

を得る．$R_{3,i}$ は少なくとも位数3である．σ を σ^{-1} に変え，$[T,S]=-[S,T]$ を使うと，

$$x_i(\sigma\tau\sigma^{-1}) = x_i(\tau)+([T,S]x_i)_\varepsilon+R_{4,i}(\sigma,\tau) \quad (6)$$

となり，$R_{4,i}$ は少なくとも位数3である．

§11 随伴表現

$\mathcal{G}$を解析群，$\mathfrak{g}$を$\mathcal{G}$のリー環とする．$\mathcal{G}$から自分自身への解析的準同型写像を$\mathcal{G}$の**解析的自己準同型写像**と言う．解析的自己準同型写像が同時に$\mathcal{G}$の多様体から自分自身への解析的同型写像でもあるとき，これを$\mathcal{G}$の**解析的自己同型写像**と言う．$\mathcal{G}$の解析的自己同型写像ぜんぶの集合Aは明きらかに群をなす．

αをAの任意の元とすると，$d\alpha$は$\mathfrak{g}$から自分自身への準同型写像である．しかも$\alpha^{-1}\circ\alpha=e$（恒等写像）が成りたつから，$d(\alpha^{-1})$は$d\alpha$の逆写像である．したがって$d\alpha$は$\mathfrak{g}$の自己同型写像である，すなわち$\mathfrak{g}$から自分自身の上への線型写像であって，$\mathfrak{g}$の任意の元X, Yに対して$d\alpha([X, Y])=[d\alpha(X), d\alpha(Y)]$が成りたつ．

写像$\alpha\to d\alpha$は明きらかにAの線型表現である．この表現は忠実である．実際すべての$X\in\mathfrak{g}$に対して$d\alpha(X)=X$と仮定しよう．§9の命題1（221ページ）によって$\alpha(\exp X)=\exp X$となるから，αは$\mathcal{G}$の中立元のある近傍Vのすべての元を不変に保つ．$\mathcal{G}$は連結だからそれはVの元たちから生成され，したがってαは$\mathcal{G}$のすべての元を不変にする．以上で主張が証明された．

$\mathcal{G}$の元σに対し，$\mathcal{G}$から自分自身への写像$\tau\to\sigma\tau\sigma^{-1}$を$\alpha_\sigma$と書く．明きらかに$\alpha_\sigma$は$A$に属し，写像$\sigma\to\alpha_\sigma$は$\mathcal{G}$から$A$への準同型写像である．

定義1 **写像** $\sigma \to d\alpha_\sigma$ **を** $\mathcal{G}$ **の随伴表現と言う.**

命題1 $\mathcal{G}$ **の随伴表現は** $\mathcal{G}$ **から** $GL(n, C)$ **への解析的準同型写像である.**

証明 $\{X_1, X_2, \cdots, X_n\}$ を $\mathfrak{g}$ の基底とし，$\{x_1, \cdots, x_n\}$ をこの基底に関する標準座標系とする.

$$d\alpha_\sigma(X_i) = \sum_{j=1}^{n} a_{ji}(\sigma) X_j$$

と書くと，随伴表現で σ を表わす行列は $(a_{ij}(\sigma))$ である. $\tau = \exp tX_i$ なら，§9の命題1（221ページ）によって

$$\sigma\tau\sigma^{-1} = \exp \sum_{j=1}^{n} t a_{ji}(\sigma) X_j$$

となる. したがって（t が十分小さければ）量 $ta_{ji}(\sigma)$ たちは $\sigma\tau\sigma^{-1}$ の標準座標である. §10の式(6)（227ページ）によれば，これらの座標たちは ε で σ の解析関数だから，随伴表現は ε で解析的，したがっていたるところ解析的であり，命題1が証明された（§6のおわりにある注意（213ページ）を見よ).

A を随伴表現とすると，dA は $\mathfrak{g}$ から $\mathfrak{gl}(n, C)$ への準同型写像である. X が $\mathfrak{g}$ の任意の元のとき，行列 $dA(X)$ を X^* と書くと，行列 $A(\exp tX)$ は $\exp tX^*$ である. したがって

$$X^* = \lim_{t \to 0} \frac{A(\exp tX) - E}{t}$$

となる（E は単位行列). §10の式(6)（227ページ）によ

り,

$$(A(\exp tX))(X_i) = X_i+t[X_i, X]+t^2\varphi(t)$$

と書け, $t\to 0$ のとき $\varphi(t)$ は有界である. したがって, X^* を $\mathfrak{g}$ の線型自己準同型写像と考えると, X^* は任意の元 $Y=\sum a_i X_i$ を $[Y, X]$ に移す.

つぎに $\mathfrak{g}$ を体 K 上の任意のリー環とする. 任意の整数 n に対し, K の元を成分とする n 次行列の全部は, 括弧積 $[X, Y]=YX-XY$ によってリー環 $\mathfrak{gl}(n, K)$ をつくる.

定義 2 **$\mathfrak{g}$ が体 K 上のリー環のとき, $\mathfrak{g}$ から $\mathfrak{gl}(n, K)$ への準同型写像を $\mathfrak{g}$ の (K 上の n 次の) 表現と言う.**

$\mathfrak{g}$ の任意の元 X に対し, $\mathfrak{g}$ から自分自身への写像 $Y\to[Y, X]$ を $\mathsf{P}(X)$ と書く. $\mathfrak{g}$ に基底を選ぶと, $\mathsf{P}(X)$ は $n=\dim\mathfrak{g}$ 次の行列で表わされる. 写像 $X\to\mathsf{P}(X)$ は明きらかに線型であり, さらに

$$\begin{aligned}[Y, [X_1, X_2]] &= -[X_1, [X_2, Y]]-[X_2, [Y, X_1]] \\ &= (\mathsf{P}(X_2)\mathsf{P}(X_1)-\mathsf{P}(X_1)\mathsf{P}(X_2))Y\end{aligned}$$

が成りたつから $\mathsf{P}([X_1, X_2])=[\mathsf{P}(X_1), \mathsf{P}(X_2)]$ となり, これは P が表現であることを示す.

定義 3 **$\mathfrak{g}$ の各元 X に, $\mathsf{P}(X)Y=[Y, X]\ (Y\in\mathfrak{g})$ によって定まる $\mathfrak{g}$ の線型自己準同型写像 $\mathsf{P}(X)$ を対応させる写像を $\mathfrak{g}$ の随伴表現と言う.**

ここで $\mathfrak{g}$ が解析群 G のリー環である場合に戻ると, そこで dA と書いた写像が $\mathfrak{g}$ の随伴表現だったことが分かる.

$\mathcal{H}$を $\mathcal{G}$の解析部分群，$\mathfrak{h}$をそのリー環とする．明きらかに$\sigma\mathcal{H}\sigma^{-1}$も $\mathcal{G}$の解析部分群で，そのリー環は写像$d\alpha_\sigma$による$\mathfrak{h}$の像である．したがって$\mathcal{H}$が正規部分群であるためには，$\mathfrak{h}$がすべての作用$d\alpha_\sigma$ $(\sigma\in\mathcal{G})$によって自分自身に移されることが必要十分である．この条件は別の形に書くこともできる：この条件がみたされるとすると，$X\in\mathfrak{h}$ならすべてのtに対して$(A(\exp tY))(X)\in\mathfrak{h}$だから，

$$[X,Y]=\lim_{t\to 0}\frac{A(\exp tY)-E}{t}X\in\mathfrak{h}$$

となり，$\mathfrak{h}$は$\mathfrak{g}$のイデアルである．

逆に$\mathfrak{h}$が$\mathfrak{g}$のイデアルと仮定する．$\mathfrak{g}$の任意の元Yに対し，$\mathfrak{g}$の随伴表現でYを表わす行列をY^*とする．$Y^*(\mathfrak{h})\subset\mathfrak{h}$であり，$\sigma=\exp Y$とすると$d\alpha_\sigma=\exp Y^*$だから$d\alpha_\sigma(\mathfrak{h})\subset\mathfrak{h}$となる．ところが$d\alpha_\sigma(\mathfrak{h})\subset\mathfrak{h}$となるような$\mathcal{G}$の元$\sigma$の全部は明きらかに$\mathcal{G}$の部分群をつくる．この群は$\mathfrak{g}$の任意の元$Y$に対する$\exp Y$をすべて含むから，それは$\mathcal{G}$の中立元のある近傍を含む．$\mathcal{G}$は連結だからこの群は$\mathcal{G}$全体になり，$\mathcal{H}$は正規部分群である．

上記により，§7の最後（216ページ）で予告しておいたつぎの結果が証明されたことになる．

命題2 **$\mathcal{H}$を解析群$\mathcal{G}$の解析部分群とする．$\mathcal{H}$が正規部分群であるためには，そのリー環が$\mathcal{G}$のリー環のイデアルであることが必要十分である．**

群$\mathcal{G}$の随伴表現の核は明きらかに$\mathcal{G}$の中心である．リ

ー環 $\mathfrak{g}$ の随伴表現の核（すなわち $\mathfrak{g}$ の元 X で随伴表現によって O に移されるもの全部の集合）は $\mathfrak{g}$ の元 X で，すべての $Y\in\mathfrak{g}$ に対して $[X, Y]=0$ となるもの全部の集合である.

定義 4　リー環 $\mathfrak{g}$ の中心とは，$\mathfrak{g}$ の元 X ですべての $Y\in\mathfrak{g}$ に対して $[X, Y]=0$ となるもの全部の集合のことである.

リー環の中心は明きらかにイデアルである.

つぎの結果は§9の命題1への系4（222ページ）からの直接の帰結である：

命題 3　解析群 $\mathcal{G}$ の中心を $\mathscr{C}_1$ とし，$\mathscr{C}_1$ での中立元の連結成分を $\mathscr{C}$ とする．すると $\mathscr{C}$ は $\mathcal{G}$ のある閉解析部分群の基礎群で，そのリー環は $\mathcal{G}$ のリー環の中心である.

つぎに $\mathfrak{g}$ を体 R 上のリー環とし，$\mathfrak{g}$ の随伴表現を P と書く．すると $\mathsf{P}(\mathfrak{g})$ は $\mathfrak{gl}(n, C)$ の部分環であり，したがって $GL(n, C)$ の解析部分群でそのリー環が $\mathsf{P}(\mathfrak{g})$ であるものが存在する（§4の定理1，204ページを見よ）．一方 $\mathsf{P}(\mathfrak{g})$ は $\mathfrak{g}/\mathfrak{c}$ に同型である（$\mathfrak{c}$ は $\mathfrak{g}$ の中心）．したがってつぎの結果が得られた：

命題 4　体 R 上の任意のリー環 $\mathfrak{g}$ に対し，ある解析群でそのリー環が $\mathfrak{g}/\mathfrak{c}$ に同型であるものが存在する（$\mathfrak{c}$ は $\mathfrak{g}$ の中心）.

とくにもしリー環 $\mathfrak{g}$ の中心がゼロ元しか含まなければ，

$\mathfrak{g}$に同型なリー環をもつ解析群が存在する．実はこの結果は勝手なリー環に対しても成りたつ．しかしそれを証明するのは非常に難かしい．

§12 導来群

$\mathfrak{g}$を体K上のリー環とする．$\mathfrak{g}$の元X, Yに対する$[X, Y]$の形の元たちによって張られるベクトル空間は明きらかに$\mathfrak{g}$のイデアルである．

定義1　リー環$\mathfrak{g}$において$[X, Y]$ $(X \in \mathfrak{g}, Y \in \mathfrak{g})$の形の元たちによって張られるイデアルを$\mathfrak{g}$の導来環と言う．それは普通$\mathfrak{g}'$と書かれる．

リー環が**可換**（または**アーベリアン**）であるとは，その任意のふたつの元X, Yに対して$[X, Y]$が0に等しいことである．リー環$\mathfrak{g}$の導来環はつぎの性質によって特徴づけられる：

命題1　$\mathfrak{g}$の導来環を$\mathfrak{g}'$とすると，剰余環$\mathfrak{g}/\mathfrak{g}'$は可換である．逆に$\mathfrak{h}$が$\mathfrak{g}$のイデアルで$\mathfrak{g}/\mathfrak{h}$が可換なら，$\mathfrak{h}$は導来環を含む．

実際，$\mathfrak{g}$のふたつの元X, Yに対し，それらの$\mathfrak{h}$を法とする剰余類を$\tilde{X}, \tilde{Y}$とする．条件《任意のX, Yに対して$[\tilde{X}, \tilde{Y}]=0$》は条件《任意のX, Yに対して$[X, Y] \in \mathfrak{h}$》と同値だから命題1が証明された．

さてGを解析群，$\mathfrak{g}$をそのリー環とする．$\mathfrak{g}$の導来環$\mathfrak{g}'$

に，$\mathcal{G}$のある解析部分群$\mathcal{G}'$が対応する．これを$\mathcal{G}$の**導来群**と言う．これはつねに正規部分群だが，必ずしも閉部分群ではない．

剰余環$\mathfrak{g}/\mathfrak{g}'$を$\mathfrak{a}$とする．$\mathfrak{a}$の次元が$d$なら，$\mathfrak{a}$は加法群$R^d$のリー環である．$\mathfrak{g}$から$\mathfrak{a}$の上への自然準同型写像$\overline{\omega}$は，$\mathfrak{g}$の任意の元$X$をその$\mathfrak{g}'$を法とする剰余類$\overline{\omega}(X)$に移す．$\mathcal{G}$の中立元$\varepsilon$の近傍$U$および$U$から$R^d$への連続写像$\varphi$で，

$$\sigma, \tau, \sigma\tau \in U \text{ ならば } \varphi(\sigma\tau) = \varphi(\sigma)+\varphi(\tau),$$

$$X \text{ が十分 } 0 \text{ に近ければ } \varphi(\exp X) = \exp \overline{\omega}(X)$$

となるものが存在する．よってσ, τが十分にεに近ければ$\varphi(\sigma\tau\sigma^{-1}\tau^{-1})=0$である．一方$\sigma, \tau$が十分小さければ，$\sigma\tau\sigma^{-1}\tau^{-1}$は$\exp X(\sigma, \tau)$の形に書け，$\sigma$と$\tau$が$\varepsilon$に近づくとき，$X(\sigma, \tau)$はゼロに近づく．$\varphi(\exp X(\sigma, \tau))$は$R^d$の中立元であり，$\sigma$と$\tau$が$\mathcal{G}$での$\varepsilon$の十分小さい近傍$U_1$に属するとき，$\overline{\omega}(X(\sigma, \tau))=0$，$X(\sigma, \tau) \in \mathfrak{g}'$および$\sigma\tau\sigma^{-1}\tau^{-1} \in \mathcal{G}'$が成りたつ．$\mathcal{G}$は連結だから$U_1$の元ぜんぶは$\mathcal{G}$の生成集合である．これからすぐ分かるように，$\mathcal{G}'$は$\mathcal{G}$の交換子群$\mathscr{C}$，すなわち交換子$\sigma\tau\sigma^{-1}\tau^{-1}(\sigma, \tau \in \mathcal{G})$のぜんぶから生成される群を含む．

逆に$\mathcal{G}'$のすべての元が$\mathscr{C}$に属することを証明しよう．$\mathcal{G}'$は連結だから，εの$\mathcal{G}'$でのある近傍の元ぜんぶが$\mathscr{C}$に属することを示せばよい．

$\mathfrak{g}$の元の有限個のペア$(Y_1, Z_1), \cdots, (Y_r, Z_r)$を選んで$U_1=[Y_1, Z_1], \cdots, U_r=[Y_r, Z_r]$が$\mathfrak{g}'$の基底になるようにする．

これに$n-r$個の$\mathfrak{g}$の元$U_{r+1}, \cdots, U_n$を付け加えて，$\{U_1, U_2, \cdots, U_n\}$を$\mathfrak{g}$の基底とする．この基底に関する標準座標系$\{u_1, u_2, \cdots, u_n\}$をとる．$V$をこの座標系に関する$\varepsilon$の正方近傍とする．

つぎのようにおく$(1 \leqq i \leqq r)$：

$$\sigma_i(s) = \exp sY_i, \quad \tau_i(t) = \exp tZ_i,$$

$$\rho_i(s, t) = \sigma_i(s)\tau_i(t)\sigma_i^{-1}(s)\tau_i^{-1}(t).$$

関数$u_i(\rho_j(s, t))$たちは$s=t=0$で解析的だから

$$u_i(\rho_j(s, t)) = ta_{ij}(s) + t^2 b_{ij}(s) + \cdots$$

と書ける．ただし関数$a_{ij}(s), b_{ij}(s), \cdots$たちは$s=0$で解析的である．さらに$U_i=[Y_i, Z_i]$だから，§10の式 (5)（227ページ）によって

$$\lim_{s \to 0} \frac{a_{ij}(s)}{s} = -\delta_{ij}$$

が成りたつ．したがってsの値$s_1 \neq 0$を見つけて$|s| \leqq |s_1|$なら$\exp sX_i \in V$かつ$\boxed{a_{ij}(s)} \neq 0$とすることができる．

$\rho_i(t) = \rho_i(s_1, t)$ $(1 \leqq i \leqq r)$とおき，

$$\rho(t_1, t_2, \cdots, t_r) = \rho_1(t_1)\rho_2(t_2)\cdots\rho_r(t_r)$$

と書くと，

$$\left(\frac{\partial u_i(\rho(t_1, \cdots, t_r))}{\partial t_j}\right)_{t=0} = a_{ij}(s_1)$$

が成りたち，十分小さい$|t_1|, \cdots, |t_r|$に対しては$u_{r+h}(\rho(t_1, t_2, \cdots, t_r)) = 0$ $(1 \leqq h \leqq n-r)$となる．第二の式は$\rho(t_1, t_2, \cdots, t_r)$が交換子群に，したがって$G'$に属することから得られる．

$\boxed{a_{ij}(s)} \neq 0$ だから陰関数定理により，V の元 σ で $u_{r+1}(\sigma)=\cdots=u_n(\sigma)=0$ なるものは，$|u_1(\sigma)|,\cdots,|u_r(\sigma)|$ が十分小さければ，$\rho(t_1, t_2, \cdots, t_r)$ の形に書くことができる．ところがこれらの条件は，ε の $\mathcal{G}'$ での適当な近傍の任意の元に対して成りたっている．$\rho(t_1, t_2, \cdots, t_r)$ はつねに $\mathcal{G}$ の交換子群に属するから，われわれの主張が証明された．

注意　群 $\mathcal{G}$ が単連結なら，$\mathfrak{g}$ から $\mathfrak{g}/\mathfrak{g}'$ への射影 $\overline{\omega}$ に，$\mathcal{G}$ から R^d への連続準同型写像 H が対応する．この準同型写像の核は $\mathcal{G}$ の閉部分群であり，そのリー環は $\mathfrak{g}'$ である．この群での ε の連結成分は $\mathcal{G}'$ と一致する．しかもこの連結成分は明きらかに閉部分群である．したがって **$\mathcal{G}$ が単連結な解析群なら，$\mathcal{G}$ の交換子群は閉部分群である．**

いろいろの例が示すように，この言明において $\mathcal{G}$ が単連結だという条件は落とせない．

$\mathcal{G}'$ に対して使ったのと同じ方法によって，つぎのことが証明できる：**$\mathcal{G}$ が単連結な解析群で $\mathfrak{h}$ が $\mathcal{G}$ のリー環 $\mathfrak{g}$ のイデアルのとき，もし $\mathfrak{g}/\mathfrak{h}$ と同型なリー環をもつ解析群が存在すれば，$\mathfrak{h}$ をリー環とする $\mathcal{G}$ の解析部分群は必然的に閉部分群である．**

§13　リー環の位相不変性

この節では，ふたつの解析群が同じ基礎位相群をもてば，それらは解析群として一致すること，とくに同じリー環をもつことを証明する．

$\mathcal{G}$を解析群とする．$\mathcal{G}$の中立元εでの標準座標系$\{x_1, x_2, \cdots, x_n\}$を選び，この座標系に関する$\varepsilon$の正方近傍$V_1$をとる．$V_1$の幅を$a_1$とする．

補題1 a**を**$0<a<a_1$**なる数とし，**V_1**の点**σ**で**$|x_i(\sigma)|<a$ $(1\leqq i\leqq n)$**なるもの全部の集合を**V**とする．**V_1**の元**σ**が**$|x_i(\sigma)|\leqq a_1-a$ $(1\leqq i\leqq n)$**をみたし，**$\sigma, \sigma^2, \cdots, \sigma^k$**たちがすべて**$V$**に属するならば，**$|x_i(\sigma)|<\dfrac{a}{k}$**および**$x_i(\sigma^l)=lx_i(\sigma)$ $(1\leqq i\leqq n, 0\leqq l\leqq k)$**が成りたつ．**

証明 座標系$\{x_1, \cdots, x_n\}$に対応する$\mathcal{G}$のリー環$\mathfrak{g}$の基底を$\{X_1, \cdots, X_n\}$とし，$X=\sum x_i(\sigma)X_i$とおく．すでに知っているように，$|tx_i(\sigma)|<a_1$ $(1\leqq i\leqq n)$なるtのすべての値に対して$\exp tX\in V_1$が成りたつ．$\sigma\neq\varepsilon$とし，数t_0を等式$t_0\cdot\max(|x_i(\sigma)|)=a_1$によって定める．このとき$t_0>k$が成りたつことを示す．$h<t_0\leqq h+1$なる整数$h$をとると$\sigma^h=\exp hX\in V_1$, $x_i(\sigma^h)=hx_i(\sigma)$ $(1\leqq i\leqq n)$が成りたつ．$t_0|x_i(\sigma)|=a_1$なる添字iをとると$h|x_i(\sigma)|\geqq a_1-|x_i(\sigma)|\geqq a$が成りたち，したがって$\sigma^h$は$V$に属さない．よって$t_0>h>k$となって主張が証明された．したがって$1\leqq l\leqq k$なる$l$に対して$x_i(\sigma^l)=x_i(\exp lX)=lx_i(\sigma)$が成りたち，$l=k$として$|x_i(\sigma)|<\dfrac{a}{k}$が成りたつ．

注意 $-k\leqq l\leqq k$に対して明らかに$x_i(\sigma^l)=lx_i(\sigma)$が成りたつ．

つぎにΘを実数の加法群Rから$\mathcal{G}$への連続準同型写像とする．補題1の記号のまま，ある区間$]-t_1, t_1[$ $(t_1>0)$をとると，この区間のすべてのtに対して$\Theta(t)\in V$が成りたつ．ここで$f_i(t)=x_i(\Theta t)\,(-t_1<t<t_1)$とおくと，十分大きな整数$k$に対して$|f_i(k^{-1}t)|<a_1-a\ (1\leqq i\leqq n)$が成りたつ．一方$\Theta$は準同型写像であり，$\Theta(t)=(\Theta(k^{-1}t))^k$だから，

$$f_i(t) = kf_i\left(\frac{t}{k}\right),$$

$$f_i\left(l\frac{t}{k}\right) = lf_i\left(\frac{t}{k}\right) = \frac{l}{k}f_i(t)$$

が成りたつ．ただしkは十分大きく，$|l|\leqq k$である．

関数$f_i(t)$たちは連続だから，すぐ分かるように$|t'|\leqq 1$なら$f_i(t't)=t'f_i(t)$である．t_2を区間$]-t_1, t_1[$内の任意の固定した数$\neq 0$とすると$\Theta(t)=\exp tt_2^{-1}X$が$|t|\leqq|t_2|$に対して成りたつ．ただし$X=\sum f_i(t_2)X_i$である．写像$t\to\Theta(t)$および$t\to\exp tt_2^{-1}X$はともに準同型写像だから，上の式は$t$のすべての値に対して成りたち，したがって$\Theta$は解析的である．

命題1　解析群$\mathcal{G}$から解析群$\mathcal{H}$への連続な準同型写像Hは解析的準同型写像である．

証明　$\{X_1, \cdots, X_n\}$を$\mathcal{G}$のリー環$\mathfrak{g}$の基底とする．写像$t\to H(\exp tX_i)$はRから$\mathcal{H}$への連続準同型写像だから，各iに対して$\mathcal{H}$のリー環の元Y_iで$H(\exp tX_i)=\exp tY_i$

となるものが存在する．そして

$$H((\exp t_1X_1)(\exp t_2X_2)\cdots(\exp t_nX_n))$$
$$= (\exp t_1Y_1)(\exp t_2Y_2)\cdots(\exp t_nY_n) \qquad (1)$$

が成りたつ．$\mathfrak{g}$ の基底 $\{X_1, X_2, \cdots, X_n\}$ に対応する $\mathcal{G}$ の標準座標を $x_1, x_2, \cdots, x_n$ とする．$|t_1|, \cdots, |t_n|$ が十分小さければ，$\mathcal{G}$ の元 $(\exp t_1X_1)(\exp t_2X_2)\cdots(\exp t_nX_n)$ は中立元のある標準近傍に属し，その座標 $\varphi_1(t_1, \cdots, t_n), \cdots, \varphi_n(t_1, \cdots, t_n)$ たちは $t_1, \cdots, t_n$ の解析関数である．

$t_i=\delta_{ij}t$ なら $\varphi_i=\delta_{ij}t$ だから，$\left(\dfrac{\partial\varphi_i}{\partial t_j}\right)_{0,\cdots,0}=\delta_{ij}$ となる．よって関数行列式 $\dfrac{D(\varphi_1, \varphi_2, \cdots, \varphi_n)}{D(t_1, t_2, \cdots, t_n)}$ は $t_1=t_2=\cdots=t_n=0$ で 1 に等しい．したがって中立元の近傍 V で，すべての $\sigma\in V$ が $(\exp t_1X_1)(\exp t_2X_2)\cdots(\exp t_nX_n)$ の形に書けるものが存在する．ただし数 $t_1, t_2, \cdots, t_n$ たちは σ に解析的に依存する．すると式 (1) からすぐ分かるように，写像 $\sigma\to H(\sigma)$ は中立元で解析的，したがっていたるところ解析的である．

はじめに予告した結果はただちに出る：

定理 3　ふたつの解析群 $\mathcal{G}, \mathcal{G}'$ が同じ基礎位相群をもてば，それらは一致する．

実際，やるべきことは命題 1 を $\mathcal{G}$ から $\mathcal{G}'$ への恒等写像と $\mathcal{G}'$ から $\mathcal{G}$ への恒等写像に適用することだけである．これらの写像は解析的だから，これらは互いに逆の解析的同型写像である．

定義1 $\mathcal{G}$ **を局所連結な位相群とする．** $\mathcal{G}$ **の中立元の連結成分がある解析群** G_1 **の基礎位相群であるとき，** $\mathcal{G}$ **をリー群と言う．**

このとき，定理3によって G_1 は一意的に決まる．G_1 のリー環を $\mathcal{G}$ の**リー環**と言う．

リー群はつねに局所デカルト空間である（すなわち中立元のある近傍が R^n と同相である）．ヒルベルトは逆に，局所デカルト群はすべてリー群だろうと予想した．この予想はある種の制約条件のもとで証明された．たとえばコンパクト群およびアーベル群については正しい．ほとんど確実に一般の場合にも正しいと思われるが，その証明にはおそらくまったく新しい接近法が要求されるだろう*)．

離散群はもちろん（0次元の）リー群である．第1章で扱った線型群はすべてリー群である．リー群の中心はリー群である．有限個のリー群の積はリー群である．つぎの節で，リー群の閉位相部分群がすべてリー群であることを証明する．

§14 リー群であるための判定条件

命題1 $\mathcal{G}$ **を局所コンパクト位相群とし，** $\mathcal{G}$ **からリー群** $\mathcal{H}$ **への一対一の連続準同型写像** H **があるとする．このと**

*）［訳注］1952年に肯定的に解決された．

き$\mathcal{G}$自身もリー群である.

証明[*] 加法群Rから$\mathcal{G}$への連続準同型写像ぜんぶの集合を$\tilde{\mathfrak{g}}$と書く. $\tilde{\mathfrak{g}}$の各元Θに, $\mathcal{H}$のリー環$\mathfrak{h}$の元$Y=Y(\Theta)$を

$$H(\Theta(t)) = \exp tY \quad (t \in R)$$

によって対応させる.

$\tilde{\mathfrak{g}}$の各元Θに対応する元$Y(\Theta)$の全部は$\mathfrak{h}$の部分集合$\mathfrak{h}_1$をつくる. $\mathfrak{h}_1$の線型独立な元たちの最大数をrとする(rはゼロかもしれない). $\mathfrak{h}$の基底$\{Y_1, Y_2, \cdots, Y_n\}$を, その最初の$r$個$Y_1, Y_2, \cdots, Y_r$が$\mathfrak{h}_1$に属するように選ぶ. この基底に, $\mathcal{H}$の中立元ηでの標準座標系$\{y_1, y_2, \cdots, y_n\}$が対応する. V_1をこの座標系に関する正方近傍とする.

Hは連続だから, $\mathcal{G}$の中立元εのコンパクト近傍Uで, $H(U) \subset V_1$なるものがある. 集合Uの境界をBとする. Bはコンパクトでεを含まない. Hは一対一だから, $H(B)$はηを含まない. したがって(V_1の幅より小さい)ある数$a>0$をとると, Bのすべての元σに対して$\max_i |y_i(H\sigma)| > a$が成りたつ. 点$\eta$の幅$a$の正方近傍を$V$とする.

V_1の任意の元τに対して$d(\tau) = (\sum_1^n y_i^2(\tau))^{\frac{1}{2}}$とおく.

補題1 **Uの元$\sigma_k \neq \varepsilon$の列が$\varepsilon$に収束し, $k \to \infty$のとき, 各iに対する列$\dfrac{y_i(H\sigma_k)}{d(H\sigma_k)}$が極限$u_i$に収束すると仮定する.**

---

*) [訳注] 証明が完成するまえに, 補題1とそれへの系および命題2が入る.

このとき $Y=\sum u_iY_i$ は $\mathfrak{h}_1$ に属し，対応する $\tilde{\mathfrak{g}}$ の元を Θ とすると，$|t|<a$ に対して $\Theta(t)\in U$ が成りたつ.

証明 任意の k に対し，つぎの二条件をみたす整数 l_k の最大のものを l_k とする：(1) $l_kd(H\sigma_k)<a$, (2) $0\leqq m\leqq l_k$ なるすべての整数 m に対して $\sigma_k^m\in U$. σ' を列 $(\sigma_k^{l_k})$ の任意の集積点とする. $l_kd(H\sigma_k)<a$ だから $|l_ky_i(H\sigma_k)|<a$ $(1\leqq i\leqq n)$ であり，したがって $(H\sigma_k)^{l_k}=H(\sigma_k^{l_k})\in V$ となる. さらに $y_i(H\sigma')$ は数列 $(l_ky_i(H\sigma_k))$ の集積点だから，$|y_i(H\sigma')|\leqq a$ $(1\leqq i\leqq n)$ が成りたつ. とくに列 $(\sigma_k^{l_k})$ のどの集積点も B に属さない.

任意の k に対し，$(l_k+1)d(H\sigma_k)>a$ であるか，または $\sigma_k^{l_k+1}$ が U に属さないかのどちらかである. この第二の場合となる整数 k ぜんぶの集合を K とする. かりに K が無限集合だったと仮定すると，$k\in K$ に対する $\sigma_k^{l_k}$ は無限列をつくり，(U がコンパクトだから) 集積点 $\sigma'\in U$ をもつ. しかし $\sigma_k^{l_k+1}=\sigma_k^{l_k}\sigma_k$, $\lim\sigma_k=\varepsilon$ だから，σ' は U の補集合の元から成るある列の集積点でもある. したがって σ' は B に属することになり，矛盾である. よって十分大きい k に対して $l_kd(H\sigma_k)<a\leqq(l_k+1)d(H\sigma_k)$ となるから $\lim l_kd(H\sigma_k)=a$ が成りたつ.

つぎに t を $0\leqq t<a$ なる数とする. 各 k に対し，m_k を $m_k\leqq a^{-1}tl_k$ なる最大の整数とする. $m_k<l_k$ だから $|m_ky_i(H\sigma_k)|<a$ $(1\leqq i\leqq n)$, $\sigma_k^{m_k}\in U$ となる. したがって $(H\sigma_k)^{m_k}\in V$ かつ $y_i(H\sigma_k^{m_k})=m_ky_i(H\sigma_k)$ $(1\leqq i\leqq n)$. $\lim\dfrac{m_k}{l_k}=ta^{-1}$, $\lim l_kd(H\sigma_k)=a$ から

$$\lim m_k y_i(H\sigma_k) = tu_i \quad (1 \leqq i \leqq n)$$

が出，これから

$$\lim H(\sigma_k^{m_k}) = \exp \sum tu_i Y_i = \exp tY \tag{1}$$

が出る．

一方 U がコンパクトだから，連続かつ一対一の写像 H は U を同相に移す．したがって式 (1) により，列 $\sigma_k^{m_k}$ は U のなかに極限 $\sigma(t)$ をもち，

$$H(\sigma(t)) = \exp tY \tag{2}$$

が成りたつ．(k が十分大きければ $\sigma_k^{-1} \in U$ だから，) σ_k を σ_k^{-1} におきかえることにより，元 $\sigma(-t) \in U$ が存在して $H(\sigma(-t)) = \exp(-tY)$ となる．

元 $\sigma(t)$ はいまや $|t|<a$ に対して定義され，これらの値に対して (2) が成りたつ．この等式からすぐ分かるように，$|t_1|<a, |t_2|<a, |t_1+t_2|<a$ なら $\sigma(t_1+t_2) = \sigma(t_1)\sigma(t_2)$ が成りたつ．しかも $\sigma(t)$ は t の連続関数である．

R は単連結だから，R から $\mathcal{G}$ への連続準同型写像 Θ で，$|t|$ が十分小さいとき $\Theta(t) = \sigma(t)$ となるものが存在する．対応する元 $Y(\Theta) \in \mathfrak{h}$ は明きらかに Y である．すべての t に対して $H(\Theta(t)) = \exp tY$ だから，$|t|<a$ に対して $\Theta(t) = \sigma(t)$ が成りたち，補題 1 が証明された．

系 Θ を $\tilde{\mathfrak{g}}$ の元とする．もし $Y(\Theta) = \sum v_i Y_i$ なら，$|t| < a(\sum v_i^2)^{-\frac{1}{2}}$ に対して $\Theta(t) \in U$ が成りたつ．

これは，$u_i = v_i(\sum v_i^2)^{-\frac{1}{2}}$ として補題 1 を列 $\sigma_k = \Theta(k^{-1}t)$ に適用すればすぐ出る．

つぎに$\mathfrak{h}_1$がベクトル空間であることを証明する．まず$Y=Y(\Theta)\in\mathfrak{h}_1$で$a\in R$なら，$aY$は連続準同型写像$t\to\Theta(at)$に対応するから$\mathfrak{h}_1$に属する．あとは$Z_1=\sum u_iY_i$, $Z_2=\sum v_iY_i$がともに$\mathfrak{h}_1$に属するとき，Z_1+Z_2がやはり$\mathfrak{h}_1$に属することを示せばよい．Θ_1,Θ_2をRから$\mathcal{G}$への連続準同型写像で$Z_1=Y(\Theta_1), Z_2=Y(\Theta_2)$なるものとする．ここで

$$\sigma_k=\Theta_1(k^{-1})\Theta_2(k^{-1}) \quad (1\leqq k<\infty)$$

とおく．kが十分大きければ$\sigma_k\in U$である．さらに$y_i(H\Theta_1(k^{-1}))=u_ik^{-1}$, $y_i(H\Theta_2(k^{-1}))=v_ik^{-1}$が成りたつ．§10の式（3）（226ページ）により，

$$y_i(H\sigma_k)=k^{-1}(u_i+v_i)+k^{-2}A_i(k)$$

を得る．ただし$A_i(k)$はkが限りなく大きくなるとき有界である．

一般性を失わずに$Z_1+Z_2\neq 0$としてよい．すると十分大きいkに対して$\sigma_k\neq 0$であり，

$$d(H\sigma_k)=L^{-1}(\sum_i(u_i+v_i)^2)^{\frac{1}{2}}+A(k)k^{-2}$$

が成りたち，$A(k)$は有界である．補題1によって$(\sum(u_i+v_i)^2)^{-\frac{1}{2}}(Z_1+Z_2)\in\mathfrak{h}_1$が成りたつから$Z_1+Z_2\in\mathfrak{h}_1$が得られ，$\mathfrak{h}_1$がベクトル空間だという主張が証明された．

補題1への系により，$\exp\sum_1^r u_iY_i$の形の元は，$\sum_1^r u_i^2<a^2$であれば，すべてUのある元のHによる像である．

つぎにUの元σであって$y_{r+1}(H\sigma)=\cdots=y_n(H\sigma)=0$で

あるもの全部の集合を U_1 とする．以下，U_1 **が** $\mathcal{G}$ **での** ε **の近傍である**ことを証明する．

$|u_1|, |u_2|, \cdots, |u_n|$ が十分小さければ，元

$$\left(\exp \sum_1^r u_i Y_i\right)\left(\exp \sum_{r+1}^n u_i Y_i\right)$$

は V に属し，その座標は $u_1, \cdots, u_n$ の解析関数 $\psi_i(u_1, \cdots, u_n)$ として表わされる．$u_i = \delta_{ij} u$ なら $\psi_i = \delta_{ij} u$ だから，

$$\left(\frac{\partial \psi_i}{\partial u_j}\right)_{u=0} = \delta_{ij}, \quad \left(\frac{D(\psi_1, \cdots, \psi_n)}{D(u_1, \cdots, u_n)}\right)_{u=0} = 1$$

が成りたつ．したがって $\mathcal{H}$ 上の η での座標系 $(z_1, z_2, \cdots, z_n)$ で，$|u_i| < b\ (1 \leqq i \leqq n)$ なるかぎり

$$z_i\left(\left(\exp \sum_1^r u_i Y_i\right)\left(\exp \sum_{r+1}^n u_i Y_i\right)\right) = u_i \quad (1 \leqq i \leqq n)$$

となるものが存在する．V_2 をこの座標系に関する η の正方近傍とし，その幅は b より小さく，V_2 は V に含まれると仮定する．

ここでかりに U_1 が ε の近傍でなかったと仮定しよう．すると U_1 に属さない U の元の列 σ_k で $\lim \sigma_k = \varepsilon$ かつ $H\sigma_k \in V_2$ となるものが存在する．$\lim z_i(\sigma_k) = 0$ だから，十分大きい k に対し，元 $\exp \sum_1^r z_i(\sigma_k) Y_i$ は U のある元 σ'_k の H による像である．さらに $\lim \exp \sum_1^r z_i(\sigma_k) Y_i = \eta$ であり，H は U から V への同相写像だから，$\lim \sigma'_k = \varepsilon$ を得る．ここで

$$\sigma''_k = (\sigma'_k)^{-1} \sigma_k$$

とおくと，十分大きい k に対して $\sigma''_k \in U$ となる．$\sigma'_k \in U_1$

だから，k が十分大きければ $\sigma_k'' \neq \varepsilon$ である．さらに

$$H\sigma_k'' = \exp \sum_{r+1}^{n} z_i(H\sigma_k)\, Y_i$$

だから

$$y_1(H\sigma_k'') = \cdots = y_r(H\sigma_k'') = 0,$$
$$y_{r+h}(H\sigma_k'') = z_{r+h}(H\sigma_k) \quad (1 \leqq h \leqq n-r)$$

が成りたつ．必要なら列 σ_k'' を部分列におきかえて，一般性を失わずに列 $\dfrac{y_i(H\sigma_k'')}{d(H\sigma_k'')}$ が極限 u_i $(1\leqq i\leqq n)$ をもつと仮定してよい $\left(\left|\dfrac{y_i(H\sigma_k'')}{d(H\sigma_k'')}\right|\leqq 1 \text{ だから}\right)$．明らかに $u_1=u_2=\cdots=u_r=0$, $\sum_{r+1}^{n} u_i^2=1$ が成りたつ．補題1によって元 $\sum_{r+1}^{n} u_i Y_i$ は $\mathfrak{h}_1$ に属するから，これは $\{Y_1, \cdots, Y_r\}$ が $\mathfrak{h}_1$ の基底であることに反し，矛盾である．以上で U_1 が ε の近傍であることが証明された．

$\sigma\in U_1$ なら $H\sigma=\exp\sum_1^r y_i(H\sigma)\, Y_i$ と書ける．$x_i(\sigma)=Y_i(H\sigma)$ $(1\leqq i\leqq r)$ とおく．σ に点 $\{x_1(\sigma), \cdots, x_r(\sigma)\}$ を対応させる写像は，明らかに U_1 を R^r のある部分集合の上に同相に移し，その集合は不等式系 $|x_i|<a$ $(1\leqq i\leqq r)$ で定義される正方体を含む．

ある数 $a'>0$ をとると，$|y_i(\tau_1)|<a', |y_i(\tau_2)|<a'$ なら $\tau_1\tau_2^{-1}\in V$ となる．U_1 の元 σ で $|x_i(\sigma)|<a'$ $(1\leqq i\leqq r)$ なるもの全部の集合を U_1' と書くと，$\sigma_1, \sigma_2\in U_1'$ なら $\sigma_1\sigma_2^{-1}\in U_1$ であり，関数 $x_i(\sigma_1\sigma_2^{-1})$ たちは $x_1(\sigma_1), \cdots, x_r(\sigma_1), x_1(\sigma_2), \cdots, x_r(\sigma_2)$ の関数として表わされる．これらの関数は $|x_i(\sigma_1)|$

$<a', |x_i(\sigma_2)|<a'$ で定義されて解析的である.

$\mathcal{G}$ がリー群だということは, つぎの命題2から導かれる.

命題2 **$\mathcal{G}$ を位相群とし, $\mathcal{G}$ の中立元 ε の近傍 U および U 上定義された n 個の実数値関数 $x_1, x_2, \cdots, x_n$ で, つぎの二条件をみたすものが存在すると仮定する:**

1) 写像 $\sigma \to (x_1(\sigma), \cdots, x_n(\sigma))$ は U から R^n の正方体 Q への同相写像である. ただし Q は不等式系 $|x_i|<a$ $(1 \leqq i \leqq n)$ によって定まるものであり, $a>0$ はある数である.

2) 数 $a'>0$ $(a'<a)$ および n 個の関数

$$f_i(u_1, u_2, \cdots, u_n ; v_1, v_2, \cdots, v_n) \quad (1 \leqq i \leqq n)$$

でつぎのようなものが存在する: これらの関数は不等式系 $|u_i|<a', |v_i|<a'$ $(1 \leqq i \leqq n)$ の定める領域で定義されて解析的であり, $|x_i(\sigma)|<a', |x_i(\tau)|<a'$ $(1 \leqq i \leqq n)$ なら $\sigma\tau^{-1} \in U$ かつ

$$x_i(\sigma\tau^{-1}) = f_i(x_1(\sigma), \cdots, x_n(\sigma) ; x_1(\tau), \cdots, x_n(\tau))$$

が成りたつ. このとき $\mathcal{G}$ はリー群である.

証明 $\mathcal{G}$ での ε の連結成分を $\mathcal{G}_1$ とする. U は ε の近傍で連結だから, $\mathcal{G}_1$ は明きらかに開集合である. よって $\mathcal{G}_1$ がリー群であることを証明すればいい. 一般性を失わずに $\mathcal{G}$ 自身が連結だと仮定する.

$\mathcal{G}$ の元 σ に伴う $\mathcal{G}$ の左移動を φ_σ と書く. σ の $\mathcal{G}$ での近傍で定義された実数値関数で, σ のまわりで関数 $x_1 \circ \varphi_{\sigma^{-1}}$, $x_2 \circ \varphi_{\sigma^{-1}}, \cdots, x_n \circ \varphi_{\sigma^{-1}}$ たちに解析的に従属するもの全部の集

合を $\mathcal{A}(\sigma)$ と書く．このとき対応 $\sigma\to\mathcal{A}(\sigma)$ が，$\mathcal{G}$ を基礎空間とする多様体を定義することを示す．

第3章§1の条件 I, II（135ページ）は明きらかにみたされる．φ_σ は $\mathcal{G}$ から自分自身への同相写像だから，条件 III の性質 1）と 2）は成りたつ．性質 3）を調べればいい．U の元 ξ で $|x_i(\xi)|<a'$ なるもの全部の集合を U' とすると，U' は ε の近傍である．したがって $\sigma U'^{-1}$ は σ の近傍である．τ がこの集合の任意の元なら $\tau^{-1}\sigma=\xi\in U'$．したがって

$$
\begin{aligned}
(x_i\circ\varphi_{\sigma^{-1}})(\rho) &= x_i(\sigma^{-1}\rho) = x_i(\sigma^{-1}\tau\tau^{-1}\rho)\\
&= x_i(\xi^{-1}(\rho^{-1}\tau)^{-1})\\
&= f_i(x_1(\xi^{-1}),\cdots,x_n(\xi^{-1})\,;\,x_1(\rho^{-1}\tau),\cdots,x_n(\rho^{-1}\tau))
\end{aligned}
$$

となる．この式は $\tau^{-1}\rho\in U', \rho\in\tau U'$ に対して成りたつから，関数 $x_i\circ\varphi_{\sigma^{-1}}$ たちは $\mathcal{A}(\sigma)$ に属し，性質 3）が示された．

したがって対応 $\sigma\to\mathcal{A}(\sigma)$ は多様体 G を定義する．$G\times G$ から G への写像 $(\sigma,\tau)\to\sigma\tau^{-1}$ は $G\times G$ の点 $(\varepsilon,\varepsilon)$ で明きらかに解析的である．これがいたるところ解析的であることの証明が残っている．

定義から左移動 φ_σ はどれも多様体 G から自分自身への解析的同型写像である．それは σ に伴う右移動 ψ_σ についても同様である：実際，まず $|x_i(\sigma)|<a'$ $(1\leqq i\leqq n)$ と仮定する．写像 $J:\tau\to\tau^{-1}$ は明きらかに ε で解析的であり，ψ_σ はまず J を施し，つぎに $|x_i(\sigma)|<a'$ $(1\leqq i\leqq n)$ なるかぎり ε で解析的な写像 $\tau\to\tau^{-1}\sigma$ を施すことによって得られ

る．式 $\psi_\sigma\tau=\tau\sigma=\varphi_{\tau_0}(\tau_0^{-1}\tau\sigma)$ により，$\sigma\in U'$ なら ψ_σ はすべての点 τ_0 で解析的である．ところが U' は連結群 $\mathcal{G}$ の ε の近傍であり，これは $\mathcal{G}$ の生成系である．したがって $\mathcal{G}$ の任意の元 σ は $\sigma_1\sigma_2\cdots\sigma_k$ の形 $(\sigma_j\in U', 1\leqq j\leqq k)$ に書ける．$\psi_\sigma=\psi_{\sigma_k}\circ\psi_{\sigma_{k-1}}\circ\cdots\circ\psi_{\sigma_1}$ だから ψ_σ は解析写像である．

最後に写像 $(\sigma,\tau)\to\sigma\tau^{-1}$ がすべての点 (σ_0,τ_0) で解析的なことを証明するために，

$$\sigma\tau^{-1}=\sigma_0(\sigma_0^{-1}\sigma)(\tau_0^{-1}\tau)^{-1}\tau_0^{-1}$$

と書く．明らかに $G\times G$ から自分自身への写像 $(\sigma,\tau)\to(\sigma_0^{-1}\sigma,\tau_0^{-1}\tau)$ は (σ_0,τ_0) で解析的である．φ_{σ_0} と ψ_{τ_0} は解析写像であり，写像 $(\sigma,\tau)\to\sigma\tau^{-1}$ は $(\varepsilon,\varepsilon)$ で解析的だから，それは (σ_0,τ_0) でも解析的である．

以上で G がある解析群の基礎多様体で，その基礎位相群が $\mathcal{G}$ であることが示され，命題1と命題2の証明が完成した．

系　リー群の閉部分群はすべてリー群である．

実際，リー群は局所コンパクトだから，上と同じことがリー群のすべての閉部分群に対して成りたつ．

また，命題2からすぐ分かるように，リー群に局所同型な位相群はそれ自身リー群である．$\mathcal{G}$ がリー群なら，$\mathcal{G}$ は明らかに局所単連結である．したがってもし $\mathcal{G}$ が連結なら，それは単連結被覆群 $(\tilde{\mathcal{G}},f)$ をもち，$\tilde{\mathcal{G}}$ はリー群である．

§15 自己同型群

H を $GL(n, C)$ の部分群とする. $GL(n, C)$ 内の行列 σ の成分を $x_{ij}(\sigma)$ $(1 \leqq i, j \leqq n)$ と書く. H が $GL(n, C)$ の**代数部分群**であるとはつぎのことである：n^2 個の変数の多項式 $P_\alpha(\cdots, x_{ij}, \cdots)$ の集合（α はある添字集合を走る）で, 条件

$$\sigma \in H$$

と条件

$$P_\alpha(\cdots, x_{ij}, \cdots) = 0 \quad (\text{すべての}\ \alpha\ \text{に対して})$$

とが同値であるものが存在する.

たとえば $SL(n, C)$ や $O(n, C)$ は $GL(n, C)$ の代数部分群であり, $Sp(n, C)$ は $GL(2n, C)$ の代数部分群である.

数 $x_{ij}(\sigma)$ の実部と虚部をそれぞれ $x'_{ij}(\sigma), x''_{ij}(\sigma)$ と書く. もし $2n^2$ 個の変数の多項式 $Q_\beta(\cdots, x'_{ij}, x''_{ij}, \cdots)$ が存在し, 条件 $\sigma \in H$ と条件 $Q_\beta(\cdots, x'_{ij}(\sigma), x''_{ij}(\sigma), \cdots) = 0$（すべての β に対して）とが同値になるとき, H は $GL(n, C)$ の**擬代数部分群**（pseudo-algebraic subgroup）であると言う. たとえば $GL(n, R), SL(n, R), O(n), SO(n), U(n), SU(n)$ は $GL(n, C)$ の擬代数部分群であり, $Sp(n)$ は $GL(2n, C)$ の擬代数部分群である.

§14の最後にある系（249ページ）により, $GL(n, C)$ の代数部分群および擬代数部分群は（$GL(n, C)$ の位相部分群と考えて）リー群である.

つぎに $\mathfrak{g}$ を実数体 R 上の**双線型代数系**（algebra）とする．すなわち $\mathfrak{g}$ は R 上有限次元 n のベクトル空間であり，そこに双線型な算法 $(X, Y) \to XY$ が定義されている（算法については双線型性のほかはいかなる条件も要請しない）．双線型代数系 $\mathfrak{g}$ の自己同型写像の全体は，明らかに $\mathfrak{g}$ の基礎ベクトル空間の自己同型群（すなわち $GL(n, R)$）の部分群 $\mathscr{A}$ を作る．$\{X_1, \cdots, X_n\}$ を $\mathfrak{g}$ の基底とする．この基底に関し，$\mathfrak{g}$ の任意の自己同型写像 α はひとつの行列（これも α と書く）で表わされる．

$$\alpha(X_i) = \sum_{j=1}^{n} a_{ji} X_j \quad (1 \leqq i \leqq n)$$

とおく．すると α が自己同型写像（すなわち条件 $\alpha(X_iX_j) = \alpha(X_i)\alpha(X_j)$）であるための条件は，成分 a_{ij} たち（これらは実数）のあいだのいくつかの代数的関係で表わされる．したがって $\mathscr{A}$ は $GL(n, R)$ の擬代数部分群であり，リー群である．この群のリー環を決定しよう．

$\mathscr{A}$ のリー環を $\mathfrak{a}$ とする．すると $\mathfrak{a}$ は $GL(n, R)$ のリー環の部分環であり，したがって $\mathfrak{a}$ の元は n 次の実行列と考えられ，また $\mathfrak{g}$ の基礎ベクトル空間の線型自己準同型写像とも考えられる．さて，A を $\mathfrak{a}$ に属する行列とする．各実数 t に対して $\exp tA$ は $\mathfrak{g}$ の自己同型写像だから，任意の $X, Y \in \mathfrak{g}$ に対して

$$(\exp tA)XY = ((\exp tA)X)((\exp tA)Y)$$

が成りたつ．

E を単位行列とすると

$$(E+tA+t^2A_t)XY$$
$$=((E+tA+t^2A_t)X)((E+tA+t^2A_t)Y)$$

が成りたつ．ただし行列 A_t の成分は，t が 0 に近づくとき有界である．簡単に

$$A(XY)=A(X)Y+XA(Y) \tag{1}$$

が得られる．

式 (1) をみたす $\mathfrak{g}$ の線型自己準同型写像を双線型代数系 $\mathfrak{g}$ の**微分子**（derivation）と言う．上記で確かめたのは，$\mathfrak{a}$ に属する任意の行列 A が $\mathfrak{g}$ の微分子だということである．これからこの逆の主張が成りたつことを示す．

A を $\mathfrak{g}$ の微分子とする．

$$A^p(XY)=\sum_{ij}\frac{p!}{i!\,j!}A^i(X)A^j(Y)$$

が成りたつ．ただし和は $i\geqq 0, j\geqq 0, i+j=p$ なるすべてのペア (i,j) にわたる（$A^0=E$ とおく）．

$$\frac{1}{i!}A^i(X)\cdot\frac{1}{j!}A^j(Y)=\sum_{k=1}^{n}\lambda_{ijk}X_k$$

と書く．A^i のどの成分も，絶対値が M^i（M はある定数）よりも小さいことをわれわれは知っている．これからすぐ分かるように，二重級数 $\sum_{ij}|\lambda_{ijk}|$ は収束するから，

$$(\exp tA)XY=\sum\frac{t^i}{i!}A^i(X)\frac{t^j}{j!}A^j(Y)$$
$$=((\exp tA)X)((\exp tA)Y)$$

が成りたつ．したがって $\exp tA\in\mathcal{A}$，すなわち $A\in\mathfrak{a}$ となる．以上でつぎの命題が証明された．

命題 1 $\mathfrak{g}$ **を実数体上の双線型代数系とする．このとき** $\mathfrak{g}$ **の微分子の全部は** $\mathfrak{gl}(n, R)$ **(**n **は** $\mathfrak{g}$ **の次元）の部分リー環を作り，このリー環は** $\mathfrak{g}$ **の自己同型群のリー環である．**

とくに $\mathfrak{g}$ が単連結リー群 $\mathcal{G}$ のリー環だと仮定しよう．α を $\mathfrak{g}$ の任意の自己同型写像とすると，これに $\mathcal{G}$ から自分自身への連続な準同型写像 θ で $\alpha=d\theta$ となるものが対応する（§6の定理2（212ページ）を見よ）．いま α は同型写像だから，逆写像 α' があってこれも同型写像である．$\mathcal{G}$ から自分自身への連続な準同型写像で α' に対応するものを θ' とする．すると $d(\theta\circ\theta')=\alpha\circ\alpha'$ は $\mathfrak{g}$ の恒等写像である．したがって $\theta\circ\theta'$ は $\mathcal{G}$ の恒等写像である．同様に $\theta'\circ\theta$ も $\mathcal{G}$ の恒等写像である．したがって θ は（位相群としての）$\mathcal{G}$ から自分自身への同型写像（すなわち基礎群の自己同型写像であると同時に基礎空間から自分自身への同相写像）である．このような写像を群 $\mathcal{G}$ の**自己同型写像**と呼ぶ．逆に，すぐ分かるように，$\mathcal{G}$ の任意の自己同型写像 θ に $\mathfrak{g}$ の自己同型写像 $\alpha=d\theta$ が対応する．以上でつぎの命題2が証明された．

命題 2 $\mathcal{G}$ **を単連結リー群とする．このとき** $\mathcal{G}$ **の自己同型写像ぜんぶの群は，**$\mathcal{G}$ **のリー環の微分子ぜんぶのリー環をリー環としてもつリー群に同型である．**

さて，$\mathfrak{g}$ の自己同型写像 α に対応する $\mathcal{G}$ の自己同型写像を θ_α と書く．$\mathfrak{g}$ の任意の元 X に対して $\theta_\alpha(\exp X)=$

$\exp\alpha(X)$ が成りたつから，固定した X に対し，$\theta_\alpha(\exp X)$ は α に連続に依存する．$\mathcal{G}$ は連結だから，任意の $\sigma\in\mathcal{G}$ は $\sigma_1\cdots\sigma_h$ の形に書ける．ただし各 σ_i は $\exp Y_i(Y_i\in\mathfrak{g})$ の形である．したがってすぐ分かるように，固定した σ に対し，$\theta_\alpha(\sigma)$ は α に連続に依存する．

つぎに $\mathcal{G}$ を必ずしも単連結でない連結リー群とし，$(\tilde{\mathcal{G}},f)$ を $\mathcal{G}$ の単連結被覆群とする．θ を $\mathcal{G}$ の自己同型写像とすると，$\theta\circ f$ は $\tilde{\mathcal{G}}$ から $\mathcal{G}$ への連続準同型写像である．$\mathcal{G},\tilde{\mathcal{G}}$ の中立元をそれぞれ $\varepsilon,\tilde{\varepsilon}$ とする．第2章§8の命題1（102ページ）により，$\tilde{\mathcal{G}}$ から自分自身への連続写像 $\tilde{\theta}$ で，$f\circ\tilde{\theta}=\theta\circ f$ かつ $\tilde{\theta}(\tilde{\varepsilon})=\tilde{\varepsilon}$ なるものが存在する．写像

$$(\tilde{\sigma},\tilde{\tau})\to\tilde{\theta}(\tilde{\sigma}\tilde{\tau})(\tilde{\theta}(\tilde{\tau}))^{-1}(\tilde{\theta}(\tilde{\sigma}))^{-1}$$

は連結空間 $\tilde{\mathcal{G}}\times\tilde{\mathcal{G}}$ を f の核 F に移し，これは離散集合である．これからすぐ分かるように $\tilde{\theta}(\tilde{\sigma}\tilde{\tau})(\tilde{\theta}(\tilde{\tau}))^{-1}(\tilde{\theta}(\tilde{\sigma}))^{-1}=\tilde{\varepsilon}$ であり，したがって $\tilde{\theta}$ は $\tilde{\mathcal{G}}$ から自分自身への連続準同型写像である．θ' を θ の逆自己同型写像とすると，上と同様に $\tilde{\mathcal{G}}$ から自分自身への連続準同型写像 $\tilde{\theta}'$ が対応する．さらに，すぐ分かるように $\tilde{\mathcal{G}}$ での $\tilde{\varepsilon}$ の近傍で，その上では $\tilde{\theta}\circ\tilde{\theta}',\tilde{\theta}'\circ\tilde{\theta}$ がともに恒等写像と一致するものが存在する．$\tilde{\mathcal{G}}$ は連結だから，$\tilde{\mathcal{G}}$ 全体で $\tilde{\theta}\circ\tilde{\theta}'$ と $\tilde{\theta}'\circ\tilde{\theta}$ はともに $\tilde{\mathcal{G}}$ の恒等写像に一致し，したがって $\tilde{\theta}$ は $\mathcal{G}$ の自己同型写像である．しかも明きらかに $\tilde{\theta}(F)=F$ が成りたつ．

逆に $\tilde{\theta}$ を $\tilde{\mathcal{G}}$ の自己同型写像で $\tilde{\theta}(F)=F$ なるものとする．σ を $\mathcal{G}$ の任意の元とし，$\tilde{\sigma}$ を $\tilde{\mathcal{G}}$ の元で $f(\tilde{\sigma})=\sigma$ なる

任意のものとする．すると$f(\tilde{\theta}(\tilde{\sigma}))$は$\sigma$によって決まり，$\tilde{\sigma}$の選びかたによらない．そこで$\theta(\sigma)=f(\tilde{\theta}(\tilde{\sigma}))$とおくと，（上記と同様の論法によって）すぐ分かるように，θは$\mathscr{G}$の自己同型写像である．したがって$\mathscr{G}$の自己同型群は，$\mathscr{G}$の自己同型写像でFを自分自身に移すもの全部の群と同一視される．Fは閉集合だから，命題2のあとの注意から分かるように，この群は$\mathscr{G}$の自己同型群$\mathscr{A}$（$\mathscr{A}$をリー群にする位相で）の閉部分群である．したがって，**任意の連結リー群の自己同型群はあるリー群に同型である**．

第5章　カルタンの微分演算

要約　§1と§2は代数的性格のものである．その目的は与えられたベクトル空間$\mathscr{M}$に伴うグラスマン環$\mathscr{A}$を構成することである．便宜上，われわれは（$\mathscr{M}$自身でなく）$\mathscr{M}$の双対（そうつい）空間が$\mathscr{A}$に含まれるような構成法をとる．すなわち$\mathscr{A}$の元たちは交代反変テンソルである．

§3では多様体上にカルタンの外微分形式とその微分演算を定義する．これらの形式は解析写像のもとで反変的にふるまう（これが第3章で“d”の双対と考えられる記号“δ”を導入した理由である）．作用δは微分演算と交換可能である（§3の式（4），278ページ）．

§4と§5ではカルタンの微分演算をリー群論に適用する．左不変微分形式の概念が定義される．とくに1階の左不変微分形式は**マウラー－カルタン形式**と呼ばれる．その微分演算がリー環のことばを使って，§4の式（2）（280ページ）によって定義される．リー環が知られているときには，マウラー－カルタン形式を（標準座標を使って）明示的に構成する方法が示される．ひとつの非常に簡単な例から分かるように，この方法によって群の算法を明示的に構成することができる．しかし，もし標準座標を使うことにこだわらなければ，同じ結果をもっと簡単に導く方法がある．これは第2巻で論ずる*)．

この章の後半は多様体上の微分形式の積分を扱う．ここでは最高次の微分形式だけを扱う（すなわち一般ストークスの公式は証明しない）．§6で多様体の向きづけを定義したあと，§7で向きのある多様体上の関数の，微分形式に関する積分を構成する．この構成はディユドネの非常に有用な補題にもとづく．§8では群の上の不変積分を定義する．これは第6章での主要な道具になる．

§1 多重線型関数

Kを体，$\mathscr{M}_1, \mathscr{M}_2, \cdots, \mathscr{M}_r$を$K$上の$r$個のベクトル空間とし，その次元を$m_1, \cdots, m_r$とする．

定義1 $\mathscr{M}_1\times\mathscr{M}_2\times\cdots\times\mathscr{M}_r$ **上の** $\boldsymbol{r}$ **重線型関数とは，この集合から** K **への写像** M **であって，変数** $\boldsymbol{e}_1, \cdots, \boldsymbol{e}_r$ **の任意のひとつ以外の** $r-1$ **個の変数を固定したとき，**$\mathsf{M}(\boldsymbol{e}_1, \cdots, \boldsymbol{e}_r)$ **がそのひとつの変数の線型関数になっているもののことである．言いかえると，**K **の任意の元** a, a' **に対して**

$$\begin{aligned}\mathsf{M}(\boldsymbol{e}_1, \cdots, \boldsymbol{e}_{i-1}, a\boldsymbol{e}_i+a'\boldsymbol{e}'_i, \boldsymbol{e}_{i+1}, \cdots, \boldsymbol{e}_r) \\ = a\mathsf{M}(\boldsymbol{e}_1, \cdots, \boldsymbol{e}_{i-1}, \boldsymbol{e}_i, \boldsymbol{e}_{i+1}, \cdots, \boldsymbol{e}_r) \\ +a'\mathsf{M}(\boldsymbol{e}_1, \cdots, \boldsymbol{e}_{i-1}, \boldsymbol{e}'_i, \boldsymbol{e}_{i+1}, \cdots, \boldsymbol{e}_r)\end{aligned}$$

が成りたつものである．

---

*) ［訳注］188ページの脚注を見よ．

M_1とM_2がふたつのr重線型関数なら，関数$a_1\mathsf{M}_1+a_2\mathsf{M}_2$，すなわち$(\boldsymbol{e}_1,\cdots,\boldsymbol{e}_r)$を

$$a_1\mathsf{M}_1(\boldsymbol{e}_1,\cdots,\boldsymbol{e}_r)+a_2\mathsf{M}_2(\boldsymbol{e}_1,\cdots,\boldsymbol{e}_r)$$

に移す関数も明きらかにr重線型関数である．

$\{\boldsymbol{a}_{i,1},\cdots,\boldsymbol{a}_{i,m_i}\}$を$\mathscr{M}_i$の基底とする．もし$\boldsymbol{e}_i=\sum_j x_{ij}\boldsymbol{a}_{ij}(1\leqq j\leqq m_i\,;\,x_{ij}\in K)$で$\mathsf{M}$が$r$重線型関数なら，

$$\mathsf{M}(\boldsymbol{e}_1,\cdots,\boldsymbol{e}_r)=\sum x_{1j_1}x_{2j_2}\cdots x_{rj_r}\mathsf{M}(\boldsymbol{a}_{1j_1},\cdots,\boldsymbol{a}_{rj_r}) \qquad (1)$$

が成りたち，量$\mathsf{M}(\boldsymbol{a}_{1j_1},\cdots,\boldsymbol{a}_{rj_r})$たちが決まれば$\mathsf{M}$が完全に決定されることが分かる．逆にこれらの量は，明きらかにKのなかで勝手に取ることができる．したがってr重線型関数の全部は$m_1\cdots m_r$次元のK上のベクトル空間をつくる．

つぎに$\mathscr{N}_1,\mathscr{N}_2,\cdots,\mathscr{N}_s$を$K$上のベクトル空間のもうひとつの系とし，$\mathsf{M}$を$\mathscr{M}_1\times\mathscr{M}_2\times\cdots\times\mathscr{M}_r$上定義された$r$重線型関数，$\mathsf{N}$を$\mathscr{N}_1\times\mathscr{N}_2\times\cdots\times\mathscr{N}_s$上定義された$s$重線型関数とする．このとき，$\mathscr{M}_1\times\mathscr{M}_2\times\cdots\times\mathscr{M}_r\times\mathscr{N}_1\times\mathscr{N}_2\times\cdots\times\mathscr{N}_s$上の関数$\mathsf{L}$を

$$\mathsf{L}(\boldsymbol{e}_1,\cdots,\boldsymbol{e}_r;\boldsymbol{f}_1,\cdots,\boldsymbol{f}_s)=\mathsf{M}(\boldsymbol{e}_1,\cdots,\boldsymbol{e}_r)\mathsf{N}(\boldsymbol{f}_1,\cdots,\boldsymbol{f}_s) \quad (2)$$
$$(\boldsymbol{e}_i\in\mathscr{M}_i,\ \boldsymbol{f}_j\in\mathscr{N}_j)$$

によって定義すると，Lは明きらかに$r+s$重線型関数である．

定義2 **式 (2) によって定義される関数LをMとNのクロネッカー積と言い，MNと書く．**

この算法のつぎの性質は明きらかである：

1) それは各変項に関して線型である．すなわち

$$(a_1\mathsf{M}_1+a_2\mathsf{M}_2)\mathsf{N} = a_1\mathsf{M}_1\mathsf{N}+a_2\mathsf{M}_2\mathsf{N}, \quad (a_1, a_2 \in K)$$
$$\mathsf{M}(a_1\mathsf{N}_1+a_2\mathsf{N}_2) = a_1\mathsf{M}\mathsf{N}_1+a_2\mathsf{M}\mathsf{N}_2.$$

2) $\mathcal{P}_1, \mathcal{P}_2, \cdots, \mathcal{P}_t$ が K 上のベクトル空間のもうひとつの系で，P が $\mathcal{P}_1\times\mathcal{P}_2\times\cdots\times\mathcal{P}_t$ 上の t 重線型関数のとき，

$$(\mathsf{MN})\mathsf{P} = \mathsf{M}(\mathsf{NP})$$

が成りたつ．

もし $r=1$ なら，$\mathcal{M}_1$ 上の r 重線型関数は単に $\mathcal{M}_1$ から K への線型写像である．

定義 3 ベクトル空間 $\mathcal{M}$ から K への線型写像ぜんぶの作るベクトル空間を $\mathcal{M}$ の双対(そうつい)空間と言い，$\mathcal{M}'$ と書く．

$\{\boldsymbol{a}_1, \cdots, \boldsymbol{a}_m\}$ が $\mathcal{M}$ の基底のとき，各 $i\,(1\leqq i\leqq m)$ に $\mathcal{M}'$ の元 φ_i が対応する．これは $\varphi_i\boldsymbol{a}_j=\delta_{ij}$ として定義される．しかも $\mathcal{M}'$ のこの m 個の元は $\mathcal{M}'$ の基底をつくる．この基底を $\mathcal{M}$ の基底 $\{\boldsymbol{a}_1, \cdots, \boldsymbol{a}_m\}$ の**双対基底**と言う．

つぎに $\boldsymbol{a}$ を $\mathcal{M}$ の元とする．$\varphi\in\mathcal{M}'$ として $\varphi(\boldsymbol{a})$ を φ の関数と考えると，$\mathcal{M}'$ 上の線型関数 $\psi_{\boldsymbol{a}}$ が得られる：$\psi_{\boldsymbol{a}}=\varphi(\boldsymbol{a})$．さらに，写像 $\boldsymbol{a}\to\psi_{\boldsymbol{a}}$ は明きらかに $\mathcal{M}$ から $\mathcal{M}''=(\mathcal{M}')'$ への線型写像である．もし $\boldsymbol{a}=\sum x_i\boldsymbol{a}_i\neq 0$ なら，少なくともひとつの $\varphi\in\mathcal{M}'$ に対して $\varphi(\boldsymbol{a})\neq 0$ となる：たとえば $x_i\neq 0$ なら $\varphi=\varphi_i$ でよい．したがって $\psi_{\boldsymbol{a}}\neq 0$ であり，線型写像 $\boldsymbol{a}\to\psi_{\boldsymbol{a}}$ は一対一である．$\mathcal{M}$ と $\mathcal{M}''$ は同じ次元だから，この写像は $\mathcal{M}$ から $\mathcal{M}''$ への線型同型写像である．これを $\mathcal{M}$ から $\mathcal{M}''$ への**自然同型写像**と言う．

とくに$\mathcal{M}'$の任意の基底は$\mathcal{M}$のある基底の双対基底である.

命題1 **$\mathcal{M}_1, \mathcal{M}_2, \cdots, \mathcal{M}_r$をK上のr個のベクトル空間とし, $\{\varphi_{i1}, \varphi_{i2}, \cdots, \varphi_{im_i}\}$を$\mathcal{M}_i$の双対空間$\mathcal{M}_i'$の基底とする. このとき, $m_1 \cdots m_r$個の元$\varphi_{1j_1}\varphi_{2j_2}\cdots\varphi_{rj_r}(1 \leqq j_\alpha \leqq m_\alpha, 1 \leqq \alpha \leqq r)$は, $\mathcal{M}_1 \times \mathcal{M}_2 \times \cdots \times \mathcal{M}_r$上のr重線型関数ぜんぶの空間の基底である.**

実際, $\{\boldsymbol{a}_{i,1}, \cdots, \boldsymbol{a}_{i,m_i}\}$を$\mathcal{M}_i$の基底とし, その双対基底を$\{\varphi_{i1}, \varphi_{i2}, \cdots, \varphi_{im_i}\}$とすれば,

$$\varphi_{1j_1}\varphi_{2j_2}\cdots\varphi_{rj_r}(\boldsymbol{a}_{1,k_1}, \boldsymbol{a}_{2,k_2}, \cdots, \boldsymbol{a}_{r,k_r}) = \delta_{j_1k_1}\delta_{j_2k_2}\cdots\delta_{j_rk_r}$$

となるから, 式 (1) と比較すれば命題1が得られる.

§2 交代関数

標数0の体K上のあるm次元ベクトル空間$\mathcal{M}$に一致するr個のベクトル空間の積$\mathcal{M}^r$上定義されたr重線型関数Lを考える[1]. $r \geqq 1$に対するこれらr重線型関数ぜんぶの空間を$\mathcal{H}_r$と書く. K上の1次元ベクトル空間と考えた集合Kを$\mathcal{H}_0$と書く.

集合$\prod_{r=0}^{\infty}\mathcal{H}_r$をつくる. この集合の元は, 各$r \geqq 0$に元$\mathsf{L}_r \in \mathcal{H}_r$を対応させる写像である. $\prod_0^\infty \mathcal{H}_r$の元のうち, そのほとんどすべての座標$\mathsf{L}_r$が0 (すなわち有限個を除いて0) であるもの全部の集合$\mathcal{O}$を考える. $\tilde{\mathsf{L}} = (\mathsf{L}_0, \mathsf{L}_1, \cdots, \mathsf{L}_r,$

1) これらのr重線型形式を《r階反変テンソル》と呼ぶ.

$\cdots)$, $\tilde{\mathsf{M}}=(\mathsf{M}_0, \mathsf{M}_1, \cdots, \mathsf{M}_r, \cdots)$ が $\mathcal{O}$ の任意の元で，$a, b \in K$ のとき，元

$$a\tilde{\mathsf{L}}+b\tilde{\mathsf{M}} = (a\mathsf{L}_0+b\mathsf{M}_0, a_1\mathsf{L}_1+b\mathsf{M}_1, \cdots, a\mathsf{L}_r+b\mathsf{M}_r, \cdots)$$

も $\mathcal{O}$ に属する．すぐ分かるように，$\mathcal{O}$ は K 上の（無限次元の）ベクトル空間である．$\mathcal{O}$ のある元の第 r 座標以外がすべて0のとき，その元は**斉 r 次**であると言う．こういう元は何の問題もなくその第 r 座標と同一視される．この同一視のもとで，元 $\tilde{\mathsf{L}}=(\mathsf{L}_0, \mathsf{L}_1, \cdots, \mathsf{L}_r, \cdots)$ は $\sum_0^\infty \mathsf{L}_r$ の形に書ける（記号 $\sum_0^\infty$ は $r>R$ なるすべての r に対して $\mathsf{L}_r=0$ であるような整数 R を取っての和 $\sum_0^R$ を表わす）．

$rs>0$ のとき，§1 で元 $\mathsf{L}_r \in \mathcal{H}_r$ と元 $\mathsf{M}_s \in \mathcal{H}_s$ の積 $\mathsf{L}_r\mathsf{M}_s$ を定義した．$\mathcal{H}_s$ は K 上のベクトル空間だから，$r=0$ のとき，L_0 は K の元なので $\mathsf{L}_0\mathsf{M}_s$ も定義される．$s=0$ のときも同様である．しかも式

$$(\mathsf{L}_r\mathsf{M}_s)\mathsf{N}_t = \mathsf{L}_r(\mathsf{M}_s\mathsf{N}_t) \quad (\mathsf{L}_r \in \mathcal{H}_r, \mathsf{M}_s \in \mathcal{H}_s, \mathsf{N}_t \in \mathcal{H}_t)$$

は r, s, t のいくつかが0のときも成りたつ．

さて，$\mathcal{O}$ の任意のふたつの元 $\tilde{\mathsf{L}}=\sum \mathsf{L}_r$ と $\tilde{\mathsf{M}}=\sum \mathsf{M}_r$ の積 $\tilde{\mathsf{L}}\tilde{\mathsf{M}}$ を

$$\tilde{\mathsf{L}}\tilde{\mathsf{M}} = \sum_{r,s=0}^{\infty} \mathsf{L}_r\mathsf{M}_s$$

によって定義する．すなわち $\tilde{\mathsf{L}}\tilde{\mathsf{M}}$ の第 t 座標は

$$(\tilde{\mathsf{L}}\tilde{\mathsf{M}})_t = \sum_{r+s=t} \mathsf{L}_r\mathsf{M}_s$$

である．$\tilde{\mathsf{L}}\tilde{\mathsf{M}} \in \mathcal{O}$ なら十分大きな t に対してこれは0になる．

すぐ分かるように$\mathcal{O}$はこの算法に関して環になる．元$(1, 0, \cdots, 0, \cdots)$を$E$と書くと，$E$はこの環の単位元である．

これから$\mathcal{H}_r$に交代子と呼ばれるひとつの作用を定義する．L_rを$\mathcal{H}_r$の元，$\overline{\omega}$を集合$\{1, 2, \cdots, r\}$の任意の置換とする．

関数$\mathsf{L}_r^{\overline{\omega}}$を式

$$\mathsf{L}_r^{\overline{\omega}}(\boldsymbol{e}_1, \cdots, \boldsymbol{e}_r) = \mathsf{L}_r(\boldsymbol{e}_{\overline{\omega}(1)}, \cdots, \boldsymbol{e}_{\overline{\omega}(r)})$$

によって定める．この右辺も明らかに$\mathcal{H}_r$に属する．しかも写像$\mathsf{L}_r \to \mathsf{L}_r^{\overline{\omega}}$は$\mathcal{H}_r$から自分自身への線型写像である．そこで**交代子** (alternation) と呼ばれる作用A_rを，$\mathsf{L}_r \in \mathcal{H}_r$に対して

$$A_r(\mathsf{L}_r) = \frac{1}{r!}\sum_{\overline{\omega}}\varepsilon(\overline{\omega})\mathsf{L}_r^{\overline{\omega}}$$

によって定義する．ただし，和は集合$\{1, 2, \cdots, r\}$のすべての置換にわたり，また$\varepsilon(\overline{\omega})$は$\overline{\omega}$が偶置換のとき1，奇置換のとき$-1$である．$r$が0または1のときは$A_r(\mathsf{L}_r) = \mathsf{L}_r$とおく．

$\mathcal{O}$の元$\tilde{\mathsf{L}} = \sum_0^\infty \mathsf{L}_r$に対して$A(\tilde{\mathsf{L}}) = \sum_0^\infty A_r(\mathsf{L}_r)$とおく．$A$は$\mathcal{O}$から自分自身への線型写像である．

$\mathcal{O}$の元$\tilde{\mathsf{L}}$で$A(\tilde{\mathsf{L}}) = 0$となるもの全部の集合を$\mathcal{I}$とする．明らかに$\mathcal{I}$は$\mathcal{O}$の部分ベクトル空間である．さて注目すべき事実，$\mathcal{I}$が$\mathcal{O}$のイデアルであることを証明する．言いかえれば，もし$A(\tilde{\mathsf{L}}) = 0$ならば，任意の$\tilde{\mathsf{M}} \in \mathcal{O}$に対して$A(\tilde{\mathsf{M}}\tilde{\mathsf{L}}) = A(\tilde{\mathsf{L}}\tilde{\mathsf{M}}) = 0$が成りたつ．これを証明す

るには，$\tilde{\mathsf{L}}=\mathsf{L}_r \in \mathscr{H}_r, \tilde{\mathsf{M}}=\mathsf{M}_s \in \mathscr{H}_s$ の場合に証明すればいいことは明きらかだろう．

実際，$\mathsf{N}_{r+s}=A_{r+s}(\mathsf{L}_r\mathsf{M}_s)$ とおくと，

$$(r+s)!\,\mathsf{N}_{r+s}(\boldsymbol{e}_1, \cdots, \boldsymbol{e}_{r+s}) \\ = \sum_{\overline{\omega}} \varepsilon(\overline{\omega})\mathsf{L}_r(\boldsymbol{e}_{\overline{\omega}(1)}, \cdots, \boldsymbol{e}_{\overline{\omega}(r)})\mathsf{M}_s(\boldsymbol{e}_{\overline{\omega}(r+1)}, \cdots, \boldsymbol{e}_{\overline{\omega}(r+s)})$$

が成りたつ．ただし和は集合 $\{1, \cdots, r+s\}$ のすべての置換 $\overline{\omega}$ にわたる．これらの置換ぜんぶの群を G，そのうち元 $r+1, \cdots, r+s$ を動かさない置換ぜんぶから成る部分群を H と書く．ここで和

$$\sum_{\overline{\omega} \in \overline{\omega}_0 H} \varepsilon(\overline{\omega})\mathsf{L}_r(\boldsymbol{e}_{\overline{\omega}(1)}, \cdots, \boldsymbol{e}_{\overline{\omega}(r)})\mathsf{M}_s(\boldsymbol{e}_{\overline{\omega}(r+1)}, \cdots, \boldsymbol{e}_{\overline{\omega}(r+s)})$$

を考える．ただし，和はあるひとつの剰余類 $\overline{\omega}_0 H$ の全体にわたる．$\boldsymbol{e}_{\overline{\omega}_0(i)}=\boldsymbol{f}_i\,(1 \leqq i \leqq r)$ と書くと，$\varepsilon(\overline{\omega}_0\overline{\omega}')=\varepsilon(\overline{\omega}_0)\varepsilon(\overline{\omega}')$ だからこの和は

$$\varepsilon(\overline{\omega}_0)\mathsf{M}_s(\boldsymbol{e}_{\overline{\omega}_0(r+1)}, \cdots, \boldsymbol{e}_{\overline{\omega}_0(r+s)}) \sum_{\overline{\omega}' \in H} \varepsilon(\overline{\omega}')\mathsf{L}_r(\boldsymbol{f}_{\overline{\omega}'(1)}, \cdots, \boldsymbol{f}_{\overline{\omega}'(r)})$$

と書ける．ところが H の作用たちの全部は集合 $\{1, \cdots, r\}$ の置換の全部を引きおこすから，上式の第二因子は 0 である．したがって $A_{r+s}(\mathsf{L}_r\mathsf{M}_s)=0$ が成りたつ．同様に $A_{r+s}(\mathsf{M}_r\mathsf{L}_s)=0$ となり，主張が証明された．

したがって $\mathscr{I}$ を法とする $\mathscr{O}$ の剰余類ぜんぶの集合 $\mathscr{O}/\mathscr{I}$ はまた環である．それは K 上のベクトル空間でもある．われわれはこれが有限次元であることを主張する．

実際，$\mathcal{M}$ の双対空間 $\mathcal{M}'=\mathcal{H}_1$ の基底 $\{\varphi_1, \varphi_2, \cdots, \varphi_m\}$ を取る．$\mathcal{M}'$ の任意の元 φ に対し $\varphi^2 \in \mathcal{I}$ が成りたつ．なぜなら

$$A(\varphi^2)(\boldsymbol{e}_1, \boldsymbol{e}_2) = \frac{1}{2}(\varphi(\boldsymbol{e}_1)\varphi(\boldsymbol{e}_2) - \varphi(\boldsymbol{e}_2)\varphi(\boldsymbol{e}_1)) = 0.$$

したがって，

$$\varphi_i\varphi_j + \varphi_j\varphi_i = (\varphi_i+\varphi_j)^2 - \varphi_i^2 - \varphi_j^2 \in \mathcal{I} \quad (1 \leqq i, j \leqq m).$$

$\mathcal{I}$ を法とする φ_i の剰余類を φ_i^* とすると，

$$\varphi_i^*\varphi_j^* = -\varphi_j^*\varphi_i^*, \quad (\varphi_i^*)^2 = 0$$

が成りたつ．したがって積 $\varphi_{i_1}^*\varphi_{i_2}^*\cdots\varphi_{i_r}^*$ に因子の偶置換を施しても変わらず，奇置換を施すと符号が変わってマイナス記号がつく．もしふたつの因子が等しければ積は 0 である．$r>m$ なら必ずそうなる．

もし $r>0$ なら，元 $\varphi_{i_1}\varphi_{i_2}\cdots\varphi_{i_r}$ たちが $\mathcal{H}_r$ の基底をなすことはすでに見た[1]．とくに $r>m$ なら $\mathcal{H}_r \subset \mathcal{I}$ であり，また $\mathcal{O}/\mathcal{I}$ の任意の元はつぎの形の元

$$\varphi_{i_1}^*\varphi_{i_2}^*\cdots\varphi_{i_r}^* \quad (i_1 < \cdots < i_r \leqq m)$$

たちの線型結合である．この形の元は 2^m 個しかないから，$\mathcal{O}/\mathcal{I}$ は次元がたかだか 2^m の有限次元ベクトル空間である．すこしあとで $\mathcal{O}/\mathcal{I}$ の次元がちょうど 2^m であることを示す．

とりあえず $\mathcal{I}$ を法とする $\mathcal{O}$ の剰余類のひとつの完全代表系を構成しよう．

定義 1　r 重線型関数 L_r が交代的（alternate）であると

1）§1の命題1（261ページ）を見よ．

は，集合 $\{1, \cdots, r\}$ の任意の置換 $\overline{\omega}$ に対して

$$\mathsf{L}_r^{\overline{\omega}} = \varepsilon(\overline{\omega})\mathsf{L}_r$$

が成りたつことである．（r が 0 か 1 のときは $\mathscr{H}_r$ の元はすべて交代的とみなす．）

同様に，$\mathcal{O}$ の元 $\tilde{\mathsf{L}}=(\mathsf{L}_0, \cdots, \mathsf{L}_r, \cdots)$ が**交代的**であるとは，そのすべての座標 L_r が交代的なことである．

$\mathcal{O}$ の任意の元 $\tilde{\mathsf{L}}$ に対して $A(\tilde{\mathsf{L}})$ は交代的である．実際，$r>0$，$\mathsf{L}_r \in \mathscr{H}_r$ および集合 $\{1, \cdots, r\}$ の任意の置換 $\overline{\omega}_0$ に対して

$$\begin{aligned}(A_r(\mathsf{L}_r))^{\overline{\omega}_0} &= \frac{1}{r!}\sum\varepsilon(\overline{\omega})\mathsf{L}_r^{\overline{\omega}_0\overline{\omega}} = \frac{\varepsilon(\overline{\omega}_0)^{-1}}{r!}\sum\varepsilon(\overline{\omega}_0\overline{\omega})\mathsf{L}_r^{\overline{\omega}_0\overline{\omega}} \\ &= \varepsilon(\overline{\omega}_0)A_r(\mathsf{L}_r)\end{aligned}$$

が成りたつ．

また，$\tilde{\mathsf{L}}$ が交代的なら $A(\tilde{\mathsf{L}})=\tilde{\mathsf{L}}$．実際，$r>0$ で L_r が交代的なら

$$A_r(\mathsf{L}_r) = \frac{1}{r!}\sum\varepsilon^2(\overline{\omega})\mathsf{L}_r = \mathsf{L}_r.$$

したがって作用 A はベキ等である．すなわち $AA=A$ が成りたつ．

命題 1　$\mathcal{O}$ の任意の元 $\tilde{\mathsf{L}}$ は，交代元 $\tilde{\mathsf{M}}$ と $\mathscr{I}$ の元 $\tilde{\mathsf{N}}$ の和として，一意的に $\tilde{\mathsf{M}}+\tilde{\mathsf{N}}$ と書ける．

実際，$\tilde{\mathsf{L}}=A(\tilde{\mathsf{L}})+(\tilde{\mathsf{L}}-A(\tilde{\mathsf{L}}))$ と書くと，$A(\tilde{\mathsf{L}})$ は交代的であり，$A(\tilde{\mathsf{L}}-A(\tilde{\mathsf{L}}))=A(\tilde{\mathsf{L}})-AA(\tilde{\mathsf{L}})=0$ だから $\tilde{\mathsf{L}}-A(\tilde{\mathsf{L}}) \in \mathscr{I}$．逆に $\tilde{\mathsf{L}}=\tilde{\mathsf{M}}+\tilde{\mathsf{N}}$ と書けて $\tilde{\mathsf{M}}$ が交代的，$\tilde{\mathsf{N}} \in \mathscr{I}$ な

ら，$A(\tilde{\mathsf{L}})=A(\tilde{\mathsf{M}})+A(\tilde{\mathsf{N}})=A(\tilde{\mathsf{M}})=\tilde{\mathsf{M}}$，$\tilde{\mathsf{N}}=\tilde{\mathsf{L}}-A(\tilde{\mathsf{L}})$ となる．

$\mathscr{A}$ を $\mathscr{O}$ の交代元ぜんぶの集合とする．$\mathscr{A}$ は明らかに K 上のベクトル空間だから，命題1により，$\mathscr{I}$ を法とする $\mathscr{O}$ の任意の剰余類のなかには $\mathscr{A}$ の元がちょうどひとつ存在する．

$i_1, \cdots, i_r$ を $1 \leqq i_1 < \cdots < i_r \leqq m$ なる添字とすると，$A_r(\varphi_{i_1}, \cdots, \varphi_{i_r})$ は交代的である．それは

$$\frac{1}{r!}\sum_{\overline{\omega}} \varepsilon(\overline{\omega})\varphi_{\overline{\omega}(i_1)}\cdots\varphi_{\overline{\omega}(i_r)}$$

に等しい．ただし和は集合 $I=\{i_1, \cdots, i_r\}$ の置換 $\overline{\omega}$ ぜんぶにわたる．この表示から分かるように，集合 $\{1, \cdots, m\}$ から r 個を選んだいろいろな部分集合に対応する元 $A_r(\varphi_{i_1}, \cdots, \varphi_{i_r})$ たちは線型独立である．$\mathscr{I}$ を法とする $A_r(\varphi_{i_1}, \cdots, \varphi_{i_r})$ の剰余類は $\varphi_{i_1}, \cdots, \varphi_{i_r}$ の剰余類すなわち $\varphi_{i_1}^*\cdots\varphi_{i_r}^*$ と同じだから，すぐ分かるように $\mathscr{O}/\mathscr{I}$ の $\binom{m}{r}$ 個の元 $\varphi_{i_1}^*\cdots\varphi_{i_r}^*$ $(1 \leqq i_1 < \cdots < i_r \leqq m)$ たちは線型独立である．

ふたつの交代元の積 $\tilde{\mathsf{L}}\tilde{\mathsf{M}}$ は，例からすぐ分かるように，一般には交代元でない．しかし，$\mathscr{I}$ を法として $\tilde{\mathsf{L}}\tilde{\mathsf{M}}$ と同じ剰余類に属する元がちょうどひとつ存在する：すなわち $A(\tilde{\mathsf{L}}\tilde{\mathsf{M}})$ である．したがって $\mathscr{A}$ での算法 □ を式

$$\tilde{\mathsf{L}} \square \tilde{\mathsf{M}} = A(\tilde{\mathsf{L}}\tilde{\mathsf{M}})$$

によって定義することができる．この算法を**グラスマン乗法**と言う．明らかに，この算法を備えたベクトル空間 $\mathscr{A}$

は$\mathcal{O}/\mathcal{I}$と同型なK上の多元環（algebra）になる．

定義2　グラスマン乗法を算法とする交代複線型関数ぜんぶの作る多元環を，空間$\mathcal{M}$のグラスマン環と言う．

すでに考察したことにより，グラスマン環はK上2^m次元である．それは単位元Eをもち，$\mathcal{M}$の双対空間$\mathcal{M}'$を含む．また，$\{\varphi_1, \cdots, \varphi_m\}$が$\mathcal{M}'$の基底ならば，元$\varphi_1, \cdots, \varphi_m$たちはグラスマン環の生成系をなす．そして

$$\varphi_i \square \varphi_i = 0,$$
$$\varphi_i \square \varphi_j + \varphi_j \square \varphi_i = 0 \quad (1 \leqq i, j \leqq m)$$

が成りたつ．また，集合$\{1, \cdots, m\}$のいろいろな部分集合$\{i_1, \cdots, i_r\}$に対応する元$\varphi_{i_1} \square \varphi_{i_2} \square \cdots \square \varphi_{i_r}$ $(i_1 < \cdots < i_r \leqq m)$たちは線型独立である．そしてグラスマン環の任意の元はEとこの形の元たちの線型結合である．グラスマン環の元で交代r重線型関数であるものは**斉r次**であると言う（$r=0$の場合，すなわちKの元を**斉0次**と呼ぶことにする）．

応用　$\psi_1, \psi_2, \cdots, \psi_r$を$\mathcal{M}'$の$r$個の元とする．これらの元の$r$個の線型結合

$$\Theta_i = \sum_{j=1}^{r} a_{ij} \psi_j \quad (1 \leqq i \leqq r)$$

をつくると，簡単に分かるように

$$\Theta_1 \square \Theta_2 \square \cdots \square \Theta_r = \boxed{a_{ij}}\, \psi_1 \square \psi_2 \square \cdots \square \psi_r$$

が成りたつ．

$r=m$ の場合，もし $\psi_1, \cdots, \psi_m$ が線型独立なら，これらの元は $\mathscr{M}'$ の基底をなし，すでに知っているように $\psi_1 \square \psi_2 \square \cdots \square \psi_m \neq 0$ が成りたつ．r が一般の場合，もし $\psi_1, \cdots, \psi_r$ が線型独立なら，$\mathscr{M}'$ の $m-r$ 個の適当な元 $\psi_{r+1}, \cdots, \psi_m$ を付け加えて $\psi_1, \cdots, \psi_r, \psi_{r+1}, \cdots, \psi_m$ が線型独立になるようにできる．$\psi_1 \square \psi_2 \square \cdots \square \psi_r \neq 0$ だから，つぎの命題 2 が証明された：

命題 2 $\mathscr{M}'$ **の** r **個の元** $\psi_1, \cdots, \psi_r$ **が線型独立であるためには，**$\psi_1 \square \psi_2 \square \cdots \square \psi_r \neq 0$ **が成りたつことが必要十分である．さらに，これらの元をそれらの線型結合で置きかえると，これらの元のグラスマン環のなかでの積は，もとの積に** K **の元を掛けたものになる．**

$\mathscr{N}$ を $\mathscr{M}$ の $n-r$ 次元部分空間とする．$\mathscr{M}$ の元 $\boldsymbol{e}$ が $\mathscr{N}$ に属するということは，r 個の線型方程式

$$\psi_1(\boldsymbol{e}) = \cdots = \psi_r(\boldsymbol{e}) = 0 \tag{1}$$

をみたすこととして特徴づけられる．ただし $\psi_1, \cdots, \psi_r$ は $\mathscr{M}'$ の適当な線型独立な元である．逆に式 (1) によって $\mathscr{N}$ を定義したとき，$\mathscr{N}$ の他の r 個の方程式系は $\psi_1, \cdots, \psi_r$ をこれらの線型独立な線型結合で置きかえることによって得られる．したがって $\mathscr{N}$ は積 $\psi_1 \square \psi_2 \square \cdots \square \psi_r$ で特徴づけられ，逆にこの積は定数倍を除いて $\mathscr{N}$ によって決まる[1]．

---

1) いまやグラスマンが《幾何計算》として展開した，任意次元の線型多様体の理論を解析的に扱う準備がととのった．

§3　カルタンの微分形式

定義1　$\mathcal{V}$を多様体，pを$\mathcal{V}$の点とする．pでの$\mathcal{V}$の接空間$\mathcal{L}_p$のグラスマン環をpでの**カルタン微分環**と言い，$\mathcal{C}_p$と書く．

定義2　$\mathcal{V}$の部分集合Aの各点pに$\mathcal{C}_p$の斉r次の元が対応するとき，この対応をA上定義された**r次微分形式**と言う[1]．1次微分形式は**パフ形式**とも呼ばれる．

この定義によれば，0次微分形式は単に実数値関数である．これが定義域の点pで解析的だということの意味をわれわれは知っている．いまから，この概念を任意次の微分形式に拡張する．

$\mathcal{C}_p$の1次の元は接空間$\mathcal{L}_p$の双対空間の元であるが，すでに見たように，この双対空間はpでの微分（differential）ぜんぶの空間$\mathcal{D}_p$である[2]．$\{x_1, \cdots, x_n\}$をpでの座標系とすると，pのある近傍の各点qに対し，微分$(dx_1)_q, \cdots, (dx_n)_q$たちは$\mathcal{D}_p$の基底である．$\theta$が$p$のある近傍で定義された$r$次の微分形式のとき，点$q$での$\theta$の値$\theta_q$は

$$\theta_q = \sum u_{i_1\cdots i_r}(q)(dx_{i_1})_q \square \cdots \square (dx_{i_r})_q \qquad (1)$$

の形に書ける．ただし和は，$1 \leqq i_1 < \cdots < i_r \leqq n$なるすべての組みあわせ$\{i_1, \cdots, i_r\}$にわたる．

---

1)　外微分形式とも言う．
2)　第3章§4（155ページ）を見よ．

関数 $u_{i_1\cdots i_r}$ たちがすべて p で解析的なとき，形式 θ は p で**解析的**であると言う．この定義を正当化するためには，それが特定の座標の選びかたによらないことを示さなければならない．

実際，$\{x'_1, \cdots, x'_n\}$ を p でのもうひとつの座標系とする．$x_1, \cdots, x_n$ は p の近くで新座標の n 個の関数 $f_1(x'_1, \cdots, x'_n)$, $\cdots, f_n(x'_1, \cdots, x'_n)$ として表わされ，これらの関数は点 $x'_1=x'_1(p), \cdots, x'_n=x'_n(p)$ で解析的である．すると p に十分近い q に対して

$$(dx_i)_q = \sum_{j=1}^{n} \left(\frac{\partial f_i}{\partial x'_j}\right)_q (dx'_j)_q$$

が成りたつ．ただし $\left(\frac{\partial f_i}{\partial x'_j}\right)_q$ は $\frac{\partial f_i}{\partial x'_j}$ の $x'_j=x'_j(q)\,(1\leqq j\leqq n)$ での値である．よって

$$\theta_q = \sum u_{i_1\cdots i_r}(q)\left(\frac{D(f_{i_1}, f_{i_2}, \cdots, f_{i_r})}{D(x'_{j_1}, x'_{j_2}, \cdots, x'_{j_r})}\right)_q (dx'_{j_1})_q \square \cdots \square (dx'_{j_r})_q$$

が成りたつ．ただし和は $i_1<\cdots<i_r$, $j_1<\cdots<j_r$ なるすべての系 $(i_1, \cdots, i_r\,;\, j_1, \cdots, j_r)$ にわたる．そこで

$$u'_{j_1 j_2\cdots j_r}(q) = \sum_{i_1\cdots i_r} u_{i_1\cdots i_r}(q)\left(\frac{D(f_{i_1}, f_{i_2}, \cdots, f_{i_r})}{D(x'_{j_1}, x'_{j_2}, \cdots, x'_{j_r})}\right)_q$$

とおくと，

$$\theta_q = \sum_{j_1\cdots j_r} u'_{j_1\cdots j_r}(q)\,(dx'_{j_1})_q \square \cdots \square (dx'_{j_r})_q$$

が成りたつ．もし $u_{i_1\cdots i_r}$ が p で解析的なら，もちろん $u'_{j_1\cdots j_r}$ もそうだから，われわれの解析的微分形式の定義が正当化

された.

同様に，もし関数 $u_{i_1\cdots i_r}$ たちが p で連続なら，関数 $u'_{j_1\cdots j_r}$ たちも p で連続である．このとき微分形式 θ が p で**連続**であると言う.

さて，微分形式を**微分する**（differentiate）という作用**微分子**（differentiation）d を定義しよう．θ を $\mathcal{V}$ の点 p で解析的な r 次微分形式とする．もし $r=0$ なら θ は $\mathcal{V}$ 上の関数だから，その p での微分はすでに定義されている．一般の場合，θ の p での**微分**（differential）$(d\theta)_p$ とは $\mathcal{C}_p$ の元で，

$$(d\theta)_p = \sum (du_{i_1\cdots i_r})_p \square (dx_{i_1})_p \square \cdots \square (dx_{i_r})_p \qquad (2)$$

によって定義されるものである．ただし，ここでもこの定義が座標系に無関係であることを示さなければならない.

それをする前に，特定の座標系 $\{x_1, \cdots, x_n\}$ に関して（2）で定義した微分子の作用のいくつかの性質を確立しておく.

まず r 次の形式 θ_1, θ_2 および実数 a_1, a_2 に対して明らかに

$$(d(a_1\theta_1 + a_2\theta_2))_p = a_1(d\theta_1)_p + a_2(d\theta_2)_p \qquad (3)$$

が成りたつ.

つぎに，θ, η をともに p で解析的な r, s 次の微分形式とする．これらはともに p のある近傍で定義されているから，その近傍の各点 q に $\theta_q \square \eta_q$ を対応させると微分形式 $\theta \square \eta$ が得られ，それは明らかに p で解析的である．こ

れの p での微分が

$$(d(\theta\square\eta))_p = (d\theta)_p\square\eta_p + (-1)^r\theta_p\square(d\eta)_p \tag{4}$$

であることを示す.

実際, まず $r>0$, $s>0$ と仮定する. 式 (3) により, 式 (4) を示すためには θ と η が

$$\theta(q) = u(q)(dx_{i_1})_q\square\cdots\square(dx_{i_r})_q,$$
$$\eta(q) = v(q)(dx_{j_1})_q\square\cdots\square(dx_{j_s})_q$$

の形のときに証明すればよい. ただし $i_1<\cdots<i_r$, $j_1<\cdots<j_s$ であり, u と v は p で解析的な関数である.

もしふたつの集合 $\{i_1,\cdots,i_r\}$ と $\{j_1,\cdots,j_s\}$ が共通元をもてば $\theta\square\eta=0$, $(d\theta)_p\square\eta_p=0$, $\theta_p\square(d\eta)_p=0$ だから, 式 (4) が成りたつ. 共通元がないとき, 集合 $\{i_1,\cdots,i_r,j_1,\cdots,j_s\}$ の元を小さい順に並べかえたものを $k_1,\cdots,k_{r+s}$ とすると,

$$(\theta\square\eta)_q = \varepsilon u(q)v(q)(dx_{k_1})_q\square\cdots\square(dx_{k_{r+s}})_q$$

と書ける. ただし ε は置換

$$\begin{pmatrix} i_1 & \cdots & i_r & j_1 & \cdots & j_s \\ k_1 & \cdots & k_r & k_{r+1} & \cdots & k_{r+s} \end{pmatrix}$$

の偶奇に従って $+1$ または -1 である. よって

$$\begin{aligned}
&(d(\theta\square\eta))_p \\
&\quad = \varepsilon((du)_p v(p)+u(p)(dv)_p)\square(dx_{k_1})_p\square\cdots\square(dx_{k_{r+s}})_p \\
&\quad = d\theta_p\square\eta_p+u(p)dv_p\square(dx_{i_1})_p\square\cdots \\
&\qquad\qquad \square(dx_{i_r})_p\square(dx_{j_1})_p\square\cdots\square(dx_{j_s})_p \\
&\quad = d\theta_p\square\eta_p+(-1)^r\theta_p\square d\eta_p
\end{aligned}$$

となる. ここで $dv_p\square(dx_i)_p=-(dx_i)_p\square dv_p$ を使った.

もし $s=0, r>0$ なら $\eta_q=v(q)$, v は p で解析的であり,

θは前と同じ式で与えられるとしてよいから,

$$
\begin{aligned}
&(d(\theta \square \eta))_p \\
&\qquad = (du_p v(p) + u(p) dv_p) \square (dx_{i_1})_p \square \cdots \square (dx_{i_r})_p \\
&\qquad = d\theta_p \square \eta_p + (-1)^r \theta_p \square d\eta_p
\end{aligned}
$$

となる. $r=0$ のときもまったく同様であり, これですべての場合に (4) が証明された.

とくに ω_1, ω_2 が p で解析的なパフ形式なら

$$(d(\omega_1 \square \omega_2))_p = (d\omega_1)_p \square (\omega_2)_p - (\omega_1)_p \square (d\omega_2)_p \quad (5)$$

が成りたつ. したがって p で解析的なパフ形式 $\omega_1, \cdots, \omega_r$ に対して

$$
\begin{aligned}
&(d(\omega_1 \square \omega_2 \square \cdots \square \omega_r))_p \\
&\quad = \sum_1^r (-1)^{i-1} (\omega_1)_p \square \cdots \square (\omega_{i-1})_p \square (d\omega_i)_p \\
&\qquad\qquad \square (\omega_{i+1})_p \square \cdots \square (\omega_r)_p \quad (6)
\end{aligned}
$$

が成りたつ.

つぎに f を $\mathcal{V}$ 上の関数で p で解析的なものとする. f がそこで解析的な各点 q に $\mathcal{C}_q$ の元 df_q を対応させると, パフ形式 df すなわち f の微分が得られる. p の近くで f を座標系 x の関数として $f^*(x_1, \cdots, x_n)$ と書く. q がこの近傍に属せば,

$$(df)_q = \sum_1^n \left(\frac{\partial f^*}{\partial x_i}\right)_q (dx_i)_q$$

と書ける. 関数 $\dfrac{\partial f^*}{\partial x_i}$ たちは点 $x_1 = x_1(q), \cdots, x_n = x_n(q)$ で解析的だから, df は p で解析的であり,

$$(d(df))_p = \sum_{ij} \left(\frac{\partial^2 f^*}{\partial x_j \partial x_i} \right)_p (dx_i)_p \square (dx_j)_p$$

が成りたつ．ここで

$$\frac{\partial^2 f^*}{\partial x_j \partial x_i} = \frac{\partial^2 f^*}{\partial x_i \partial x_j}, \quad (dx_j)_p \square (dx_i)_p = -(dx_i)_p \square (dx_j)_p$$

に注意すると，

$$d(df) = 0 \tag{7}$$

が得られる．$f_1, \cdots, f_r$ が p で解析的な関数なら，式 (6) によって

$$d(df_1 \square \cdots \square df_r) = 0 \tag{8}$$

を得る．

さて，いまや微分子の作用が座標系に無関係なことを証明することができる．$\{x_1', \cdots, x_n'\}$ を p でのもうひとつの座標系とし，この座標系に関して定義される微分子の作用を d' と書く．この作用も d に関して証明した形式的性質と同じ性質をもつ．

θ を式 (1) で表わされる r 次 $(r>0)$ の形式とすると，式 (2) によって

$$(d'\theta)_p = \sum (d'(u_{i_1 \cdots i_r} dx_{i_1} \square \cdots \square dx_{i_r}))_p$$

が成りたつ．式 (4) によって

$$\begin{aligned}
&(d'(u_{i_1 i_2 \cdots i_r} dx_{i_1} \square dx_{i_2} \square \cdots \square dx_{i_r}))_p \\
&\quad = (d' u_{i_1 i_2 \cdots i_r})_p \square (dx_{i_1} \square dx_{i_2} \square \cdots \square dx_{i_r})_p \\
&\qquad + u'_{i_1 i_2 \cdots i_r} (d'(dx_{i_1} \square dx_{i_2} \square \cdots \square dx_{i_r}))_p
\end{aligned}$$

を得る．f が関数なら，定義により $d'f = df$ である．よっ

て $dx_{i_1}\square\cdots\square dx_{i_r}=d'x_{i_1}\square\cdots\square d'x_{i_r}$ であり，式 (8) によって右辺の第2項は0である．第1項は $(du_{i_1\cdots i_r})_p\square(dx_{i_1})_p\square\cdots\square(dx_{i_r})_p$ に等しいから，$(d'\theta)_p=(d\theta)_p$ が証明された．

微分子の性質 (7) は任意の微分形式の場合に一般化される：すなわち**任意の解析的微分形式 θ に対して**

$$d(d\theta)=0$$

が成りたつ．実際，点 p のある近傍で θ が解析的だとすると，その近傍の任意の点 q で θ_q は式 (1) で表わされるから

$$(d\theta)_q=\sum(du_{i_1\cdots i_r})_q\square(dx_{i_1})_q\square\cdots\square(dx_{i_r})_q$$

と書け，したがって式 (7), (8) によって $d(d\theta)=0$ が成りたつ．

写像の効果

$\mathcal{W}$ をもうひとつの多様体とし，Φ を $\mathcal{W}$ から $\mathcal{V}$ への解析写像とする．$q\in\mathcal{W}, p=\Phi(q)$ のとき，$d\Phi_q$ は q での $\mathcal{W}$ の接空間 $\mathcal{M}_q$ から，p での $\mathcal{V}$ の接空間 $\mathcal{L}_p$ への線型写像である．それぞれ点 p と q での $\mathcal{V}$ と $\mathcal{W}$ のグラスマン環を $\mathcal{C}_p$ と $\mathcal{D}_q$ とする．以下，$d\Phi_q$ に $\mathcal{C}_p$ から $\mathcal{D}_q$ への双対写像 $\delta\Phi_q$ が対応することを示す．

$\mathcal{C}_p$ の斉 r 次の元 $(r>0)$ は $\mathcal{L}_p$ 上の交代 r 重線型形式 $\theta(L_1,\cdots,L_r)$ である．$\mathcal{M}_q$ の r 個の任意の元 $M_1,\cdots,M_r$ に対して

$$\theta_1(M_1,\cdots,M_r)=\theta(d\Phi_q M_1,\cdots,d\Phi_q M_r) \tag{1}$$

とおくと，明きらかに θ_1 は $\mathcal{M}_q$ 上の交代 r 重線型形式である．ここで

$$\delta\Phi_q\theta = \delta\Phi_q(\theta) = \theta_1$$

とおく．

こうして各 $r>0$ に対し，$\mathcal{C}_p$ の斉 r 次の元ぜんぶの集合から，$\mathcal{D}_q$ の斉 r 次の元ぜんぶの集合への線型写像 $\delta\Phi_q$ が得られる．$r=0$ のときは $\mathcal{C}_p$ の斉 0 次の元は実数 θ だから，単純に $\delta\Phi_q\theta=\theta$ とおく．θ が $\mathcal{C}_p$ の非斉次元のときは θ を $\theta^{r_1}+\theta^{r_2}+\cdots+\theta^{r_n}$ (θ^{r_i} は斉 r_i 次) と書いて $\delta\Phi_q\theta=\sum_i\delta\Phi_q\theta^{r_i}$ と定義する．

こうして $\delta\Phi_q$ は $\mathcal{C}_p$ から $\mathcal{D}_q$ への線型写像になった．さらにこれは環としての準同型写像である，すなわち

$$\delta\Phi_q(\theta^r\,\Box\,\theta^s) = (\delta\Phi_q\theta^r)\,\Box\,(\delta\Phi_q\theta^s) \tag{2}$$

が成りたつ．ただし θ^r, θ^s はそれぞれ $\mathcal{C}_p$ の斉 r 次，斉 s 次の元である．実際，

$$(\theta^r\,\Box\,\theta^s)(L_1, L_2, \cdots, L_{r+s})$$
$$= \sum\frac{\varepsilon(\overline{\omega})}{(r+s)!}\theta^r(L_{\overline{\omega}(1)}, \cdots, L_{\overline{\omega}(r)})\theta^s(L_{\overline{\omega}(r+1)}, \cdots, L_{\overline{\omega}(r+s)})$$

が成りたつ．ただし和は集合 $\{1, \cdots, r+s\}$ のすべての置換 $\overline{\omega}$ にわたり，$\varepsilon(\overline{\omega})$ は $\overline{\omega}$ の偶奇に従って $+1$ か -1 である．この式と定義式 (1) から，式 (2) はただちに出る．

点 p での $\mathcal{V}$ 上の座標系 $\{x_1, \cdots, x_n\}$ をとると，$(dx_i)_p$ $(1\leqq i\leqq n)$ は $\mathcal{C}_p$ の斉 1 次の元であり $\mathcal{M}_q$ の任意の元 M_q に対して

$$(dx_i)_p(d\Phi M_q) = (d(x_i\,\Box\,\Phi))_q M_q$$

が成りたつ．これからただちに

$$\delta\Phi_q(dx_i)_p = (d(x_i \square \Phi))_q \tag{3}$$

が導かれる．

つぎに q が多様体 $\mathcal{W}$ ぜんたいを動くとし，θ を $\mathcal{V}$ 上の r 次微分形式とする．そうすると対応 $q \to \delta\Phi_q\theta$ は $\mathcal{W}$ 上の微分形式を定める．これを $\delta\Phi\theta$ と書く．式 (3) と関数 $x_i \circ \Phi$ たちの解析性により，$\delta\Phi\theta$ は $\mathcal{W}$ 上解析的である．ここで θ_p を

$$\theta_p = \sum u_{i_1 \cdots i_r}(p)(dx_{i_1})_p \square \cdots \square (dx_{i_r})_p$$

と書くと，（記号を簡単化して $x_i \circ \Phi = y_i$ と書くことにすると）

$$(\delta\Phi\theta)_q = \sum (u_{i_1 \cdots i_r} \circ \Phi)_q (dy_{i_1})_q \square \cdots \square (dy_{i_r})_q$$

が得られる．したがって

$$(d(\delta\Phi\theta))_q = \sum (d(u_{i_1 \cdots i_r} \circ \Phi))_q \square (dy_{i_1})_q \square \cdots \square (dy_{i_r})_q$$

となる．ところが

$$(d(u_{i_1 \cdots i_r} \circ \Phi))_q = \delta\Phi_q (du_{i_1 \cdots i_r})_{\Phi q},$$
$$(dy_i)_q = \delta\Phi_q (dx_i)_{\Phi q}$$

だから

$$d(\delta\Phi\theta) = \delta\Phi(d\theta) \tag{4}$$

が成りたつ．

§4　マウラー－カルタン形式

$\mathcal{G}$ を解析群とし，$\sigma \in \mathcal{G}$ に伴う左移動を Φ_σ とする．θ が

$\mathcal{G}$上の解析的微分形式なら，$\delta\Phi_\sigma\theta$ もそうである．

定義1　**すべての** $\sigma\in\mathcal{G}$ **に対して** $\delta\Phi_\sigma\theta=\theta$ **が成りたつとき，形式** θ **は左不変であると言う．**

この場合，$\theta_\sigma=\delta\Phi_{\sigma^{-1}}\theta_\varepsilon$（$\varepsilon$ は $\mathcal{G}$ の中立元）だから，θ は θ_ε だけによって決まる．

0次の左不変微分形式は定数である．

定義2　**左不変なパフ形式をマウラー－カルタン形式と言う．**

ω をマウラー－カルタン形式，X を左不変な無限小変換とする．元 σ での ω の値 ω_σ は σ での $\mathcal{G}$ の接空間上の線型関数である．したがって記号 $\omega_\sigma(X_\sigma)$ が意味をもつ．$\omega_\sigma(X_\sigma)$ は σ に依存しない．実際，

$$\omega_\sigma(X_\sigma)=(\delta\Phi_{\sigma^{-1}}\omega_\varepsilon)(X_\sigma)=(\omega_\varepsilon)(d\Phi_{\sigma^{-1}}X_\sigma)=\omega_\varepsilon(X_\varepsilon).$$

逆に ε での接空間上の線型形式 ω_ε が与えられたとする．$\omega_\sigma=\delta\Phi_{\sigma^{-1}}\omega_\varepsilon$ とおけば，対応 $\omega:\sigma\to\omega_\sigma$ は $\mathcal{G}$ 上のパフ形式であり，任意の左不変無限小変換 X に対して $\omega_\sigma(X_\sigma)$ は定数である．そして $(\delta\Phi_{\sigma_0}\omega_{\sigma_0\sigma})(X_\sigma)=\omega_{\sigma_0\sigma}(d\Phi_{\sigma_0}X_\sigma)=\omega_{\sigma_0\sigma}(X_{\sigma_0\sigma})=\omega_\varepsilon(X_\varepsilon)=\omega_\sigma(X_\sigma)$ が成りたつから，任意の $\sigma_0\in\mathcal{G}$ に対して $\omega_\sigma=\delta\Phi_{\sigma_0}\omega_{\sigma_0\sigma}$ が成りたち，ω は不変である．

この ω が解析的でもあることを証明しよう．実際，元 $\sigma_0\in\mathcal{G}$ での座標系 $\{x_1,\cdots,x_n\}$，および $\mathcal{G}$ のリー環の基底 $\{X_1,\cdots,X_n\}$ をとる．σ が σ_0 に十分近ければ，ω_σ は $\sum A_i(\sigma)(dx_i)_\sigma$ の形に書けるから，

$$\omega(X_j) = \sum_i A_i(\sigma)(X_j x_i)_\sigma \quad (j=1, \cdots, n) \tag{1}$$

が成りたつ．これらの方程式の左辺はどれも定数である．$(X_1)_\sigma, \cdots, (X_n)_\sigma$ は線型独立だから，行列式

$$\boxed{(X_j x_i)_\sigma}$$

は0ではなく，1次方程式系 (1) は $A_1(\sigma), \cdots, A_n(\sigma)$ に関して解ける．関数 $(X_j x_i)_\sigma$ たちはどれも σ_0 で解析的だから関数 $A_i(\sigma)$ たちも解析的であり，ω の解析性が証明された．

$\mathcal{G}$ の次元が n なら，ちょうど n 個の線型独立なマウラー‐カルタン形式 $\omega_1, \cdots, \omega_n$ が存在する．すぐ分かるように，$a_{i_1 \cdots i_r}$ が任意の定数ならば，$\sum a_{i_1 \cdots i_r} \omega_{i_1} \square \cdots \square \omega_{i_r}$ は r 次の左不変微分形式であり，逆に任意の r 次 $(r>0)$ の左不変微分形式はこの形に書ける．

任意の r 次 $(r>0)$ の左不変微分形式 θ は，$\theta(Y_1, \cdots, Y_r) = \theta_\varepsilon((Y_1)_\varepsilon, \cdots, (Y_r)_\varepsilon)$ と置くことによって，$\mathcal{G}$ のリー環 $\mathfrak{g}$ 上の r 重線型交代形式とみなされる．したがって左不変微分形式を $\mathfrak{g}$ に伴うグラスマン環の斉次元と同一視することができる．

ω がマウラー‐カルタン形式なら，$\delta\Phi_\sigma d\omega = d\delta\Phi_\sigma \omega = d\omega$ だから，$d\omega$ も左不変である．$\mathfrak{g}$ の任意の元 X, Y に対して

$$\boxed{d\omega(X, Y) = \frac{1}{2}\omega([X, Y])} \tag{2}$$

が成りたつことを証明する．

実際，上記の記号のもとで $d\omega=\sum dA_i \square dx_i$ と書けるから，

$$d\omega(X, Y) = \frac{1}{2}\sum_i (dA_i(X)dx_i(Y) - dA_i(Y)dx_i(X))$$

$$= \frac{1}{2}\sum_i ((XA_i)(Yx_i) - (YA_i)(Xx_i))$$

が成りたつ．一方 $\sum A_i Yx_i$ は定数だから，

$$0 = X(\sum A_i Yx_i) = \sum(XA_i)(Yx_i) + \sum A_i(XYx_i)$$

となり，同様に

$$0 = \sum(YA_i)(Xx_i) + \sum A_i(YXx_i)$$

が成りたつ．したがって

$$d\omega(X, Y) = \frac{1}{2}\sum A_i(YXx_i - XYx_i)$$

$$= \frac{1}{2}\sum A_i([X, Y]x_i)$$

と書くことができ，(2) が証明された．

$\{X_1, \cdots, X_n\}$ がリー環 $\mathfrak{g}$ の基底のとき，マウラー－カルタン形式の双対基底 $\{\omega_1, \cdots, \omega_n\}$ がある．すなわち $\omega_i(X_j) = \delta_{ij}$ $(1 \leqq i, j \leqq n)$ によって定まる基底である．c_{ijk} を $\mathfrak{g}$ の構造定数とすると

$$[X_i, X_j] = \sum_k c_{ijk} X_k.$$

式 (2) によって $d\omega_k(X_i, X_j) = \frac{1}{2}c_{ijk}$. 等式 $c_{ijk} + c_{jik} = 0$ を考慮に入れると

$$\boxed{d\omega_k = \frac{1}{2}\sum_{i,j} c_{ijk}\omega_i \square \omega_j} \tag{3}$$

が得られる．

$\{x_1, \cdots, x_n\}$ を中立元 ε での $\mathcal{G}$ 上の座標系とし，V をこの座標系に関する正方近傍とする．$\sigma \in V$ に対し，$(\omega_i)_\sigma$ は

$$(\omega_i)_\sigma = \sum_{j=1}^{n} A_{ij}(x_1(\sigma), \cdots, x_n(\sigma))(dx_j)_\sigma \quad (i=1, \cdots, n)$$

と書ける．ただし $A_{ij}(x_1, \cdots, x_n)$ は不等式系 $|x_i - x_i(\varepsilon)| < a$ (a は V の幅）の定める領域で定義されて解析的な関数である，ここで

$$\omega_i(x, dx) = \sum_j A_{ij}(x)dx_j$$

とおく．$\sigma_0 \in V$ のとき，関数 $x_i(\sigma_0\sigma) = y_i(\sigma)$ たちは ε のある近傍で定義されて解析的である．ω_i は左不変だから，関係式

$$\sum_j A_{ij}(y_1(\sigma), y_2(\sigma), \cdots, y_n(\sigma))(dy_j)_\sigma$$
$$= \sum_j A_{ij}(x_1(\sigma), \cdots, x_n(\sigma))(dx_j)_\sigma$$

が成りたつ．関数 $y_i(\sigma)$ たちは σ の x 座標の関数として $y_i(x_1(\sigma), \cdots, x_n(\sigma))$ と表わされる（これらの関数は量 $|x_i(\sigma) - x_i(\varepsilon)|$ $(1 \leqq i \leqq n)$ が十分小さいところで定義されて解析的である）．そして関数 $y_1(x_1, \cdots, x_n), \cdots, y_n(x_1, \cdots, x_n)$ たちは方程式系

$$\boxed{\omega_i(y, dy) = \omega_i(x, dx)} \tag{4}$$

をみたす．これを**マウラー－カルタンの方程式系**と言う．

$|x_i - x_i(\varepsilon)| < a$ なら行列式 $\boxed{A_{ij}(x_1, \cdots, x_n)}$ は 0 でないから，方程式系（4）によって表示

$$\frac{\partial y_i}{\partial x_j} = F_{ij}(y_1, \cdots, y_n\,;\, x_1, \cdots, x_n) \quad (1 \leqq i, j \leqq n) \tag{5}$$

が得られる．ただし偏導関数 $\dfrac{\partial y_i}{\partial x_j}$ を y たちおよび x たちの関数と考える．

一方，

$$y_i(x_1(\varepsilon), \cdots, x_n(\varepsilon)) = x_i(\sigma_0) \quad (i = 1, \cdots, n) \tag{6}$$

である．したがって，マウラー－カルタン形式の表示 $\omega_i(x, dx)$ たちが知られれば，関数 $x_i(\sigma_0\sigma)$ たちを決定する問題は，方程式（5）を初期条件（6）のもとで解くことに帰着する．この問題自体はある常微分方程式系を解くことに帰着する．

§5　標準座標でのマウラー－カルタン形式の明示的構成

$\mathcal{G}$ を解析群，$\mathfrak{g}$ をそのリー環，$\{X_1, \cdots, X_n\}$ を $\mathfrak{g}$ の基底とし，$\{x_1, \cdots, x_n\}$ をこの基底に対応する $\mathcal{G}$ の中立元 ε での標準座標系とする[1]．さらに $\{\omega_1, \cdots, \omega_n\}$ を $\omega_i(X_j) = \delta_{ij}$ によって定義されるマウラー－カルタン形式の基底とする．以下，座標系 x に関する ω_i の表示

$$\omega_i(x, dx) = \sum_{j=1}^{n} A_{ij}(x_1, \cdots, x_n)\,dx_j$$

1）第4章§8（220ページ）を見よ．

を決定する.

まず写像 $(x_1, \cdots, x_n) \to \exp \sum x_i X_i$ が R^n ぜんたいから $\mathcal{G}$ への解析写像であることに注意する. この写像を exp と書く. 形式 $\sum A_{ij}(x) dx_j$ は形式 $(\delta \exp)\omega_i$ である. したがって関数 $A_{ij}(x_1, \cdots, x_n)$ たちは R^n ぜんたいで定義されて解析的である.

リー環 $\mathfrak{g}$ の各元 X に, 実数の加法群 R から $\mathcal{G}$ への解析的準同型写像 $\Theta_X : t \to \exp tX$ が対応し, $\delta\Theta_X\omega_i$ は R 上のパフ形式である. R の座標を t と書き, L を R の左不変無限小変換で $L(t)=1$ によって決まるものとする. すると $d\Theta_X(L_t) = X_{\Theta_X}(t)$ だから, $X = \sum a_i x_i$ とすると $(\delta\Theta_X\omega_i)L = \omega_i(X) = a_i$ となる. したがって

$$\delta\Theta_X\omega_i = a_i dt$$

が成りたつ. R から R^n への写像 $t \to (a_1 t, \cdots, a_n t)$ を Θ_X^* と書くと, $\Theta_X(t) = \exp \Theta_X^*(t)$ だから,

$$\delta\Theta_X^*(\omega_i(x, dx)) = a_i dt$$

が成りたち, これから式

$$\sum_{j=1}^{n} A_{ij}(a_1 t, \cdots, a_n t) a_j dt = a_i dt$$

または式

$$\sum_j A_{ij}(x_1 t, \cdots, x_n t) x_j = x_i \quad (i = 1, \cdots, n) \tag{1}$$

が得られる.

さてここで R^{n+1} から R^n への写像 $(t, x_1', \cdots, x_n') \to (tx_1', \cdots, tx_n')$ を導入する. この写像のもとで $\omega_i(x, dx)$ には

R^{n+1} 上の解析的パフ形式 $\omega_i'(x', t, dx', dt)$ が対応し，その表示は

$$\omega_i'(x', t, dx', dt) = \sum_j A_{ij}(x_1't, \cdots, x_n't)(x_j'dt + tdx_j')$$
$$= t\sum_j A_{ij}(x_1't, \cdots, x_n't)dx_j' + x_i'dt$$

となる（ここで式 (1) を使った）．

$d\omega_k = \frac{1}{2}\sum_{i,j} c_{ijk}\omega_i \square \omega_j$ だから，同様に $d\omega_k' = \frac{1}{2}\sum_{i,j} c_{ijk}\omega_i' \square \omega_j'$ が成りたつ．表示を短くするために $A_{ij}(x_1't, \cdots, x_n't) = A_{ij}(x't)$ と書くと，

$$d\omega_k' = \sum_l A_{kl}(x't)dt \square dx_l' + \sum_l t\frac{\partial A_{kl}}{\partial t}(x't)dt \square dx_l'$$
$$+ dx_k' \square dt + \cdots,$$

$$\sum_{ij} c_{ijk}\omega_i' \square \omega_j' = \sum_{ijl} tc_{ijk}A_{il}(x't)x_j'dx_l' \square dt$$
$$+ \sum_{ijl} tc_{ijk}A_{jl}(x't)x_i'dt \square dx_l' + \cdots$$

が成りたつ．ただしこの二式の右辺で書かれてない項は dt を含まない．だから二式の dt を含む項を等しいとおくと，

$$A_{kl}(x't) + t\frac{\partial A_{kl}(x't)}{\partial t}$$
$$= \frac{t}{2}\sum_{ij} c_{ijk}(A_{jl}(x't)x_i' - A_{il}(x't)x_j') + \delta_{kl}$$

が得られる．$c_{ijk} = -c_{jik}$ を使って書きなおすと，

$$\frac{\partial}{\partial t}(tA_{kl}(x't)) = \delta_{kl} + \sum_{ij} c_{ijk}x_i'(tA_{jl}(x't))$$

となる．$x'_1, \cdots, x'_n$ を固定した量とみなす．行列 $(tA_{kl}(x't))$ を $\mathcal{A}(t)$ と書き，第 k 行第 j 列が $\sum_i c_{ijk}x'_i$ である行列を $\mathcal{X}'$ と書く．すると

$$\frac{d\mathcal{A}}{dt} = E + \mathcal{X}'\mathcal{A}$$

が成りたつ．E は単位行列である．さらに $\mathcal{A}(0) = 0$ である．

まえに行列の指数関数を表わす級数の収束性を証明したのと同じ論法（第1章§2, 24ページを見よ）により，級数

$$\sum_1^\infty \frac{t^m}{m!}\mathcal{X}'^{m-1}$$

は t の任意の有界区間で一様に収束する．その和を $\mathcal{A}'(t)$ と書くと，$\mathcal{A}'(0)=0$, $\dfrac{d\mathcal{A}'(t)}{dt}=E+\mathcal{X}'\mathcal{A}'$ となるから $\mathcal{A}'(t) = \mathcal{A}(t)$ が成りたつ．

$t=1$ としてつぎの結果が証明された：

命題 1 **$\mathcal{G}$ を解析群，$\{X_1, \cdots, X_n\}$ を $\mathcal{G}$ のリー環の基底とする．$\{x_1, \cdots, x_n\}$ を対応する標準座標系，$\omega_1, \omega_2, \cdots, \omega_n$ を式 $\omega_i(X_j)=\delta_{ij}$ によって定まるマウラー-カルタン形式とする．ω_i の座標系 x による表示を $\omega_i(x, dx) = \sum_{j=1}^n A_{ij}dx_j$ とすると，行列 $\mathcal{A}=(A_{ij})$ は式**

$$\mathcal{A} = \sum_1^\infty \frac{1}{m!}\mathcal{X}^{m-1}$$

で表わされる．ただし $\mathcal{X}$ は (k, j) 成分が $\sum_i c_{ijk}x_i$ の行列である．

注意 1 行列 $\mathcal{A}$ を与える級数は数 x_i, c_{ijk} たちのすべての実数値および複素数値に対して収束し，この収束は $|x_i|$, $|c_{ijk}|$ の任意の有界領域において一様である．

とくに，関数 $A_{ij}(x_1, \cdots, x_n)$ たちは，複素変数 $x_1, \cdots, x_n$ の単生的な整関数（integral monogenic functions）に拡張される．

注意 2 $X=\sum x_i X_i$ とおくと，

$$[X_j, X] = \sum_{i,k} c_{jik} x_i X_k = -\sum_{i,k} c_{ijk} x_i X_k$$

となる．写像 $Y \to [Y, X]$ は $\mathfrak{g}$ から自分自身への線型写像である．基底 $\{X_1, \cdots, X_n\}$ を使ってこの写像を行列で表わすと，その行列は $-{}^t\mathcal{X}$ であることが分かる（${}^t\mathcal{X}$ は $\mathcal{X}$ の転置行列）．

例 3次のリー環でその算法が

$$[X_1, X_2] = 0,\ [X_3, X_2] = X_1,\ [X_3, X_1] = 0 \qquad (1)$$

で与えられるものを考える．このとき行列 $\mathcal{X}$ は

$$\mathcal{X} = \begin{pmatrix} 0 & x_3 & -x_2 \\ 0 & 0 & 0 \\ 0 & 0 & 0 \end{pmatrix}$$

であり，$\mathcal{X}^2=0$ だから，

$$\mathcal{A} = \begin{pmatrix} 1 & \frac{1}{2}x_3 & -\frac{1}{2}x_2 \\ 0 & 1 & 0 \\ 0 & 0 & 1 \end{pmatrix}$$

となる．$\omega_1=dx_1+\dfrac{1}{2}x_3dx_2-\dfrac{1}{2}x_2dx_3, \omega_2=dx_2, \omega_3=dx_3$．マウラー-カルタンの方程式は

$$dx_1+\frac{1}{2}x_3dx_2-\frac{1}{2}x_2dx_3=dy_1+\frac{1}{2}y_2dy_3-\frac{1}{2}y_3dy_2,$$
$$dx_2=dy_2,$$
$$dx_3=dy_3$$

となる．したがって群算法は

$$\begin{aligned}x_1(\sigma\tau)&=x_1(\tau)+\frac{1}{2}(x_2(\sigma)x_3(\tau)-x_3(\sigma)x_2(\tau)),\\x_2(\sigma\tau)&=x_2(\sigma)+x_2(\tau),\\x_3(\sigma\tau)&=x_3(\sigma)+x_3(\tau)\end{aligned}$$

である．これらの式が，基礎多様体が R^3 である群を定義することは，直接計算によってすぐに実証できる．したがって，式 (1) の定めるリー環をリー環とする解析群の存在が証明された．

§6 向きつき多様体

$\mathscr{L}$ を実数体 R 上の n 次元ベクトル空間とする．すでに知ったように，$\mathscr{L}$ 上の交代 n 重線型関数ぜんぶの空間 $\mathscr{H}_n$ は R 上 1 次元である．B と B' をこの空間のふたつの元で $B\neq 0, B'\neq 0$ なるものとすると，$B'=aB$ と書け，a は 0 でない実数である．したがって $\mathscr{H}_n$ の 0 でない元の全体はふたつの類に分けられる．すなわち $B'=aB, a>0$ のとき B

と B' は同じ類に，$a<0$ のとき B と B' は反対の類に属すると定義する．

$\mathscr{L}$ とこれらふたつの類の一方との複合概念を**向きつきベクトル空間**と言う．選ばれたほうの類に属する n 重線型関数を向きつきベクトル空間上の**正の n 重線型関数**と言う．

$(L_1, \cdots, L_n)$ を積 $\mathscr{L}^n=\mathscr{L}\times\mathscr{L}\times\cdots\times\mathscr{L}$ の元とする（すなわち集合 $\{1, \cdots, n\}$ から $\mathscr{L}$ への写像）．$\{L_1, \cdots, L_n\}$ が $\mathscr{L}$ の基底のとき，有限列 $(L_1, \cdots, L_n)$ を**順序基底**と言う．各基底は $n!$ 個の異なる方法で順序基底の元ぜんぶの集合として表わされる．

B が $\mathscr{H}_n$ の 0 でない元で，$(L_1, \cdots, L_n)$ が順序基底ならば $B(L_1, \cdots, L_n)\neq 0$ である．この数は正または負である．もし $B'=aB\ (a>0)$ が $\mathscr{H}_n$ の元で B と同じ類に属していれば，$B'(L_1, \cdots, L_n)$ は $B(L_1, \cdots, L_n)$ と同じ符号をもつ．

向きつきベクトル空間 $\tilde{\mathscr{L}}$ とは，実数体上のベクトル空間 $\mathscr{L}$ と，$\mathscr{L}$ 上の 0 でない n 重線型形式 $(n=\dim\mathscr{L})$ の一方の類 $\mathscr{K}$ とのペア $\tilde{\mathscr{L}}=(\mathscr{L}, \mathscr{K})$ のことである．$\mathscr{K}$ に属する n 重線型関数を $\tilde{\mathscr{L}}$ 上の**正の n 重線型関数**と言う．$\mathscr{L}$ の順序基底 $(L_1, \cdots, L_n)$ は，すべての $B\in\mathscr{K}$ に対して $B(L_1, \cdots, L_n)>0$ のときだけ $\tilde{\mathscr{L}}$ の**順序基底**と呼ばれる．

実数体上の与えられたベクトル空間 $\mathscr{L}$ は，ちょうどふたつの向きつきベクトル空間 $\tilde{\mathscr{L}}_1$ と $\tilde{\mathscr{L}}_2$ の基礎ベクトル空間である．$\tilde{\mathscr{L}}_1$ と $\tilde{\mathscr{L}}_2$ は**逆に向きづけられている**と言う．もし $(L_1, \cdots, L_n)$ が $\tilde{\mathscr{L}}_1$ の向きつき基底なら，$(L_1, \cdots, L_n)$

から基底元の偶置換によって得られる$\mathcal{L}$のすべての順序基底もやはり$\tilde{\mathcal{L}}_1$の向きつき基底である．反対に$L_1, \cdots, L_n$の奇置換によって得られる順序基底は$\tilde{\mathcal{L}}_2$の向きつき基底である．

さて$\mathcal{V}$をn次元多様体とする．$\mathcal{V}$の点pに対し，pでの$\mathcal{V}$の接空間を$\mathcal{L}_p$と書く．$\mathcal{V}$の各点pに，$\mathcal{L}_p$を基礎ベクトル空間とするふたつの向きつきベクトル空間の一方（これを$\tilde{\mathcal{L}}_p$とする）を対応させる規則が与えられているとする．さらにそれはつぎの条件をみたすとする：φが$\mathcal{V}$上の任意の連続な微分形式で，φ_pが$\tilde{\mathcal{L}}_p$上の正のn重線型関数なら，pのある近傍のすべての点qに対してφ_pは$\tilde{\mathcal{L}}_q$上でも正である．このとき，多様体$\mathcal{V}$と規則$p \to \tilde{\mathcal{L}}_p$のペア$\tilde{\mathcal{V}}$を$n$次元の**向きつき多様体**と言う．$\mathcal{V}$をこの向きつき多様体の基礎多様体と言う．向きつきベクトル空間$\tilde{\mathcal{L}}_p$を点pでの向きつき多様体$\tilde{\mathcal{V}}$の**向きつき接空間**と言う．

$\tilde{\mathcal{V}}$を向きつき多様体，$\mathcal{V}$を$\tilde{\mathcal{V}}$の基礎多様体とする．$\mathcal{V}$の点pでの**順序座標系**とは，関数の有限列$(x_1, \cdots, x_n)$であって集合$\{x_1, \cdots, x_n\}$がpでの座標系になっているもののことである．pでの$\tilde{\mathcal{V}}$の向きつき接空間の上のn重線型形式$dx_1 \square \cdots \square dx_n$が正であるとき，$(x_1, \cdots, x_n)$を$p$での$\tilde{\mathcal{V}}$上の**順序座標系**と言う．このとき$(x_1, \cdots, x_n)$は$p$のある近傍のすべての点で順序座標系である．

すべての多様体が向きつき多様体の基礎多様体であるわけではない．実際，たとえば射影平面が反例であることが分かる．ある向きつき多様体の基礎多様体であるような多様体は**向きづけ可能**であると言われる．こういう多様体を向きづけるには，それが基礎多様体であるような向きつき多様体のうちのひとつを選べばよい．

$\widetilde{\mathcal{V}}$を向きつき多様体とし，$\widetilde{\mathcal{V}}$の点pでの$\widetilde{\mathcal{V}}$の向きつき接空間を$\widetilde{\mathscr{L}}_p$とする．$\widetilde{\mathscr{L}}_p$と逆に向きをつけた向きつき接空間を$\widetilde{\mathscr{L}}_p^*$とする．明らかに，$\widetilde{\mathcal{V}}$の基礎多様体$\mathcal{V}$と規則$p \to \widetilde{\mathscr{L}}_p^*$とのペアも向きつき多様体$\widetilde{\mathcal{V}}^*$である．$\widetilde{\mathcal{V}}$と$\widetilde{\mathcal{V}}^*$とは互いに**逆向き**だと言う．

$\mathcal{V}$を基礎多様体とする向きつき多様体は$\widetilde{\mathcal{V}}$と$\widetilde{\mathcal{V}}^*$のふたつしかない．実際，$\widetilde{\mathcal{W}}$を向きつき多様体で基礎多様体が$\mathcal{V}$なるものとする．$\mathcal{V}$の点$q$で，$\widetilde{\mathscr{L}}_q$が$q$での$\widetilde{\mathcal{W}}$の向きつき接空間であるもの全部の集合を$E$とする．$E$の点$q$に対し，$(x_1, \cdots, x_n)$を$q$での$\widetilde{\mathcal{V}}$上の順序座標系とすると，$q$のある近傍のすべての点で$(x_1, \cdots, x_n)$は$\widetilde{\mathcal{V}}$と$\widetilde{\mathcal{W}}$両方の順序座標系である．したがってすぐ分かるようにEは開集合である．同様に$\mathcal{V}$の点rで，$\widetilde{\mathscr{L}}_r^*$が$r$での$\widetilde{\mathcal{W}}$の向きつき接空間であるもの全部の集合を$E^*$とすると，上と同じ論法によって$E^*$も開集合である．$\mathcal{V}$は$E$と$E^*$の合併であり，$E \cap E^* = \emptyset$だから，$\mathcal{V}$の連結性によって$E, E^*$のどちらか一方は$\mathcal{V}$と一致し，主張が証明された．

解析群$\mathcal{G}$の基礎多様体はつねに向きづけ可能である． 実際$\omega_1, \cdots, \omega_n$を$\mathcal{G}$上の$n$個の線型独立なマウラー－カルタン形式とする（$n = \dim \mathcal{G}$）．すると$\omega_1 \square \cdots \square \omega_n$は$\mathcal{G}$上

の連続な n 次微分形式であり，いたるところ0でない．だから，この形式がいたるところ正であるという要請によって $\mathcal{G}$ を向きづけることができる．

$\widetilde{\mathcal{L}}$ と $\widetilde{\mathcal{M}}$ をそれぞれ m 次元，n 次元のふたつの向きつきベクトル空間とし，$\mathcal{L}$ と $\mathcal{M}$ をそれぞれ $\widetilde{\mathcal{L}}, \widetilde{\mathcal{M}}$ の基礎ベクトル空間とする．B を $\widetilde{\mathcal{L}}$ 上の正の m 重線型形式，C を $\widetilde{\mathcal{M}}$ 上の正の n 重線型形式とする．このとき BC は $\mathcal{L}\times\mathcal{M}$ 上の $m+n$ 重線型形式で0でないから，BC が正となるように $\mathcal{L}\times\mathcal{M}$ を向きづけることができる．すぐ分かるように，こうして得られた向きは $\widetilde{\mathcal{L}}$ と $\widetilde{\mathcal{M}}$ だけによって決まり，B と C の選びかたにはよらない．こうして得られた向きつきベクトル空間をふたつの向きつきベクトル空間 $\widetilde{\mathcal{L}}$ と $\widetilde{\mathcal{M}}$ の**積**と言い，$\widetilde{\mathcal{L}}\times\widetilde{\mathcal{M}}$ と書く．

つぎに $\widetilde{\mathcal{V}}$ と $\widetilde{\mathcal{W}}$ をふたつの向きつき多様体とする．点 $p\in\widetilde{\mathcal{V}}$ での $\widetilde{\mathcal{V}}$ の向きつき接空間を $\widetilde{\mathcal{L}}_p$，点 $q\in\widetilde{\mathcal{W}}$ での $\widetilde{\mathcal{W}}$ の向きつき接空間を $\widetilde{\mathcal{M}}_q$ とする．$\widetilde{\mathcal{V}}, \widetilde{\mathcal{W}}$ の基礎多様体を $\mathcal{V}$，$\mathcal{W}$ とすると，すでに知っているように，(p, q) での $\mathcal{V}\times\mathcal{W}$ の接空間は p での $\mathcal{V}$ の接空間と，q での $\mathcal{W}$ の接空間の積と同一視される．すぐ分かるように多様体 $\mathcal{V}\times\mathcal{W}$ と規則 $(p, q)\to\widetilde{\mathcal{L}}_p\times\widetilde{\mathcal{M}}_q$ のペアは向きつき多様体になる．この向きつき多様体を $\widetilde{\mathcal{V}}\times\widetilde{\mathcal{W}}$ と書き，向きつき多様体 $\widetilde{\mathcal{V}}$ と $\widetilde{\mathcal{W}}$ の**積**と言う．

$\mathcal{V}\times\mathcal{W}$ から $\mathcal{V}$ および $\mathcal{W}$ それぞれへの射影を ϖ_1 および ϖ_2 と書く．$(x_1, \cdots, x_m)$ を p での $\widetilde{\mathcal{V}}$ 上の順序座標系，

$(y_1, \cdots, y_n)$ を q での $\widetilde{W}$ 上の順序座標系とすると，簡単に分かるように，$(x_1 \circ \overline{\omega}_1, \cdots, x_m \circ \overline{\omega}_1, y_1 \circ \overline{\omega}_2, \cdots, y_n \circ \overline{\omega}_2)$ は (p, q) での $\widetilde{V} \times \widetilde{W}$ 上の順序座標系である．

§7 微分形式の積分

$\mathcal{V}$ を n 次元の向きつき多様体，φ^n を $\mathcal{V}$ 上の n 次微分形式とする．以下，φ^n が $\mathcal{V}$ 上の積分要素として使えることを示す．

$\mathcal{V}$ の部分集合 V が**正方集合**であるとは，それがある点 p のある座標系に関する p の正方近傍になっていることである．$\mathcal{V}$ 上定義された実数値関数 f が**性質** P をもつとは，f が連続で，ある相対コンパクトな正方集合のそとで 0 になることである．

f をこのような関数とする．このときある点 p_0，p_0 での $\mathcal{V}$ 上のある順序座標系 $(x_1, \cdots, x_n)$ およびこの座標系に関するある正方近傍 V で，V のそとで f が 0 になるものが存在する．V の幅を a とし，不等式系 $|x_i - x_i(p_0)| < a$ の定める R^n の正方体を Q とする．$p \in V$ に対し，

$$f(p) = f^*(x_1(p), \cdots, x_n(p)),$$

$$\varphi_p^n = F(x_1(p), \cdots, x_n(p))(dx_1)_p \square \cdots \square (dx_n)_p$$

と書くことができる．ただし $f^*(x_1, \cdots, x_n), F(x_1, \cdots, x_n)$ は Q 上の連続関数である．さらに，関数 f^*F は Q 上有界であり，$(x_1, \cdots, x_n)$ が Q の境界に近づくとき 0 に近づく．したがって積分

$$I=\int_Q f^*(x_1,\cdots,x_n)F(x_1,\cdots,x_n)dx_1\cdots dx_n \qquad (1)$$

が定義される．

以下，この積分の値が $p_0, x_1, \cdots, x_n, V$ の選びかたによらないことを証明する．実際，p_0' を $\mathcal{V}$ のもうひとつの点，$(x_1',\cdots,x_n')$ を p_0' での $\mathcal{V}$ 上の順序座標系，V' をこの座標系に関する p_0' の正方近傍でこのそとで f が 0 になるものとする．V' の幅を a' とし，不等式系 $|x_i'-x_i'(p_0')|<a'$ の定める R^n の正方体を Q' とする．われわれは等式

$$\int_Q f^*(x_1,\cdots,x_n)F(x_1,\cdots,x_n)dx_1\cdots dx_n$$
$$=\int_{Q'} f^{*\prime}(x_1',\cdots,x_n')F'(x_1',\cdots,x_n')dx_1'\cdots dx_n' \qquad (2)$$

を証明しなければならない．ただし $f^{*\prime}$ と F' は式

$$f^{*\prime}(x_1'(p),\cdots,x_n'(p))=f(p),$$
$$F'(x_1'(p),\cdots,x_n'(p))(dx_1')_p\square\cdots\square(dx_n')_p=\varphi_p^n$$

によって定義されるものである $(p\in V')$．関数 f は $V\cap V'$ のそとで 0 である．写像 $p\to(x_1(p),\cdots,x_n(p))$ および $p\to(x_1'(p),\cdots,x_n'(p))$ による $V\cap V'$ の像をそれぞれ U, U' とする．U, U' はそれぞれ Q, Q' の開部分集合であり，証明すべき式のなかの積分の値は，積分域を Q, Q' のかわりに U, U' に制限しても変わらない．

$V\cap V'$ の点 p に対し，p の x' 座標，$x_1'(p),\cdots,x_n'(p)$ は，p の x 座標の関数として

$$g_1(x_1(p),\cdots,x_n(p)),\cdots,g_n(x_1(p),\cdots,x_n(p))$$

と表わされる．ただし関数 $g_1(x_1, \cdots, x_n), \cdots, g_n(x_1, \cdots, x_n)$ は U 上定義されて解析的な関数であり，U から U' への写像

$$(x_1, \cdots, x_n) \to (g_1(x_1, \cdots, x_n), \cdots, g_n(x_1, \cdots, x_n))$$

は，U を U' のなかに同相に移す．ここで

$$D(x_1, \cdots, x_n) = \frac{D(g_1, \cdots, g_n)}{D(x_1, \cdots, x_n)}$$ *)

と置くと，

$$(dx'_1)_p \square \cdots \square (dx'_n)_p$$
$$= D(x_1(p), \cdots, x_n(p))(dx_1)_p \square \cdots \square (dx_n)_p$$

である．$(x_1, \cdots, x_n)$ と $(x'_1, \cdots, x'_n)$ は向きつき多様体 $\mathcal{V}$ の順序座標系だから，$(x_1, \cdots, x_n) \in U$ なら $D(x_1, \cdots, x_n) > 0$ が成りたつ．さらに

$$F(x_1, \cdots, x_n) = F'(g_1(x), \cdots, g_n(x))D(x_1, \cdots, x_n),$$
$$f^*(x_1, \cdots, x_n) = f^{*\prime}(g_1(x), \cdots, g_n(x))$$

だから，重積分における座標の取りかえに関する古典的公式によって，式 (2) がただちに出てくる．

したがって式 (1) で定義された数 I は f と φ^n にしかよらない．そこで

$$\int_{\mathcal{V}} f\varphi^n = I$$

と置くことによって，性質 P を持つ関数 f の積分を定義する．

---

*) ［訳注］右辺の関数行列式によって左辺の関数を定義する．

つぎのふたつの性質は定義から明きらかである：

1) ふたつの連続関数 f_1 と f_2 がある正方集合 V のそとでともに0なら，

$$\int_{\mathcal{V}}(a_1f_1+a_2f_2)\varphi^n = a_1\int_{\mathcal{V}}f_1\varphi^n+a_2\int_{\mathcal{V}}f_2\varphi^n$$

(a_1, a_2 は任意の実数)．

2) f が性質 P をもち，g が連続関数なら，関数 gf も性質 P をもつ．

さてこれから，積分の定義をもっと広範囲の関数に拡張する．連続関数 f が**無限遠でゼロ**であるとは，それが性質 P をもつ有限個の関数の和として表わされることである．$f=f_1+\cdots+f_h$ と $f=f'_1+\cdots+f'_{h'}$ がこのようなふたつの表示のとき，

$$\int_{\mathcal{V}}f_1\varphi^n+\int_{\mathcal{V}}f_2\varphi^n+\cdots+\int_{\mathcal{V}}f_h\varphi^n$$
$$=\int_{\mathcal{V}}f'_1\varphi^n+\int_{\mathcal{V}}f'_2\varphi^n+\cdots+\int_{\mathcal{V}}f'_{h'}\varphi^n \qquad (3)$$

が成りたつことを証明する．そのためにはつぎの補題が必要である：

補題1[1] **E を $\mathcal{V}$ の相対コンパクト部分集合とする．このとき，連続関数 μ で，無限遠でゼロであり，E 上1に等しいものが存在する．**

1) この補題はディユドネによる．

証明　E の $\mathcal{V}$ での閉包 $\overline{E}$ はコンパクト集合である．$\overline{E}$ の各点 p に対し，p での座標系 $\{x_{1,p},\cdots,x_{n,p}\}$ およびこの座標系に関する正方近傍 V_p を選ぶ．V_p の幅を a_p とする．関数 μ_p を

$q\in V_p$ なら $\mu_p(q)=1-\max_i\{a_p^{-1}|x_{i,p}(q)-x_{i,p}(p)|\}$,

$q\notin V_p$ なら $\mu_p(q)=0$

として定義する．関数 μ_p はどれも連続である．$\overline{E}$ はコンパクトだから，それは集合 V_p たちのうちの有限個，たとえば $V_{p_1},\cdots,V_{p_k}$ で覆われる．関数 $\sum_1^k\mu_{p_i}$ は $\overline{E}$ 上いたるところ正である．したがって $\overline{E}$ での正の最小値 m をもつ．ここで $s(q)=\max\{m,\sum_i\mu_{p_i}\}$ とおくと，$s(q)$ は連続で，いたるところ $\geqq m$ であり，$\overline{E}$ 上では $\sum_i\mu_{p_i}$ に等しい．そこで $\mu=\sum_1^k\dfrac{\mu_{p_i}}{s}$ とおけば，関数 μ は明きらかに求める性質をもち，補題が証明された．

いまやわれわれは式 (3) を証明することができる．関数 $f_1,\cdots,f_h,f'_1,\cdots,f'_{h'}$ たちの少なくともひとつが 0 でないような点ぜんぶの集合を E とする．明きらかに E は相対コンパクトだから，補題を E に適用することができる．$g=\sum_1^k g_i$ を E 上 1 に等しい連続関数で，各関数 g_i が性質 P をもつものとする．すると $fg_i=f_1g_i+\cdots+f_hg_i=f'_1g_i+\cdots+f'_{h'}g_i$ であり，固定した各 i に対しては関数 $f_1g_i,\cdots,f_ng_i$ たちはひとつの同じ相対コンパクト正方集合のそとですべてゼロに等しい．したがって

$$\sum_{\alpha=1}^{h}\int_{\mathcal{V}} f_\alpha g_i \varphi^n = \sum_{\alpha=1}^{h'}\int_{\mathcal{V}} f'_\alpha g_i \varphi^n \tag{4}$$

が成りたつ．

一方，固定した α に対する関数 $f_\alpha g_1, \cdots, f_\alpha g_k$ たちも同じ正方集合のそとでゼロになり，その和は $f_\alpha g = f_\alpha$ である．よって

$$\int_{\mathcal{V}} f_\alpha \varphi^n = \sum_{1}^{k}\int_{\mathcal{V}} f_\alpha g_i \varphi^n$$

が成りたち，関数 f' たちに対しても同様の式が成りたつ．したがって，k 個の式 (4) を足しあわせることによって，目標の式 (3) が得られた．

そこで，無限遠でゼロである関数 f の**積分** $\int_{\mathcal{V}} f\varphi^n$ を，性質 P をもつ有限個の関数の和としての f の任意の表示に対する共通の値 $\sum_\alpha \int_{\mathcal{V}} f_\alpha \varphi^n$ として定義する．

f_1, f_2 が無限遠でゼロの連続関数なら，$\alpha_1 f_1 + \alpha_2 f_2$ も無限遠でゼロであり，

$$\int_{\mathcal{V}} (a_1 f_1 + a_2 f_2)\varphi^n = a_1 \int_{\mathcal{V}} f_1 \varphi^n + a_2 \int_{\mathcal{V}} f_2 \varphi^n \tag{5}$$

が成りたつ．

向きつき多様体 $\mathcal{V}$ 上の微分形式 φ^n がいたるところ正ならば，無限遠でゼロの非負連続関数 f の（φ^n に関する）積分は非負である．さらにもし f が恒等的に 0 でなければ，その積分は正である．実際，これらの主張を示すには，f が性質 P をもつときに証明すれば十分である．この場合，

式 (1) で F と書かれた関数が正であることに注目すれば，主張は定義からすぐに出る．

つぎに (g_p) を $\mathcal{V}$ 上の連続関数の列で，関数 g に一様収束するものとする．このとき，無限遠でゼロの任意の連続関数 f に対して

$$\lim_{p\to\infty}\int_{\mathcal{V}} g_p f\varphi^n = \int_{\mathcal{V}} gf\varphi^n$$

が成りたつ．これを示すには f を性質 P をもつ関数の和に分解し，性質 P をもつ関数に対しては定義からすぐ主張が出ることに注目すればよい．

注意　連続関数が無限遠でゼロであるためには，それが $\mathcal{V}$ のあるコンパクト部分集合のそとでゼロであることが必要十分である．

実際，必要性は自明である．逆に f がコンパクト集合 E のそとでゼロだとする．補題 1 によって関数 $g=\sum_1^k g_i$ が存在する．ただし g は E 上 1 に等しく，関数 g_i たちは性質 P をもつ．$f=\sum_i fg_i$ だから，f は無限遠でゼロである．

とくにコンパクトな多様体上の連続関数はすべて無限遠でゼロである．

解析的同型写像の効果

$\mathcal{V}, \mathcal{W}$ を向きつき多様体，Φ を $\mathcal{V}$ の基礎多様体から $\mathcal{W}$ の基礎多様体への解析的同型写像とする．$\mathcal{V}, \mathcal{W}$ の共通の

次元をnとする．ψ^nが$\mathcal{W}$上のn次微分形式なら，$\delta\Phi(\psi^n)$は$\mathcal{V}$上のn次微分形式である．pが$\mathcal{V}$の点で$(\psi^n)_{\Phi_p}\neq 0$なら$(\delta\Phi(\psi^n))_p\neq 0$である．しかし，$(\psi^n)_{\Phi_p}$が$\mathcal{W}$の上で正であっても，$(\delta\Phi(\psi^n))_p$は$\mathcal{V}$の上で正または負である．$(\psi^n)_{\Phi_p}\neq 0$であるようなすべての点$p$と$\psi^n$に対して形式$(\delta\Phi(\psi^n))_p$と$(\psi^n)_{\Phi_p}$とが同符号のとき，$\Phi$は**向きを保つ**と言う．

この定義はつぎの条件と同値である：関数$(y_1, \cdots, y_n)$たちが$\Phi(p)$での$\mathcal{W}$上の順序座標系なら，関数$(y_1\circ\Phi, \cdots, y_n\circ\Phi)$たちは$p$での$\mathcal{V}$上の順序座標系である．

Φを$\mathcal{V}$から$\mathcal{W}$への向きを保つ解析的同型写像，ψ^nを$\mathcal{W}$上のn次連続微分形式，fを無限遠でゼロの$\mathcal{V}$上の連続関数とする．Φは同相写像だから前の注意（299ページ）によって$f\circ\overset{-1}{\Phi}$は$\mathcal{W}$上無限遠でゼロである．ここで式

$$\int_{\mathcal{V}} f\delta\Phi(\psi^n) = \int_{\mathcal{W}} (f\circ\overset{-1}{\Phi})\psi^n \tag{6}$$

が成りたつことを示す．そのためには明らかに，fが$\mathcal{V}$の相対コンパクト正方集合Vのそとでゼロの場合に証明すればよい．この場合，Vの点p_0およびp_0での$\mathcal{V}$上の順序座標系$(x_1, \cdots, x_n)$で，Vがp_0の幅がたとえばaの正方近傍であるものが存在する．

Φは向きを保つから，関数$y_1=x_1\circ\overset{-1}{\Phi}, \cdots, y_n=x_n\circ\overset{-1}{\Phi}$たちは$\Phi(p_0)$での$\mathcal{W}$上の順序座標系である．さらに，$a$を$V$の幅とすると，集合$\Phi(V)$は$\Phi(p_0)$のこの座標系に関する幅$a$の正方近傍である．

$\Phi(V)$ での ψ^n を式

$$(\psi^n)_q = F(y_1(q), \cdots, y_n(q))(dy_1)_q \square \cdots \square (dy_n)_q$$

で表わすことができる．一方 V の点 p に対して $f(p) = f^*(x_1(p), \cdots, x_n(p))$ だから，

$$(\delta\Phi(\psi^n))_p = F(x_1(p), \cdots, x_n(p))(dx_1)_p \square \cdots \square (dx_n)_p,$$

$$(f \circ \overset{-1}{\Phi})_q = f^*(y_1(q), \cdots, y_n(q))$$

が成りたつ．すぐ分かるように，式 (6) の両辺の値を（定義によって）与えるふたつの重積分は事実上同じ積分であり，式 (6) が証明された．

ふたつの多様体の積のうえの積分

$\mathcal{V}$ と $\mathcal{W}$ をそれぞれ次元 m と n の向きつき多様体とし，$\mathcal{V}$ 上の m 重線型微分形式 φ^m および $\mathcal{W}$ 上の n 重線型微分形式 ψ^n が与えられているとする．積 $\mathcal{V}\times\mathcal{W}$ を作り，$\mathcal{V}\times\mathcal{W}$ から $\mathcal{V}, \mathcal{W}$ への射影を $\overline{\omega}_1, \overline{\omega}_2$ と書く．このとき $\delta\overline{\omega}_1(\varphi^m)$ および $\delta\overline{\omega}_2(\psi^n)$ は $\mathcal{V}\times\mathcal{W}$ 上の微分形式である．したがって $\delta\overline{\omega}_1(\varphi^m)\square\delta\overline{\omega}_2(\psi^n)$ は $\mathcal{V}\times\mathcal{W}$ 上の $m+n$ 次微分形式である．これを単純に $\varphi^m\psi^n$ と書こう．φ^m と ψ^n が連続なら $\varphi^m\psi^n$ も連続である．

$f=f(p,q)$ を $\mathcal{V}\times\mathcal{W}$ 上の連続関数で無限遠でゼロなるものとする．すると固定された各 q に対し，$f_q(p)=f(p, q)$ を $\mathcal{V}$ 上の関数と考えたものは無限遠でゼロである．実際，$\mathcal{V}\times\mathcal{W}$ のコンパクト部分集合 C のそとで $f=0$ とする

と，$\overline{\omega}_1(C)$ はコンパクトであり，各点 $q\in\mathcal{W}$ に対し，f_q は $\overline{\omega}_1(C)$ のそとでゼロである．

さらに，

$$\int_{\mathcal{V}\times\mathcal{W}} f\varphi^m\psi^n=\int_{\mathcal{W}}\left(\int_{\mathcal{V}} f_q\varphi^m\right)\psi^n \tag{7}$$

が成りたつことを証明する（q が $\overline{\omega}_2(C)$ に属さなければ $\int_{\mathcal{V}} f_q\varphi^m=0$ であることに注意）．

V, W がそれぞれ $\mathcal{V}, \mathcal{W}$ の相対コンパクト正方集合なら，$V\times W$ は $\mathcal{V}\times\mathcal{W}$ の開部分集合である．まえの補題1（296ページ）の証明に使った論法からすぐ分かるように，C 上1である連続関数 g で，$V\times W$ の形のある集合のそとでゼロである関数 g_i の和として $g=\sum_1^k g_i$ と書けるものが存在する．$f=fg=\sum_1^k fg_i$ だから，式（7）の証明には，付加的な条件として f が $V\times W$ の形（V, W は $\mathcal{V}, \mathcal{W}$ の相対コンパクト正方部分集合）のある集合のそとではゼロであると仮定してよい．

この仮定により，点 $p_0\in V, q_0\in W$ および p_0, q_0 での $\mathcal{V}$，$\mathcal{W}$ 上の順序座標系 $(x_1, \cdots, x_m), (y_1, \cdots, y_n)$ で，V と W がこれらの座標系に関する p_0 と q_0 の正方近傍であるものが存在する．

$p\in V, q\in W$ に対し，

$$f(p,q)=f^*(x_1(p),\cdots,x_m(p)\,;\,y_1(q),\cdots,y_n(q)),$$

$$\varphi_p^m=F(x_1(p),\cdots,x_m(p))(dx_1)_p\square\cdots\square(dx_m)_p,$$

$$\psi_q^n=G(y_1(q),\cdots,y_n(q))(dy_1)_q\square\cdots\square(dy_n)_q$$

と書くことができる．$x_i'=x_i\circ\overline{\omega}_1, y_j'=y_j\circ\overline{\omega}_2$ と置くと，

$$(\varphi^m\psi^n)_{(p,q)}$$
$$= F(x_1(p), \cdots, x_m(p))G(y_1(q), \cdots, y_n(q))(dx_1')_{(p,q)}$$
$$\square \cdots \square (dx_m')_{(p,q)} \square (dy_1')_{(p,q)} \square \cdots \square (dy_n')_{(p,q)}$$

となるから，

$$\int_{V\times W} f\varphi^m\psi^n$$
$$= \int_{Q'\times Q''} f(x_1, \cdots, x_m, y_1, \cdots, y_n)F(x_1, \cdots, x_m)G(y_1, \cdots, y_n)$$
$$\cdot dx_1 \cdots dx_m dy_1 \cdots dy_n$$

が成りたつ．ただし V, W の幅を a', a'' として，Q' は不等式系 $|x_i - x_i(p_0)| < a'$ の定める R^m の部分集合，Q'' は不等式系 $|y_j - y_j(q_0)| < a''$ の定める R^n の部分集合である．

したがって

$$\int_{V\times W} f\varphi^m\psi^n$$
$$= \int_{Q''}\left(\int_{Q'} f(x_1, \cdots, x_m, y_1, \cdots, y_n)F(x_1, \cdots, x_m)dx_1dx_2\cdots dx_m\right)$$
$$\cdot G(y_1, \cdots, y_n)dy_1dy_2\cdots dy_n$$

が成りたつ．これぞまさに式 (7) の主張することである．

§8 群上の不変積分

$\mathcal{G}$ をリー群，$\mathcal{G}_0$ を $\mathcal{G}$ の中立元 ε の連結成分とする．$\mathcal{G}_0$ はある解析群 G_0 の基礎位相群である．すでに見たように，解析群の基礎多様体はつねに向きづけ可能である．G_0

の次元をnとし，$\omega_1, \omega_2, \cdots, \omega_n$を$n$個の線型独立なマウラー－カルタン形式とすると，$\omega_1 \square \omega_2 \square \cdots \square \omega_n = \varphi^n$は$\mathcal{G}_0$上の連続な$n$次微分形式で，いたるところゼロでない．$\varphi^n$がいたるところ正であるように$\mathcal{G}_0$を向きづける．こうすると，無限遠でゼロの連続関数の積分という操作が得られる．

σ_0を$\mathcal{G}_0$の元とし，対応する左移動をΦ_{σ_0}とする．$\delta\Phi_{\sigma_0}(\varphi^n) = \varphi^n$だから，$\Phi_{\sigma_0}$は$\mathcal{G}_0$から自分自身への向きを保つ解析的同型写像である．したがって§7の式 (6) (300ページ) により，

$$\int_{\mathcal{G}_0} f\varphi^n = \int_{\mathcal{G}_0} (f \circ \overset{-1}{\Phi}_{\sigma_0})\varphi^n$$

が成りたつ．この式はまた

$$\int_{\mathcal{G}_0} f\varphi^n = \int_{\mathcal{G}_0} (f \circ \Phi_{\sigma_0})\varphi^n$$

とも書ける．ただしfは無限遠でゼロになる$\mathcal{G}_0$上の任意の関数である．

この定義を$\mathcal{G}_0$のかわりに$\mathcal{G}$上の，無限遠でゼロなる関数（すなわち$\mathcal{G}$のあるコンパクト部分集合のそとでゼロである連続関数）の積分に拡張するのはやさしい．実際，fをこういう関数とする．$\mathcal{G}$のすべての連結成分$\mathcal{G}_\alpha$からそれぞれ一点σ_αを選ぶ．各αに対して$\mathcal{G}_0$上の関数f_αを，式

$$f_\alpha(\tau) = f(\sigma_\alpha \tau) \quad (\tau \in \mathcal{G}_0)$$

によって定義する．f_αたちはどれも$\mathcal{G}_0$上無限遠でゼロで

ある．さらに，これらの関数のうちの有限個だけがゼロ関数でない．実際，C を $\mathcal{G}$ のコンパクト部分集合で，そのそとで f がゼロなるものとする．$\mathcal{G}$ はリー群だから $\mathcal{G}_0$ は $\mathcal{G}$ の開部分集合であり，位相群 $\mathcal{G}/\mathcal{G}_0$ は離散である．$\mathcal{G}$ から $\mathcal{G}/\mathcal{G}_0$ への自然射影による C の像は，離散集合のコンパクト部分集合だから有限集合であり，したがって C は $\mathcal{G}$ のたかだか有限個の連結成分（これを $\mathcal{G}_{\alpha_1}, \mathcal{G}_{\alpha_2}, \cdots, \mathcal{G}_{\alpha_k}$ とする）としか交わらない．α が $\alpha_1, \alpha_2, \cdots \alpha_k$ のどれとも異なれば，関数 f_α は恒等的にゼロである．したがって和

$$\sum_\alpha \int_{\mathcal{G}_0} f_\alpha \varphi^n$$

は意味をもつ．この値が元 σ_α たちの選びかたによらないことを示す．σ'_α を $\mathcal{G}_\alpha$ の別の元とし，$f'_\alpha(\tau) = f(\sigma'_\alpha \tau)\ (\tau \in \mathcal{G}_0)$ によって関数 $f'_\alpha(\tau)$ を定めると $f'_\alpha(\tau) = f_\alpha(\sigma_\alpha^{-1} \sigma'_\alpha \tau)$ である．$\sigma_\alpha^{-1} \sigma'_\alpha = \sigma''_\alpha$ と置くとこれは $\mathcal{G}_0$ の元であり，

$$\int_{\mathcal{G}_0} f'_\alpha \varphi^n = \int_{\mathcal{G}_0} f_\alpha \circ \Phi_{\sigma''_\alpha} \varphi^n = \int_{\mathcal{G}_0} f_\alpha \varphi^n$$

が成りたち，主張が証明された．

以上により，f の $\mathcal{G}$ 上の積分を式

$$\int_{\mathcal{G}} f \varphi^n = \sum_\alpha \int_{\mathcal{G}_0} f_\alpha \varphi^n$$

によって定義することができた．この積分は明きらかに§7の式 (5), (6)（298, 300ページ）の表わす性質をもっている．さらに σ が $\mathcal{G}$ の元なら，

$$\int_{\mathcal{G}} f\varphi^n = \int_{\mathcal{G}} (f\circ\Phi_\sigma)\varphi^n$$

が成りたつことが分かる．ただしΦ_σはσに伴う左移動である．実際，$g=f\circ\Phi_\sigma$と置くと$g(\tau)=f(\sigma\tau)$, $g_\alpha(\tau)=f(\sigma_\alpha\sigma\tau)$が成りたつ．$\mathcal{G}_0$を法とする$\sigma_\alpha\sigma$の剰余類を$\mathcal{G}_\beta$とすると，$f(\sigma_\alpha\sigma\tau)=f_\beta(\sigma_\beta^{-1}\sigma_\alpha\sigma\tau)$および$\sigma_\beta^{-1}\sigma_\alpha\sigma\in\mathcal{G}_0$が成りたつから，$\int_{\mathcal{G}_0} g_\alpha\varphi^n=\int_{\mathcal{G}_0} f_\beta\varphi^n$となる．$\mathcal{G}_\beta=\mathcal{G}_\alpha\sigma$だから，$\mathcal{G}_\alpha$が連結成分ぜんぶを走れば$\mathcal{G}_\beta$も同様であり，よって上の等式が成りたつ．

最後に，$\mathcal{G}_0$の向きはφ^nがいたるところ正の微分形式になるように決めてあることに注目する．これから，関数fがいたるところ$\geqq 0$なら$\int_{\mathcal{G}} f\varphi^n \geqq 0$であることが分かる．実際，これを示すためには，関数fが$\mathcal{G}_0$のある相対コンパクトな正方集合Vのそとでゼロであるときに証明すればよい．Vの点p_0およびp_0での$\mathcal{G}_0$上の順序座標系$(x_1, \cdots, x_n)$を選ぶと，Vはこの座標系に関するp_0の正方近傍になる．Vの点pに対して

$$(\varphi^n)_p = F(x_1(p), \cdots, x_n(p))(dx_1)_p\square\cdots\square(dx_n)_p$$

と書くと，φ^nが正だから$F=(x_1, \cdots, x_n)$は正の関数である．したがって，この場合に$\int_{\mathcal{G}_0} f\varphi^n$を定義する式からすぐ分かるように，$f\geqq 0$なら積分$\geqq 0$である．さらに$f$がいたるところ$\geqq 0$であり，どこかで$\neq 0$であれば

$$\int_{\mathcal{G}} f\varphi^n > 0$$

が成りたつ.

習慣的記号法

一旦ある n 次の左不変微分形式 φ^n を選択し，その後ずっとそのまま固定する場合，積分 $\int_{\mathcal{G}} f\varphi^n$ のことをしばしば $\int_{\mathcal{G}} f(\tau)d\tau$ と書く．ただし普通の積分法のときと同様に，他の記号と抵触しないかぎり，積分変数の記号 τ は他の記号に変えてもいい.

この記号法のもとでは，積分の不変性は式

$$\int_{\mathcal{G}} f(\tau)d\tau = \int_{\mathcal{G}} f(\sigma\tau)d\tau$$

と書かれる（σ は $\mathcal{G}$ の任意の元）.

右移動の効果

σ_0 を $\mathcal{G}$ の固定した元とする．まず $\mathcal{G}$ から自分自身への写像 $\tau \to \sigma_0\tau\sigma_0^{-1} = \Theta_{\sigma_0}(\tau)$ を考える．この写像は解析群 G_0 から自分自身への解析的同型写像を引きおこす．したがって $\delta\Theta_{\sigma_0}(\varphi^n)$ はふたたび n 次の左不変微分形式である．したがってそれは $c(\sigma_0)\varphi^n$ と書け，$c(\sigma_0)$ は σ_0 に依存する定数である．よって $\mathcal{G}$ の無限遠でゼロの任意の関数 f に対して

$$\int_{\mathcal{G}} (f \circ \overset{-1}{\Theta}_{\sigma_0})\varphi^n = c(\sigma_0)\int_{\mathcal{G}} f\varphi^n$$

ないし

$$\int_{\mathcal{G}} f(\sigma_0^{-1}\tau\sigma_0)d\tau = c(\sigma_0)\int_{\mathcal{G}} f\varphi^n \tag{1}$$

が成りたつ．$\Theta_{\sigma_0\sigma_1}=\Theta_{\sigma_0}\circ\Theta_{\sigma_1}$ だから $c(\sigma_0\sigma_1)=c(\sigma_0)c(\sigma_1)$．一方，簡単に分かるように，$\sigma_0$ の関数 $c(\sigma_0)$ は中立元で解析的，とくに連続である．写像 $\sigma_0\to c(\sigma_0)$ は $\mathcal{G}$ から実数の乗法群への準同型写像であり，いたるところ連続である．

式 (1) と積分の左不変性を合わせると，

$$\int_{\mathcal{G}} f(\tau\sigma_0)d\tau = c(\sigma_0)\int_{\mathcal{G}} f(\tau)d\tau \tag{2}$$

が成りたつ．

コンパクト群の場合

$\mathcal{G}$ がコンパクトなら，定数1は任意の n 次左不変微分形式に関して $\mathcal{G}$ 上積分可能であり，$c=\int_{\mathcal{G}} 1\cdot\varphi^n$ は正の定数である．φ^n を $c^{-1}\varphi^n$ に置きかえることにより，いつでも

$$\int_{\mathcal{G}} 1\cdot d\sigma = 1$$

となるように積分を正規化することができる．今後コンパクト群上の積分を扱うときには，いつもこのように正規化してあると仮定する．

式 (2) を $f=1$ に適用して $c(\sigma_0)=1$ を得る．すなわち**コンパクト群上の左不変積分は常に右不変でもある**．

$\mathcal{G}$ の元 ρ に対応する右移動を ϕ_ρ^* とする．ϕ_ρ^* はすべて

の左移動と交換可能だから，$\delta\phi_\rho^*\varphi^n$ もまた左不変形式である．φ^n の定める積分は右不変でもあるから，$\delta\phi_\rho^*\varphi^n=\varphi^n$ であり，φ^n 自身右不変である．

最後に $\mathcal{G}$ から自分自身への写像 $\sigma\to\sigma^{-1}$ を J とする．$\delta J\varphi^n$ は n 次の右不変微分形式だから $\delta J\varphi^n=k\varphi^n$ と書け，k は定数である．$\int_{\mathcal{G}}1\cdot\delta J\varphi^n=\int_{\mathcal{G}}1\cdot\varphi^n=1$ だから $k=1$，$\delta J\varphi^n=\varphi^n$ であり，式

$$\int_{\mathcal{G}}f(\sigma^{-1})d\sigma=\int_{\mathcal{G}}f(\sigma)d\sigma$$

が得られた．

第6章　コンパクト・リー群とその表現

要約　この章は一般表現論のもっとも簡単な性質の解説からはじまる．あとで諸概念や諸結果をリー環の表現に適用できるようにするために，なんでもいい任意の集合Sに対して《S加群》なる一般概念を導入する．§2では一般論を中断し，コンパクト・リー群の表現がすべて半単純だという基本的事実を早期に証明する．

§7, §8および§9では，ファン・カンペンおよび淡中忠郎の諸定理をめぐるアイデアを展開する．なかでも強調されるのは，与えられたコンパクト・リー群に対応する複素リー群の構成である．淡中の定理により，任意のコンパクト・リー群$\mathcal{G}$は，$\mathcal{G}$の表現ぜんぶの集合$\mathcal{R}$の《表現》ぜんぶの作る群と同一視される．《$\mathcal{R}$の表現》という概念に淡中が課した条件のひとつ，すなわち複素共役表現に関する条件を落とすことによって，対応する複素リー群が得られる．われわれの方法により，自然なやりかたでコンパクト・リー群$\mathcal{G}$に伴う複素リー群が$\mathcal{G}$とあるデカルト空間との積に同相であるという事実が示される．これはカルタンの定理の特別な場合である．

§11では有名なペーター－ワイルの定理を証明する．

§12と§13はペーター－ワイルの定理の簡単な応用である.

§1　一般的諸概念

Sを任意の集合とする. 体K上の**S加群** (S-module)とは, K上の有限次元ベクトル空間$\mathcal{P}$と, Sの各元σに$\mathcal{P}$の線型自己準同型写像$\mathsf{P}(\sigma)$を対応させる写像Pとのペア$(\mathcal{P}, \mathsf{P})$のことである. すなわち$S$加群とは加法群であってふたつの作用域, ひとつは$K$, ひとつは$S$をもつものである.

ふたつのS加群$(\mathcal{P}, \mathsf{P})$と$(\mathcal{P}', \mathsf{P}')$が**同型**であるとは, $\mathcal{P}$から$\mathcal{P}'$への線型同型写像Iで, すべての$\sigma \in S$に対して, $I \circ \mathsf{P}(\sigma) = \mathsf{P}'(\sigma) \circ I$となるものが存在することである.

とくにわれわれはSがある群Gの元ぜんぶの集合の場合を考えることになる. Gの中立元をεと書く. S加群$(\mathcal{P}, \mathsf{P})$が$G$の**表現空間**であるとはつぎの二条件がみたされることである:

1)　Gの任意の元σ, τに対して$\mathsf{P}(\sigma\tau) = \mathsf{P}(\sigma) \circ \mathsf{P}(\tau)$.

2)　$\mathsf{P}(\varepsilon)$は$\mathcal{P}$の恒等写像である.

すぐ分かるように, $\mathsf{P}(\sigma^{-1})$は$\mathsf{P}(\sigma)$の逆写像である. $(\mathcal{P}, \mathsf{P})$が$G$の表現空間のとき, 写像$\mathsf{P}$を$G$の**表現**と言い, $\mathcal{P}$の次元をPの**次数**と言う.

注意　S加群ないし表現空間の正確な記号は$(\mathcal{P}, \mathsf{P})$である．しかし S 加群（ないし表現空間）のことを単に $\mathcal{P}$ と書くことも多い．これは完全な記号の略記と考えるべきなので，混乱の恐れがあるときには避けるべきである．

$(\mathcal{P}, \mathsf{P})$ を群 G の表現空間とする．$\mathcal{P}$ の基底 $\{\boldsymbol{e}_1, \cdots, \boldsymbol{e}_d\}$ を選ぶと，各 $\sigma \in G$ に対する自己準同型写像 $\mathsf{P}(\sigma)$ は d 次の行列 $\tilde{\mathsf{P}}(\sigma) = (x_{ij})$ で表わされ，その成分は式

$$\tilde{\mathsf{P}}(\sigma)\boldsymbol{e}_i = \sum_{j=1}^{d} x_{ji}\boldsymbol{e}_j$$

で与えられる．$\tilde{\mathsf{P}}(\sigma\tau) = \tilde{\mathsf{P}}(\sigma)\tilde{\mathsf{P}}(\tau), \tilde{\mathsf{P}}(\varepsilon) = E$ が成りたつ（E は単位行列）．

逆に G から，K の元を成分とする d 次行列ぜんぶの集合への写像 $\tilde{\mathsf{P}}$ は，もし $\tilde{\mathsf{P}}(\sigma\tau) = \tilde{\mathsf{P}}(\sigma)\tilde{\mathsf{P}}(\tau), \tilde{\mathsf{P}}(\varepsilon) = E$ が成りたてば，G の（d 次の）**表現**と呼ばれる．線型自己準同型写像による表現と行列による表現を区別したいときは，前者を**抽象表現**，後者を**行列表現**と言いわける．抽象表現 P から，P の表現空間の基底を選ぶことによって行列表現 $\tilde{\mathsf{P}}$ が得られるとき，$\tilde{\mathsf{P}}$ を P の**行列形**，P を $\tilde{\mathsf{P}}$ の**抽象形**と言う．明きらかに任意の行列表現は少なくともひとつの抽象形をもち，次数が >0 の任意の抽象表現は少なくともひとつの行列形をもつ．

群 G のふたつの抽象表現 P_1 と P_2 が**同値**であるとは，P_1 と P_2 の表現空間が同型なことである．G のふたつの行列表現 $\tilde{\mathsf{P}}_1$ と $\tilde{\mathsf{P}}_2$ が同値であるとは，正則行列 γ ですべての $\sigma \in G$ に対して

$$\tilde{\mathsf{P}}_2(\sigma) = \gamma\tilde{\mathsf{P}}_1(\sigma)\gamma^{-1}$$

となるものが存在することである（よって $\tilde{\mathsf{P}}_1$ と $\tilde{\mathsf{P}}_2$ は同じ次数をもつ）．つぎの命題は簡単に証明できる：行列表現 $\tilde{\mathsf{P}}_1$ と $\tilde{\mathsf{P}}_2$ が同値ならば，それらは共通の抽象形をもつ．また $\tilde{\mathsf{P}}_1$ の任意の抽象形は $\tilde{\mathsf{P}}_2$ の任意の抽象形と同値である．さらに P_1 と P_2 が G の正次数の互いに同値な抽象表現なら，P_1 の任意の行列形は P_2 の任意の行列形と同値である．

$(\mathcal{P}, \mathsf{P})$ を任意の S 加群とする．$\mathcal{P}$ の部分ベクトル空間 $\mathcal{Q}$ が（P に関して）**不変**であるとは，すべての $\sigma \in S$ に対して $\mathsf{P}(\sigma)\mathcal{Q} \subset \mathcal{Q}$ が成りたつことである．このとき $\mathsf{P}(\sigma)$ の $\mathcal{Q}$ への制限 $\mathsf{P}_1(\sigma)$ は $\mathcal{Q}$ の線型自己準同型写像である．ペア $(\mathcal{Q}, \mathsf{P}_1)$ は S 加群で，$(\mathcal{P}, \mathsf{P})$ の**部分加群**と呼ばれる．さらに，$\mathcal{P}$ の任意のベクトル $\boldsymbol{e}$ に対し，$\mathcal{Q}$ を法とする $\mathsf{P}(\sigma)\boldsymbol{e}$ の剰余類は $\boldsymbol{e}$ の剰余類 $\boldsymbol{e}^*$ にしかよらない．$\mathsf{P}(\sigma)\boldsymbol{e}$ の剰余類を $\mathsf{L}(\sigma)\boldsymbol{e}^*$ と書くと，$\mathsf{L}(\sigma)$ は $\mathcal{P}/\mathcal{Q}$ の線型自己準同型写像であり，ペア $(\mathcal{P}/\mathcal{Q}, \mathsf{L})$ は S 加群である．もし $\mathcal{P}$ が群 G の表現空間なら，$\mathcal{Q}$ は不変部分空間であり，$(\mathcal{P}, \mathsf{P}_1)$ も $(\mathcal{P}/\mathcal{Q}, \mathsf{L})$ も G の表現空間である．

$\mathcal{Q}$ を S 加群 $(\mathcal{P}, \mathsf{P})$ の正次元不変部分空間とする．$\mathcal{P}$ の基底 $(\boldsymbol{e}_1, \cdots, \boldsymbol{e}_d)$ を適当に選んで，$\boldsymbol{e}_1, \cdots, \boldsymbol{e}_r$ が $\mathcal{Q}$ の基底であるようにする．$\sigma \in S$ のとき，基底 $\boldsymbol{e}_1, \cdots, \boldsymbol{e}_d$ に関して $\mathsf{P}(\sigma)$ を表わす行列は

$$\tilde{\mathsf{P}}(\sigma)=\begin{pmatrix}\tilde{\mathsf{P}}_1(\sigma) & \mathsf{N}(\sigma)\\ 0 & \tilde{\mathsf{L}}(\sigma)\end{pmatrix}$$

の形になる．ただし $\tilde{\mathsf{P}}_1(\sigma)$ と $\tilde{\mathsf{L}}(\sigma)$ はそれぞれ r 次と $d-r$ 次の正方行列であり，$\mathsf{N}(\sigma)$ は $(r, d-r)$ 型の行列である．行列 $\tilde{\mathsf{P}}_1(\sigma)$ は P_1 の $\mathcal{Q}$ への制限を（$\mathcal{Q}$ の基底 $\{\boldsymbol{e}_1, \cdots, \boldsymbol{e}_r\}$ に関して）表わし，行列 $\tilde{\mathsf{L}}(\sigma)$ は $\mathsf{P}(\sigma)$ に対応する $\mathcal{P}/\mathcal{Q}$ の自己準同型写像を（$\boldsymbol{e}_{r+1}, \cdots, \boldsymbol{e}_d$ の剰余類から成る $\mathcal{P}/\mathcal{Q}$ の基底に関して）表わす．

$\mathcal{P}, \mathcal{Q}, \mathcal{R}$ をある S 加群の三つの不変部分空間とする．これに関してネーター女史によるつぎのふたつの《準同型定理》が成りたつ：

Ｉ　**$\mathcal{R}\subset\mathcal{Q}\subset\mathcal{P}$ なら，$\mathcal{Q}/\mathcal{R}$ は $\mathcal{P}/\mathcal{R}$ の不変部分空間であり，$\mathcal{P}/\mathcal{Q}$ は $(\mathcal{P}/\mathcal{R})/(\mathcal{Q}/\mathcal{R})$ に同型である．**

II　**空間 $\mathcal{P}+\mathcal{Q}, \mathcal{P}\cap\mathcal{Q}$ はともに不変であり，$(\mathcal{P}+\mathcal{Q})/\mathcal{Q}$ は $\mathcal{P}/(\mathcal{P}\cap\mathcal{Q})$ に同型である．**

これらの事実の証明はファン・デル・ヴェルデンの『近代代数学』（Moderne Algebra）I の第 6 章，148 ページを見よ．

定義 1　**S 加群 $\mathcal{P}$ が単純であるとは，それが正次元で，$\mathcal{P}$ の不変部分空間が $\{0\}$ と $\mathcal{P}$ にかぎることである．**

この定義はとくに群 G の単純表現空間の定義を含む．このような表現空間を**既約**と呼ぶことも多い．対応する G の表現も単純とか既約とか呼ばれる．群 G の行列表現は，その抽象形が単純のときに単純とか既約とか呼ばれる．

定義2　S **加群が半単純であるとは，それが単純な部分加群の和として表わされることである．**

注意1　あるベクトル空間の部分空間の族 $\{\mathcal{Q}_\alpha\}$ の**和**とは，$\sum_\alpha \boldsymbol{e}_\alpha (\boldsymbol{e}_\alpha \in \mathcal{Q}_\alpha)$ の形のベクトルぜんぶの集合である．ただし $\sum_\alpha \boldsymbol{e}_\alpha$ のうち，有限個の α だけが0でないとする．明きらかに，ある S 加群の不変部分空間の任意の和は不変部分空間である．

注意2　次元が0の S 加群は半単純であるとみなす．このような加群は部分加群の空族（empty collection）の和と考えることができる．

命題1　**半単純** S **加群** $\mathcal{P}$ **は，単純部分加群の有限族** $\Phi=\{\mathcal{Q}_i\}$ **の直和** $\mathcal{P}=\sum_{i=1}^{k}\mathcal{Q}_i$ **として表わされる．さらに，この種の表現があって，**$\mathcal{Q}$ **が** $\mathcal{P}$ **の任意の不変部分空間のとき，**Φ **の部分族** Φ_0 **で，**$\mathcal{P}$ **が** $\mathcal{Q}$ **と** Φ_0 **に属する部分加群ぜんぶの和との直和になるようなものが存在する．**

証明　仮定により，$\mathcal{P}$ は単純部分加群の（有限または無限）族 Ψ の和である．$\mathcal{P}$ の基底を取り，この基底の各元を族 Ψ の部分加群に属するベクトルの和として表わす．こうして，$\mathcal{P}$ は単純部分加群の有限族 Ψ_1 の和として表わされる．Ψ の有限部分族でその和が $\mathcal{P}$ であるもののうちで，元の数がもっとも少ないもののひとつを取って Φ とする．Φ のすべての相異なる元を $\mathcal{Q}_1,\cdots,\mathcal{Q}_h$ とする．$\mathcal{P}=\sum_{i=1}^{h}\mathcal{Q}_i$ である．この和が直和であることを示そう．そのために $\boldsymbol{f}_1+\cdots+\boldsymbol{f}_h=0$ $(\boldsymbol{f}_i \in \mathcal{Q}_i, 1\leqq i\leqq h)$ の形の関数があったとする．$\boldsymbol{f}_1 \in \mathcal{Q}_1 \cap (\mathcal{Q}_2 + \cdots + \mathcal{Q}_h)$ であるが，$\mathcal{Q}_1 \cap (\mathcal{Q}_2 + \cdots + \mathcal{Q}_h)$ は $\mathcal{Q}_1$ の不変部分空間である．もし $\mathcal{Q}_1 \cap (\mathcal{Q}_2 + \cdots + \mathcal{Q}_h) = \mathcal{Q}_1$ なら $\mathcal{Q}_1$ は $\mathcal{Q}_2 + \cdots + \mathcal{Q}_h$ に含まれ，$\mathcal{Q}_2 + \cdots + \mathcal{Q}_h$ は $\mathcal{P}$ に等しいことになり，Φ の選びかたに反する．$\mathcal{Q}_1$ は単純だから $\mathcal{Q}_1 \cap (\mathcal{Q}_2 + \cdots + \mathcal{Q}_h) = \{0\}$, $\boldsymbol{f}_1 = 0$ となる．同様に $\boldsymbol{f}_i = 0$ $(1 \leqq i \leqq h)$ となって主張が証明された．

つぎに $\mathcal{Q}$ を $\mathcal{P}$ の任意の不変部分空間とする．Φ の部分族 Φ' で，$\mathcal{P}$ が $\mathcal{Q}$ と Φ' の加群の和との和であるものとする（たとえば $\Phi' = \Phi$）．これらの部分族のうちで，その元の数が最小であるもののひとつを取って Φ_0 とする．Φ_0 のすべての元を $\mathcal{Q}_{i_1}, \cdots, \mathcal{Q}_{i_p}$ とすると，直前とまったく同じ論法によって $\mathcal{P}$ は $\mathcal{Q}, \mathcal{Q}_{i_1}, \cdots, \mathcal{Q}_{i_p}$ の直和になる．

命題 2 **$\mathcal{P}$ を S 加群でつぎの性質をもつものとする：$\mathcal{P}$ の任意の不変部分空間 $\mathcal{Q}$ に対し，不変部分空間 $\mathcal{Q}'$ で $\mathcal{P}$ が $\mathcal{Q}$ と $\mathcal{Q}'$ の直和になるものが存在する．このとき $\mathcal{P}$ は半単純である．**

証明 $\mathcal{P}$ のすべての単純部分加群の和を $\mathcal{P}_1$ とする．仮定により，$\mathcal{P}$ は $\mathcal{P}_1$ ともうひとつの不変部分空間 $\mathcal{R}$ との直和である．もし $\dim \mathcal{R} > 0$ なら，$\mathcal{R}$ はある単純部分加群を含む（たとえば $\mathcal{R}$ に含まれる不変部分空間のうちで正の最小次元をもつもの）．ところが単純部分加群はどれも $\mathcal{P}_1$ に含まれ，$\mathcal{P}_1 \cap \mathcal{R} = \{0\}$ だから，仮定 $\dim \mathcal{R} > 0$ は矛盾を導く．したがって $\mathcal{R} = \{0\}$, $\mathcal{P} = \mathcal{P}_1$ が成りたつ．

命題 3 **半単純 S 加群 $\mathcal{P}$ が単純 S 加群の直和として二**

通りに表わされているとする：

$$\mathcal{P}=\mathcal{Q}_1+\cdots+\mathcal{Q}_h=\mathcal{Q}'_1+\cdots+\mathcal{Q}'_{h'}.$$

このとき $h=h'$ であり，集合 $\{1,\cdots,h\}$ のある置換 $\overline{\omega}$ を施こすと，$\mathcal{Q}_i$ は $\mathcal{Q}'_{\overline{\omega}(i)}$ $(1\leqq i\leqq h)$ と同型になる．

証明　置換 $\overline{\omega}$ を構成する．$k\leqq h$ とし，$i<k$ なるすべての i に対して $\overline{\omega}(i)$ がすでに定義されていて，つぎの三性質をもつと仮定する：

a)　$i<j<k$ に対して $\overline{\omega}(i)\neq\overline{\omega}(j)$.

b)　$\mathcal{Q}'_{\overline{\omega}(i)}$ は $\mathcal{Q}_i$ に同型である $(i<k)$.

c)　つぎの式が成りたつ：

$$\mathcal{P}=\sum_{i<k}\mathcal{Q}'_{\overline{\omega}(i)}+\sum_{i\geqq k}\mathcal{Q}_i.$$

このとき，つぎの不変部分空間

$$\mathcal{Q}=\sum_{i<k}\mathcal{Q}'_{\overline{\omega}(i)}+\sum_{i>k}\mathcal{Q}_i$$

を考える．命題2により，不変部分空間 $\mathcal{Q}'$ で，いくつかの $\mathcal{Q}'_j$ たちの直和であり，しかも $\mathcal{P}$ が $\mathcal{Q}$ と $\mathcal{Q}'$ の直和であるようなものが存在する．とくに $\mathcal{Q}'$ は $\mathcal{P}/\mathcal{Q}$ に，したがって $\mathcal{Q}_k$ に同型である．よって $\mathcal{Q}'$ は単純であり，加群 $\mathcal{Q}'_j$ たちのひとつ，たとえば $\mathcal{Q}'_{j_0}$ に一致する．$i<k$ に対して $\mathcal{Q}'_{\overline{\omega}(i)}\subset\mathcal{Q}$ だから，$i<k$ なら $j_0\neq\overline{\omega}(i)$ である．この j_0 をもって $\overline{\omega}(k)$ と定義する．すると明きらかに，いまや $i<k+1$ に対して定義された関数 $\overline{\omega}(i)$ は上の条件 a), b), c)（の k を $k+1$ に置きかえたもの）をみたす．

集合 $\{1,\cdots,h\}$ 上の一対一関数 $\overline{\omega}$ が定義されたから $h'\geqq$

h でなければならない．ふたつの分解は対称な役割をもつから $h' \leqq h$ も成りたち，$h=h'$ となって命題3が証明された．

さて，$\mathcal{P}$ を群 G の半単純表現 P の表現空間とし，L を G の任意の既約表現とする．$\mathcal{P}$ を単純部分空間の直和に分解したとき，これらの部分空間のうちで，与えられた表現 L と同値な表現を生ずるものの個数をかぞえることができる．命題3により，この数は $\mathcal{P}$ の分解の仕方によらない．この数を表現 P に含まれる表現 L の**重複度**と言う．

命題4　($\mathcal{P}$, P) **を代数閉体** K **上の単純** S **加群とする．もしすべての自己準同型写像** $\mathsf{P}(\sigma)$ $(\sigma \in S)$ **が互いに可換なら，** $\mathcal{P}$ **は1次元である．**

実際 σ を S の任意の元とする．K は代数閉体だから，K の元 u と $\mathcal{P}$ のベクトル $\boldsymbol{e} \neq 0$ で $\mathsf{P}(\sigma)\boldsymbol{e}=u\boldsymbol{e}$ となるものがある．この条件をみたすベクトル $\boldsymbol{e}$ たちぜんぶの集合を $\mathcal{Q}$ とする．明きらかに $\mathcal{Q}$ は $\mathcal{P}$ の部分ベクトル空間である．さらにもし $\sigma \in S, \boldsymbol{e} \in \mathcal{Q}$ なら，$\mathsf{P}(\sigma)\mathsf{P}(\tau)\boldsymbol{e}=\mathsf{P}(\tau)\mathsf{P}(\sigma)\boldsymbol{e}=u\mathsf{P}(\tau)\boldsymbol{e}$ だから $\mathsf{P}(\tau)\boldsymbol{e} \in \mathcal{Q}$ となり，$\mathcal{Q}$ は不変部分空間である．$\mathcal{P}$ は単純だから $\mathcal{Q}=\mathcal{P}$．言いかえると，任意の $\sigma \in S$ に対し，K の元 $u(\sigma)$ で，$\mathcal{P}$ のすべての $\boldsymbol{e}$ に対して $\mathsf{P}(\sigma)\boldsymbol{e}=u(\sigma)\boldsymbol{e}$ となるものが存在する．これからすぐ分かるように，$\mathcal{P}$ の部分ベクトル空間はすべて不変である．$\mathcal{P}$ は単純だから，それは $\mathcal{P}$ の任意のベクトル $\boldsymbol{e} \neq 0$ の生成する部分空間と一致し，したがって $\dim \mathcal{P}=1$ となる．

§2 コンパクト・リー群の表現

$\mathcal{G}$を位相群とする．$\mathcal{G}$の（**行列**）**表現**とは，$\mathcal{G}$から群$GL(n, C)$への連続準同型写像（この場合は《**複素表現**》）ないし群$GL(n, R)$への連続準同型写像（この場合は《**実表現**》）のことである．

定理1 コンパクト・リー群の任意の実表現は直交行列による表現に同値であり，任意の複素表現はユニタリ行列による表現に同値である．

証明 コンパクト・リー群$\mathcal{G}$の複素表現Pの場合を考える．

$$\alpha_1(\sigma) = {}^t\overline{\mathrm{P}}(\sigma) \cdot \mathrm{P}(\sigma)$$

と置くと，行列$\alpha_1(\sigma)$はつねに正値エルミート行列である（第1章§5の命題1の証明，41ページを見よ）．$\alpha_1(\sigma)$の各成分は$\mathcal{G}$上σの連続関数である．

さてここで$\mathcal{G}$上の不変積分を使う（第5章§8，304ページを見よ）．ただしいつものように$\int_{\mathcal{G}} 1 \cdot d\sigma = 1$と正規化してあるとする．

$$\alpha_1 = \int_{\mathcal{G}} \alpha_1(\sigma) d\sigma$$

と置く（α_1の成分は$\alpha_1(\sigma)$の成分の$\mathcal{G}$上の積分である）．すべてのσに対して${}^t\alpha_1(\sigma) = \overline{\alpha}_1(\sigma)$だから${}^t\alpha_1 = \overline{\alpha}_1$が成りたち，$\alpha_1$はエルミート行列である．$C^n$（$n$は表現の次元）

の任意のベクトル $\boldsymbol{a}$ に対して

$$\boldsymbol{a}\cdot\alpha_1\boldsymbol{a}=\int_{\mathcal{G}}\boldsymbol{a}\cdot\alpha_1(\sigma)\boldsymbol{a}d\sigma$$

が成りたつ．すべての σ に対して $\alpha_1(\sigma)$ は半正値だから $\boldsymbol{a}\cdot\alpha_1(\sigma)\boldsymbol{a}\geqq 0$，したがって $\boldsymbol{a}\cdot\alpha_1\boldsymbol{a}\geqq 0$ となり，α_1 も半正値である．$\alpha_1(\sigma)$ は正値だから，$\boldsymbol{a}\neq 0$ なら $\boldsymbol{a}\cdot\alpha_1(\sigma)\boldsymbol{a}>0$，したがって $\boldsymbol{a}\cdot\alpha_1\boldsymbol{a}>0$ となり，α_1 は正値エルミート行列である．

τ が $\mathcal{G}$ の任意の固定された元のとき，積分の不変性によって式

$$\begin{aligned}{}^t\overline{\mathsf{P}}(\tau)\alpha_1\mathsf{P}(\tau)&=\int_{\mathcal{G}}{}^t\overline{\mathsf{P}}(\tau){}^t\overline{\mathsf{P}}(\sigma)\mathsf{P}(\sigma)\mathsf{P}(\tau)d\sigma\\&=\int_{\mathcal{G}}{}^t\overline{\mathsf{P}}(\sigma\tau)\mathsf{P}(\sigma\tau)d\sigma\\&=\int_{\mathcal{G}}{}^t\overline{\mathsf{P}}(\sigma)\mathsf{P}(\sigma)d\sigma=\alpha_1\end{aligned}$$

が成りたつ．

第1章§5の命題1（41ページ）の証明のなかで示したように，正値エルミートのある行列 α_1 は，やはり正値エルミートのある行列 α によって $\alpha_1=\alpha^2$ と書ける．$\mathsf{P}'(\tau)=\alpha\mathsf{P}(\tau)\alpha^{-1}$ とおく．${}^t\overline{\alpha}\cdot\alpha=\alpha^2=\alpha_1$ かつ ${}^t\overline{\mathsf{P}}(\tau)\alpha_1\mathsf{P}(\tau)=\alpha_1$ だから，簡単な計算によって ${}^t(\overline{\alpha}\overline{\mathsf{P}}(\tau)\overline{\alpha}^{-1})(\alpha\mathsf{P}(\tau)\alpha^{-1})$ は単位行列であることが分かる．すなわち $\alpha\mathsf{P}\alpha^{-1}$ はユニタリ行列による表現である．

P が実表現のときは α_1 は実行列だから，α も実行列に取

れる．すると行列 $\alpha\mathsf{P}(\tau)\alpha^{-1}$ たちはすべて実かつユニタリ，すなわち直交行列であり，定理が証明された．

系　コンパクト・リー群の表現はすべて半単純である．

実際定理1により，考察の対象をコンパクト・リー群 $\mathcal{G}$ の，ユニタリまたは直交行列による行列表現 P にしぼってよい．

複素表現の場合，表現空間を C^n とする．$\mathcal{P}$ が任意の不変部分空間のとき，C^n のベクトル $\boldsymbol{f}$ ですべての $\boldsymbol{e}\in\mathcal{P}$ に対して $\boldsymbol{e}\cdot\boldsymbol{f}=0$ となるもの全部のつくる C^n の部分ベクトル空間を $\mathcal{P}'$ とする．$\boldsymbol{f}\in\mathcal{P}'$ なら，すべての $\boldsymbol{e}\in\mathcal{P}$ および $\sigma\in\mathcal{G}$ に対して

$$\boldsymbol{e}\cdot\mathsf{P}(\sigma)\boldsymbol{f}={}^t\overline{\mathsf{P}}(\sigma)\boldsymbol{e}\cdot\boldsymbol{f}=\mathsf{P}(\sigma^{-1})\boldsymbol{e}\cdot\boldsymbol{f}=0$$

となるから，$\mathcal{P}'$ は C^n の不変部分空間である．

$\boldsymbol{e}\cdot\boldsymbol{e}=0$ なら $\boldsymbol{e}=0$ だから $\mathcal{P}\cap\mathcal{P}'=\{0\}$．

$\{\boldsymbol{e}_1,\cdots,\boldsymbol{e}_d\}$ を $\mathcal{P}$ の基底とする．ベクトル $\boldsymbol{f}$ が $\mathcal{P}'$ に属するということは，その成分たちが d 個の斉次1次方程式系 $\boldsymbol{f}\cdot\boldsymbol{e}_i=0\ (1\leqq i\leqq d)$ をみたすということである．したがって $\mathcal{P}'$ の次元は少なくとも $n-d$ である．$\mathcal{P}\cap\mathcal{P}'=\{0\}$ だから，$\mathcal{P}+\mathcal{P}'$ の次元は少なくとも $d+(n-d)=n$ である．よって $\mathcal{P}+\mathcal{P}'=C^n$．上の系は§1の命題2（317ページ）から出る．

実表現の場合もまったく同じ論法が通用する．

§3 表現のあいだの演算

1 スター表現

φ を体 K 上のベクトル空間 $\mathcal{P}$ の自己準同型写像，$\mathcal{P}'$ を $\mathcal{P}$ の双対空間（すなわち K に値をとる $\mathcal{P}$ 上の線型関数ぜんぶの空間）とする．$\mathcal{P}'$ の任意の元 λ に対して $\mathcal{P}'$ の元 ${}^t\varphi(\lambda)$ を，すべての $\boldsymbol{e}\in\mathcal{P}$ に対して $({}^t\varphi(\lambda))(\boldsymbol{e})=\lambda(\varphi\boldsymbol{e})$ なるものとして定義する．明きらかに ${}^t\varphi$ は $\mathcal{P}'$ の自己準同型写像である．さらに，$\mathcal{P}$ の自己準同型写像 φ_1, φ_2 に対して

$$ {}^t(\varphi_1\circ\varphi_2) = {}^t\varphi_2\circ{}^t\varphi_1 $$

が成りたつ．

$\mathcal{P}$ の基底 $\{\boldsymbol{e}_1, \cdots, \boldsymbol{e}_d\}$ に対し，$\mathcal{P}'$ の双対基底 $\{\lambda_1, \cdots, \lambda_d\}$ が $\lambda_i(\boldsymbol{e}_j)=\delta_{ij}\ (1\leqq i, j\leqq d)$ によって定まる．自己準同型写像 φ を基底 $\{\boldsymbol{e}_1, \cdots, \boldsymbol{e}_d\}$ に関して表わす行列を α とすると，${}^t\varphi$ を基底 $\{\lambda_1, \cdots, \lambda_d\}$ に関して表わす行列は α の転置行列 ${}^t\alpha$ である．

つぎに，$(\mathcal{P}, \mathrm{P})$ を群 G の表現空間とする．式 ${}^t\mathrm{P}(\sigma\tau)={}^t\mathrm{P}(\tau)\circ{}^t\mathrm{P}(\sigma)$ が示すように，一般に ${}^t\mathrm{P}$ は G の表現ではない．しかし写像 $\sigma\to{}^t\mathrm{P}(\sigma^{-1})$ は表現である．$\tilde{\mathrm{P}}$ が P のある行列形ならば，写像 $\sigma\to(\tilde{\mathrm{P}}(\sigma))^*$ は表現 $\sigma\to{}^t\mathrm{P}(\sigma^{-1})$ の行列形である．

定義1 **Pが群 G の抽象表現のとき，写像 $\sigma\to{}^t\mathrm{P}(\sigma^{-1})$ を表現Pのスターと呼び，P^* と書く．Pが G の行列表現**

のとき，写像 $\sigma\to(\mathrm{P}(\sigma))^*$ を P の**スター表現***) と呼び，P^* と書く．

命題1 P を群 G のユニタリ行列表現（すなわち各 $\sigma\in G$ にユニタリ行列を対応させる表現）とする．このとき P^* は P の複素共役表現 $\overline{\mathrm{P}}$（すなわち $\overline{\mathrm{P}}(\sigma)=\overline{\mathrm{P}(\sigma)}$）と一致する．もし P が G の直交表現なら $\mathrm{P}^*=\mathrm{P}$ である．

これは定義からただちに出る．

一方，任意の行列表現 P に対して $(\mathrm{P}^*)^*=\mathrm{P}$ が成りたつ．

2 表現の和

$(\mathcal{P}_1,\mathrm{P}_1)$ と $(\mathcal{P}_2,\mathrm{P}_2)$ を群 G の表現空間とする．$\mathcal{P}_1$ と $\mathcal{P}_2$ の積 $\mathcal{P}_1\times\mathcal{P}_2$ をつくり，G の各元 σ に $\mathcal{P}_1\times\mathcal{P}_2$ の線型自己準同型写像 $\mathrm{P}(\sigma)$ で，式

$$\mathrm{P}(\sigma)(\boldsymbol{e}_1,\boldsymbol{e}_2)=(\mathrm{P}_1(\sigma)\boldsymbol{e}_1,\mathrm{P}_2(\sigma)\boldsymbol{e}_2)\quad(\boldsymbol{e}_i\in\mathcal{P}_i,\ i=1,2)$$

によって決まるものを対応させる．P を表現 P_1 と P_2 の**和**と言い，$\mathrm{P}=\mathrm{P}_1\dot{+}\mathrm{P}_2$ と書く．

$\{\boldsymbol{e}_{m1},\cdots,\boldsymbol{e}_{md_m}\}$ を $\mathcal{P}_m$ $(m=1,2)$ の基底とし，これらの基底に関して $\mathrm{P}_1(\sigma),\mathrm{P}_2(\sigma)$ を表わす行列をそれぞれ (a_{ij}), (b_{kl}) とする．すると，$\boldsymbol{f}_1=(\boldsymbol{e}_{11},0),\cdots,\boldsymbol{f}_{d_1}=(\boldsymbol{e}_{1d_1},0),\boldsymbol{f}_{d_1+1}=(0,\boldsymbol{e}_{21}),\cdots,\boldsymbol{f}_{d_1+d_2}=(0,\boldsymbol{e}_{2d_2})$ は $\mathcal{P}_1\times\mathcal{P}_2$ の基底であり，この基底に関して $\mathrm{P}(\sigma)$ を表わす行列は

---

*)［訳注］反傾表現とも言う．

$$\begin{pmatrix} (a_{ij}) & 0 \\ 0 & (b_{kl}) \end{pmatrix}$$

である.

これからつぎの定義が導かれる：α, β がそれぞれ d_1 次，d_2 次の正方行列のとき，d_1+d_2 次の行列

$$\begin{pmatrix} \alpha & 0 \\ 0 & \beta \end{pmatrix}$$

を $\alpha\dot{+}\beta$ と書く.

さて P_1 と P_2 が群 G の行列表現のとき，もちろん $\mathsf{P}_1\dot{+}\mathsf{P}_2$ は各 $\sigma\in G$ に行列 $\mathsf{P}_1(\sigma)\dot{+}\mathsf{P}_2(\sigma)$ を対応させる行列表現を表わす. すぐ分かるように，$\mathsf{P}_1, \mathsf{P}_2, \mathsf{P}_3$ が G の三つの行列表現のとき，$(\mathsf{P}_1\dot{+}\mathsf{P}_2)\dot{+}\mathsf{P}_3=\mathsf{P}_1\dot{+}(\mathsf{P}_2\dot{+}\mathsf{P}_3)$, $(\mathsf{P}_1\dot{+}\mathsf{P}_2)^*=\mathsf{P}_1^*\dot{+}\mathsf{P}_2^*$ が成りたつ. もし $\mathsf{P}_1, \mathsf{P}_2, \mathsf{P}_3$ が抽象表現なら，上記ふたつの等式の両辺は等しくはないけれども同値である.

P_1 と P_2 が抽象表現でも行列表現でも，$\mathsf{P}_2\dot{+}\mathsf{P}_1$ は $\mathsf{P}_1\dot{+}\mathsf{P}_2$ と同値である. 実際，P_1 と P_2 を抽象表現とし，$(\mathcal{P}_1, \mathsf{P}_1)$ と $(\mathcal{P}_2, \mathsf{P}_2)$ をそれらの表現空間とする. $\mathcal{P}_1\times\mathcal{P}_2$ から $\mathcal{P}_2\times\mathcal{P}_1$ への線型同型写像 $(\boldsymbol{e}_1, \boldsymbol{e}_2)\to(\boldsymbol{e}_2, \boldsymbol{e}_1)$ は明きらかに $(\mathcal{P}_1\times\mathcal{P}_2, \mathsf{P}_1\dot{+}\mathsf{P}_2)$ から $(\mathcal{P}_2\times\mathcal{P}_1, \mathsf{P}_2\dot{+}\mathsf{P}_1)$ への同型写像である.

3　クロネッカー積

$(\mathcal{P}_1, \mathsf{P}_1)$ と $(\mathcal{P}_2, \mathsf{P}_2)$ を群 G の表現空間とする. K に値

をとる $\mathcal{P}_1\times\mathcal{P}_2$ 上の双線型関数ぜんぶの空間を $\mathcal{B}$ と書く. $\varphi_i\ (i=1,2)$ を $\mathcal{P}_i$ の線型自己準同型写像とする. 各双線型形式 $B\in\mathcal{B}$ に対して双線型形式 $\psi(B)$ を, 式

$$\psi(B)(\boldsymbol{e}_1,\boldsymbol{e}_2)=B(\varphi_1\boldsymbol{e}_1,\varphi_2\boldsymbol{e}_2)\quad(\boldsymbol{e}_i\in\mathcal{P}_i,\ i=1,2)$$

によって定めると, $\mathcal{B}$ の線型自己準同型写像 ψ が得られる. この ψ を, ペア (φ_1,φ_2) に対応する $\mathcal{B}$ の線型自己準同型写像と言う. θ_i を $\mathcal{P}_i\ (i=1,2)$ の別の自己準同型写像とし, ペア (θ_1,θ_2) に対応する $\mathcal{B}$ の線型自己準同型写像を π とする. すぐ分かるように, ペア $(\varphi_1\circ\theta_1,\varphi_2\circ\theta_2)$ に対応する線型自己準同型写像は $\pi\circ\psi$ である. ここで順序が反対になっているが, ${}^t(\pi\circ\psi)={}^t\psi\circ{}^t\pi$ なのだから, $\mathcal{B}$ の双対空間 $\mathcal{B}'$ での対応する準同型写像に移行すれば, 順序はもとに戻せる.

定義2 $\mathcal{P}_1,\mathcal{P}_2$ **を体** K **上のベクトル空間とする.** $\mathcal{P}_1\times\mathcal{P}_2$ **上の双線型関数ぜんぶの空間の双対空間を** $\mathcal{P}_1$ **と** $\mathcal{P}_2$ **のクロネッカー積と言い,** $\mathcal{P}_1\boldsymbol{\times}\mathcal{P}_2$ **と書く**[1]**.**

$\boldsymbol{e}_i$ を $\mathcal{P}_i\ (i=1,2)$ の元とする. ペア $(\boldsymbol{e}_1,\boldsymbol{e}_2)$ を固定すると, $\mathcal{B}$ 上のひとつの線型関数が, 各 $B\in\mathcal{B}$ に値 $B(\boldsymbol{e}_1,\boldsymbol{e}_2)$ を対応させるものとして定まる. ところが $\mathcal{B}$ 上の線型関数は $\mathcal{P}_1\boldsymbol{\times}\mathcal{P}_2$ の元にほかならないから, 以上で $\mathcal{P}_1\times\mathcal{P}_2$ から $\mathcal{P}_1\boldsymbol{\times}\mathcal{P}_2$ への写像が得られたことになる. こうして $(\boldsymbol{e}_1,\boldsymbol{e}_2)$ に対応する $\mathcal{P}_1\boldsymbol{\times}\mathcal{P}_2$ の元を $\boldsymbol{e}_1\boldsymbol{\times}\boldsymbol{e}_2$ と書く.

---

1) $\mathcal{P}_1=\mathcal{P}_2=\mathcal{P}$ のとき, $\mathcal{P}\boldsymbol{\times}\mathcal{P}$ の元は位数2の共変テンソルである.

写像 $(\boldsymbol{e}_1, \boldsymbol{e}_2) \to \boldsymbol{e}_1 \times \boldsymbol{e}_2$ は $\mathcal{P}_1 \times \mathcal{P}_2$ から $\mathcal{P}_1 \times \mathcal{P}_2$ への線型写像ではなく，双線型写像である；すなわち式

$$(a\boldsymbol{e}_1 + a'\boldsymbol{e}_1') \times \boldsymbol{e}_2 = a\boldsymbol{e}_1 \times \boldsymbol{e}_2 + a'\boldsymbol{e}_1' \times \boldsymbol{e}_2,$$
$$\boldsymbol{e}_1 \times (a\boldsymbol{e}_2 + a'\boldsymbol{e}_2') = a\boldsymbol{e}_1 \times \boldsymbol{e}_2 + a'\boldsymbol{e}_1 \times \boldsymbol{e}_2'$$
$$(\boldsymbol{e}_i, \boldsymbol{e}_i' \in \mathcal{P}_i, a, a' \in K)$$

が成りたつ．

φ_i が $\mathcal{P}_i$ $(i=1,2)$ の線型自己準同型写像のとき，$\mathcal{P}_1 \times \mathcal{P}_2$ の線型自己準同型写像 ψ は $\boldsymbol{e}_1 \times \boldsymbol{e}_2$ を式

$$\psi(\boldsymbol{e}_1 \times \boldsymbol{e}_2) = \varphi_1 \boldsymbol{e}_1 \times \varphi_2 \boldsymbol{e}_2$$

に従って変換する．ψ を $\varphi_1 \times \varphi_2$ と書く．

さて，$(\mathcal{P}_1, \mathsf{P}_1)$ と $(\mathcal{P}_2, \mathsf{P}_2)$ を群 G の表現空間とする．上の説明から分かるように，写像 $\sigma \to \mathsf{P}_1(\sigma) \times \mathsf{P}_2(\sigma)$ も G の表現である．この表現をふたつの表現 P_1 と P_2 の**クロネッカー積**と言い，$\mathsf{P}_1 \times \mathsf{P}_2$ と書く．

$\{\boldsymbol{e}_{m1}, \cdots, \boldsymbol{e}_{md_m}\}$ を $\mathcal{P}_m$ $(m=1,2)$ の基底とする．すると $d_1 d_2$ 個の元 $\boldsymbol{e}_{1i} \times \boldsymbol{e}_{2j}$ $(1 \leqq i \leqq d_1, 1 \leqq j \leqq d_2)$ は $\mathcal{P}_1 \times \mathcal{P}_2$ の基底をなす．実際 $\mathcal{P}_1 \times \mathcal{P}_2$ は $\mathcal{B}$ と同じ次元すなわち $d_1 d_2$ をもつから，元 $\boldsymbol{e}_{1i} \times \boldsymbol{e}_{2j}$ たちが線型独立であることを示せばよい．$\sum_{ij} a_{ij} \boldsymbol{e}_{1i} \times \boldsymbol{e}_{2j} = 0$, $a_{ij} \in K$ を仮定すると，すべての $B \in \mathcal{B}$ に対して $\sum_{ij} a_{ij} B(\boldsymbol{e}_{1i}, \boldsymbol{e}_{2j}) = 0$ である．任意のペア (i, j) に対し，双線型関数 B_{ij} で $B_{ij}(\boldsymbol{e}_{1k}, \boldsymbol{e}_{2l}) = \delta_{ik}\delta_{jl}$ なるものが存在する．$B = B_{ij}$ と置くことによって $a_{ij} = 0$ が得られ，主張が証明された．

φ_i が $\mathcal{P}_i$ $(i=1,2)$ の線型自己準同型写像のとき，

$$\varphi_1 \boldsymbol{e}_{1i} = \sum_{k=1}^{d_1} a_{ki}\boldsymbol{e}_{1k}, \quad \varphi_2\boldsymbol{e}_{2j} = \sum_{l=1}^{d_2} b_{lj}\boldsymbol{e}_{2l}$$

と書くと,

$$(\varphi_1 \times \varphi_2)(\boldsymbol{e}_{1i} \times \boldsymbol{e}_{2j}) = \sum_{kl} a_{ki}b_{lj}\boldsymbol{e}_{1k} \times \boldsymbol{e}_{2l}$$

が成りたつ. $\boldsymbol{f}_{i+d_1(j-1)} = \boldsymbol{e}_{1i} \times \boldsymbol{e}_{2j}$ と置くと,

$$(\varphi_1 \times \varphi_2)\boldsymbol{f}_r = \sum_{s=1}^{d_1 d_2} c_{sr}\boldsymbol{f}_s$$

が成りたつ. ただし

$$c_{i+d_1(j-1),\, k+d_1(l-1)} = a_{ik}b_{jl} \tag{1}$$

である. これからつぎの定義が得られる:

定義 3　$\alpha = (a_{ik}), \beta = (b_{jl})$ **をそれぞれ** d_1 **次,** d_2 **次の行列とする. このとき,** $d_1 d_2$ **次の行列** (c_{rs}) **で, その成分が式 (1) によって与えられるものを** α **と** β **のクロネッカー積と言い,** $\alpha \times \beta$ **と書く.** P_1 **と** P_2 **が群** G **の行列表現のとき, 各** $\sigma \in G$ **に行列** $\mathrm{P}_1(\sigma) \times \mathrm{P}_2(\sigma)$ **を対応させる表現** $\mathrm{P}_1 \times \mathrm{P}_2$ **を** P_1 **と** P_2 **のクロネッカー積と言う.**

定義のまえの考察から分かるように, α と β が d_1 次行列, α' と β' が d_2 次行列なら,

$$(\alpha\beta) \times (\alpha'\beta') = (\alpha \times \alpha')(\beta \times \beta')$$

が成りたつ.

一方, すぐ分かるように ${}^t(\alpha \times \beta) = {}^t\alpha \times {}^t\beta$ だから, もし α と β が正則なら $(\alpha \times \beta)^* = \alpha^* \times \beta^*$ となる. $(\alpha^*)^* = \alpha$ だから $(\alpha \times \beta^*)^* = \alpha^* \times \beta$.

また，すぐ分かるように $\alpha\times(\beta_1+\beta_2)=\alpha\times\beta_1+\alpha\times\beta_2$ が成りたつ．

$\mathsf{P}_1, \mathsf{P}_2, \mathsf{P}_3$ が群 G の抽象表現なら，$(\mathsf{P}_1\times\mathsf{P}_2)^*$ は $\mathsf{P}_1^*\times\mathsf{P}_2^*$ に同値であり，$\mathsf{P}_1\times(\mathsf{P}_2\dot{+}\mathsf{P}_3)$ は $\mathsf{P}_1\times\mathsf{P}_2\dot{+}\mathsf{P}_1\times\mathsf{P}_3$ に同値である．さらに，P_1 と P_2 をそれぞれ同値な表現に取りかえれば，$\mathsf{P}_1\times\mathsf{P}_2$ はある同値な表現に取りかわる．

$\alpha\times\beta=\beta\times\alpha$ は成りたたないけれども，表現 $\mathsf{P}_1\times\mathsf{P}_2$ は $\mathsf{P}_2\times\mathsf{P}_1$ に同値である．実際，これらふたつの表現の表現空間は，$\boldsymbol{e}_1\times\boldsymbol{e}_2$ $(\boldsymbol{e}_i\in\mathscr{P}_i, i=1,2)$ の形の元を $\boldsymbol{e}_2\times\boldsymbol{e}_1$ に移す同型写像によって互いに同型になる．よって $(\mathsf{P}_1\dot{+}\mathsf{P}_2)\times\mathsf{P}_3$ は $\mathsf{P}_1\times\mathsf{P}_3\dot{+}\mathsf{P}_2\times\mathsf{P}_3$ に同値になる．

同様の論法により，$(\mathsf{P}_1\times\mathsf{P}_2)\times\mathsf{P}_3$ は $\mathsf{P}_1\times(\mathsf{P}_2\times\mathsf{P}_3)$ と同値である．

4 表現 $\mathsf{P}_1\times\mathsf{P}_2^*$ に関する注意

P_1 と P_2 を群 G の，それぞれ d_1 次と d_2 次の行列表現とする．d_1 行 d_2 列の行列ぜんぶの集合を $\mathcal{Q}$ とすると，$\mathcal{Q}$ は d_1d_2 次元のベクトル空間である．G の各元 σ に対して $\mathcal{Q}$ の自己準同型写像 L_σ を $\mathsf{L}_\sigma\alpha=\mathsf{P}_1(\sigma)\alpha\mathsf{P}_2(\sigma^{-1})$ $(\alpha\in\mathcal{Q})$ によって定める．簡単に分かるように $\mathsf{L}_{\sigma\tau}=\mathsf{L}_\sigma\circ\mathsf{L}_\tau$ $(\sigma,\tau\in G)$ が成りたち，ε が G の中立元なら L_ε は $\mathcal{Q}$ の恒等写像である．したがって写像 $\sigma\to\mathsf{L}_\sigma$ は G の抽象表現 L を定める．L が表現 $\mathsf{P}_1\times\mathsf{P}_2^*$ の抽象形であることを証明しよう．

実際，$\mathcal{Q}$ の行列で (i,j) 成分だけが 1，他はすべて 0 であ

るものを $\alpha_{i+d_1(j-1)}$ と書くと，d_1d_2 個の元 $\alpha_{i+d_1(j-1)}$ $(1\leqq i\leqq d_1, 1\leqq j\leqq d_2)$ たちは Q の基底をなす．簡単な計算によって式

$$\mathsf{P}_1(\sigma)\alpha_{i+d_1(j-1)}\mathsf{P}_2(\sigma^{-1}) = \sum_{kl} a_{ki}(\sigma)\, b_{jl}(\sigma^{-1})\alpha_{k+d_1(l-1)}$$

が得られる．ただし $(a_{ki}(\sigma))$ と $(b_{jl}(\sigma))$ はそれぞれ $\mathsf{P}_1(\sigma)$ と $\mathsf{P}_2(\sigma)$ の行列である．$\mathsf{P}_2^*(\sigma)=(b_{jl}^*(\sigma))$ とすると $b_{jl}^*(\sigma)=b_{lj}(\sigma^{-1})$ だから，われわれの選んだ Q の基底に対応する L の行列形は $\mathsf{P}_1\times\mathsf{P}_2^*$ であり，主張が証明された．

$\tilde{\mathsf{P}}_i$ $(i=1,2)$ を P_i のひとつの抽象形とし，$\tilde{\mathsf{P}}_i$ の表現空間を $(\mathcal{P}_i, \tilde{\mathsf{P}}_i)$ とすると，空間 Q は P_2 から P_1 への線型写像ぜんぶの空間と解釈される．この観点からすると，L_σ は Q の自己準同型写像で，各 $\alpha\in Q$ に，式

$$\mathsf{L}_\sigma(\alpha)(\boldsymbol{e}_2) = (\mathsf{P}_1(\sigma)\circ\alpha\circ\mathsf{P}_2(\sigma^{-1}))\boldsymbol{e}_2 \quad (\boldsymbol{e}_2\in\mathcal{P}_2)$$

によって定義される写像 $\mathsf{L}_\sigma(\alpha)$ を対応させるものである．この事実を使って L と $\mathsf{P}_1\times\mathsf{P}_2^*$ の同値性の新証明が簡単に得られる．

§4　シューアのレンマ

命題1（シューアのレンマ）　$\mathsf{P}_1, \mathsf{P}_2$ **を群** G **の体** K **上のそれぞれ** d_1 **次，** d_2 **次の既約行列表現とする．このとき** P_1 **と** P_2 **が互いに同値であるためには，** K **の元を成分とする** (d_1, d_2) **型の行列** $\alpha\neq 0$ **で，すべての** $\sigma\in G$ **に対して**

$\mathsf{P}_1(\sigma)\alpha=\alpha\mathsf{P}_2(\sigma)$ となるものが存在することが必要十分である.

証明 P_1 が P_2 に同値なら $d_1=d_2$ であり, ある正則行列 γ をとると $\mathsf{P}_2(\sigma)=\gamma^{-1}\mathsf{P}_1(\sigma)\gamma$ となるから $\mathsf{P}_1(\sigma)\gamma=\gamma\mathsf{P}_2(\sigma)$ が成りたつ.

逆にある行列 $\alpha\neq0$ をとると, すべての $\sigma\in G$ に対して $\mathsf{P}_1(\sigma)\alpha=\alpha\mathsf{P}_2(\sigma)$ が成りたつと仮定する. $\mathsf{P}_1, \mathsf{P}_2$ の表現空間 $\mathcal{P}_1, \mathcal{P}_2$ を作り, α を $\mathcal{P}_2$ から $\mathcal{P}_1$ への線型写像と考える. この写像による $\mathcal{P}_2$ の像を $\mathcal{Q}_1$ とすると, $\alpha\neq0$ だから $\mathcal{Q}_1\neq\{0\}$. 式 $\mathsf{P}_1(\sigma)\alpha=\alpha\mathsf{P}_2(\sigma)$ によって $\mathcal{Q}_1$ は不変部分空間である. $\mathcal{P}_1$ は既約だから $\mathcal{Q}_1=\mathcal{P}_1$. つぎに α によって 0 に移される $\mathcal{P}_2$ のベクトル全部の集合を $\mathcal{Q}_2$ とすると, 上と同じ式によって $\mathcal{Q}_2$ は $\mathcal{P}_2$ の不変部分空間である. $\mathcal{Q}_2\neq\mathcal{P}_2$ だから $\mathcal{Q}_2=\{0\}$. したがって α は $\mathcal{P}_2$ から $\mathcal{P}_1$ の上への一対一線型写像であり, これによって $d_1=d_2$, α は行列式が 0 でない正方行列である. よって $\mathsf{P}_2(\sigma)=\alpha\mathsf{P}_1(\sigma)\alpha^{-1}$ と書け, P_1 と P_2 は同値になり, シューアのレンマが証明された.

P を群 G の既約行列表現とする. 行列 α ですべての $\sigma\in G$ に対して $\mathsf{P}(\sigma)\alpha=\alpha\mathsf{P}(\sigma)$ をみたすものの全部は明らかにひとつの多元環 $\mathfrak{o}$ を作る（すなわち α_1, α_2 がこういう行列で a が K の元なら, $\alpha_1+\alpha_2, \alpha_1\alpha_2, a\alpha_1$ も同じ性質をもつ). シューアのレンマを $\mathsf{P}_1=\mathsf{P}_2=\mathsf{P}$ の場合に適用して, $\mathfrak{o}$ のすべての行列 $\alpha\neq0$ は逆元 α^{-1} をもち, 明らかに

α^{-1}も$\mathfrak{o}$に属する．この事実をわれわれは$\mathfrak{o}$が**多元体**であると言いあらわす．

γを$\mathfrak{o}$の0でない任意の元とする．RがKの元を係数とする有理関数ぜんぶを動くとき，$R(\gamma)$の形に表わされる$\mathfrak{o}$の元ぜんぶの集合をZとする．明きらかにZはKを含む体であり，Kの有限次拡大である（なぜならZはKの元を成分とする，ある次数dの全行列環に含まれるから）．だからもしKが代数的閉体なら$Z=K$であり，γはaEの形（$a \in K$，Eは単位行列）である．こうしてつぎの命題2が証明された：

命題 2　Pを群Gの代数的閉体K上の既約表現とする．すべての行列P$(\sigma)$$(\sigma \in G)$と交換可能な行列は，単位行列のスカラー倍だけである．

以下はつぎの命題3の証明である．

命題 3　LとPを群Gの代数的閉体K上のふたつの表現とし，Pは既約だと仮定する．もしLとL×P*が半単純ならば，PがLに含まれる重複度は，単位表現がL×P*に含まれる重複度に等しい．

群Gの**単位表現**とはもちろん，すべての$\sigma \in G$に数1（1次行列と考える）を対応させる表現である．この表現の抽象形は1次元の表現空間$\mathscr{E}$をもち，すべての$\sigma \in G$に$\mathscr{E}$から自分自身への恒等写像を対応させる．

MをGのK上の任意の半単純表現とし，$\mathscr{M}=\mathscr{M}_1+\cdots+\mathscr{M}_h$をこれの表現空間の既約部分空間の直和への分解とす

る．そのうちの$\mathscr{M}_1, \cdots, \mathscr{M}_n$が単位表現の空間$\mathscr{E}$に同型なものの全部だとしてよい（$n$は整数で$0 \leqq n \leqq h$）．各空間$\mathscr{M}_i$ $(1 \leqq i \leqq n)$は，すべての$\sigma \in G$に対して$\mathsf{M}(\sigma)\boldsymbol{e}_i = \boldsymbol{e}_i$となるひとつのベクトル$\boldsymbol{e}_i \neq 0$によって張られる．逆に$\boldsymbol{f}$がすべての$\sigma$に対して$\mathsf{M}(\sigma)\boldsymbol{f} = \boldsymbol{f}$をみたすとすると，$\boldsymbol{f} = \sum_1^h \boldsymbol{f}_i$ $(\boldsymbol{f}_i \in \mathscr{M}_i)$と書ける．仮定によって$\sum \boldsymbol{f}_i = \sum \mathsf{M}(\sigma)\boldsymbol{f}_i$ $(\mathsf{M}(\sigma)\boldsymbol{f}_i \in \mathscr{M}_i)$と書け，空間$\mathscr{M}_i$たちの和は直和だから，$\mathsf{M}(\sigma)\boldsymbol{f}_i = \boldsymbol{f}_i$ $(1 \leqq i \leqq h)$を得る．$i > n$なら$\mathscr{M}_i$はこの性質をもつベクトル$\boldsymbol{f}_i \neq 0$をもたない．したがって$\boldsymbol{f}$は$\boldsymbol{e}_1, \cdots, \boldsymbol{e}_n$の線型結合である．結論として，単位表現が$\mathsf{M}$に含まれる重複度は，$\mathscr{M}$のベクトル$\boldsymbol{e}$ですべての$\sigma \in G$に対して$\mathsf{M}(\sigma)\boldsymbol{e} = \boldsymbol{e}$となるもののうち線型独立なるものの最大数に等しい．

さて，命題3を証明しよう．表現Lは既約表現の和$\mathsf{L}_1 \dot{+} \cdots \dot{+} \mathsf{L}_k$に同値であり，$\mathsf{L} \times \mathsf{P}^*$は$\mathsf{L}_1 \times \mathsf{P}^* \dot{+} \cdots \dot{+} \mathsf{L}_k \times \mathsf{P}^*$に同値である．したがって命題3を証明するためには，L自身が既約の場合に証明すればよい．

$\mathsf{L} \times \mathsf{P}^*$の表現空間として，$\mathsf{P}$の表現空間$\mathscr{P}$から$\mathsf{L}$の表現空間$\mathscr{L}$への線型写像$A$ぜんぶの空間を取ることができる（§3, 327ページを見よ）．すると表現$\mathsf{L} \times \mathsf{P}^*$は各$\sigma \in G$に写像$A \to A^\sigma = (\mathsf{L}(\sigma))A(\mathsf{P}(\sigma))^{-1}$を対応させる．もしすべての$\sigma$に対して$A^\sigma = A$なら$\mathsf{L}(\sigma)A = A\mathsf{P}(\sigma)$だから，シューアのレンマにより，$A \neq 0$でこうなるのは$\mathsf{L}$と$\mathsf{P}$が同値のときだけである．この場合，命題2により，すべての$\sigma \in G$に対して$A^\sigma = A$となる元Aは，どれもその

うちのひとつのスカラー倍である．したがって，もしLがPに同値でなければ，単位表現は$L \times P^*$に含まれず，もしLがPに同値なら，単位表現は$L \times P^*$にちょうど一回含まれる．以上で命題3が証明された．

§5　直交関係

$\mathcal{G}$をコンパクト・リー群，Mを$\mathcal{G}$の複素数体上の行列表現とする．これから単位表現EのMでの重複度がどうすれば計算できるかを示す．

$\mathcal{G}$上の不変積分を考え，$\int_{\mathcal{G}} 1 \cdot d\sigma = 1$となるように正規化しておく．$M(\sigma)$の各成分の$\mathcal{G}$上の積分を成分とする行列を$M_0 = \int_{\mathcal{G}} M(\sigma) d\sigma$と書く．

Mをある抽象表現（これもMと書く）の行列形と考える．その表現空間を$\mathcal{M}$とし，行列形Mを導く$\mathcal{M}$の基底を$\{\boldsymbol{e}_1, \cdots, \boldsymbol{e}_d\}$とする．$\mathcal{M}$の任意のベクトル$\boldsymbol{e}$と$\mathcal{G}$の任意の元$\sigma$に対して$M(\sigma)M_0\boldsymbol{e} = M_0\boldsymbol{e}$が成りたつ．実際，$M(\tau)\boldsymbol{e} = \sum_{i=1}^{d} u_i(\tau)\boldsymbol{e}_i$とおくと

$$M_0\boldsymbol{e} = \sum_i \left(\int_{\mathcal{G}} u_i(\tau) d\tau \right) \boldsymbol{e}_i,$$

$$\begin{aligned} M(\sigma)M_0\boldsymbol{e} &= \sum_i \left(\int_{\mathcal{G}} u_i(\tau) d\tau \right) M(\sigma)\boldsymbol{e}_i \\ &= \sum_{ij} \int_{\mathcal{G}} (m_{ji}(\sigma) u_i(\tau) d\tau) \boldsymbol{e}_j \end{aligned}$$

が成りたつ．ただし$M(\sigma) = (m_{ij}(\sigma))$．ところが

$$\sum_{ij} m_{ji}(\sigma)u_i(\tau)\boldsymbol{e}_j = \mathsf{M}(\sigma)\mathsf{M}(\tau)\boldsymbol{e}$$
$$= \mathsf{M}(\sigma\tau)\boldsymbol{e} = \sum_i u_i(\sigma\tau)\boldsymbol{e}_i$$

だから，式

$$\int_{\mathcal{G}} u_i(\sigma\tau)d\tau = \int_{\mathcal{G}} u_i(\tau)d\tau$$

によって主張が示された．

逆に $\boldsymbol{f}$ がすべての $\sigma \in G$ に対して $\mathsf{M}(\sigma)\boldsymbol{f}=\boldsymbol{f}$ をみたすベクトルなら，明きらかに $\mathsf{M}_0\boldsymbol{f}=\boldsymbol{f}$ が成りたつ．したがって，ベクトル $\boldsymbol{f} \in \mathcal{M}$ ですべての $\sigma \in g$ に対して $\mathsf{M}(\sigma)\boldsymbol{f} =\boldsymbol{f}$ となるものの全体は，$\mathsf{M}_0\boldsymbol{e}$ ($\boldsymbol{e} \in \mathcal{M}$) の形のベクトル全体に一致する．言いかえると，**単位表現の M での重複度は行列 M_0 の階数に等しい**．

つぎに L と P を $\mathcal{G}$ の複素数体上のふたつの既約表現とする．ここで

$$\mathsf{M}(\sigma) = \mathsf{L}(\sigma) \times \mathsf{P}^*(\sigma),$$

$$\mathsf{M}_0 = \int_{\mathcal{G}} \mathsf{M}(\sigma)d\sigma$$

と置く．すでに知っているように，もし L が P に同値でなければ，単位表現 E は M に含まれず，もし L が P に同値ならば，単位表現 E は M にちょうど一回含まれる．したがって第一の場合には M_0 はゼロ行列であり，第二の場合には M_0 は階数 1 の行列である．

$\mathsf{M}(\sigma)$ の成分は $\mathsf{L}(\sigma)$ の成分と $\mathsf{P}(\sigma^{-1})$ の成分の積だか

ら，もしLとPが同値でなければ

$$\int_{\mathcal{G}} a(\sigma)b(\sigma^{-1})d\sigma = 0$$

が成りたつ．ただし $a(\sigma)$ と $b(\sigma)$ はそれぞれ $\mathrm{L}(\sigma)$ と $\mathrm{P}(\sigma)$ の任意の成分を表わす．

LとPが同値な場合を調べるにあたり，L=Pと仮定し，さらにLがユニタリ行列による表現だと仮定してよい（すでに知っているように，どんな場合でもLはユニタリ行列による表現に同値である）．

$\mathscr{L}$ をLの表現空間とし，行列表現Lを引きおこす $\mathscr{L}$ の基底を $\{\boldsymbol{e}_1, \cdots, \boldsymbol{e}_d\}$ とする．すでに知っているように，L×L*=Mの表現空間として，$\mathscr{L}$ から自分自身への線型写像ぜんぶの空間 $\mathscr{M}$ を取ってよい．$\mathscr{M}$ の元で $\boldsymbol{e}_j$ を $\boldsymbol{e}_i$ に移し，$j' \neq j$ に対して $\boldsymbol{e}_{j'}$ を0に移すものを Θ_{ij} とする．すると $\mathrm{L}(\sigma) = (a_{ik}(\sigma))$ のとき，

$$\mathrm{M}(\sigma)\Theta_{ij} = \mathrm{L}(\sigma)\Theta_{ij}\mathrm{L}(\sigma^{-1}) = \sum_{kl} a_{ki}(\sigma)a_{jl}(\sigma^{-1})\Theta_{kl}$$

が成りたつ．

Θ_1 を $\mathscr{L}$ から自分自身への恒等写像とする（すなわち $\Theta_1 = \sum_i \Theta_{ii}$）．すでに知っているように，$\mathscr{L}$ から自分自身への写像ですべての $\mathrm{L}(\sigma)$ $(\sigma \in G)$ と交換可能なのは Θ_1 のスカラー倍だけである．したがってすべての $\Theta \in \mathscr{M}$ に対して $\mathrm{M}_0\Theta$ は Θ_1 のスカラー倍である．結論として

$$\int_{\mathcal{G}} a_{ki}(\sigma)a_{jl}(\sigma^{-1})d\sigma = \delta_{kl}c_{ij}$$

が成りたつ．ただし c_{ij} は k, l によらない数である．$\mathcal{G}$ 上の任意の連続関数 f に対して $\int_{\mathcal{G}} f(\sigma)d\sigma = \int_{\mathcal{G}} f(\sigma^{-1})d\sigma$ だから，

$$\int_{\mathcal{G}} a_{jl}(\sigma)a_{ki}(\sigma^{-1})d\sigma = \delta_{kl}c_{ij}$$

が成りたつ．このふたつの式を比較して，簡単に $c_{ij} = \delta_{ij}c$ を得る（c は定数）．c の値はつぎのように決められる：実際すべての σ に対して $\mathsf{M}(\sigma)\Theta_1 = \Theta_1$ だから $\mathsf{M}_0\Theta_1 = \Theta_1$ であり，ただちに $c = d^{-1}$ を得る．

ここでもし L がユニタリ行列による表現なら，$a_{jl}(\sigma^{-1}) = \bar{a}_{lj}(\sigma)$ であることに注意する．

定義 1 **$\mathcal{G}$ をコンパクト・リー群とする．$\mathcal{G}$ のユニタリ行列によるある既約表現の行列成分として現われる関数を $\mathcal{G}$ 上の単純表現関数と言う．単純表現関数たちの任意の線型結合を表現関数と言う．**

これまでの考察でつぎの定理 2 が証明されたことになる：

定理 2 **f と g をコンパクト・リー群 $\mathcal{G}$ 上のふたつの単純表現関数とする．もし f と g が互いに同値でない既約表現の行列成分ならば，$\int_{\mathcal{G}} f(\sigma)g(\sigma^{-1})d\sigma = 0$ が成りたつ．もし f と g が次数 d の同じ既約表現の行列成分ならば，積分 $\int_{\mathcal{G}} f(\sigma)\bar{g}(\sigma)d\sigma$ は，$f = g$ のときは d^{-1} に等しく，$f \neq g$ のときは 0 に等しい．**

§6 指　標

定義1 **Pが群Gの行列表現であるとき，表現Pの指標とは，行列$\mathrm{P}(\sigma)$のトレースをGの元σの関数と考えたもののことである．**

命題1 **ふたつの同値な表現は同じ指標をもつ．σとτがGの互いに共役な元で，χがGの任意の表現の指標なら，$\chi(\sigma)=\chi(\tau)$が成りたつ．**

ふたつの主張とも，式$\mathrm{Sp}\,\alpha\beta\alpha^{-1}=\mathrm{Sp}\,\beta$からただちに出る．ただし$\alpha,\beta$は行列で$\alpha$は逆行列をもつとする．

明らかに，表現のあいだの同値関係によって，すべての表現のあつまりは互いに同値な表現の類に分かれる．

定義2 **群Gの表現類とはGの表現の集合で，そのうちのひとつに同値な表現ぜんぶから成るもののことである．**

命題1により，Gの各表現類にG上のひとつの関数，すなわちその類の任意の表現の指標を対応させることができる．この関数をその類の**指標**と言う．

$\mathscr{K}_1$と$\mathscr{K}_2$を群Gの体K上のふたつの表現類とする．§3で述べたことにより，つぎの諸事実が成りたつ：

1)　表現$\mathrm{P}\in\mathscr{K}_1$のスター表現$\mathrm{P}^*$は，$\mathscr{K}_1$だけで決まるある類$\mathscr{K}_1^*$に属する．

2)　表現$\mathrm{P}_1\in\mathscr{K}_1$と$\mathrm{P}_2\in\mathscr{K}_2$の和$\mathrm{P}_1\dot{+}\mathrm{P}_2$は，$\mathscr{K}_1$と$\mathscr{K}_2$

だけで決まるある類 $\mathcal{K}_1 \dot{+} \mathcal{K}_2$ に属する．さらに $\mathcal{K}_2 \dot{+} \mathcal{K}_1 = \mathcal{K}_1 \dot{+} \mathcal{K}_2$ が成りたつ．

3)　クロネッカー積 $\mathsf{P}_1 \times \mathsf{P}_2$ は，$\mathcal{K}_1$ と $\mathcal{K}_2$ だけで決まるある類 $\mathcal{K}_1 \times \mathcal{K}_2$ に属する．さらに $\mathcal{K}_2 \times \mathcal{K}_1 = \mathcal{K}_1 \times \mathcal{K}_2$ が成りたつ．

さらに，加法とクロネッカー乗法は表現類の領域での算法として結合的であり，クロネッカー乗法は加法に関して分配的である．しかし表現類の全体は環にはならない；実際，引き算は一般に不可能である．

表現類 $\mathcal{K}$ の指標を $\chi_{\mathcal{K}}$ と書く．

命題 2　**$\mathcal{K}_1$ と $\mathcal{K}_2$ をふたつの表現類とすると，**

$$\chi_{\mathcal{K}_1 \dot{+} \mathcal{K}_2} = \chi_{\mathcal{K}_1} + \chi_{\mathcal{K}_2},$$

$$\chi_{\mathcal{K}_1 \times \mathcal{K}_2} = \chi_{\mathcal{K}_1} \chi_{\mathcal{K}_2}$$

が成りたつ．

実際 α と β をふたつの行列とすると，簡単に分かるように $\mathrm{Sp}(\alpha \dot{+} \beta) = \mathrm{Sp}\,\alpha + \mathrm{Sp}\,\beta, \mathrm{Sp}\,\alpha \times \beta = (\mathrm{Sp}\,\alpha)(\mathrm{Sp}\,\beta)$ となる．

もしある表現類が既約（半単純）表現をひとつ含めば，その類の表現はすべて既約（半単純）である．このときその類自身が**既約**（**半単純**）であると言う．

任意の半単純類 $\mathcal{K}$ は $\sum_i x_i \mathcal{K}_i$ の形に表わされる．ただし x_i たちは非負整数，$\mathcal{K}_i$ たちは既約類である．数 x_i は類 $\mathcal{K}_i$ の表現が類 $\mathcal{K}$ の表現に含まれる重複度である．この数は $\mathcal{K}$ と $\mathcal{K}_i$ だけによって決まり，$\mathcal{K}_i$ が $\mathcal{K}$ に含まれる**重複度**と呼ばれる．

命題 3　**$\mathcal{K}_1$ と $\mathcal{K}_2$ がコンパクト・リー群 $\mathcal{G}$ の複素数体上の既約表現類のとき，積分**

$$\int_{\mathcal{G}} \chi_{\mathcal{K}_1}(\sigma)\overline{\chi}_{\mathcal{K}_2}(\sigma)d\sigma$$

は $\mathcal{K}_1 \neq \mathcal{K}_2$ なら 0，$\mathcal{K}_1 = \mathcal{K}_2$ なら 1 である．

実際，P_i $(i=1,2)$ を類 $\mathcal{K}_i$ の表現とすると，$\chi_{\mathcal{K}_i}(\sigma)$ は $\mathsf{P}_i(\sigma)$ の対角成分ぜんぶの和だから，§5 の定理 2（337 ページ）から主張はすぐに出る．

系 1　**コンパクト・リー群の既約表現類 $\mathcal{K}_1$ がある類 $\mathcal{K}$ に含まれる重複度は**

$$\int_{\mathcal{G}} \chi_{\mathcal{K}}(\sigma)\overline{\chi}_{\mathcal{K}_1}(\sigma)d\sigma$$

に等しい．

実際，$\mathcal{K}=\sum_i x_i\mathcal{K}_i$ と書くと，$\chi_{\mathcal{K}}=\sum_i x_i\chi_{\mathcal{K}_i}$ だから，主張は命題 2 からすぐ出る．

系 2　**コンパクト・リー群のふたつの表現類が一致するためには，それらが同じ指標をもつことが必要十分である．**

実際，系 1 により，ふたつの類 $\mathcal{K}$ と $\mathcal{K}'$ が同じ指標をもてば，各既約類が $\mathcal{K}, \mathcal{K}'$ に含まれる重複度は一致する．

§7　表現環

定義 1　**コンパクト・リー群 $\mathcal{G}$ の表現環とは，$\mathcal{G}$ のすべ**

ての表現の行列成分によって複素数体上に生成される環のことである.

言いかえると，表現環の元とは，$\mathcal{G}$上の複素数値関数であって，$\mathcal{G}$の表現の行列成分たちの多項式として表わされるもののことである.

もっと一般的に，$\mathcal{E}$を$\mathcal{G}$の表現の任意の集合とするとき，$\mathcal{E}$に属する表現の行列成分たちの生成する環を$\mathfrak{o}(\mathcal{E})$と書く.

さて，$\mathcal{E}_1$と$\mathcal{E}_2$が表現のふたつの集合のとき，$\mathfrak{o}(\mathcal{E}_1)=\mathfrak{o}(\mathcal{E}_2)$が成りたつための条件を探そう.

つぎの三条件がみたされるとき，集合$\mathcal{E}$は**閉じている**と言う：

1) $\mathsf{P}_1\in\mathcal{E}, \mathsf{P}_2\in\mathcal{E}$なら$\mathsf{P}_1\dot{+}\mathsf{P}_2\in\mathcal{E}, \mathsf{P}_1\times\mathsf{P}_2\in\mathcal{E}$.
2) $\mathcal{E}$に属する表現に含まれる既約表現は$\mathcal{E}$に属する.
3) $\mathcal{E}$に属する表現と同値な表現は$\mathcal{E}$に属する.

$\mathcal{E}_1$を$\mathcal{G}$の表現から成る任意の集合とする．$\mathsf{L}_i\in\mathcal{E}_1$ $(1\leqq i\leqq h)$に対する$\mathsf{L}_1\times\cdots\times\mathsf{L}_h$の形の表現に含まれる既約表現ぜんぶの集合を$\mathcal{F}$とする．もし$\mathsf{P}_1$と$\mathsf{P}_2$が$\mathcal{F}$に属していれば，$\mathsf{P}_1\times\mathsf{P}_2$に含まれるすべての既約表現も$\mathcal{F}$に属する．$\mathsf{P}_j\in\mathcal{F}$ $(1\leqq j\leqq k)$に対する$\mathsf{P}_1\dot{+}\cdots\dot{+}\mathsf{P}_k$の形の表現に同値な表現ぜんぶの集合を$\mathcal{E}$とする．明きらかに$\mathcal{E}$は閉じていて，$\mathcal{E}_1$を含む表現の閉じた集合の最小のものである.

命題1 $\mathcal{E}_1$ を $\mathcal{G}$ の表現の任意の集合とし，$\mathcal{E}_1$ を含む表現の閉じた最小の集合を $\mathcal{E}$ とする．環 $\mathfrak{o}(\mathcal{E}_1)$ は $\mathcal{E}$ に属するすべての既約表現の行列成分の複素係数の線型結合ぜんぶの集合 A と一致する．

証明 P を $\mathcal{E}$ に属する任意の既約表現とすると，$\mathcal{E}_1$ に属する表現 $\mathsf{L}_1, \cdots, \mathsf{L}_h$ で，P が $\mathsf{L}_1\times\cdots\times\mathsf{L}_h$ に含まれるもの，すなわちある正則行列 γ によって

$$\gamma(\mathsf{L}_1\times\cdots\times\mathsf{L}_h)\gamma^{-1}=\mathsf{P}\dot{+}\mathsf{N}$$

と書けるものが存在する．ただし N はある表現である．$\mathsf{L}_1\times\cdots\times\mathsf{L}_h$ の行列成分はどれも表現 $\mathsf{L}_1, \cdots, \mathsf{L}_h$ の行列成分たちの積だから $\mathfrak{o}(\mathcal{E}_1)$ に属する．したがって $\mathsf{P}\dot{+}\mathsf{N}$ の（とくに P の）行列成分たちは $\mathfrak{o}(\mathcal{E}_1)$ に属し，よって $A\subset\mathfrak{o}(\mathcal{E}_1)$ が成りたつ．

つぎに L を $\mathcal{E}$ に属する任意の表現とすると，L の行列成分はすべて A に属する．実際，すでに知っているように $\mathsf{L}=\delta(\mathsf{P}_1\dot{+}\cdots\dot{+}\mathsf{P}_k)\delta^{-1}$ と書ける．ただし δ は正則行列，$\mathsf{P}_1, \cdots, \mathsf{P}_k$ は $\mathcal{E}$ に属する既約表現である．

P と P' が $\mathcal{E}$ に属するふたつの既約表現なら $\mathsf{P}\times\mathsf{P}'\in\mathcal{E}$ である．したがって P の任意の行列成分と P' の任意の行列成分の積は A に属し，A が環であることがただちに導かれる．$A\subset\mathfrak{o}(\mathcal{E}_1)$ であり，集合 $\mathcal{E}_1$ に属する表現の行列成分はすべて A に属する．したがって $A=\mathfrak{o}(\mathcal{E}_1)$ となり，命題1が証明された．

命題2 $\mathcal{E}_1$ と $\mathcal{E}_2$ を $\mathcal{G}$ の表現から成るふたつの集合とす

る．$\mathfrak{o}(\mathcal{E}_1)=\mathfrak{o}(\mathcal{E}_2)$ が成りたつためには，$\mathcal{E}_1$ と $\mathcal{E}_2$ おのおのを含む表現の最小の閉じた集合が一致することが必要十分である．

証明　命題1によって条件は十分である．必要性を証明するために，既約表現Pで，$\mathcal{E}_2$ を含む最小の閉じた集合には属するが，$\mathcal{E}_1$ を含む最小の閉じた集合には属さないものが存在したと仮定する．f をPの0でない任意の行列成分とする．g を，$\mathcal{E}_1$ を含む最小の閉じた集合に属するある既約表現の任意の行列成分とする．直交関係によって

$$\int_{\mathcal{G}} g(\sigma)\overline{f}(\sigma)d\sigma = 0 \tag{1}$$

が成りたつ．この式は任意の $g\in\mathfrak{o}(\mathcal{E}_1)$ に対しても成りたつ．ところが

$$\int_{\mathcal{G}} \overline{f}(\sigma)f(\sigma)d\sigma > 0$$

だから f は $\mathfrak{o}(\mathcal{E}_1)$ に属さず，よって $\mathfrak{o}(\mathcal{E}_1)\neq\mathfrak{o}(\mathcal{E}_2)$ となって命題2が証明された．

定義2　**$\mathcal{G}$ の表現から成る集合 $\mathcal{E}$ が十分多くの表現を含むとは，$\mathcal{E}$ を含む最小の閉じた集合が $\mathcal{G}$ の表現ぜんぶの集合に一致することである．**

命題2により，こうなるのは $\mathfrak{o}(\mathcal{E})$ が全表現環の場合である．さらに命題2の証明から分かるように，もし $\mathcal{E}$ が十分多くの表現を含まなければ，$\mathcal{G}$ の既約表現Pで，すべての $g\in\mathfrak{o}(\mathcal{E})$ およびPのすべての行列成分 f に対して (1)

の成りたつものがある.

命題 3　$\mathcal{G}$ **が忠実な表現** P_0 **をもてば, 集合** $\{\mathsf{P}_0, \overline{\mathsf{P}}_0\}$ **は十分多くの表現を含む** ($\overline{\mathsf{P}}_0$ **は** P_0 **の複素共役表現である).**

これを証明するまえに補題を証明する. P_0 の次数を d_0 とし, $\mathsf{P}_0(\sigma)=(x_{ij}(\sigma))\,(1\leqq i, j\leqq d_0)$ とする.

補題 1　f **を** $\mathcal{G}$ **上の任意の連続関数,** a **を正の数とする.** $2d_0^2$ **個の関数** $x_{ij}(\sigma), \overline{x}_{ij}(\sigma)$ **の生成する環のなかに, 関数** f_1 **ですべての** $\sigma\in\mathcal{G}$ **に対して** $|f(\sigma)-f_1(\sigma)|\leqq a$ **となるものが存在する.**

証明　d_0 次の行列 ζ の (i, j) 成分 $(1\leqq i, j\leqq d_0)$ の実数部分および虚数部分をそれぞれ $y_{i+d_0(j-1)}(\zeta), y_{i+d_0(j-1)+d_0^2}(\zeta)$ と書く.

命題3の表現 P_0 は $\mathcal{G}$ を連続かつ一対一に $GL(d_0, C)$ のある部分群 $\mathcal{G}_1$ の上に移す. $\mathcal{G}$ がコンパクトだから P_0 は同相写像であり, $\mathcal{G}_1$ もコンパクトである. $\mathcal{G}$ の各元 σ に, $R^{2d_0^2}$ の点 $\varphi(\sigma)$ で座標が $y_1(\mathsf{P}_0(\sigma)), \cdots, y_{2d_0^2}(\mathsf{P}_0(\sigma))$ であるものを対応させる. これによって明きらかに $\mathcal{G}$ から $R^{2d_0^2}$ のコンパクト部分集合 K への同相写像 φ が得られる. 関数 $f_2=f\circ\varphi^{-1}$ は K 上定義された連続関数である. 位相空間論の著名な定理[1]により, f_2 は $R^{2d_0^2}$ 全体で定義された連続関数に延長される. こうして延長された関数も f_2 と書く. K はコンパクトだから有界である. K の点の座標ぜ

1)　ティーツェの延長定理. Lefschetz: Algebraic Topology, 34.2 (28 ページ) を見よ.

んぶのひとつの上界を M とする．ヴァイエルシュトラスの近似定理により，つぎのような多項式 $Q(y_1, \cdots, y_{2d_0^2})=Q(y)$ が存在する：$|y_k| \leqq M(1 \leqq k \leqq 2d_0^2)$ なるすべての点 $y=(y_1, \cdots, y_{2d_0^2})$ に対して

$$|f_2(y)-Q(y)| \leqq a$$

が成りたつ．ここで関数 f_1 を式

$$f_1(\sigma) = Q(y_1(\mathsf{P}_0(\sigma)), \cdots, y_{2d_0^2}(\mathsf{P}_0(\sigma)))$$

によって定義すると，すべての $\sigma \in \mathcal{G}$ に対して $|f(\sigma)-f_1(\sigma)| \leqq a$ が成りたつ．ところが

$$y_{i+d_0(j-1)}(\zeta) = \frac{1}{2}(x_{ij}(\zeta)+\bar{x}_{ij}(\zeta)),$$

$$y_{i+d_0(j-1)+d_0^2}(\zeta) = -\frac{1}{2}\sqrt{-1}(x_{ij}(\zeta)-\bar{x}_{ij}(\zeta))$$

だから，f_1 は関数 $x_{ij}(\sigma), \bar{x}_{ij}(\sigma)$ たちの多項式として表わされ，補題 1 が証明された．

さて，命題 3 を証明しよう．かりに $\{\mathsf{P}_0, \overline{\mathsf{P}}_0\}$ が十分多くの表現を含まないと仮定する．定義 2 のあとの注意により，$\mathcal{G}$ 上の連続関数 $f \neq 0$ で，すべての $g \in \mathfrak{o}(\{\mathsf{P}_0, \overline{\mathsf{P}}_0\})$ に対して式 (1) が成りたつものが存在する．f の絶対値の上界のひとつを m とする．$\int_{\mathcal{G}} f(\sigma)\bar{f}(\sigma)d\sigma>0$ だから，ある数 $a>0$ を取ると

$$am < \int_{\mathcal{G}} f(\sigma)\bar{f}(\sigma)d\sigma$$

が成りたつ．補題 1 により，関数 $f_1 \in \mathfrak{o}(\{\mathsf{P}_0, \overline{\mathsf{P}}_0\})$ ですべ

ての$\sigma\in\mathcal{G}$に対して$|f(\sigma)-f_1(\sigma)|\leqq a$なるものがある．すると

$$\left|\int_{\mathcal{G}} f(\sigma)\overline{f}(\sigma)d\sigma\right| = \left|\int_{\mathcal{G}} (f(\sigma)-f_1(\sigma))\overline{f}(\sigma)d\sigma\right| \leqq am$$

となって矛盾であり，命題3が証明された．

注意　補題1により，もしコンパクト・リー群$\mathcal{G}$が忠実な表現を少なくともひとつもてば，$\mathcal{G}$上の任意の連続関数は$\mathcal{G}$の表現環に属する関数によって，望むだけ精密に近似できる．あとでわれわれはこの結果が，表現の存在についてのいかなる仮定とも無関係に成りたつことを証明する．このことから忠実な表現の存在が導かれる．

つぎに$\mathcal{H}$をコンパクト・リー群$\mathcal{G}$の閉部分群とする．Pが$\mathcal{G}$の表現ならば，写像$\sigma\to\mathrm{P}(\sigma)$を$\mathcal{H}$に制限したものは$\mathcal{H}$の表現である．これをPの$\mathcal{H}$への**制限**と言う．

命題4　コンパクト・リー群$\mathcal{G}$が忠実な表現を少なくともひとつもつと仮定し，$\mathcal{H}$を$\mathcal{G}$の閉部分群とする．このとき$\mathcal{H}$の任意の既約表現は$\mathcal{G}$のある表現の$\mathcal{H}$への制限に含まれる．

証明　P_0を$\mathcal{G}$の忠実な表現とし，P_0の$\mathcal{H}$への制限をL_0とする．L_0は$\mathcal{H}$の忠実な表現だから，集合$\{\mathrm{L}_0, \overline{\mathrm{L}}_0\}$は$\mathcal{H}$の十分多くの表現を含む．したがって$\mathcal{H}$の任意の既約表現は$\mathrm{L}_0\times\cdots\times\mathrm{L}_0\times\overline{\mathrm{L}}_0\times\cdots\times\overline{\mathrm{L}}_0$の形のある表現に含まれる．ところがこのような任意の表現は，明らかに$\mathcal{G}$のある

表現の $\mathscr{H}$ への制限である.

命題5 **$\mathscr{G}$ はコンパクト・リー群で少なくともひとつの忠実な表現をもつものとし, $\mathscr{H}$ を $\mathscr{G}$ の閉部分群とする. もし $\mathscr{H}\neq\mathscr{G}$ ならば, $\mathscr{G}$ の単位表現でない既約表現で, その $\mathscr{H}$ への制限が $\mathscr{H}$ の単位表現を含むものが少なくともひとつ存在する.**

証明 $\mathscr{G}$ の互いに同値な表現の各類 $\mathscr{K}$ からひとつの表現 $\mathsf{P}_{\mathscr{K}}$ を選ぶ. $\mathsf{P}_{\mathscr{K}}$ の行列成分を $f(i,j;\mathsf{P}_{\mathscr{K}})$ と書くと, $\mathscr{G}$ の表現環 $\mathfrak{o}$ の各関数 f は

$$f=\sum_{i,j,\mathscr{K}} a(i,j;\mathsf{P}_{\mathscr{K}})f(i,j;\mathsf{P}_{\mathscr{K}})$$

という形に書ける. ただし $\mathscr{K}$ は既約表現のすべての類にわたり, $a(i,j;\mathsf{P}_{\mathscr{K}})$ は定数で, 有限個を除いてゼロである. 直交関係によって

$$\int_{\mathscr{G}} f(\sigma)d\sigma=a(1,1;\mathsf{E}) \tag{2}$$

が得られる. ただし E は単位表現である.

ここでかりに $\mathscr{G}$ のどの表現 $\mathsf{P}_{\mathscr{K}}\neq\mathsf{E}$ の $\mathscr{H}$ への制限も, $\mathscr{H}$ の単位表現を含まなかったと仮定する. すると, 各 $f(i,j;\mathsf{P}_{\mathscr{K}})$ の $\mathscr{H}$ への制限は $\mathscr{H}$ の既約表現たちの行列成分の線型結合だから, もし $\mathsf{P}_{\mathscr{K}}\neq\mathsf{E}$ なら, この表示は単位表現ではない $\mathscr{H}$ の既約表現たちの行列成分だけを含むことになる.

式 (2) を示すのに使ったのと同じ論法により,

$$I(f;\mathcal{H}) = a(1,1;\mathsf{E}) = \int_{\mathcal{G}} f(\sigma)d\sigma$$

が得られる．ただし$I(*;\mathcal{H})$はコンパクト群$\mathcal{H}$上の不変積分で，いつものように$I(1;\mathcal{H})=1$となるように正規化してある．

等式$I(f;\mathcal{H})=\int_{\mathcal{G}} f(\sigma)d\sigma$は表現環$\mathfrak{o}$のすべての関数$f$に対して成りたつ．$\mathcal{G}$上の任意の連続関数は$\mathfrak{o}$の関数によっていくらでも精密に近似されるから，上の等式は$\mathcal{G}$上のすべての連続関数に対して成りたつ．

$\mathcal{H}\neq\mathcal{G}$だから，つぎの二条件をみたす$\mathcal{G}$上の連続関数$f$が存在する[1)]：

1)　fは$\mathcal{H}$上ゼロである．

2)　fは$\mathcal{G}$上恒等的にゼロではない．

すると$I(f\bar{f};\mathcal{H})=0, \int_{\mathcal{G}} f(\sigma)\bar{f}(\sigma)d\sigma\neq0$となって矛盾するから命題5が証明された．

さて，$\mathcal{G}$が忠実な表現をもつという仮定を捨てて，任意のコンパクト・リー群$\mathcal{G}$の研究に戻ろう．$\mathcal{G}$のすべての表現で単位行列に移される$\mathcal{G}$の元ぜんぶの集合を$\mathcal{N}$とする．明らかに$\mathcal{N}$は$\mathcal{G}$の閉正規部分群である．群$\mathcal{G}/\mathcal{N}$を$\mathcal{G}_1$と書く．$\mathcal{G}$のすべての表現は$\mathcal{N}$を単位行列に移すから，$\mathcal{G}_1$の表現を定める．逆に$\mathcal{G}_1$のすべての表現は$\mathcal{G}$の表

---

1)　σを$\mathcal{H}$に属さない$\mathcal{G}$の元とする．$\mathcal{H}\cup\{\sigma\}$上の関数を$\mathcal{H}$上0，$\sigma$では1と定めると，これは$\mathcal{G}$上の連続関数に延長される（前掲の脚注（344ページ）の本の注意1, 190ページを見よ）．

現に対応する．したがって$\mathcal{G}$と$\mathcal{G}_1$の表現環は同型である．

さらに中立元でない$\mathcal{G}_1$の任意の元σに対し，$\mathcal{G}_1$の表現Pで$\mathsf{P}(\sigma)$が単位行列でないものが存在する．この事実により，$\mathcal{G}_1$は忠実な表現をもつ．

$\mathcal{G}_1$はリー群だから，$\mathcal{G}_1$の中立元ε_1の開近傍V_1で，$\mathcal{G}_1$の部分群をひとつも含まないものが存在する[1)]．$\mathcal{G}_1$でのV_1の補集合をFと書く．$\mathcal{G}_1$の任意の表現Pに対し，表現Pの核を$\mathcal{N}(\mathsf{P})$と書く．明らかに$\mathcal{N}(\mathsf{P})$は$\mathcal{G}_1$の閉部分群であり，すべての表現Pに対する群$\mathcal{N}(\mathsf{P})$ぜんぶの共通部分は集合$\{\varepsilon_1\}$である．よって

$$\bigcap_{\mathsf{P}}(\mathcal{N}(\mathsf{P})\cap F)=\varnothing$$

を得る．Fはコンパクトだから，$\mathcal{G}_1$の表現の有限集合$\{\mathsf{P}_1,\cdots,\mathsf{P}_k\}$が存在して

$$\bigcap_{i=1}^{k}(\mathcal{N}(\mathsf{P}_i)\cap F)=\varnothing$$

となる．したがって$\bigcap_{i=1}^{k}\mathcal{N}(\mathsf{P}_i)\subset V_1$が成りたつ．この包含式の左辺は群だから，それは$\{\varepsilon_1\}$でなければならない．これからすぐ分かるように，$\mathsf{P}_1\dot{+}\cdots\dot{+}\mathsf{P}_k$は$\mathcal{G}_1$の忠実な表現である．

このことから簡単につぎの命題6が得られる．

命題 6　任意のコンパクト・リー群$\mathcal{G}$に対し，$\mathcal{G}$の表現

---

1)　これは第4章§13の補題1（237ページ）からすぐ出る．

Pでつぎの性質をもつものが存在する：Pの核のすべての元は$\mathcal{G}$の他のすべての表現によっても単位行列に移される．表現Pと$\overline{\mathrm{P}}$の行列成分たちは$\mathcal{G}$の表現環の生成系をなす．

この最後の言明は，命題3を群$\mathcal{G}_1=\mathcal{G}/\mathcal{N}$（$\mathcal{N}$はPの核）に適用することによって得られる．

§8　表現環の代数構造

$\mathcal{G}$をコンパクト・リー群とし，$\mathcal{G}$の表現環を$\mathfrak{o}$とする．

Pが$\mathcal{G}$の任意の表現であるとき，Pの次数を$d(\mathrm{P})$とし，Pの行列の(i,j)成分$(1\leqq i,j\leqq d(\mathrm{P}))$を$f(i,j;\mathrm{P})$とする．したがって$\mathfrak{o}$は$f(i,j;\mathrm{P})$の形の関数ぜんぶから生成される環である．すでに知ったように，$\mathcal{G}$の表現の有限集合で十分多くの表現を含むものが存在する．$\{\mathrm{P}_1,\cdots,\mathrm{P}_h\}$をそのような集合とすると，関数$f(i,j;\mathrm{P}_k)$ $(1\leqq i,j\leqq d(\mathrm{P}_k), 1\leqq k\leqq h)$たちは$\mathfrak{o}$の生成集合をなす．以下，これらの生成元たちのあいだの代数的な関係を探す．

ここで新しい独立な変数$u(i,j;\mathrm{P})$ $(1\leqq i,j\leqq d(\mathrm{P}))$を導入すると都合がよい．ただしPは$\mathcal{G}$の全表現を走る．$\mathfrak{u}$を変数$u(i,j;\mathrm{P})$の$C$に係数をもつ多項式ぜんぶの作る環とする（変数は無限にたくさんあるが，各多項式はそのうちの有限個しか含まない）．すると各$u(i,j;\mathrm{P})$を対応する$f(i,j;\mathrm{P})$に移す写像として，$\mathfrak{u}$から$\mathfrak{o}$の上への準同型写像が定まる．この準同型写像の核を $\mathfrak{a}$ とし，このイデアルのひとつの生成集合を明示することによって $\mathfrak{a}$ を決定する．

各表現 P に対して $d(\mathsf{P})$ 次の行列 $U(\mathsf{P})$ を，成分が $u(i,j;\mathsf{P})$ であるものとして定める．$\mathfrak{a}$ に属する多項式のなかには，つぎのような特別なものがある：

1) 任意の表現 $\mathsf{P}_1, \mathsf{P}_2$ に対する行列

$$U(\mathsf{P}_1 \dot{+} \mathsf{P}_2) - (U(\mathsf{P}_1) \dot{+} U(\mathsf{P}_2)),$$
$$U(\mathsf{P}_1 \times \mathsf{P}_2) - U(\mathsf{P}_1) \times U(\mathsf{P}_2)$$

の行列成分たち．

2) γ が $d(\mathsf{P})$ 次の正則行列であるときの $U(\gamma\mathsf{P}\gamma^{-1}) - \gamma U(\mathsf{P})\gamma^{-1}$ の行列成分たち．

3) E が $\mathcal{G}$ の単位表現のときの多項式 $u(1,1;\mathsf{E})-1$.

命題 1　上記 1), 2), 3) の多項式たちはイデアル $\mathfrak{a}$ の生成集合をなす．

証明　1), 2), 3) の多項式ぜんぶを含む最小のイデアルを $\mathfrak{a}_1$ とし，$\mathfrak{a}_1 = \mathfrak{a}$ を証明する．

同値な既約表現の各類からひとつずつ表現を選び，こうして得られた表現の集合を $\{\mathsf{P}_\alpha\}_{\alpha\in A}$ とする（A はある添字集合）．このとき，$\mathfrak{u}$ の任意の多項式は $\mathfrak{a}_1$ を法として，変数 $u(i,j;\mathsf{P}_\alpha)\,(1 \leqq i,j \leqq d(\mathsf{P}_\alpha)\,;\,\alpha\in A)$ たちのある有限線型結合に合同である．実際，これを示すには定数 1，各変数 $u(i,j;\mathsf{P})$ およびこれらの変数の任意のふたつの積に対して証明すればよい．まず $1 \equiv u(1,1;\mathsf{E}) \pmod{\mathfrak{a}_1}$ であり，

Eは確かに表現P_αのひとつである．つぎに任意の表現Pに対し，$\mathrm{P}=\gamma(\mathrm{P}_{\alpha_1}\dot{+}\cdots\dot{+}\mathrm{P}_{\alpha_h})\gamma^{-1}$ $(\alpha_1,\cdots,\alpha_h\in A)$となる行列$\gamma$が存在するから，$U(\mathrm{P})$の行列成分は$\mathfrak{a}_1$を法として，$\gamma(U(\mathrm{P}_{\alpha_1})\dot{+}\cdots\dot{+}U(\mathrm{P}_{\alpha_h}))\gamma^{-1}$の対応する成分に合同である．ところがこれらは変数$u(i,j;\mathrm{P}_\alpha)$の線型結合である．最後に$u(i,j;\mathrm{P})u(i',j';\mathrm{P}')$は$U(\mathrm{P})\times U(\mathrm{P}')$の行列成分だから，$\mathfrak{a}_1$を法として$U(\mathrm{P}\times\mathrm{P}')$のある成分に合同である；すなわち変数$u(i,j;\mathrm{P}_\alpha)$たちの線型結合に合同である．こうして主張が証明された．

Pをイデアル$\mathfrak{a}$の任意の多項式とすると，

$$P\equiv\sum a(i,j;\alpha)u(i,j;\mathrm{P}_\alpha)\quad(\mathrm{mod}\,\mathfrak{a}_1)$$

と書ける．ただし$a(i,j;\alpha)$たちは定数である．したがって$\sum a(i,j;\alpha)u(i,j;\mathrm{P}_\alpha)\in\mathfrak{a}$であり，$\sum a(i,j;\alpha)f(i,j;\mathrm{P}_\alpha)=0$が成りたつ．これに$\overline{f}(k,l;\mathrm{P}_\alpha)$を掛けて群上積分することにより，（直交関係を使って）すべての組$(k,l;\alpha)$に対して$a(k,l;\alpha)=0$を得る．以上で命題1が証明された．

表現環$\mathfrak{o}$のどんな生成系$\{z_1,\cdots,z_m\}$でも，一旦それを知ればつぎのようにしてこれらの生成元たちのあいだの代数的関係を得ることができる：すなわち各$f(i,j;\mathrm{P})$を量zたちの多項式で表わし，それを命題1のまえの1)，2)，3)から帰結する関数fたちのあいだの関係に置きかえればよい．

さて，表現環$\mathfrak{o}$から複素数体への準同型写像$\overline{\omega}$たちを調べる．もし $z_1, \cdots, z_m$ が $\mathfrak{o}$ の生成系なら，準同型写像 $\overline{\omega}$ は数 $\overline{\omega}(z_1)=a_1, \cdots, \overline{\omega}(z_m)=a_m$ たちが決まれば決まってしまう．もちろんこれらの数は勝手にはとれない．$\mathfrak{o}$ のなかで $z_1, \cdots, z_m$ に関係 $P(z_1, \cdots, z_m)=0$ があるかぎり $P(a_1, \cdots, a_m)=0$ でなければならない．したがって $\mathfrak{o}$ から C への準同型写像のぜんぶは，方程式 $P=0$ たちの定義する代数多様体の点のぜんぶと同一視される．

定義 1　コンパクト・リー群 $\mathcal{G}$ の表現環を $\mathfrak{o}$ とする．$\mathfrak{o}$ から複素数体 C への準同型写像ぜんぶの集合を $\mathcal{G}$ に同伴する（associated）**代数多様体と言い，$\mathcal{M}(\mathcal{G})$ と書く．**

ひとつの生成系 $\{z_1, \cdots, z_m\}$ が与えられたとき，点 $(\overline{\omega}(z_1), \cdots, \overline{\omega}(z_m))$ $(\overline{\omega} \in \mathcal{M}(\mathcal{G}))$ ぜんぶの集合を，生成元 $z_1, \cdots, z_m$ たちに対応する $\mathcal{M}(\mathcal{G})$ の**モデル**と言う．

定義 2　コンパクト・リー群 $\mathcal{G}$ の表現ぜんぶの集合を $\mathcal{R}$ とする．$\mathcal{R}$ の表現とは，各 $\mathrm{P} \in \mathcal{R}$ に P の次数 $d(\mathrm{P})$ と同じ次数の正則行列 $\zeta(\mathrm{P})$ を対応させる写像 ζ であって，$\mathcal{G}$ の任意の表現 $\mathrm{P}_1, \mathrm{P}_2, \mathrm{P}$ および $d(\mathrm{P})$ 次の任意の正則行列 γ に対してつぎの等式

$$
\begin{aligned}
\zeta(\mathrm{P}_1 \dot{+} \mathrm{P}_2) &= \zeta(\mathrm{P}_1) \dot{+} \zeta(\mathrm{P}_2),\\
\zeta(\mathrm{P}_1 \times \mathrm{P}_2) &= \zeta(\mathrm{P}_1) \times \zeta(\mathrm{P}_2),\\
\zeta(\gamma \mathrm{P} \gamma^{-1}) &= \gamma \zeta(\mathrm{P}) \gamma^{-1}
\end{aligned}
\tag{1}
$$

が成りたつもののことである．

$\overline{\omega}$ を表現環 $\mathfrak{o}$ から C への任意の準同型写像とする．各

表現Pに，数 $\overline{\omega}(f(i,j;\mathrm{P}))\,(1\leqq i,j\leqq d(\mathrm{P}))$ を成分とする行列 $\zeta_{\overline{\omega}}(\mathrm{P})$ を対応させると，$\mathcal{R}$ の各元にある行列を対応させる写像が定まる．

命題2　$\overline{\omega}\in\mathcal{M}(\mathcal{G})$ **なら写像** $\zeta_{\overline{\omega}}$ **は** $\mathcal{R}$ **の表現であり，写像** $\overline{\omega}\to\zeta_{\overline{\omega}}$ **は** $\mathcal{M}(\mathcal{G})$ **から表現ぜんぶの集合の上への一対一写像である．**

証明　$\zeta_{\overline{\omega}}$ は明きらかに条件 (1) をみたす．したがって，$\zeta_{\overline{\omega}}$ が $\mathcal{R}$ の表現であることを示すには，$\zeta_{\overline{\omega}}(\mathrm{P})$ が正則行列であることを証明すればよい．すべての $\sigma\in\mathcal{G}$ に対して $\mathrm{P}^*(\sigma)\cdot{}^t\mathrm{P}(\sigma)=1$（単位行列）だから，

$$\sum_j f(i,j;\mathrm{P}^*)f(k,j;\mathrm{P})=\delta_{ik}\quad(1\leqq i,k\leqq d(\mathrm{P}))$$

が成りたつ．$\overline{\omega}$ は準同型写像だから，

$$\sum_j \overline{\omega}(f(i,j;\mathrm{P}^*))\overline{\omega}(f(k,j;\mathrm{P}))=\delta_{ik}$$

となり，$\zeta_{\overline{\omega}}(\mathrm{P}^*)\cdot{}^t\zeta_{\overline{\omega}}(\mathrm{P})=1$ が成りたつから $\zeta_{\overline{\omega}}(\mathrm{P})$ は正則であり，

$$\zeta_{\overline{\omega}}(\mathrm{P}^*)=(\zeta_{\overline{\omega}}(\mathrm{P}))^*\tag{2}$$

が成りたつ．

もし $\overline{\omega}_1,\overline{\omega}_2$ が $\mathcal{M}(\mathcal{G})$ の異なる元ならば，表現関数 $f(i,j;\mathrm{P})$ で $\overline{\omega}_1(f(i,j;\mathrm{P}))\neq\overline{\omega}_2(f(i,j;\mathrm{P}))$ なるものがある．よって $\zeta_{\overline{\omega}_1}(\mathrm{P})\neq\zeta_{\overline{\omega}_2}(\mathrm{P})$．

最後に ζ を $\mathcal{R}$ の任意の表現とする．各変数 $u(i,j;\mathrm{P})$ に，$\zeta(\mathrm{P})$ の第 i 行，第 j 列にある数 $\tilde{\overline{\omega}}(u(i,j;\mathrm{P}))$ を対応

させる．変数$u(i,j;\mathsf{P})$たちは代数的に独立だから，$\tilde{\tilde{\omega}}$は変数uたちの多項式環からの準同型写像に延長される（これも$\tilde{\tilde{\omega}}$と書く）．ζは$\mathcal{R}$の表現だから，命題1のまえの1),2）に入る多項式は明きらかに0に移される．さらにEを単位表現とすると$\zeta(\mathsf{E})$は0でなく，等式$\mathsf{E}\times\mathsf{E}=\mathsf{E}$によってその2乗は自分自身に等しい．したがって$\zeta(\mathsf{E})=1$であり，$\tilde{\tilde{\omega}}(u(1,1;\mathsf{E})-1)=0$が成りたつ．

命題1により，イデアル$\mathfrak{a}$内の多項式はどれも準同型写像$\tilde{\tilde{\omega}}$によって0に移される．ところが$\mathfrak{o}$は多項式環の$\mathfrak{a}$を法とする剰余環と同一視されるから，$\tilde{\tilde{\omega}}$は自然なやりかたで$\mathfrak{o}$からCへの準同型写像$\overline{\omega}$を定める．明きらかに$\zeta=\zeta_{\overline{\omega}}$であり，命題2が証明された．

注意　ついでにわれわれはつぎのことを証明したことになる：もしζが$\mathcal{R}$の表現ならば，$\mathcal{G}$の任意の表現Pに対して

$$\zeta(\mathsf{P}^*) = (\zeta(\mathsf{P}))^*.$$

つぎにζ_1, ζ_2を$\mathcal{R}$のふたつの表現とする．すぐ分かるように写像$\mathsf{P}\to\zeta_1(\mathsf{P})\zeta_2^{-1}(\mathsf{P})$も$\mathcal{R}$の表現である．これからすぐ導かれるように，$\mathcal{R}$の表現の全体は群をつくる．

定義3　命題2によって$\mathcal{M}(\mathcal{G})$の元と$\mathcal{R}$の表現とのあいだに確立された対応により，$\mathcal{M}(\mathcal{G})$には群の構造が定義される．こうしてできた群$\mathcal{M}(\mathcal{G})$を$\mathcal{G}$に同伴する代数群と言う．

さて，$\mathcal{M}(\mathcal{G})$に位相を導入する．$\mathfrak{o}$の各生成集合$\{z_1, \cdots,$

$z_m\}$ に $\mathcal{M}(\mathcal{G})$ のモデル M_z が対応し，$\mathcal{M}(\mathcal{G})$ の元ぜんぶとこのモデルの点のぜんぶとは一対一に対応する．$M_z \subset C^m$ だから M_z には自然な位相（C^m の位相から引きおこされるもの）が存在する．M_z と $\mathcal{M}(\mathcal{G})$ との一対一対応によって $\mathcal{M}(\mathcal{G})$ の位相が定義される．この位相がモデル M_z の選びかたによらないことを示そう．

実際，生成集合 $\{z'_1, \cdots, z'_{m'}\}$ の定める他のモデルを $M_{z'}$ とする．各 z_i は $z'_1, \cdots, z'_{m'}$ の多項式として表わされ，各 $z'_{i'}$ は $z_1, \cdots, z_m$ の多項式として表わされる．これからすぐ分かるように，$\mathcal{M}(\mathcal{G})$ の同じ元に対応する M_z の点と $M_{z'}$ の点との対応は同相対応であり，主張が証明された．

つぎに $\{\mathsf{P}_1, \cdots, \mathsf{P}_h\}$ を $\mathcal{G}$ の表現を十分多く含む系とする．$\mathsf{P}_0 = \mathsf{P}_1 \dot{+} \cdots \dot{+} \mathsf{P}_h \dot{+} \overline{\mathsf{P}}_1 \dot{+} \cdots \dot{+} \overline{\mathsf{P}}_h$ とおき，P_0 の次数を d_0 とする．すでに知っているように，d_0^2 個の関数 $f(i, j; \mathsf{P}_0)\,(1 \leqq i, j \leqq d)$ たちは $\mathfrak{o}$ の生成集合である．各 $\overline{\omega} \in \mathcal{M}(\mathcal{G})$ に行列 $\zeta_{\overline{\omega}}(\mathsf{P}_0)$ を対応させ，これも $\overline{\omega}(\mathsf{P}_0)$ と書く．こうして明らかに群 $\mathcal{M}(\mathcal{G})$ の d_0 次行列による表現が得られる．関数 $f(i, j; \mathsf{P}_0)$ たちから $\mathcal{M}(\mathcal{G})$ のモデルが得られるから，この表現は忠実であり，同相写像である．これからただちに分かるように，$\mathcal{M}(\mathcal{G})$ の位相構造と群構造を合わせることによって $\mathcal{M}(\mathcal{G})$ は位相群になる．

もっと一般に，P が $\mathcal{G}$ の任意の表現のとき，写像 $\overline{\omega} \to \zeta_{\overline{\omega}}(\mathsf{P})$ は $\mathcal{M}(\mathcal{G})$ の表現である．この表現を $\tilde{\mathsf{P}}$ と書く．

命題 3　**P を $\mathcal{G}$ の表現で，その行列成分たちが $\mathcal{G}$ の表現**

環の生成系をなすものとする．このとき $\tilde{\mathsf{P}}$ は $\mathcal{M}(\mathcal{G})$ を，つぎの性質をもつ行列 (x_{ij}) ぜんぶの集合の上に移す：P が多項式で恒等的に $P(\cdots(f(i,j;\mathsf{P}))\cdots)=0$ ならば $P(\cdots x_{ij}\cdots)=0$ である．

証明　$\overline{\omega}\in\mathcal{M}(\mathcal{G})$ なら，$\tilde{\mathsf{P}}(\overline{\omega})=\overline{\omega}(\mathsf{P})$ の行列成分は数 $\overline{\omega}(f(i,j;\mathsf{P}))$ たちである．$\overline{\omega}$ は準同型写像だから，等式 $P(\cdots f(i,j;\mathsf{P})\cdots)=0$ は等式 $P(\cdots\overline{\omega}(f(i,j;\mathsf{P}))\cdots)=0$ を導く．

逆に行列 (x_{ij}) がわれわれの条件をみたすと仮定する．元 $f(i,j;\mathsf{P})$ たちは表現環 $\mathfrak{o}$ の生成系をなすから，条件によって $\mathfrak{o}$ から C への準同型写像で $\overline{\omega}(f(i,j;\mathsf{P}))=x_{ij}$ $(1\leqq i,j\leqq d(\mathsf{P}))$ となるものが存在する．したがって行列 (x_{ij}) は $\overline{\omega}(\mathsf{P})$ に一致し，命題3が証明された．

注意　つぎのことも証明できる：$\mathcal{G}$ の表現がなんであっても，$\tilde{\mathsf{P}}$ が $\mathcal{M}(\mathcal{G})$ を移す先は，命題3に述べられた条件をみたす正則行列ぜんぶの集合である．この証明は少し難かしいので省略する．

系　**$\mathcal{G}$ に同伴する代数群はリー群である．**

実際この群は $GL(d,C)$ の部分群で，行列成分のあいだの代数的な関係によって定義されるものに（位相群として）同型であり，したがって $GL(d,C)$ の閉部分群である．これと同時に，なぜわれわれがこの群を $\mathcal{G}$ に同伴する代数群と呼んだのかが明きらかになった．

§9　同伴群の位相構造

$\mathcal{G}$をコンパクト・リー群，$\mathcal{M}(\mathcal{G})$をその同伴代数群とする．fが$\mathcal{G}$の表現環$\mathfrak{o}$に属する任意の関数のとき，その複素共役関数$\overline{f}$も$\mathfrak{o}$に属する．写像$f\to\overline{f}$は$\mathfrak{o}$の自己同型写像であり，各複素定数をその共役複素数に移す．さて，$\overline{\omega}$を$\mathfrak{o}$からCへの任意の準同型写像とする．ごく簡単に分かるように，写像$f\to\overline{\overline{\omega}(\overline{f})}$も$\mathfrak{o}$から$C$への準同型写像である．この新しい準同型写像を$\overline{\omega}^{\iota}$と書く．

Pを$\mathcal{G}$の任意の表現とすると，

$$\tilde{\mathsf{P}}(\overline{\omega}^{\iota})=\overline{\omega}^{\iota}(\mathsf{P})=\overline{\overline{\omega}(\overline{\mathsf{P}})} \tag{1}$$

が成りたつ．ただし$\overline{\mathsf{P}}$はPの複素共役表現である．したがって$(\overline{\omega}_1\overline{\omega}_2)^{\iota}=\overline{\omega}_1^{\iota}\overline{\omega}_2^{\iota}$となる．$(\overline{\omega}^{\iota})^{\iota}=\overline{\omega}$だから，作用$\iota$は群$\mathcal{M}(\mathcal{G})$の位数2の自己同型写像である．この自己同型写像はもちろん$\mathcal{M}(\mathcal{G})$から自分自身への同相写像である．

したがって$\overline{\omega}=\overline{\omega}^{\iota}$であるような元$\overline{\omega}$ぜんぶの集合$\mathcal{G}_1$は$\mathcal{M}(\mathcal{G})$の閉部分群である．

つぎにσを$\mathcal{G}$の任意の元とする．写像$f\to f(\sigma)\,(f\in\mathfrak{o})$は明きらかに$\mathfrak{o}$から$C$への準同型写像$\overline{\omega}_{\sigma}$である．$\mathcal{G}$の任意の表現Pに対して$\tilde{\mathsf{P}}(\overline{\omega}_{\sigma})=\overline{\omega}_{\sigma}(\mathsf{P})=\mathsf{P}(\sigma)$が成りたつ．したがって写像$\sigma\to\overline{\omega}_{\sigma}$は$\mathcal{G}$から$\mathcal{M}(\mathcal{G})$への連続な準同型写像である．この準同型写像は$\mathcal{G}$を$\mathcal{M}(\mathcal{G})$のあるコンパ

クト部分群 $\mathcal{G}_2$ の上に移す．$\overline{f}(\sigma)=\overline{f(\sigma)}$ だから $\overline{\omega}'_\sigma=\overline{\omega}_\sigma$ となり，$\mathcal{G}_2\subset\mathcal{G}_1$ が成りたつ．以下，$\mathcal{G}_1=\mathcal{G}_2$ を示す．

命題 1　**$\overline{\omega}$ を $\mathcal{M}(\mathcal{G})$ の元で $\overline{\omega}=\overline{\omega}^\iota$ なるものとする．ただし ι は式 (1) で定義された自己同型写像である．このとき $\mathcal{G}$ の元 σ で，すべての $f\in\mathfrak{o}$ に対して $\overline{\omega}(f)=f(\sigma)$ となるものが存在する．**

まずつぎの補題を証明する．

補題 1　**群 $\mathcal{G}_1$ はコンパクトである．**

証明　P_0 を $\mathcal{G}$ のユニタリ表現で，その行列成分たちが $\mathfrak{o}$ の生成系をなすものとする．任意の $\overline{\omega}\in\mathcal{M}(\mathcal{G})$ に対して

$$\overline{\overline{\omega}^\iota(\mathsf{P}_0)}=\overline{\omega}(\overline{\mathsf{P}}_0)=\overline{\omega}(\mathsf{P}_0^*)=(\overline{\omega}(\mathsf{P}_0))^*$$

が成りたつ（§8 の命題 2 のあとの注意（355 ページ）を見よ）．したがって $\overline{\omega}=\overline{\omega}^\iota$ となり，行列 $\overline{\omega}(\mathsf{P}_0)=\tilde{\mathsf{P}}_0(\overline{\omega})$ はユニタリである．一方 $\tilde{\mathsf{P}}_0$ は $\mathcal{M}(\mathcal{G})$ の忠実な表現だから，$\mathcal{G}_1$ を $GL(d(\mathsf{P}_0),C)$ のある閉部分群の上に同相に移す．この群は $U(d(\mathsf{P}_0))$ に含まれるからコンパクトであり，補題 1 が証明された．

さて $\mathcal{G}_1$ と $\mathcal{G}_2$ はともにコンパクト・リー群だから，$\mathcal{G}_1=\mathcal{G}_2$ を示すためには §7 の命題 5 の判定法（347 ページ）を使えばよい．L を $\mathcal{G}_1$ の任意の表現とする．L の $\mathcal{G}_2$ への制限 P は $\mathcal{G}_2$ の表現である．P が $\mathcal{G}_2$ の単位表現を含むと仮定して，L が $\mathcal{G}_1$ の単位表現を含むことを証明する．仮定により，正則行列 γ ですべての $\sigma\in\mathcal{G}$ に対して

$$\gamma\mathsf{L}(\overline{\omega}_\sigma)\gamma^{-1} = \begin{pmatrix} 1 & 0\cdots 0 \\ 0 & \\ \vdots & \mathsf{M}(\sigma) \\ 0 & \end{pmatrix}$$

となるものが存在する．$\mathcal{G}_1$ の表現 $\gamma\mathsf{L}\gamma^{-1}$ の行列成分を $f_{kl}(\overline{\omega})\,(1\leqq k, l\leqq d(\mathsf{L}))$ とする．補題1の証明で導入した表現 P_0 を使って，$\mathcal{M}(\mathcal{G})$ の表現 $\tilde{\mathsf{P}}_0$ の行列成分を $x_{ij}(\overline{\omega})$ とする．$\tilde{\mathsf{P}}_0$ の $\mathcal{G}_1$ への制限は $\mathcal{G}_1$ の忠実な表現だから，関数 $x_{ij}(\overline{\omega}), \overline{x}_{ij}(\overline{\omega})$ たちは $\mathcal{G}_1$ の表現環の生成系をなす．したがって $\overline{\omega}\in\mathcal{G}_1$ に対して

$$f_{kl}(\overline{\omega}) = F_{kl}(\cdots, x_{ij}(\overline{\omega}), \overline{x}_{ij}(\overline{\omega}), \cdots)$$

と書ける．ただし各 F_{kl} は複素係数の多項式である．とくに

$$F_{1l}(\cdots, x_{ij}(\overline{\omega}_\sigma), \overline{x}_{ij}(\overline{\omega}_\sigma), \cdots) = \delta_{1l} \quad (\sigma\in\mathcal{G}).$$

一方すべての $\sigma\in\mathcal{G}$ に対して $x_{ij}(\overline{\omega}_\sigma)=f(i,j;\mathsf{P}_0)(\sigma)$ であり，すべての $\overline{\omega}\in\mathcal{G}_1$ に対して $x_{ij}(\overline{\omega})=\overline{\omega}(f(i,j;\mathsf{P}_0))$ である．いま $\overline{\omega}=\overline{\omega}'$ だから $\overline{x}_{ij}(\overline{\omega})=\overline{\omega}(\overline{f}(i,j;\mathsf{P}_0))$ が成りたつ．$\overline{\omega}$ は準同型写像だから，関係

$$F_{1l}(\cdots, f(i,j;\mathsf{P}_0), \overline{f}(i,j;\mathsf{P}_0), \cdots) = \delta_{1l}$$

から $F_{1l}(\cdots, x_{ij}(\overline{\omega}), \overline{x}_{ij}(\overline{\omega}), \cdots)=\delta_{1l}$ が導かれる．したがって

$$\gamma\mathsf{L}(\overline{\omega})\gamma^{-1} = \begin{pmatrix} 1 & 0 & \cdots & 0 \\ * & * & \cdots & * \\ * & * & \cdots & * \end{pmatrix} \quad (\overline{\omega}\in\mathcal{G}_1)$$

となり，L は $\mathcal{G}_1$ の単位表現を含む．以上で命題1が証明

された.

$\mathcal{G}$に少なくともひとつ忠実な表現がある場合には，上の証明で使った表現P_0は忠実である．このとき，命題1からすぐ分かるように$\mathcal{G}_1$は（位相群として）$\mathcal{G}$に同型である.

命題2　コンパクト・リー群$\mathcal{G}$が忠実な表現をもてば，群$\mathcal{M}(\mathcal{G})$は$\mathcal{G}$とR^n(nは$\mathcal{G}$の次元）の積に同相である.

証明　ここでも補題1の証明で導入した$\mathcal{G}$の表現P_0を使う．われわれの仮定のもとでP_0は忠実な表現である．これに対応する$\mathcal{M}(\mathcal{G})$の表現$\tilde{\mathrm{P}}_0$は，$\mathcal{M}(\mathcal{G})$をある線型群$\mathcal{H}$の上に同相に移し，$\mathcal{G}_1$の元をユニタリ行列に移す．さらに補題1の証明に使った論法からすぐ分かるように，つぎの主張が成りたつ：τが$\mathcal{H}$の任意の行列なら，τ^*も$\mathcal{H}$に属する；τがユニタリならτは$\mathcal{G}_1$の元を表わす．一方，§8の命題3（356ページ）によって$\mathcal{H}$は代数群である．したがって命題2の証明はつぎの補題2に帰着される.

補題2　$\mathcal{H}$を$GL(d,C)$の代数部分群で，条件：$\tau\in\mathcal{H}$なら$\tau^*\in\mathcal{H}$をみたすものとする．$\mathcal{H}$の任意の行列τに対し，それをユニタリ行列σと正値エルミート行列ρの積として表わした表示を$\tau=\sigma\rho$とすれば$\sigma\in\mathcal{H}, \rho\in\mathcal{H}$である．群$\mathcal{H}$は$\mathcal{H}\cap U(d)$と$R^n$の積に同相である．ただし$n$は$\mathcal{H}\cap U(d)$の次元である.

証明　ある行列μを選ぶと$\rho_1=\mu\rho\mu^{-1}$は対角行列で，その対角成分は正の実数である．ρ_1を$\rho_1=\exp\alpha_1$と書く.

ただし

$$\alpha_1 = \begin{pmatrix} a_1 & 0 & \cdots & 0 \\ 0 & a_2 & \cdots & 0 \\ \cdots & \cdots & \cdots & \cdots \\ 0 & 0 & \cdots & a_d \end{pmatrix}$$

で，$a_1, \cdots, a_d$ は実数である．

群 $\mathcal{H}_1 = \mu \mathcal{H} \mu^{-1}$ も明きらかに代数群である．$\rho^2 = \tau^* \tau \in \mathcal{H}$ だから $\rho_1^2 \in \mathcal{H}_1$ であり，すべての整数 k に対して $\rho_1^{2k} \in \mathcal{H}_1$ となる．

$F(\cdots x_{ij} \cdots) = 0$ を，$\mathcal{H}_1$ を定義する代数方程式の任意のひとつとし，F のなかの変数について，x_{ij} を x_i に変え，$i \neq j$ のときは x_{ij} を 0 に変えた多項式を $F'(x_1, \cdots, x_n)$ とする．すると

$$F'(e^{2ka_1}, \cdots, e^{2ka_d}) = 0 \quad (k = 0, \pm 1, \pm 2, \cdots) \tag{1}$$

が成りたつ．式 (1) から $F'(e^{ta_1}, \cdots, e^{ta_d})$ が恒等的に 0 であることが導かれる．実際，もしそうでないとすると $F'(e^{ta_1}, \cdots, e^{ta_d}) = \sum b_m e^{tA_m}$ と書ける．ただし各 A_m は実数，$b_m \neq 0$ である．$A_1 > A_2 > \cdots$ と仮定すると，A_1 と同符号の k で $|k|$ が十分大きいものについて

$$|b_1 e^{2kA_1}| > \left| \sum_{m>1} b_m e^{2kA_m} \right|$$

が成りたつことになり，これは式 (1) に反する．

とくに $F'(e^{a_1}, \cdots, e^{a_d}) = 0$ だから $\rho_1 \in \mathcal{H}_1, \rho \in \mathcal{H}$，よって $\sigma = \tau \rho^{-1} \in \mathcal{H}$ となり，補題 2 の前半が証明された．

つぎに，σ と ρ は τ の連続関数だから，$\mathcal{H}$ は明らかに

$\mathcal{H}\cap U(d)$と，$\mathcal{H}$に属する正値エルミート行列ぜんぶの集合Hとの積に同相である．補題2の前半の証明により，任意の行列$\rho\in H$は$\exp\alpha$の形であり，αはエルミート行列で，すべての実数および複素数tに対して$\exp t\alpha\in\mathcal{H}$となる．行列$\sqrt{-1}\alpha$は反エルミート行列だから，$t$が実数なら$\exp t\sqrt{-1}\alpha$は$\mathcal{H}\cap U(d)$に属する．したがって$\sqrt{-1}\alpha$は$\mathcal{H}\cap U(d)$のリー環$\mathfrak{g}$に属する．逆に$\beta$が$\sqrt{-1}\beta\in\mathfrak{g}$をみたす任意の行列なら，純虚数$t$に対して$\exp t\beta\in\mathcal{H}$となる．そこで$G(\cdots x_{ij}\cdots)=0$を，$\mathcal{H}$を定義する代数方程式の任意のひとつとする．変数$x_{ij}$たちを$\exp t\beta$の行列成分で置きかえると，$G(\cdots x_{ij}\cdots)$は$t$の整関数であり，すべての純虚数$t$に対して恒等的に0になる．したがってこの関数は恒等的に0であり，$\exp t\beta\in\mathcal{H}$が成りたつ．$\sqrt{-1}\beta$は$U(d)$のリー環に属するから$\beta$はエルミート行列である．よって$t$が実数なら$\exp t\beta$は正値エルミート行列であり，$\exp t\beta\in H$となる．写像$\sqrt{-1}\beta\to\exp\beta$は$\mathfrak{g}$を$H$の上に同相に移すから，補題2の後半が証明された．

命題2からすぐ分かるように，$\mathcal{M}(\mathcal{G})$は次元$2n$の群である．さらに，補題2の証明から分かるように，$\mathfrak{g}$と$\sqrt{-1}\mathfrak{g}$は0以外の共通元をもたない．よって$\mathfrak{g}+\sqrt{-1}\mathfrak{g}$は次元$2n$のベクトル空間である．これはもちろん$\mathcal{H}$のリー環に含まれるから，両者は一致しなければならない．したがってつぎの命題3が証明された．

命題3 $\mathcal{G}$**をコンパクト・リー群で忠実な表現をもつも**

のとし，$\{M_1, \cdots, M_n\}$ を $\mathcal{G}$ のリー環のひとつの基底とする．$[M_i, M_j]=\sum_k c_{ijk}M_k$ を対応する構造方程式とする．このとき，同伴代数群 $\mathcal{M}(\mathcal{G})$ のリー環は基底

$$\{M_1, \cdots, M_n, M'_1, \cdots, M'_n\}$$

をもち，つぎの関係が成りたつ：

$$[M_i, M_j] = \sum_k c_{ijk}M_k, \quad [M'_i, M'_j] = -\sum_k c_{ijk}M_k,$$
$$[M_i, M'_j] = \sum_k c_{ijk}M'_k.$$

§10　例

第1章で導入した線型群たちに同伴する代数群を決定する．

$U(n)$ の同伴代数群は明きらかに $GL(n, C)$ である．

つぎに群 $SU(n)$ を考える．$SU(n)$ から $GL(n, C)$ への恒等写像 P_0 は $SU(n)$ の忠実な表現である．§7 の命題 3 (344 ページ) により，$\mathsf{P}_0 \dotplus \overline{\mathsf{P}}_0$ の行列成分のぜんぶは $SU(n)$ の表現環 $\mathfrak{o}$ の生成系をなす．$\sigma \in SU(n)$ なら $\overline{\mathsf{P}}_0(\sigma)=({}^t\mathsf{P}_0(\sigma))^{-1}$ であり，また $|\mathsf{P}_0(\sigma)|=1$ である．よって $\overline{\mathsf{P}}_0(\sigma)$ の任意の行列成分は $\mathsf{P}_0(\sigma)$ の行列成分たちの多項式として表わされる．したがって P_0 の行列成分だけで $\mathfrak{o}$ の生成系になる．$SU(n)$ の表現 P_0 を延長した同伴代数群の表現を $\tilde{\mathsf{P}}_0$ とし，$\tilde{\mathsf{P}}_0$ による同伴群の像を $\mathcal{H}$ とする．$SU(n) \subset SL(n, C)$ だから，§8 の命題 3 (356 ページ) により，$\mathcal{H} \subset SL(n, C)$ が成りたつ．ところが

$$\dim \mathscr{H} = 2(\dim SU(n)) = 2(n^2-1) = \dim SL(n, C)$$

だから，$\mathscr{H}$ は単位行列の $SL(n,C)$ での連結成分である．§9の補題2（361ページ）によって $SL(n,C)$ は $SU(n)\times R^{n^2-1}$ と同相だから $\mathscr{H}=SL(n,C)$ となる．$\tilde{\mathrm{P}}_0$ は忠実な表現だから，$SU(n)$ の同伴群は $SL(n,C)$ だと言ってよい．

つぎに $O(n)$ から $GL(n,C)$ への恒等写像は $O(n)$ の実行列による忠実な表現である．したがって $O(n)$ 内の行列の成分を $O(n)$ 上の関数と考えたとき，それらは $O(n)$ の表現環の生成系をなす．これから簡単に分かるように，$O(n)$ の同伴代数群は $O(n,C)$ であり，$SO(n)$ の同伴代数群は $O(n,C)\cap SL(n,C)$ である．これは $O(n,C)$ の指数2の部分群である．

最後に群 $Sp(n)$ は $2n$ 次のユニタリ行列 σ で ${}^t\sigma J\sigma=J$ をみたすもの全部の群である．ただし n 次の単位行列を ε_n として

$$J = \begin{pmatrix} 0 & \varepsilon_n \\ -\varepsilon_n & 0 \end{pmatrix}.$$

したがって $\sigma\in Sp(n)$ なら $\boxed{\sigma}^2=1$ である．ところが $Sp(n)$ は連結であることが分かっているから，$\sigma\in Sp(n)$ なら $\boxed{\sigma}=1$ であることがすぐ分かる．$SU(n)$ のときと同じ手続きにより，$Sp(n)$ の行列の成分を $Sp(n)$ 上の関数と考えたものの全体は，$Sp(n)$ の表現環の生成系をなす．したがって $Sp(n)$ の同伴代数群は $Sp(n,C)$ のある部分群と同一視される．τ が $Sp(n,C)$ 内の行列なら ${}^t\tau J\tau=J$ だから $({}^t\bar{\tau})^*\bar{J}^*\bar{\tau}^*=\bar{J}^*$ となるが，$\bar{J}^*=J$ かつ $({}^t\bar{\tau})^*={}^t(\bar{\tau}^*)$ だから

$\bar{\tau}^* \in Sp(n, C)$が成りたつ. §9の補題2 (361ページ) からの結論として, $Sp(n)$の同伴代数群は$Sp(n, C)$である. 同時に$Sp(n, C)$は$Sp(n)\times R^{2n^2+n}$に同相であることが示されたから, $Sp(n, C)$は連結かつ単連結である.

§11 主要近似定理

すでに見たように (§7の補題1, 344ページ), $\mathcal{G}$が行列のつくるコンパクト群ならば, $\mathcal{G}$上の任意の連続関数は$\mathcal{G}$の表現環$\mathfrak{o}$に属する関数によっていくらでも精密に近似できる. すでに予告したとおり, この結果は任意のコンパクト・リー群に対しても成りたつ. これからF.ペーターとH.ワイルによるこの基本的結果を証明する.

定理3 (**ペーター - ワイル**) **$\mathcal{G}$をコンパクト・リー群, fを$\mathcal{G}$上の連続関数とする. 任意の数$a>0$に対し, $\mathcal{G}$の表現環の関数gで, すべての$\sigma\in\mathcal{G}$に対して$|f(\sigma)-g(\sigma)|\leqq a$となるものが存在する.**

準備 $\mathcal{G}$上の複素数値連続関数ぜんぶの空間を$\mathcal{F}$とする. $\mathcal{G}$がコンパクトだから, すべての関数$f\in\mathcal{F}$は有界である. fの絶対値の最大値を$M(f)$と書く. 明きらかに

$$M(af) = |a|M(f) \quad (a\in c),$$
$$M(f+g) \leqq M(f)+M(g)$$

が成りたつ. fとgとの**距離**を$M(f-g)$と定めることによって$\mathcal{F}$は距離空間になる. $\mathcal{F}$の部分集合Φが**有界**であ

るとは，数 A が存在してすべての $f\in\Phi$ に対して $M(f)\leqq A$ となることである．

関数 $f\in\mathscr{F}$ の，$\mathscr{G}$ の部分集合 E 上の**振幅**とは，すべての $\sigma,\tau\in E$ に対する数 $|f(\sigma)-f(\tau)|$ の最小上界のことである．

$\mathscr{F}$ の部分集合 Φ が**同程度連続**な関数の集合であるとはつぎのことである．任意の数 $a>0$ に対し，$\mathscr{G}$ の中立元の近傍 U_a でつぎの条件をみたすものが存在する：Φ の任意の関数 f および $\mathscr{G}$ の任意の元 σ に対して，集合 σU_a 上の f の振幅 $\leqq a$.

以下，11 個の補題を用意する．

補題 1　Φ を同程度連続な関数の有界集合，a を数 >0 とする．もし Φ_1 が Φ の部分集合で，Φ_1 の異なる元のすべてのペア (f,g) に対して $M(f-g)>a$ が成りたてば，Φ_1 は有限集合である．

証明　A を数で，すべての $f\in\Phi$ に対して $M(f)\leqq A$ をみたすものとする．$\sigma_0\in\mathscr{G}$ ならば，すべての $f\in\Phi$ に対する数 $f(\sigma_0)$ の集合は，不等式 $|z|\leqq A$ で定義される複素 z 平面のコンパクトな領域に含まれる．すぐ分かるように，Φ の有限部分集合 ψ_{σ_0} でつぎの性質をもつものが存在する：各 $f\in\Phi$ に対して関数 $f_1\in\psi_{\sigma_0}$ が存在して不等式 $|f(\sigma_0)-f_1(\sigma_0)|<a/6$ が成りたつ．すると，$\sigma_0U_{a/6}$ の任意の点 σ に対して

$$|f(\sigma)-f_1(\sigma)| \leqq |f(\sigma)-f(\sigma_0)|+|f(\sigma_0)-f_1(\sigma_0)|$$
$$+|f_1(\sigma_0)-f_1(\sigma)| < \frac{a}{2}$$

となる．

一方Φ_1の関数の任意のペア$(f,g)(f \neq g)$に，点$\sigma=\sigma(f,g)$で$|f(\sigma)-g(\sigma)| \geqq a$なるものを対応させることができる．$\psi_{\sigma_0}$が$m$個の関数を含むとすると，ペア$(f,g) \in \Phi_1 \times \Phi_1$で$\sigma(f,g) \in \sigma_0 U_{a/6}$なるものの個数は$m^2$をこえられない．実際そうでないとすると，ペア$(f,g)$で同じ$f_1 \in \psi_{\sigma_0}$に対して$|f(\sigma)-f_1(\sigma)|<a/2$, $|g(\sigma)-f_1(\sigma)|<a/2$なるものがあることになり，$|f(\sigma)-g(\sigma)|<a$となってしまう．

$\mathcal{G}$はコンパクトだから，それは$\sigma_0 U_{a/6}$の形の有限個の集合$V_1, \cdots, V_N$によって覆われる．ところが$\sigma(f,g) \in V_i (1 \leqq i \leqq N)$となるペア$(f,g) \in \Phi_1 \times \Phi_1$は有限個しかないから，$\Phi_1$が有限集合であることが証明された．

補題2　関数から成る列が同程度連続な関数の有界集合Φに属していれば，そのなかから$\mathcal{G}$で一様に収束する部分列を取りだすことができる．

証明　μを正の数とする．これに対してΦの有限部分集合Φ_μでつぎの二条件をみたすものを構成することができる：

1)　$f, g \in \Phi_\mu$なら$M(f-g) \geqq 1/\mu$.

2)　Φの任意の関数fに対し，Φ_μの関数gで$M(f-g)$

$<1/\mu$ なるものが存在する[1].

さて (f_m) を Φ の関数の任意の列とする．正整数ぜんぶの集合を M_0 とし，μ に関する帰納法によって M_0 の無限部分集合 M_μ をつくる．$\mu \geqq 0$ に対して M_μ がすでに定義されたとする．Φ_μ は有限集合だから，$\Phi_{\mu+1}$ の関数 $g_{\mu+1}$ で，無限に多くの整数 $m \in M_\mu$ に対して不等式 $M(f_m - g_{\mu+1}) < 1/(\mu+1)$ が成りたつようなものが存在する．このような整数 m ぜんぶの集合を $M_{\mu+1}$ と定義する．各 M_μ から $m_\mu \geqq \mu$ なる整数 m_μ をひとつ選ぶ．$\nu > \mu$ なら $M_\nu \subset M_\mu$ だから $M(f_{m_\nu} - g_\mu) < 1/\mu, M(f_{m_\mu} - g_\mu) < 1/\mu$，したがって $M(f_{m_\nu} - f_{m_\mu}) < 2/\mu$ となる．ただちに分かるように列 (f_{m_μ}) は $\mathcal{G}$ で一様に収束し，補題 2 が証明された．

ここで $\mathcal{F}$ にある演算を導入する．これは第 1 章 §3 の定義 1（31 ページ）で導入したエルミート積を一般化したものである：$\mathcal{F}$ の任意の関数 f, g に対して

$$f \cdot g = \int_{\mathcal{G}} f(\sigma) \bar{g}(\sigma) d\sigma$$

とおく．ただし積分は第 5 章 §8（304 ページ）で定義された不変積分で，$\int_{\mathcal{G}} 1 d\sigma = 1$ となるように正規化したものである．

---

1) $\mathcal{F}$ の任意の関数 f_1 をとる．$f_1, \cdots, f_r$ がすでに定義されているとする．もし $M(f - f_i) \geqq 1/\mu \,(1 \leqq i \leqq r)$ なる関数が存在したら，そのひとつをとって f_{r+1} とする．この帰納的操作は無限には続けられない（補題 1 による）．この操作が f_s で止まったら $\Phi_\mu = \{f_1, \cdots, f_s\}$ とすればよい．

つぎの諸性質は明きらかである：

1)　g を固定したとき，$f\cdot g$ は f に関して線型である．すなわち $(a_1f_1+a_2f_2)\cdot g=a_1(f_1\cdot g)+a_2(f_2\cdot g)$.

2)　$g\cdot f=\overline{f\cdot g}$.

3)　$f\neq 0$ なら $f\cdot f>0$.

数 $(f\cdot f)^{\frac{1}{2}}$ を $\|f\|$ と書く．任意の実数 a, b に対し，$(af+bg)\cdot(af+bg)=a^2(f\cdot f)+2ab\mathcal{R}(f\cdot g)+b^2(g\cdot g)$ が成りたつ．ただし $\mathcal{R}$ は実数部分を表わす．どんな実数 a, b に対してもこれは $\geqq 0$ だから，

$$(\mathcal{R}(f,g))^2\leqq(f\cdot f)(g\cdot g)$$

すなわち

$$|\mathcal{R}(f\cdot g)|\leqq\|f\|\cdot\|g\|.$$

ϑ を実数で $\exp(\sqrt{-1}\vartheta)(f\cdot g)=|f\cdot g|$ なるものとし，上の第二の不等式の f を $(\exp\sqrt{-1}\vartheta)f$ で置きかえると，**シュヴァルツの不等式**

$$|f\cdot g|\leqq\|f\|\|g\|$$

が得られる．

一方，等式 $\|f+g\|^2=f\cdot f+2\mathcal{R}(f\cdot g)+g\cdot g\leqq\|f\|^2+2\|f\|\|g\|+\|g\|^2=(\|f\|+\|g\|)^2$ から，**ミンコフスキーの不等式**

$$\|f+g\|\leqq\|f\|+\|g\|$$

が得られる．

つぎに $k(\sigma,\tau)$ を $\mathcal{G}\times\mathcal{G}$ 上の複素数値連続関数で条件

$$k(\sigma,\tau)=\overline{k(\tau,\sigma)}$$

をみたすものとする．$\mathcal{F}$ の任意の関数 f に対して関数 Kf を式

$$Kf(\sigma)=\int_{\mathcal{G}}k(\sigma,\tau)f(\tau)d\tau$$

によって定義する．このとき Kf が $\mathcal{F}$ に属することを証明しよう．実際，a を任意の正の数とする．$\mathcal{G}$ の中立元 ε の近傍 U_a で，すべての $\rho\in U_a$ に対して不等式 $|k(\sigma\rho,\tau)-k(\sigma,\tau)|<a$ が成りたつものが存在する．実際もしそうでないとすれば，$\mathcal{G}$ の元の三つの点列 $(\sigma_m),(\rho_m),(\tau_m)$ で $\lim_{m\to\infty}\rho_m=\varepsilon$，$|k(\sigma_m\rho_m,\tau_m)-k(\sigma_m,\tau_m)|\geqq a$ なるものが存在する．ところが $\mathcal{G}$ はコンパクトだから，列 $(\sigma_m),(\tau_m)$ はそれぞれ元 σ,τ に収束する部分列をもち，$|k(\sigma\varepsilon,\tau)-k(\sigma,\tau)|\geqq a$ となってしまう．そこで $\rho\in U_a$ とすると

$$|Kf(\sigma\rho)-Kf(\sigma)|\leqq a\int_{\mathcal{G}}|f(\tau)|d\tau=a(1\cdot|f|)\leqq a\|f\| \tag{1}$$

となって Kf の連続性が証明された，すなわち Kf は $\mathcal{F}$ に属することが分かった．さらに，A を $\mathcal{G}\times\mathcal{G}$ 上で k の取る値のひとつの上界とすると，

$$|Kf(\sigma)|\leqq A\int_{\mathcal{G}}|f(\tau)|d\tau\leqq A\|f\| \tag{2}$$

が成りたつ．このふたつの不等式によってつぎの補題3が証明された．

補題 3　作用素 K は $\|f\| \leqq 1$ なる関数 $f \in \mathcal{F}$ ぜんぶの集合を同程度連続な関数の有界集合に移す.

作用素 K のもうひとつの性質として式

$$Kf \cdot g = f \cdot Kg \tag{3}$$

で表わされるものがある. これは行列のエルミート性を表わす式にまったく類似のものである. これを証明するためには, つぎの式変形を見ればいい:

$$\begin{aligned} Kf \cdot g &= \int_{\mathcal{G}} \left(\int_{\mathcal{G}} k(\sigma, \tau) f(\tau) d\tau \right) \overline{g}(\sigma) d\sigma \\ &= \int_{\mathcal{G} \times \mathcal{G}} k(\sigma, \tau) f(\tau) \overline{g}(\tau) d\sigma d\tau \\ &= \int_{\mathcal{G}} f(\tau) \left(\int_{\mathcal{G}} \overline{k}(\tau, \sigma) \overline{g}(\sigma) d\sigma \right) d\tau = f \cdot Kg. \end{aligned}$$

数 c が関数 k の《**固有値**》であるとは, $\mathcal{F}$ のなかに $K\varphi = c\varphi$ なる関数 $\varphi \neq 0$ が存在することである. このとき, φ を固有値 c に属する**固有関数**と言う. われわれのつぎの目標は固有値の存在を証明することである.

式 (2) によって $\|Kf\| \leqq A\|f\|$ が成りたつから, f が $\|f\|=1$ なる関数ぜんぶを動くとき, $\|Kf\|$ は有界である. $\|f\|=1$ なる f に対する $\|Kf\|$ の最小上界を $\|k\|$ と書く. 明きらかに, 任意の関数 $f \in \mathcal{F}$ に対して $\|Kf\| \leqq \|k\| \|f\|$ が成りたつ.

補題 4　数 $\|k\|$ は, $\|f\|=1$ なる f に対する $Kf \cdot f$ の取る値の最小上界である.

実際，$\|f\|=1$ なら $|Kf\cdot f|\leqq\|Kf\|\|f\|\leqq\|k\|$ だから $\|k\|$ は上界である．最小性を示すために，$\|f\|=1$ なる f に対する $|Kf\cdot f|$ の最小上界を c とする．ただちに，任意の f に対して $|Kf\cdot f|\leqq c\|f\|^2$．$f,g$ を $\|f\|=\|g\|=1$ なるふたつの関数とすると，

$$\begin{aligned}(K(f+g))\cdot(f+g) &= Kf\cdot f+Kg\cdot g+Kf\cdot g+Kg\cdot f\\ &= Kf\cdot f+Kg\cdot g+2\mathcal{R}(Kf\cdot g)\leqq c\|f+g\|^2,\\ (K(f-g))\cdot(f-g) &= Kf\cdot f+Kg\cdot g-2\mathcal{R}(Kf\cdot g)\\ &\geqq -c\|f-g\|^2\end{aligned}$$

となるから

$$\begin{aligned}4\mathcal{R}(Kf\cdot g) &\leqq c(\|f+g\|^2+\|f-g\|^2)\\ &= 2c(\|f\|^2+\|g\|^2) = 4c\end{aligned}$$

が成りたつ．$Kf\neq 0$ と仮定して $g=\|Kf\|^{-1}Kf$ とすることによって $\|Kf\|\leqq c$ を得る．この最後の不等式は $Kf=0$ でも成りたつから，$\|k\|=c$ が証明された．

補題 5　ふたつの数 $\|k\|, -\|k\|$ の少なくとも一方は関数 k の固有値である．

証明　$\|f_m\|=1$ なる $\mathcal{F}$ の関数の列 (f_m) で，$Kf_m\cdot f_m$ が数 $\|k\|, -\|k\|$ のどちらかに収束するものを取り，$c=\lim_{m\to\infty}Kf_m\cdot f_m$ と置く．

必要なら列 (f_m) を適当な部分列に置きかえることにより，一般性を失なわずに列 (Kf_m) が $\mathcal{G}$ 上一様にある関数 φ に収束すると仮定してよい．関数 φ は明らかに $\mathcal{F}$ に属する（補題 2 と 3 を見よ）．$\lim_{m\to\infty}M(\varphi-Kf_m)=0$ が成

りたつ.

さて，作用 $f\cdot g$ は M によって定義された距離に関して連続である．実際，$\|f\|^2=\int_{\mathcal{G}} f(\tau)\overline{f}(\tau)d\tau \leqq (M(f))^2$ により，$|(f_1-f_2)\cdot(g_1-g_2)| \leqq \|f_1-f_2\|\|g_1-g_2\| \leqq M(f_1-f_2)\cdot M(g_1-g_2)$ となる.

$Kf_m\cdot f_m$ は実数だから

$$\|Kf_m-cf_m\|^2 = \|Kf_m\|^2+c^2\|f_m\|^2-2c(Kf_m\cdot f_m)$$

となり，m が限りなく大きくなるとき右辺は $\|\varphi\|^2-c^2$ に近づく．したがって $\|\varphi\| \geqq |c|$ だから $c\neq 0$ なら $\varphi\neq 0$ である．一方 $\|Kf_m\|^2 \leqq \|k\|^2 \leqq c^2$ だから，上の式の右辺 $\leqq 2c^2-2c(Kf_m\cdot f_m)$ となり，これは $1/m$ とともに 0 に近づく．結論として $\lim_{m\to\infty}\|Kf_m-cf_m\|=0$ が得られ，したがって $\lim_{m\to\infty}\|K(Kf_m)-cKf_m\|=0$ となる．ところが $\lim_{m\to\infty}\|Kf_m-\varphi\|=0$ だから，$\lim_{m\to\infty}M(K(Kf_m)-K\varphi)=0$，よって

$$\|K\varphi-c\varphi\| = \lim_{m\to\infty}\|K(Kf_m)-cKf_m\| = 0$$

であり，$K\varphi=c\varphi$ が示された．以上で $c\neq 0$ の場合の補題5が証明された．もし $c=0$ なら $\|k\|=0$ であり，すべての f に対して $Kf=0$ だから補題5は自明である.

$\mathcal{F}$ のふたつの関数 φ と ψ が互いに**直交**するとは $\varphi\cdot\psi$ が 0 となることである.

k の 0 でない固有値に属する固有関数ぜんぶの集合を Φ とする．つぎの性質をもつ Φ の部分集合 Φ^* が存在する：

a）φ と ψ が Φ^* の異なる元なら $\varphi\cdot\psi=0$.

b）すべての $\varphi\in\Phi^*$ に対して $\|\varphi\|=1$.

c）Φ^* は性質 a), b）に関して極大である（すなわち Φ^* より真に大きい Φ の部分集合で a), b）をみたすものはない）[1].

補題 6　a を正の数とする．絶対値が a より大きい固有値に属する Φ^* の関数は有限個しかない．

実際，$\varphi_1, \cdots, \varphi_h$ を Φ^* の関数で $K\varphi_i=c_i\varphi_i, |c_i|>a\ (1\leqq i\leqq h)$ をみたすものとする．$K(\varphi_i-\varphi_j)=c_i\varphi_i-c_j\varphi_j$ だから $\|K(\varphi_i-\varphi_j)\|^2=c_i^2+c_j^2>2a^2$．われわれは $M(K(\varphi_i-\varphi_j))\geqq\|K(\varphi_i-\varphi_j)\|>a\sqrt{2}$ をすでに知っているから，補題 6 は補題 1 と 3 から出る．

補題 7　Φ の任意の関数 f は Φ^* の有限個の関数の線型結合である．

実際，f の属する固有値を c とし，c に属する Φ^* の関数ぜんぶを $\varphi_1, \cdots, \varphi_h$ とする．$f'=f-\sum_{i=1}^{h}(f\cdot\varphi_i)\varphi_i$ と置く．$Kf=cf, K\varphi_i=c\varphi_i$ だから $Kf'=cf'$ であり，f' は $\varphi_1, \cdots, \varphi_h$ と直交する．ψ を Φ^* の関数で $\varphi_1, \cdots, \varphi_h$ と直交するものとすると，ψ はある固有値 $d\neq c$ に属する．$f'\cdot\psi=\dfrac{1}{d}(f'\cdot K\psi)=\dfrac{1}{d}(Kf'\cdot\psi)=\dfrac{c}{d}(f'\cdot\psi)$ だから $f'\cdot\psi=0$ となり，f' は Φ^* のすべての関数と直交する．ここでもし $f'\neq 0$ と仮定すると，Φ^* に $\|f'\|^{-1}f'$ を追加した集合は Φ^* のもつ性

1）これはツォルンの補題からすぐ出る．

質a), b) をもつことになり, Φ^* の極大性c) に反する. よって $f'=0$ となり, 補題7が証明された.

補題6によって Φ^* は可算集合である. Φ^* の元をならべて列 (φ_μ) (Φ^* が無限のときは $1\leqq\mu<\infty$, Φ^* が有限のときは $1\leqq\mu\leqq\mu_0$) とし, φ_μ の属する固有値を c_μ とする. もし $\sum_\mu c_\mu\varphi_\mu$ が Φ^* の関数の有限線型結合なら, $\|\sum c_\mu\varphi_\mu\|^2=\sum|c_\mu|^2$ が成りたつことに注意する.

補題8 (ベッセルの不等式)　$\mathscr{F}$ の任意の関数 f に対して級数 $\sum_\mu|f\cdot\varphi_\mu|^2$ は収束し, その和は $\|f\|^2$ で押さえられる.

証明　$g_i=f-\sum_{\mu\leqq i}(f\cdot\varphi_\mu)\varphi_\mu$ と置く. ただし i は Φ^* が無限のときは任意の正整数, Φ^* が有限のときはたかだか Φ^* の元の個数である. $g_i\cdot\varphi_\mu=0$ $(1\leqq\mu\leqq i)$ だから, 簡単に分かるように

$$\|f\|^2=\|g_i\|^2+\sum_{\mu\leqq i}|f\cdot\varphi_\mu|^2$$

が成りたち, 補題8が証明された.

補題9　$f\in\mathscr{F}$ なら, 級数 $\sum_\mu(Kf\cdot\varphi_\mu)\varphi_\mu$ は $\mathscr{G}$ 上一様に関数 Kf に収束する.

証明　まず

$$\sum_i^j(Kf\cdot\varphi_\mu)\varphi_\mu=\sum_i^j(Kf\cdot\varphi_\mu)\frac{K\varphi_\mu}{c_\mu}=\sum_i^j(f\cdot K\varphi_\mu)\frac{K\varphi_\mu}{c_\mu}$$

$$=\sum_i^j(f\cdot\varphi_\mu)K\varphi_\mu=K\Big(\sum_i^j(f\cdot\varphi_\mu)\varphi_\mu\Big)$$

だから，補題3のまえの式（2）により，

$$M\left(\sum_i^j (Kf\cdot\varphi_\mu)\varphi_\mu\right) \leqq A\left\|\sum_i^j (f\cdot\varphi_\mu)\varphi_\mu\right\| = A\left(\sum_i^j |f\cdot\varphi_\mu|^2\right)^{\frac{1}{2}}$$

が成りたつ．したがって補題8により，i と j が限りなく大きくなるとき（Φ^* が無限の場合である），式の右辺は0に近づく．すなわち与えられた級数は一様収束する．あと，その和が Kf であることを示せばよい．

$k_n(\sigma,\tau)=k(\sigma,\tau)-\sum_{\mu=1}^n c_\mu\varphi_\mu(\sigma)\overline{\varphi}_\mu(\tau)$ と置く．c_μ たちは実数だから $k_n(\sigma,\tau)=\overline{k}_n(\tau,\sigma)$ が成りたつ．$\mathcal{F}$ の任意の関数 ψ に対して $K_n\psi=K\psi-\sum_1^n c_\mu(\psi\cdot\varphi_\mu)\varphi_\mu$ が成りたつ（ただし K_n は k に対して K を定義したのと同様に k_n に対して定義される）．すると $1\leqq\mu\leqq n$ に対して $K_n\psi\cdot\varphi_\mu=K\psi\cdot\varphi_\mu-c_\mu(\psi\cdot\varphi_\mu)=\psi\cdot K\varphi_\mu-c_\mu(\psi\cdot\varphi_\mu)=0$ となる．とくにもし ψ が固有値 $d\neq0$ に属する K_n の固有関数ならば，$\psi\cdot\varphi_\mu=0(1\leqq\mu\leqq n), K\psi=K_n\psi=d\psi$ となり，ψ は d に属する K の固有関数である．したがって ψ は $c_\nu=d$ であるような関数 φ_ν たちの線型結合である．$\psi=\sum_{c_\nu=d} b_\nu\varphi_\nu$ と書くと，$b_\nu=\psi\cdot\varphi_\nu$ だから $\mu\leqq n$ なら $b_\nu=0$ である．

a を正の数とし，$|c_\mu|\geqq a$ なるすべての添字 μ より大きい n を選ぶ（こういう添字は有限個しかない）．すると $|d|<a$ だから，補題5によって $\|K_n\|\leqq a$ となる．よって $\lim_{n\to\infty}\|K_nf\|=0$（これは Φ^* が無限のとき．Φ^* が有限なら Φ^* の元の個数 n に対して $K_nf=0$）．ところが $K_nf=Kf-\sum_{\mu=1}^n(Kf\cdot\varphi_\mu)\varphi_\mu$ だから $\|Kf-\sum_\mu(Kf\cdot\varphi_\mu)\varphi_\mu\|=0$ となって補題9が証明された．

補題 10　χ を $\mathcal{G}$ 上の連続関数で $\chi(\sigma^{-1})=\bar{\chi}(\sigma)$ なるものとし，$k(\sigma,\tau)=\chi(\sigma^{-1}\tau)$ とすると，k の固有値 $c\neq 0$ に属する固有関数はすべて $\mathcal{G}$ の表現関数である．

証明　f を $\mathcal{F}$ の任意の関数，$\rho\in\mathcal{G}$ とし，関数 f^ρ を $f^\rho(\sigma)=f(\rho\sigma)$ によって定義する．f が k の固有値 $c\neq 0$ に属する固有関数だと仮定すると，積分の不変性によって

$$\begin{aligned} cf^\rho(\sigma) &= \int_{\mathcal{G}}\chi(\sigma^{-1}\rho^{-1}\tau)f(\tau)d\tau \\ &= \int_{\mathcal{G}}\chi(\sigma^{-1}\tau')f(\rho\tau')d\tau' = \int_{\mathcal{G}}\chi(\sigma^{-1}\tau')f^\rho(\tau')d\tau' \end{aligned}$$

が成りたつ．したがって f^ρ も c に属する固有関数である．集合 Φ^* の元で c に属する固有関数のぜんぶを $\varphi_1,\cdots,\varphi_h$ とする．補題7によって

$$\varphi_i^\rho = \sum_{j=1}^h g_{ij}(\rho)\varphi_j,\quad g_{ij}(\rho)=\varphi_i^\rho\cdot\varphi_j$$

が成りたつ．行列 $(g_{ij}(\rho))$ を $\mathsf{P}(\rho)$ と書く．$\varphi_i^{\rho_1\rho_2}=(\varphi_i^{\rho_2})^{\rho_1}$ によって $\mathsf{P}(\rho_1\rho_2)=\mathsf{P}(\rho_1)\mathsf{P}(\rho_2)$．一方，各 φ_i は連続だからコンパクト群 $\mathcal{G}$ 上一様連続でもある．したがって任意の $a>0$ に対し，$\mathcal{G}$ の中立元 ε の近傍 U_a で，$\rho\in U_a$ なるかぎり $M(\varphi_i^\rho-\varphi_i)<a$ となるものが存在する．したがって $\lim_{\rho\to\varepsilon}g_{ij}(\rho)=\lim_{\rho\to\varepsilon}\varphi_i^\rho\cdot\varphi_j=\delta_{ij}=g_{ij}(\varepsilon)$ となり，$\mathcal{G}$ から h 次行列ぜんぶの集合への写像 $\rho\to\mathsf{P}(\rho)$ は $\mathcal{G}$ の連続表現であり，関数 g_{ij} たちは表現関数である．ところが $\varphi_i(\rho)=\varphi_i^\rho(\varepsilon)=\sum_{j=1}^h g_{ij}(\rho)\varphi_j(\varepsilon)$ だから，各 φ_i も表現関数であり，補題10が証明された．

補題 11 χ **を** $\mathcal{G}$ **上の連続関数で** $\chi(\sigma^{-1})=\overline{\chi}(\sigma)$ **なるものとし，** a **を正の数とする．このとき** $\mathcal{G}$ **の表現関数** g **で** $M(\chi-g)<a$ **なるものが存在する．**

証明 関数 $k(\sigma,\tau)=\overline{\chi}(\sigma^{-1}\tau)$ に同伴する作用素を K とする．中立元の近傍 V ですべての $\tau\in V$ に対して $|\overline{\chi}(\sigma^{-1}\tau)-\overline{\chi}(\sigma^{-1})|<a/2$ となるものを選ぶ．実非負値の連続関数 f_1 で $f_1(\varepsilon)\neq 0$ であり，V に属さない σ に対しては $f_1(\sigma)=0$ となるものを取る．数 $J=\int_{\mathcal{G}}f_1(\tau)d\tau\neq 0$ だから $f=J^{-1}f_1$ とおくと $\int_{\mathcal{G}}f(\tau)d\tau=1$ となる．したがって

$$
\begin{aligned}
|\chi(\sigma)-Kf(\sigma)| &= |\overline{\chi}(\sigma^{-1})-Kf(\sigma)| \\
&= \left|\int_{\mathcal{G}}(\overline{\chi}(\sigma^{-1})-\overline{\chi}(\sigma^{-1}\tau))f(\tau)d\tau\right|<\frac{a}{2}
\end{aligned}
$$

が成りたつ．補題 9 と 10 により，表現関数 g で $M(Kf-g)<a/2$ なるものが存在する．$M(\chi-g)<a$ だから補題 11 が証明された．

定理 3 の証明 f を $\mathcal{G}$ 上の任意の連続関数とする．$\chi_1(\sigma)=f(\sigma)+\overline{f}(\sigma^{-1})$, $\chi_2(\sigma)=\sqrt{-1}(f(\sigma)-\overline{f}(\sigma^{-1}))$ と置くと，$\chi_i(\sigma^{-1})=\overline{\chi}_i(\sigma)\,(i=1,2)$ であり，$f=\frac{1}{2}(\chi_1-\sqrt{-1}\chi_2)$ である．χ_1 と χ_2 はともに表現関数によっていくらでも精密に近似できるから f も同様であり，定理 3 が証明された．

§12 主要近似定理の最初の応用

定理4 コンパクト・リー群は少なくともひとつの忠実な表現をもつ.

証明 $\mathcal{G}$をコンパクト・リー群とする. §7の命題6 (349ページ) により, $\mathcal{G}$が忠実な表現をもつことを証明するためには, 中立元εでない$\mathcal{G}$の任意の元σに対して, $\mathcal{G}$の表現Pで$\mathrm{P}(\sigma)$が単位行列でないものが存在することを示せばよい. fを$\mathcal{G}$上の連続関数で$f(\sigma)\neq f(\varepsilon)$なるものとする. fは表現関数によっていくらでも精密に近似できるから, σとεで異なる値を取る表現関数が存在し, このことから定理はすぐに出る.

命題1 $\mathcal{H}$がコンパクト・リー群$\mathcal{G}$の閉部分群ならば, $\mathcal{H}$の任意の既約表現は$\mathcal{G}$のある表現の$\mathcal{H}$への制限に含まれる.

これは上の定理4と§7の命題4 (346ページ) からただちに導かれる.

定理5 (淡中の定理) $\mathcal{G}$をコンパクト・リー群とし, $\mathcal{G}$の表現ぜんぶの集合を$\mathcal{R}$とする. $\mathcal{R}$の表現ζであって, $\mathcal{R}$の任意の元Pに対して補足条件$\zeta(\overline{\mathrm{P}})=\overline{\zeta(\mathrm{P})}$ ($\overline{\mathrm{P}}$はPの複素共役表現) をみたすもの全部の集合を$\mathcal{G}_1$とする. $\mathcal{G}_1$の乗法を$\zeta_1\zeta_2(\mathrm{P})=\zeta_1(\mathrm{P})\zeta_2(\mathrm{P})$によって定義すると$\mathcal{G}_1$は群になる. $\mathcal{G}$の任意の元σに対して$\mathcal{R}$の表現ζ_σを$\zeta_\sigma(\mathrm{P})=$

$\mathsf{P}(\sigma)$ によって定義する．このとき写像 $\sigma\to\xi_\sigma$ は $\mathcal{G}$ から $\mathcal{G}_1$ への同型写像である．

これは§9の命題1（359ページ）および上の定理4からただちに出る．

系 **$\mathcal{G}$ が n 次元のコンパクト・リー群なら，$\mathcal{G}$ の同伴代数群は $\mathcal{G}$ と R^n の積に同相である．**

これは§9の命題2（361ページ）と上の定理からすぐに出る．

命題2 **f をコンパクト・リー群 $\mathcal{G}$ 上の連続関数で，任意の $\sigma,\tau\in\mathcal{G}$ に対して $f(\sigma)=f(\tau\sigma\tau^{-1})$ をみたすものとする．このとき任意の数 $a>0$ に対して関数 f_1 であってすべての $\sigma\in\mathcal{G}$ に対して $|f(\sigma)-f_1(\sigma)|\leqq a$ をみたし，かつ $\mathcal{G}$ の既約表現たちの指標の線型結合であるものが存在する．**

証明 P を $\mathcal{G}$ の任意の既約ユニタリ表現とし，$\mathsf{P}(\sigma)$ の行列成分を $g_{ij}(\sigma)$ とすると，

$$g_{ij}(\tau\sigma\tau^{-1}) = \sum_{kl} g_{ik}(\tau)g_{kl}(\sigma)g_{lj}(\tau^{-1}),\quad g_{lj}(\tau^{-1}) = \bar{g}_{jl}(\tau)$$

である．表現 P の次元を d，指標を χ とすると，直交関係によって

$$\int_{\mathcal{G}} g_{ij}(\tau\sigma\tau^{-1})d\tau = 0 \quad (i\neq j\text{ のとき}),$$

$$\int_{\mathcal{G}} g_{ii}(\tau\sigma\tau^{-1})d\tau = d^{-1}\chi(\sigma)$$

が成りたつ．

主要近似定理により，$\mathcal{G}$の表現環の関数f_2で，すべての$\sigma\in\mathcal{G}$に対して$|f(\sigma)-f_2(\sigma)|\leqq a$となるものが存在する．

$$\left|\int_{\mathcal{G}} f(\tau\sigma\tau^{-1})d\tau-\int_{\mathcal{G}} f_2(\tau\sigma\tau^{-1})d\tau\right|\leqq a$$

であり，$f(\sigma)=f(\tau\sigma\tau^{-1})$だから，$\int_{\mathcal{G}} f(\tau\sigma\tau^{-1})d\tau=f(\sigma)$である．一方$f_2$は$\mathcal{G}$の既約ユニタリ表現たちの行列成分の線型結合だから，関数$f_1(\sigma)=\int_{\mathcal{G}} f_2(\tau\sigma\tau^{-1})d\tau$は$\mathcal{G}$の既約表現たちの指標の線型結合であり，命題2が証明された．

§13 コンパクト・アーベル群

命題1 n次元のコンパクトな連結アーベル・リー群$\mathcal{G}$は（位相群として）n次元トーラスT^nに同型である．

実際，$\mathcal{G}$のリー環を$\mathfrak{g}$とする．$\mathcal{G}$がアーベル群だから，$\mathfrak{g}$の任意の元X, Yに対して$[X, Y]=0$となる．したがって$\mathfrak{g}$はR^nのリー環に一致する．R^nは単連結だから，$\mathcal{G}$の普遍被覆群はR^nである．ところがよく知られているように，R^nに局所同型なるコンパクト連結群はT^nに同型である．

さて$\boldsymbol{x}$を1を法とする実数（すなわち実数群の，整数群を法とする剰余類）とし，剰余類$\boldsymbol{x}$に属するひとつの実数xを取る．$\exp(2\pi\sqrt{-1}x)$の値は剰余類$\boldsymbol{x}$だけで決まるから，

$$\exp(2\pi\sqrt{-1}\,\boldsymbol{x}) = \exp(2\pi\sqrt{-1}\,x)$$

と置く．写像 $\boldsymbol{x}\to\exp(2\pi\sqrt{-1}\boldsymbol{x})$ は明らかに T^1 の表現である．

T^n の任意の元 σ は $(\boldsymbol{x}_1,\cdots,\boldsymbol{x}_n)$ の形に表わされる．ただし $\boldsymbol{x}_i\in T^1(1\leqq i\leqq n)$．$\mathsf{P}_i(\sigma)=\exp(2\pi\sqrt{-1}\boldsymbol{x}_i)$ と置くと P_i は T^n の表現である．さらに $\mathsf{P}=\mathsf{P}_1\dot{+}\cdots\dot{+}\mathsf{P}_n$ は T^n の忠実な表現である．$m_1,\cdots,m_n$ が整数のとき，写像 $\sigma\to\exp(2\pi\sqrt{-1}\sum_i m_i x_i)$ は T^n の表現である．これを $\mathsf{P}_1^{m_1}\cdots\mathsf{P}_n^{m_n}$ と書く．$\mathsf{P}_i^{-1}=\overline{\mathsf{P}}_i$ $(1\leqq i\leqq n)$ である．もし $m_1,\cdots,m_n$ がすべて正なら，$\mathsf{P}_1^{m_1}\cdots\mathsf{P}_n^{m_n}$ は表現 P_1 が m_1 回，…，表現 P_n が m_n 回のクロネッカー積である．

$\overline{\mathsf{P}}=\mathsf{P}_1^{-1}\dot{+}\cdots\dot{+}\mathsf{P}_n^{-1}$ だから，§7 の命題 3（344 ページ）によって集合 $\{\mathsf{P},\overline{\mathsf{P}}\}$ は T^n の十分多くの表現を含む．したがって T^n の任意の既約表現は，P と $\overline{\mathsf{P}}$ を何回かずつ使ってクロネッカー積を取った表現に含まれる．これからすぐ分かるように，T^n の任意の既約表現は適当な整数 $m_1,\cdots,m_n$ による $\mathsf{P}_1^{m_1}\cdots\mathsf{P}_n^{m_n}$ の形である．

T^n の既約表現はすべて 1 次元だから，ふたつの既約表現のクロネッカー積はやはり既約である．したがって既約表現の全体はクロネッカー積を取る算法によって群をなし，逆元は複素共役表現である．この群 $\mathcal{R}$ は整数ぜんぶの加法群 n 回の積である．簡単に分かるように，T^n は $\mathcal{R}$ の既約ユニタリ表現ぜんぶの群に同型である．これは有名なポントリャーギンの双対定理の特別な場合である．この事実は §12 の定理 5（380 ページ）からも導かれる．したがってこの定理 5 はポントリャーギンの定理のはるかな一般化である.

最後に，ペーター－ワイルの定理を T^n に適用することによって，つぎのよく知られた近似定理が得られることを注意しよう：

$f(x_1, \cdots, x_n)$ を n 個の実変数の連続関数で，各変数に関して周期1の周期関数であるものとする．任意の数 $a>0$ に対し，三角多項式 $g(x_1, \cdots, x_n)$ (すなわち $g(x_1, \cdots, x_n) = \sum c(m_1, \cdots, m_n)\exp(2\pi\sqrt{-1}\sum_i m_i x_i)$ の形の関数) で，$x_1, \cdots, x_n$ のすべての値に対して

$$|f(x_1, \cdots, x_n) - g(x_1, \cdots, x_n)| \leqq a$$

となるものが存在する．

解　説

平井　武

有名すぎて，逆に，今まで和訳されていなかったシュヴァレーの名著『リー群論』の翻訳が，齋藤正彦さんによって完成した．ご苦労に感謝するとともにお祝いを申し上げたい．

この原著が出版された1946年以前は，リー群の理論は群の中立元（単位元）の近傍の状況を主として取り扱っていた．この意味で局所的な議論であったが，リー環との対応を考えるにはそれで十分な面もおおくあった．リー環論を代数的な立場から研究することも込めて，これを「リー群の局所的理論」と呼んでいる．この本はこの枠を破って，世界で初めて「リー群の大域的な理論」を組織的に構成して見せたもので，不朽の名著であり，現在でも数学を志すものは教養として読むべきものと思われる．

この本の内容およびその配列順序はよく考えられていて，読者はついていき易い．そして「序文」および第1章から最終第6章までの「要約」をあらためて見て貰えば，本書の内容の優れた解説となっており，ここで私が「内容の解説」をして屋上屋を重ねる必要は全く無い．訳者齋藤さんからのご依頼も「この本の内容の先にあるもの，または，内容からの発展」に重きを置いての解説をよろしく，とのご趣旨だった．

この拙文では，まず，原著者シュヴァレー，とくにその日本との縁について紹介し，そのあとで，数学的な話に移りたい．

1. シュヴァレー，とくにその日本との関係，について

シュヴァレー（Claude Chevalley, 1909/02/11-1984/06/28）はヨハネスブルク（Johannesburg）で生まれたフランス人で，75 歳でパリで没した．1929 年に高等師範学校（École Normale Supérieure）を卒業，その後ハンブルク（Humburg）大学でアルチン（Emil Artin）についた．その際に同じ留学生仲間ということで，彌永昌吉先生と友人になった．この友情は第 2 次世界大戦後の日本とシュヴァレーとの関係の大きな伏線になっている．

その後，マールブルク（Marburg）大学でハッセ（Helmut Hasse）についた．1933 年にはパリ大学から学位を得たが，学位論文は「類体論」に関するものである．

1939 年 9 月 1 日早朝，ドイツ軍がポーランドへ侵攻し，9 月 3 日にイギリス・フランスがドイツに宣戦布告して，第 2 次世界大戦が始まった．戦争が始まったとき，シュヴァレーはプリンストン（Princeton）大学にいたが，フランス大使館の意見に沿って滞米を続けることになった．シュヴァレーの親友ヴェイユ（André Weil）の筆によると，「帰

国後，徴兵されて一兵卒になるよりも現在の大学に仏人教授として残る方がお国のためになる」との由である（出典：Weil 全集，第 II 巻，[1955e]，reprinted from *La Nouvelle Revue Française*）.

一方，日本は1941年12月8日に米国と開戦し，太平洋戦争（大東亜戦争）が始まった．その後，ドイツは1945年5月8日に連合国に降伏し，日本も同年8月15日に玉音放送をもってポツダム宣言受諾を表明，戦闘行為を停止．9月2日に日本政府代表は連合国との間で降伏文書に正式に調印．その後の連合国（主として米国）による日本占領は約6年半続き，1952年4月28日にサンフランシスコ講和条約が発効して終了した．

この間，シュヴァレーは，1946年に本書の原著（Theory of Lie Groups）をプリンストン大学出版局から出版，1947年にコロンビア（Columbia）大学に移籍．

彼は，日本が独立を回復してからわずか1年4カ月後の1953（昭和28）年9月よりフルブライト交換教授として，夫人・令嬢（当時3歳）をともなって訪日し，名古屋，京都，大阪，東京とほぼ一年間滞在した．当時44歳と働き盛りとはいえ，ずいぶんと勇気の要ることで，日本への好意が読み取れる．日本人数学者の（海外との交流も限られていた）世界に限っていえば「湯川秀樹の1949年ノーベル賞受賞」にも比すべき大事件であったろうと思われる．

というのは，戦争中は数学雑誌や情報も入ってこず，戦後になってようやく角谷静夫先生のもとにプリンストン高等研究所（Institute for Advanced Study, Princeton）での以前の仲間から送られてきた数学雑誌の back numbers を日本全国の数学者が利用させて貰ったということであり，数学者の海外出張は夢の段階であり，洋書を購入するには 1 ドルの換算として 360 円に手数料を込めて 400 円が必要だった時代だった．

余談だが，かく申す私が大学に入学したのが昭和 30 (1955) 年で，生協の学生食堂で米飯を食べるには米穀通帳を生協に預ける必要があり，代わりに食べる 1 食である「素うどん 1 杯」の値段が 30 円だった．4 年後に院生になっても貧乏学生に原書を輸入する経済力はなく図書室に一冊だけある ‘Theory of Lie Groups’ を借り出すのに苦労し，コピーもいわゆる「青焼き」と称する日光写真まがいのものがセミナーのテキスト用に用いられたが，その他は希少で高価だったので一冊丸ごとのテキストを手に入れるのはなかなかに難しかった．それほど長くはない論文は専門の業者に注文して B6 版より小さな写真にして貰ったので，みんなの写真フィルムロールを集めてのフィルム文庫を作り貸し出ししていた．

シュヴァレーは滞日中，日本文化にも興味をもち日本の文字を数学記号に使ってみたり，多くの数学者と碁を打ったりしたらしい．私が大学 2 回生のとき数学の授業で先生がこの話をされていた．1955 年 2 月 1 日受理で東北数学雑誌に投稿された論文［Che］（引用文献表参照）は，後にシュヴァレー群（Chevalley groups）と呼ばれる有限単純群の系列を与えたもので，有限単純群の分類問題においては，画期的な業績である．

この論文のはじめの方で，平仮名「は」を半単純リー環の「コウェイトのなす群」を表す記号として採用している．原文では，発音も ha と指定してある：

> …ils forment un groupe additif que nous désignerons par は（prononcer: ha).

これに従って，その後，記号“$\mathfrak{h}_K = K \otimes$ は”などが出てくる．私がこれを読んだときには，論文の内容とは関係無く，日本の字が出てきたことでただただ嬉しかった．

さて，1955 年には，戦後日本で開かれた最初の数学関係の国際会議である「代数的整数論国際会議」が行われた．これは，彌永昌吉先生が代数的整数論をテーマとするシンポジウムを計画し，戦前から旧知のシュヴァレーをはじめとする外国人数学者の後ろ盾もあって，国際数学連合（IMU）と学術会議の共催という形で実現した．国外からシュヴァレー，ヴェイユを含む 10 名の優れた整数論研究者の参加を得て，9 月 8 日から 13 日まで，東京および日光で開催された．高木貞治先生が名誉議長となり，組織委員会の外国人委員としてはシュヴァレー他 2 名が加わった．敗戦からわずか 10 年後であり，困難が大きい事業だったはずだが，志村五郎・谷山豊をはじめとする日本の若い数学者たちの活躍によって大きな成功を収めたことはよく知られている．外国人数学者の旅費はIMUや学術会議，文部省に負ったが，全体の費用を賄うためには募金が行われた．シュヴァレー自身の日程は，8月29日来日，9月21日離日であった．日本数学会編集の雑誌「数学」第7巻第4号（1956）は，1冊すべてこの国際会議の特集である．

シュヴァレーは大戦終了後フランスへの帰国を希望していたようであるが，このシンポジュウム後，約一年間パリに滞在し，1957年になってついにパリ大学理学部教授として帰国された．

2. 予告されながらも出版されなかった第2巻について

本書にも明らかなように，序文や第4章・第5章の各「要約」で著者シュヴァレーは続刊としての“第2巻”に言及している．これの完成稿もあった，との話を聞いたこともあるが，残念なことに未刊で，ついに幻の“第2巻”となってしまった．予告されている内容を敷衍して，それがどのように重要だったかを論じてみたい．

実は，現実には，第2巻，第3巻と銘打たれた続刊は次のようにパリのエルマン（Hermann）社から出ている．

1951年，Théorie des groupes de Lie, tome II, Groupes algébriques（代数群）：第I章 テンソル積代数とその応用，第II章 代数群．

1955年，Théorie des groupes de Lie, tome III, Théorèmes généraux sur les algèbres de Lie（リー環に対する一般的定理）：第

Ⅲ章 表現の一般的性質，第Ⅳ章 半単純リー環，第Ⅴ章 リー環に対する一般的定理，第Ⅵ章 カルタン（Cartan）部分環とカルタン部分群．［第Ⅲ章での「表現」とは群の表現とリー環の表現（本書，第 4 章，§11，定義 2）の両者である．］

しかし，この第Ⅰ章から第Ⅵ章は，幻の“第 2 巻”の内容とはおおきに違う．1951 年 tome Ⅱの序文には

> 本書は，ある意味では，1944 年プリンストン大学出版局刊《Theory of Lie groups》の続きをなす．しかしながら，本書の内容は前著で取り扱われた内容とは非常に違うものであり，この書の主要な定理の証明は前著のリー群の一般論には依存しない（意訳）

とある．本書で幻の“第 2 巻”の内容について触れられているのは，目に付いたところでは，

1. 序文，p. 6，「……したがって，連結リー群と解析群とは，事実上同じものを異なる仕方で定義したものである．しかし第 2 巻で見るように，ここで扱う実解析群のかわりに《複素》解析群を考えるとき，リー群と解析群の違いは実質的なものとなる．」
2. 序文，p. 7，「本書の第 2 巻は現在準備中であり，主として半単純リー群の分類理論にあてられる．」
3. 第 4 章　解析群，リー群，要約，p. 188，「……与えら

れたリー環の中心が0だけから成るという仮定のもとで，そのリー環がある解析群のリー環として表わされることを証明する．実はこの仮定はいらない．そのことはずっとあと（第2巻）で証明される.」

4. 第5章　カルタンの微分演算，要約，pp. 257–8,「……リー環が知られているときには，マウラー－カルタン形式を（標準座標を使って）明示的に構成する方法が示される．（中略）しかし，もし標準座標を使うことにこだわらなければ，同じ結果をもっと簡単に導く方法がある．これは第2巻で論ずる.」

以上から見ると，幻の“第2巻”は，複素数体ならびに実数体上で，半単純リー群の分類をする予定であって，複素リー群と実リー群の差異などにも当然触れる積もりだったらしい．これはその当時もっとも人々が「まとまった解説書」を欲していた分野であった．

歴史的には，カルタン（Élie Cartan）が，学位論文で複素単純リー環の完全な分類を与えた．その後，論文［Car2］において今度は実単純リー環の完全な分類を行った．

［Car1］では複素半単純リー環の複素数体上の既約表現を最高ウェイトを用いて分類した．3次元回転群のスピン表現（2価の表現）もそこに現れていたのだが，時代が早すぎて，「被覆群」や「リー群とリー環との関係」の厳格で詳しい議論が不足していた．カルタン自身が講義録「スピヌール理論」（spineur（仏語），spinor（英語））［Car3］を出版

したのはようやく1938年である．このカルタンの論文[Car1]，[Car2]は人々にとってなかなか読みこなせるものではなく，しかも詳しい煩雑な計算はカットされていた．これを読みこなせた人だけが特権的に，カルタンの結果を踏まえた仕事が出来たのだった．シュヴァレーはこれらのカルタンの仕事を自家薬籠中のものとしていたに相違ない．

1927年に，パウリ（W. Pauli）がいわゆるパウリ行列を量子力学に導入して，原子の電子軌道に関する理論と観測との乖離（'duplexity' 現象）を解決したのは，（カルタンの仕事を知ることなく）その一部を再発見したことに当たる．空間の1点を固定する回転は群 $SO(3)$ で表されるが，その2次元の既約表現は2価で，それを1価にするには，普遍被覆群 $Spin(3)$ ($SU(2)$ と同型，第2章，§11参照）に上がればよい．パウリ行列の3つ組みは $SU(2)$ の2次元既約表現に由来する．

私にとっても，幻の“第2巻”が実際に刊行されていて，院生時代に読むことが出来れば非常に有り難かったのだが．

3. その後の発展について

すこし用語を導入する．リー環 $\mathfrak{g}$ に対し，導来イデアルを $\mathfrak{g}^{(1)}=[\mathfrak{g},\mathfrak{g}]$ とおき，$n\geqq 1$ に対して $\mathfrak{g}^{(n+1)}=[\mathfrak{g}^{(n)},\mathfrak{g}^{(n)}]$ とおくとき，ある自然数 n に対し，$\mathfrak{g}^{(n)}=0$ となるとき，$\mathfrak{g}$ を**可解**（solvable）という．$\mathfrak{g}$ の最大可解イデアル $\mathfrak{r}$ を $\mathfrak{g}$ の

根基といい，$\mathfrak{g}$ の根基が 0 に等しいとき，$\mathfrak{g}$ を**半単純**（semisimple）であるという．

また，$\mathfrak{g}$ が 0 と自分自身以外のイデアルを持たず，かつ可換でないとき**単純**（simple）であるという．

定理 3.1　任意の有限次元リー環 $\mathfrak{g}$ には根基が存在し，$\mathfrak{g}$ をその根基 $\mathfrak{r}$ で割ると $\mathfrak{g}/\mathfrak{r}$ は半単純である．

定理 3.2　有限次元半単純リー環は，有限個の単純リー環の積（直積）に同型である．

定理 3.1 は，「$\mathfrak{g}$ が可解な $\mathfrak{r}$ と半単純な $\mathfrak{g}/\mathfrak{r}$ との直積に同型である」とは言っていないのだが，定理 3.1，3.2 を根拠として，リー群・リー環の研究は，その後，大きく次の 2 つの流れに分かれた：

(1) 可解なリー群・リー環を調べる；

(2) 半単純（とくに単純）なリー群・リー環を調べる．

先に述べたように単純リー環の分類はカルタンによるが，本書の訳者齋藤さんも可解リー群・リー環の構造に関するお仕事（指数型可解リー群の研究）がある．

さて，詳しく証明付きで述べると，準備も込めてかなりのスペースを要するが，結果だけを現代のやり方でまとめると，「複素数体（より一般に標数 0 の代数的閉体）の上の単純リー環の同型類」は次頁のような**ディンキン**（Dynkin）**図形**によって特徴付けられる．

ディンキン図形に含まれる情報を**カルタン行列**と呼ばれる整数を要素とする正方行列で表すことも出来る．そして

A_n 型 $(n \geqq 1)$

B_n 型 $(n \geqq 2)$

C_n 型 $(n \geqq 3)$

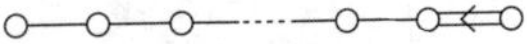

D_n 型 $(n \geqq 4)$

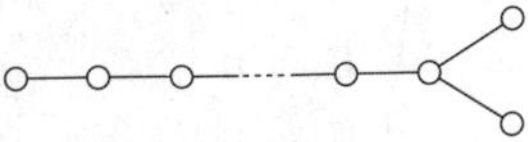

E_6 型

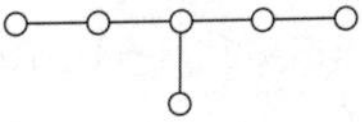

E_7 型

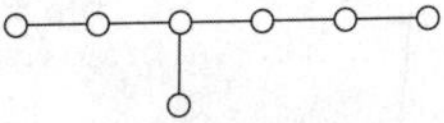

E_8 型

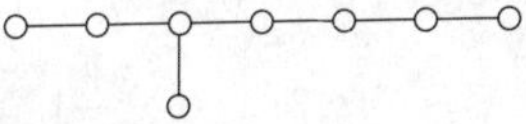

F_4 型

G_2 型

カルタン行列から，もとの単純リー環を再構成する方法も与えられている(＊)．例えば，A_n, B_n 型および E_6, F_4, G_2 型のカルタン行列はそれぞれ $n\times n$，$n\times n$，6×6，4×4，2×2 型で次のようなものである：

$$\begin{pmatrix} 2 & -1 & 0 & 0 & \cdots & 0 & 0 \\ -1 & 2 & -1 & 0 & \cdots & 0 & 0 \\ 0 & -1 & 2 & -1 & \cdots & 0 & 0 \\ 0 & 0 & -1 & 2 & \cdots & 0 & 0 \\ \cdots & \cdots & \cdots & \cdots & \cdots & \cdots & \cdots \\ 0 & 0 & 0 & 0 & \cdots & 2 & -1 \\ 0 & 0 & 0 & 0 & \cdots & -1 & 2 \end{pmatrix},$$

$$\begin{pmatrix} 2 & -1 & 0 & 0 & \cdots & 0 & 0 \\ -1 & 2 & -1 & 0 & \cdots & 0 & 0 \\ 0 & -1 & 2 & -1 & \cdots & 0 & 0 \\ 0 & 0 & -1 & 2 & \cdots & 0 & 0 \\ \cdots & \cdots & \cdots & \cdots & \cdots & \cdots & \cdots \\ 0 & 0 & 0 & 0 & \cdots & 2 & -2 \\ 0 & 0 & 0 & 0 & \cdots & -1 & 2 \end{pmatrix},$$

$$\begin{pmatrix} 2 & 0 & -1 & 0 & 0 & 0 \\ 0 & 2 & 0 & -1 & 0 & 0 \\ -1 & 0 & 2 & -1 & 0 & 0 \\ 0 & -1 & -1 & 2 & -1 & 0 \\ 0 & 0 & 0 & -1 & 2 & -1 \\ 0 & 0 & 0 & 0 & -1 & 2 \end{pmatrix},$$

$$\begin{pmatrix} 2 & -1 & 0 & 0 \\ -1 & 2 & -2 & 0 \\ 0 & -1 & 2 & -1 \\ 0 & 0 & -1 & 2 \end{pmatrix},$$

$$\begin{pmatrix} 2 & -1 \\ -3 & 2 \end{pmatrix}.$$

さらに，「実数体上の単純リー環の同型類」には2種類あって，1つは，複素単純リー環を（係数体を制限して）実リー環とみたもの，2つ目はそうではないもの．この後者の $\mathfrak{g}$ は，その複素化 $\mathfrak{g}_C=\mathfrak{g}\otimes_R C$ が複素単純リー環になるものであり，$\mathfrak{g}_C$ のディンキン図形の白丸をある規則の下で部分的に黒丸に置き換え，さらに適宜矢印を付け加えた**佐武図形**で特徴付けられる（佐武図形はもっと別の情報も含んでいるが）．1個のディンキン図形には通常複数個の佐武図形が対応する．

実は，上のディンキン図形に対応するカルタン行列は正定値である．そこで，正定値でなくても良いことにして「一般化されたカルタン行列」を与えて，それから上の（*）と全く同じ操作でリー環が作れるが，今度は無限次元の**カッツ－ムーディ**（Kac-Moody）**リー環**と呼ばれるものになる．これは当初は「単なる一般化」と受け取られたこともあるが，その後数学の多くの分野との関連が発見された．また，**量子化**されたカッツ－ムーディリー環も現れて，現在では大きな研究分野へと発展している．

さて，本書（シュヴァレーの訳書）に続く，リー群・リー環の一般理論をまとめた日本語の本としては，［佐武］，［杉浦］が挙げられるだろう．リー群・リー環はいまや現代数学の必須部分として，多くの分野に入り込んでいるので，どれかを取り出してコメントするのはなかなか難しい．

唯一，いま私がコメント出来るのは，群の表現・リー環の表現などを取り扱う表現論の分野である．「群がどこかに作用すれば必然的に群の表現がそこに現れる」という意味で，表現論は数学・自然科学の基礎部分に入り込んでいる．一般の人にとって，線形代数とともに学べる入門書として［平井］を挙げる．数学・物理学をはじめとする研究者や学生に役に立つ本として［小林大島］が挙げられる．同じ方面の人々への，入門書としては［平井山下］を挙げる．また，指数型可解リー群のユニタリ表現を取り扱った［藤原］は入門的な部分にもスペースを十分に割いて学習の便をはかってある．

（ひらい・たけし／京都大学名誉教授）

引用文献

[Car1] Élie Cartan, Les groupes projectifs qui ne laissent invariante aucune multiplicité plane, Bull. Soc. Math. France, **41** (1913), 53–96.

[Car2] ——, Les groupes réels simples finis et continus, Ann.

École Norm. Sup., **31** (1914), 263-355.
[Car3] ——, Leçons sur la théorie des spineurs, I, II, Actualités Scientifiques et Industrielles, **643**, **701**, 1938, Hermann, Paris.
[Che] Claude Chevalley, Sur certains groupes simples, Tôhoku Math. J., **7** (1955), 14-66.
[藤原] 藤原英徳，指数型可解リー群のユニタリ表現——軌道の方法，数学書房，2010.
[平井] 平井武，線形代数と群の表現 I，II（すうがくぶっくす 20, 21），朝倉書店，2001.
[平井山下] 平井武・山下博，表現論入門セミナー——具体例から最先端にむかって，遊星社，2003.
[小林大島] 小林俊行・大島利雄，リー群と表現論，岩波書店，2005.
[佐武] 佐武一郎，新版 リー環の話（日評数学選書），日本評論社，2002.
[杉浦] 杉浦光夫，リー群論，共立出版，2000.

訳者あとがき

本書を訳すにあたり，もちろん誤訳のないことをもっとも重視した．学生時代に精読したとはいえ，60年ちかく経った今日，内容を完全に理解しながら訳したわけではないので，誤訳が絶対にないとは言えない．万一誤訳があった場合を想定し，あらかじめお詫びを申しあげておく．

原書は1946年いらい現在にいたるまで版を重ねているが，内容はどれも同一である．なお原書にはドイツ文字とギリシャ文字が多用されている．小文字ならともかく，それらの大文字は現在の日本ではほとんどなじみがないので，適当な他の文字（字体）に変えたことをお断わりしておく．

畏友 平井武さんには非常におもしろい解説を書いていただいた．厚くお礼を申しあげる．解説にあるようにシュヴァレー先生が日本に滞在されたとき，私は先生の講義を聴く幸運に恵まれた．その後私はパリ大学に留学し，シュヴァレー先生の御指導のもとでパリ大学から博士号をいただいた．こんどの翻訳が先生への御恩がえしになれば，これほど幸いなことはない．

2012年5月

齋藤 正彦

索　引

記　号

Φ関連 Φ-related 160
r 重線型関数 r-linear function 258
r 次微分形式 differential form of order r 270
S 加群 S-module 312
　単純—— simple—— 315

ア　行

アーベリアン abelian →「可換」を見よ
位数 order 226
位相部分群 topological subgroup 63
イデアル ideal 215
エルミート行列 hermitian matrix 35
　反—— skew—— 28
　正値—— positive definite—— 38
　半正値—— positive semi definite —— 38
エルミート積 hermitian product 31

カ　行

解析関数 analytic function 207
解析関数族 class of analytic functions 136
解析群 analytic group 189
解析的 analytic 143, 164, 208, 271
解析的自己準同型写像 analytic endomorphism 228
解析的自己同型写像 analytic automorphism 228
解析的準同型写像 analytic homomorphism 209
解析的同型写像 analytic isomorphism 143
解析的に従属 analytically dependent 134
解析的無限小変換 analytic infinitesimal transformation 157
解析部分群 analytic subgroup 201
開部分多様体 open submanifold 143
可換 abelian 233
核 kernel 76
型 type 110
カルタン微分環 Cartan differential algebra 270
基礎位相空間 underlying topological space 136
基礎位相群 underlying topological group 190
基礎空間 underlying space 62
基礎群 underlying group 62
基礎多様体 underlying manifold 190
擬代数部分群 pseudo-algebraic subgroup 250
基底 base 49

基本群 fundamental group 105
既約 irreducible 315, 339
逆向き oppositely oriented 289, 291
行列 matrix
転置―― transposed―― 20
正則―― regular―― 20
直交―― orthogonal―― 22
複素直交―― complex orthogonal―― 22
ユニタリ―― unitary―― 22
実―― real―― 22
反対称―― skew symmetric―― 28
エルミート―― hermitian――
→「エルミート行列」を見よ
行列形 matricial form 313
行列表現 matricial representation 313, 320
局所基底 local base 164
局所準同型写像 local homomorphism 100
局所単連結 locally simply connected 109
局所同型写像 local isomorphism 81
局所同相写像 local homeomorphism 87
局所連結 locally connected 85
極大積分多様体 maximal integral manifold 177
距離 distance 366
近傍の基本系 fundamental system of neighbourhoods 67
グラスマン環 Grassmann algebra 268
グラスマン乗法 Grassmann multiplication 267
クリフォード数 Clifford number 123
クロネッカー積 Kronecker product 259, 326–328
構造定数 constant of structure 200
交代子 alternation 263
交代的 alternate 265, 266
合同 congruent 67
固有関数 eigenfunction 372
固有値 eigenvalue 372
固有ベクトル eigenvector 38

サ 行

座標 coordinates 47
座標系 system of coordinates 136
四元数 quaternion
共役―― conjugate―― 45
純―― pure―― 82
四元数ベクトル quarternionic vector 47
次元 dimension 49, 140
自己準同型写像 endomorphism 49
自己同型写像 automorphism 253
次数 degree 312
自然写像 natural mapping 69
自然同型写像 natural isomorphism 260
実行列 real matrix 22
実表現 real representation 320
実ベクトル real vector 34
始点 origin 164
指標 character 338
シューアのレンマ Schur's lemma 330

シュヴァルツの不等式 Schwarz inequality 370
順序基底 ordered base 289
順序座標系 ordered system of coordinates 290
準同型写像 homomorphism 210
剰余空間 factor space 69
剰余群 factor group 75
振幅 oscillation 367
シンプレクティック symplectic 50
シンプレクティック積 symplectic product 48
シンプレクティック群 symplectic group 51
　線型—— linear—— 52
　複素—— complex—— 55
シンボル symbol 158
推移的 transitive 69
垂直ファイバー vertical fiber 94
随伴表現 adjoint representation 229, 230
水平ファイバー horizontal fiber 94
スター表現 star representaion 324
スピノル群 spinor group 128
斉 r 次 homogeneous of order r 262, 268
正規直交系 orthonormal 32, 51
制限 contraction 163, 164, 346
性質 property 293
正則 regular 126, 152
正則行列 regular matrix 20
正則表現 regular representation 125
正の n 重線型関数 positive n-linear function 289
正方近傍 cubic neighbourhood 136
正方集合 cubic set 293
正方部分集合 cubic subset 177
積 product 64, 147, 192, 197, 292
積分 integral 298
積分多様体 integral manifold 165
接空間 tangent space 148
接触要素 element of contact 164
接ベクトル tangent vector 147
接ベクトル空間 tangent vector space 148
線型群 linear group
　一般—— general—— 21
　特殊—— special—— 23
線型独立 linearly independent 48
双線型代数系 algebra 251
双対基底 dual base 260
双対空間 dual space 260
属する belong 38, 165

タ　行

代数群 algebraic group 355
代数多様体 algebraic variety 353
代数部分群 algebraic subgroup 250
多元体 division algebra 45, 332
多様体 manifold 135
単位表現 unit representation 332
単位ベクトル unit vector 31, 51
単純表現関数 simple representative function 337
淡中の定理 theorem of Tannaka 380
断片 slice 168
単連結 simply connected 91

抽象形 abstract form 313
抽象表現 abstract representation 313
中心 center 232
直交 orthogonal 32, 51, 374
直交行列 orthogonal matrix 22
同型 isomorphic 91, 312
等質空間 homogeneous space 59, 69
到達可能 attainable 181
同値 equivalent 313
導値 →「微分係数」を見よ
同程度連続 equicontinuous 367
導来環 derived algebra 233
導来群 derived group 234
特定被覆空間 specified covering space 109
トーラス torus 75

ナ・ハ行

長さ（ベクトルの）length 48
ノルム norm 45
幅 breadth 136
パフ形式 Pfaffian form 270
反対称行列 skew symmetric matrix 28
半単純 semi-simple 316, 339
左移動 left translation 64
左不変 left invariant 193, 279
被覆空間 covering space 86
被覆群 covering group 107
微分 differential 150, 272
微分係数 derivative 148
微分子 differentiation 148, 272
微分子 derivation 252
表現 representation 230, 312, 313, 353
　行列—— matricial—— 313, 320
　実—— real—— 320
　随伴—— adjoint—— 229, 230
　スター—— star—— 324
　正則—— regular—— 125
　単位—— unit—— 332
　抽象—— abstract—— 313
　複素—— complex—— 320
表現環 representative ring 340
表現関数 representative function 337
　単純—— simple—— 337
表現空間 representation space 312
表現類 class of representations 338
表示 expression 137
標準近傍 canonical neighbourhood 221
標準座標系 canonical system of coordinates 220
平等に覆われる evenly covered 85
複素直交行列 complex orthogonal matrix 22
複素表現 complex representation 320
部分加群 submodule 314
部分環 subalgebra 202
部分多様体 submanifold 162
不変 invariant 314
分布 distribution 164
ベクトル場 vector field 157
ペーター－ワイルの定理 theorem of Peter-Weyl 366
ベッセルの不等式 Bessel's inequal-

ity 376
ポアンカレ群 Poincaré group 105
包合的 involutive 165

マ　行

マウラー－カルタン形式 form of Maurer-Cartan 257, 279
マウラー－カルタンの方程式系 equations of Maurer-Cartan 282
右移動 right translation 64
ミンコフスキーの不等式 Minkowski's inequality 370
向きづけ可能 orientable 291
向きつき接空間 oriented tangent space 290
向きつき多様体 oriented manifold 290
向きつきベクトル空間 oriented vector space 289
無限遠でゼロ zero at infinity 296
無限小変換 infinitesimal transformation 157
モデル model 353
モノドロミー原理 principle of monodromy 96

ヤ・ラ・ワ行

ヤコービの恒等式 Jacobi identity 160
有界 bounded 366
ユニタリ行列 unitary matrix 22
リー環 Lie algebra 195, 240
リー群 Lie group 189, 240
離散群 discrete group 63
連結成分群 group of components 77
連続 continuous 272
和 sum 316, 324

本書は「ちくま学芸文庫」のために新たに訳出されたものである。

ゲーテ地質学論集・鉱物篇
ゲーテ　木村直司編訳
地球の生成と形成を探って岩山をよじ登り洞窟を降りる詩人。鉱物・地質学的な考察や紀行から、新たなゲーテ像が浮かび上がる。文庫オリジナル。

ゲルファント やさしい数学入門 座標法
ゲルファント／グラゴレヴァ／キリロフ　坂本實訳
座標は幾何と代数の世界をつなぐ重要な概念。数直線のおさらいから四次元の座標幾何までを、世界的数学者が丁寧に解説する。訳し下ろしの入門書。

ゲルファント やさしい数学入門 関数とグラフ
ゲルファント／グラゴレヴァ／シノール　坂本實訳
数学でも「大づかみに理解する」ことは大事。グラフ化＝可視化は、関数の振る舞いをマクロに捉える強力なツールだ。世界的数学者による入門書。

和算書「算法少女」を読む
小寺裕
娘あきが挑戦していた和算とは？　歴史小説『算法少女』のもとになった和算書の全問をていねいに読み解く。遠藤寛子のエッセイを付す。（土倉保）

解析序説
小林龍一／廣瀬健／佐藤總夫
自然や社会を解析するための、「活きた微積分」のセンスを磨く！　差分・微分方程式までを丁寧にカバーした入門者向け学習書。（笠原晧司）

確率論の基礎概念
A・N・コルモゴロフ　坂本實訳
確率論の現代化に決定的な影響を与えた『確率論の基礎概念』に加え、有名な論文「確率論における解析的方法について」を併録。全篇新訳。

雪の結晶はなぜ六角形なのか
小林禎作
雪が降るとき、空ではどんなことが起きているのだろう。自然が作りだす美しいミクロの世界を、科学の目でのぞいてみよう。（菊池誠）

物理現象のフーリエ解析
小出昭一郎
熱・光・音の伝播から量子論まで、振動・波動にもとづく物理現象とフーリエ変換の関わりを丁寧に解説。物理学の泰斗による名教科書。（千葉逸人）

ガロワ正伝
佐々木力
最大の謎、決闘の理由がついに明かされる！　難解なガロワの数学思想をひもといた後世の数学者たちにも迫った、文庫版オリジナル書き下ろし。

算法少女 遠藤寛子

父から和算を学ぶ町娘あきは、算額に誤りを見つけ声を上げた。と、若侍が……。和算への誘いとして定評の少年少女向け歴史小説。箕田源二郎・絵

原論文で学ぶ アインシュタインの相対性理論 唐木田健一

ベクトルや微分など数学の予備知識も解説しつつ、一九〇五年発表のアインシュタインの原論文を丁寧に読み解く。初学者のための相対性理論入門。

医学概論 川喜田愛郎

医学の歴史、ヒトの体と病気のしくみを概説。現代医療で見過ごされがちな「病人の存在」を見据えつつ、「医学とは何か」を考える。（酒井忠昭）

初等数学史（上） フロリアン・カジョリ 小倉金之助補訳 中村滋校訂

厖大かつ精緻な文献調査にもとづく記念碑的著作。古代エジプト・バビロニアからギリシャ・インド・アラビアへいたる歴史を概観する。図版多数。

初等数学史（下） フロリアン・カジョリ 小倉金之助補訳 中村滋校訂

商業や技術の一環としても発達した数学。下巻は対数・小数の発明、記号代数学の発展、非ユークリッド幾何学など。文庫化にあたり全面的に校訂。

複素解析 笠原乾吉

複素数が織りなす、調和に満ちた美しい数の世界とは。微積分に関する基本事項から楕円関数の話題までがコンパクトに詰まった、定評ある入門書。

初等整数論入門 銀林浩

「神が作った」とも言われる整数。そこには単純に見えて、底知れぬ深い世界が広がっている。互除法、合同式からイデアルまで。（野﨑昭弘）

算数の先生 国元東九郎

7164は3で割り切れる。それを見分ける簡単な方法があるという。数の話に始まる物語ふうの小学校高学年むけの世評名高い算数学習書。（板倉聖宣）

新しい自然学 蔵本由紀

科学的知のいびつさが様々な状況で露呈する現代。非線形科学の泰斗が従来の科学観を相対化し、全く新しい自然の見方を提唱する。（中村桂子）

情報理論 甘利俊一

「大数の法則」を押さえれば、情報理論はよくわかる! シャノン流の情報理論から情報幾何学の基礎まで、本質を明快に解説した入門書。

アインシュタイン論文選 アルベルト・アインシュタイン ジョン・スタチェル編 青木薫訳

「奇跡の年」こと一九〇五年に発表された、ブラウン運動・相対性理論・光量子仮説についての記念碑的論文五篇を収録。編者による詳細な解説付き。

入門 多変量解析の実際 朝野熙彦

多変量解析の様々な分析法。それらをどう使いこなせばいい? マーケティングの例を多く紹介し、ユーザー視点に貫かれた実務家必読の入門書。

公理と証明 彌永昌吉 赤攝也

数学の正しさ、「無矛盾性」はいかにして保証されるのか。あらゆる数学の基礎となる公理系のしくみと証明論の初歩を、具体例をもとに平易に解説。

地震予知と噴火予知 井田喜明

巨大地震のメカニズムはそれまでの想定とどう違っていたのか。地震理論のいまと予知の最前線を明快に整理し、その問題点を鋭く指摘した提言の書。

ゆかいな理科年表 スレンドラ・ヴァーマ 安原和見訳

えっ、そうだったの! 数学や科学技術の大発見大発明大流行の瞬間をリプレイ。ときにニヤリ、ときになるほどとうならせる、愉快な読みきりコラム。

位相群上の積分とその応用 アンドレ・ヴェイユ 齋藤正彦訳

ハールによる「群上の不変測度」の発見、およびその後の諸結果を受け、より統一的にハール測度を論じた画期的著作。本邦初訳。 (平井武)

シュタイナー学校の数学読本 ベングト・ウリーン 丹羽敏雄/森章吾訳

中学・高校の数学がこうだったなら! フィボナッチ数列、球面幾何など興味深い教材で展開する授業十二例。新しい角度からの数学再入門でもある。

問題をどう解くか ウェイン・A・ウィケルグレン 矢野健太郎訳

初等数学やパズルの具体的な問題を解きながら、解決に役立つ基礎概念を紹介。方法論を体系的に学ぶことのできる貴重な入門書。 (芳沢光雄)

ちくま学芸文庫

シュヴァレー リー群論

二〇一二年六月十日 第一刷発行
二〇二二年四月五日 第二刷発行

著者 クロード・シュヴァレー
訳者 齋藤正彦（さいとう・まさひこ）
発行者 喜入冬子
発行所 株式会社 筑摩書房
東京都台東区蔵前二―五―三 〒一一一―八七五五
電話番号 〇三―五六八七―二六〇一（代表）
装幀者 安野光雅
印刷所 株式会社精興社
製本所 株式会社積信堂

ISBN978-4-480-09451-3 C0141